Feststoffgeschmierte Wälzlager

Herbert Birkhofer • Timo Kümmerle

Feststoffgeschmierte Wälzlager

Einsatz, Grundlagen und Auslegung

Springer Vieweg

Prof. Dr. Herbert Birkhofer
Fachgebiet Produktentwicklung
und Maschinenelemente
TU Darmstadt
Darmstadt
Deutschland

Timo Kümmerle
Fachgebiet Produktentwicklung
und Maschinenelemente
TU Darmstadt
Darmstadt
Deutschland

ISBN 978-3-642-16796-6
ISBN 978-3-642-16797-3 (eBook)
DOI 10.1007/978-3-642-16797-3

Die Deutsche Nationalbibliothek verzeichnet diese Publikation in der Deutschen Nationalbibliografie; detaillierte bibliografische Daten sind im Internet über http://dnb.d-nb.de abrufbar.

Springer Vieweg

Gedruckt auf säurefreiem und chlorfrei gebleichtem Papier

Springer Vieweg ist eine Marke von Springer DE.
Springer DE ist Teil der Fachverlagsgruppe Springer Science+Business Media
www.springer-vieweg.de

Vorwort

Das vorliegende Buch entstand mit dem Ziel, die Vielzahl der Ergebnisse und Erkenntnisse aus annähernd 40 Jahren Forschung auf dem Gebiet der feststoffgeschmierten Wälzlager zusammenzufassen und sie für die Praxis aufzubereiten. Dabei stand das Bemühen im Vordergrund, den Einsatz der Feststoffschmierung durch konkrete Anleitungen für die Auswahl zu unterstützen und durch eine Vielzahl von Beispielen zu illustrieren. Anwender sollen eine verlässliche Methode zur betriebssicheren Auslegung feststoffgeschmierter Wälzlager erhalten. Für Lagerhersteller und Beschichter sollen die Potentiale, aber auch die derzeitigen Grenzen der Feststoffschmierung aufgezeigt und Hinweise für weitere Optimierungen gegeben werden.

Bei der Konzeption des Buchs wurde jedoch schnell deutlich, dass eine alleinige Abhandlung zum zweckmäßigen Einsatz feststoffgeschmierter Wälzlager wenig zielführend ist. Derartige Lager stellen in ihren Wirkungszusammenhängen komplexe tribologische Systeme dar. Nur wenn die Lagerausrüstung, die Festschmierstoffeigenschaften, die Beschichtungstechnologie sowie die Betriebsbedingungen und die Lagerumgebung spezifiziert und die vielfältigen Wechselwirkungen zwischen diesen Faktoren verstanden werden, kann eine gezielte Auswahl und Auslegung erfolgen. Daher werden in diesem Buch auch die für das Verständnis der Feststoffschmierung notwendigen Grundlagen der Wälzlagertheorie und die in der Lageranwendung gebräuchlichen Festschmierstoffe und Beschichtungstechnologien mit ihren Eigenschaften detailliert behandelt. Schrittweise werden danach die vielfältigen Beziehungen zwischen den Einflussfaktoren auf Gebrauchs- und Lebensdauer modelliert, wenn möglich, mathematisch formuliert und durch Versuche evaluiert. Damit wird dieses Buch auch für Wissenschaftler, die sich mit Wälzkontakten, Wälzlagern und Schmierstoffen generell befassen, interessant. Es liegt nicht nur ein Handbuch zur Wälzlagerauslegung vor, sondern eine systematische Herleitung der Zusammenhänge, die für die Lebensdauer feststoffgeschmierter Wälzkontakte bestimmend sind. Erstmalig wird hier auch für die weit verbreitete Feststoffschmierung von Wälzlagern mit Molybdändisulfid (MoS_2) eine fundierte und evaluierte Theorie zur Gebrauchsdauerprognose vorgestellt.

Die Forschung an feststoffgeschmierten Wälzkontakten und Wälzlagern wurde am ehemaligen Fachgebiet Maschinenelemente und Konstruktionslehre (MuK) der TH Darmstadt unter Leitung von Prof. Dr. h.c. Dr.-Ing. E.h. Dr.-Ing. Gerhard Pahl ab Mitte der sechziger Jahre des vorigen Jahrhunderts betrieben. Unter seiner Leitung entstanden die grundlegenden Dissertationen von Hübner, Holland, Rüblinger und Reinwald, in denen die Grundlagen der Feststoffschmierung erarbeitet wurden. Ab 1990 wurde die Lagerforschung unter Prof. Dr. h.c. Dr.-Ing. Herbert Birkhofer am späteren Fachgebiet Produktentwicklung und Maschinenelemente (pmd) der heutigen TU Darmstadt konsequent fortgesetzt. Wichtige Meilensteine waren die Dissertationen von Schul, Heinz-Schwarzmaier, Madan, Bozkurt und Kümmerle und die Arbeiten von Li. Dabei wurde der intensiven Weiterentwicklung und Leistungssteigerung von Festschmierstoffen und Beschichtungsverfahren Rechnung getragen, aber auch die hier vorgestellten Reibenergie-, Verschleiß-, Transfer- und Gebrauchsdauermodelle erarbeitet bzw. erweitert. Neben einer Vielzahl von Veröffentlichungen und Konferenzbeiträgen liegt mit diesen Arbeiten ein Fundus an Ergebnissen und Erkenntnissen zur Feststoffschmierung vor, der die Basis dieses Buchs bildet und hier in eine zusammenhängende Lebens- und Gebrauchsdauertheorie eingebunden wird.

Die Autoren danken allen, die durch ihre inhaltliche Arbeit dieses Buch erst ermöglicht haben. Dank gebührt auch dem VDI-Verlag, dem Shaker-Verlag sowie den Herren Dr. Hübner, Dr. Holland und Dr. Rüblinger, die uns großzügig Rechte an Veröffentlichungen abgetreten haben. Nicht zuletzt soll auch Herrn Leimgruber und Herrn Matthey für ihre vielfältige fachliche Unterstützung bei Planung und Bau von Versuchseinrichtungen sowie bei der Durchführung und Auswertung einer Vielzahl von Versuchen gedankt werden. Schließlich danken die Autoren Frau Nintzel und Herrn Dr. Dohnal für die kritische Durchsicht des Manuskripts und die wertvollen Korrekturvorschläge.

Darmstadt im Januar 2012

Prof. Dr. h.c. Dr.-Ing. Herbert Birkhofer
Dr.-Ing. Timo Kümmerle

Inhalt

Abkürzungsverzeichnis

Symbolverzeichnis

a (mm)	Länge der großen Druckellipsenhalbachse
A (mm^2)	Fläche
a^*, b^*	Hertz'sche Beiwerte zur Berechnung der Halbachsen
b (mm)	Länge der kleinen Druckellipsenhalbachse
B (mm)	Breite
C (N)	Dynamische Tragzahl
c (N/mm)	Steifigkeit
C_0 (N)	Statische Tragzahl
Ci	Lagerluftgruppe
d, D (mm)	Durchmesser
D_G (mm)	Durchmesser Gehäuse
D_W (mm)	Durchmesser Welle
E (N/mm^2)	Elastizitätsmodul
e (µm)	Lagerluft, Wälzlagerspiel
F (N)	Kraft
F_N (N)	Normalkraft
F_R (N)	Reibkraft
F_S (N)	Stützlast
F_V (N)	Verdrängungswiderstand
GD (U)	Gebrauchsdauer
h_s (mm)	Schichtdicke
I ($kg\ m^2$)	Massenträgheitsmoment
I_V (mm^3/km)	Verschleißintensität
K_V (mm^3/mJ)	Reibenergieverschleißfaktor
l (m)	Strecke, Länge, Axialspiel von Mittellage aus
L_0 (mm)	Abstand der Mittelpunkte der Rillenradien
LD (U bzw. h)	Lebensdauer in Umdrehungen bzw. Stunden
l_R (m)	Gleitweg
M (Nmm)	Moment

m (kg)	Masse
MP	Mittelpunkt
M_R (Nmm)	Reibmoment
N	Anzahl, Anzahl der Umdrehungen
n (1/min)	Drehzahl
N_P	Anzahl der Überrollung
p (N/mm^2)	Druck, Hertz'sche Flächenpressung
p_0, p_{max} (N/mm^2)	Maximale Hertz'sche Pressung
P_R (mW)	Reibleistung
Q (N)	Kontaktnormalkraft
$\dot{Q}$ (Nm)	Wärme, Wärmemenge
R, r (mm)	Krümmungsradius
Ra (µm)	Arithmetischer Mittenrauwert
RI, RA	Rillenradius Innen, Rillenradius Außen
RP (mJ)	Reibenergiepotential
R_Z (µm)	Gemittelte Rautiefe
R_{zx} (mm)	Ersatz-Krümmungsradius in der zx-Ebene
S	Radienverhältnis (Schmiegung)
s	Schlupf
T (°C)	Temperatur
t (s)	Zeit
u (mm/s)	Umfangsgeschwindigkeit
U (mm)	Umfang, Umfangsstrecke
$\ddot{U}$ (µm)	Übermaß
v (mm/s)	Geschwindigkeit
V (mm^3)	Verschleißvolumen
VD	Versuchsdauer
Vl	Streckenverhältnis
V_p (mm^3)	Nutzbares Schmierstoffvolumen
v_r (mm/s)	Rollgeschwindigkeit
v_{rel} (mm/s)	Relativgeschwindigkeit
W_R (mJ)	Reibarbeit, Reibenergie
W_{RP} (mJ)	Reibenergie pro Überrollung
W_{SR} (mJ)	Summenreibenergie
X	Radialfaktor des Wälzlagers
x, y, z	Kartesische Koordinaten
$x_I\ x_A$ (mm)	Rolllinien am Innen- und Außenring
Y	Axialfaktor des Wälzlagers
Z	Anzahl der Umlaufkugeln, Wälzkörper
α (rad)	Betriebsdruckwinkel
α_0 (rad)	Nenndruckwinkel
α_T (1/K)	Ausdehnungskoeffizient

β (rad)	Lastwinkel
γ	Bezogene Koordinate in x-Richtung x/a
γ_0	Bezogene Koordinate der Rolllinie in x-Richtung
δ (mm)	Abplattung
Δ	Veränderung, Differenz, Unterschied
δ^*	Hertz'scher Beiwert zur Berechnung der Abplattung
ΔV (mm³/U)	Verschleißrate
η	Bezogene Koordinate in y-Richtung y/b
θ (rad)	Kontaktwinkel
Θ_K (rad)	Kippwinkel
μ	Reibwert
μ_0	Haftreibwert
μ_b	Bohrreibwert
μ_r	Rollreibwert
ν	Querdehnungszahl
ξ, η, ψ	Hertz'sche Beiwerte
ρ (kg/mm³)	Dichte
ρ_{ij} (1/mm)	Reziproker Krümmungsradius
σ (N/mm²)	Normalspannung (Zug-/Druckspannung)
σ_{dB} (N/mm²)	Druckfestigkeit
σ_{dF} (N/mm²)	Druckfließgrenze
Σp (1/mm)	Summe der Krümmungen
σ_p (N/mm²)	Flächenpressung
τ (N/mm²)	Schubspannung
τ_s (N/mm²)	Scherfestigkeit
φ (rad)	Winkel, Drehwinkel
φ_U (rad)	Überrollwinkel
ψ (rad)	Winkelkoordinate für Kugelposition
ψ_L (rad)	Lastzonenwinkel
ω (rad/s)	Winkelgeschwindigkeit

Indizes

0	Ursprungswert, Ausgangswert, Nennwert
A	Außen, Außenring, Außenkörper
AK	Antriebskugel, Antriebskörper
ax	Axial
b	Bohranteil, in Bohrrichtung
B	Kontaktpunkt auf Bord/Außering im VKA
BA	Außenbord
BI	Innenbord

C	Kontaktpunkt auf Platte im VKA
D	Dichtung
E	Einlauf
g	Gleiten
I	Innen, Innenring, Innenkörper, Kontaktpunkt auf
I	Innenkörper im VKA
ij	Kontaktkörper i in der Ebene j
K	Käfig
L	Last
m, M	Mittlerer, mittel
max	Maximal
min	Minimal
p	Druck
PL	Punktlast
proj	Projiziert
R	Reibung
r, t, z	In radialer, tangentialer oder z-Richtung
r, roll	In Rollrichtung
rad	Radial
rel	Relativ
res	Resultierend
Sp	Gespeichert
stat	Stationär
t	Teilkreis
T	Torsion
u	unten
U	Umgebung
UK	Umlaufkugel
UL	Umfangslast
w	Wälzen
W	Widerstand
x, y, z	In x-, y- oder z-Richtung
zul	Zulässig
δ	Abplattung, abgeplattete Zone

Abkürzungen

CD	Compact Disc
CVD	Chemical Vapour Deposition
DFG	Deutsche Forschungsgemeinschaft

DLC	Diamond Like Carbon
DMS	Dehnungsmessstreifen
DVD	Digital Versatile Disc
EHD	Elastohydrodynamisch
FE	Finite Elemente
HRc	Härte nach Rockwell
KKR	Kugel-Kugel-Ring
KRP	Kugel-Ring-Platte
LCD	Liquid Crystal Display
MoS_2	Molybdändisulfid
PA	Polyamid
PEEK	Polyetheretherkethon
PI	Polyimid
PKP	Platte-Kugel-Platte
ppm	Parts per million (Teile pro Millionen)
PTFE	Polytetrafluoräthylen
PVD	Physical Vapour Deposition
REM	Raster-Elektronen-Mikroskop
RFA	Röntgen-Fluoreszenz-Analyse
RKR	Ring-Kugel-Ring-Konfiguration
SPS	Speicherprogrammierbare Steuerung
VH	Vickershärte
VKA	Vierkugelapparat

1 Anwendung feststoffgeschmierter Wälzlager

Das Kapitel führt den Leser in eine breite Palette von Anwendungen für feststoffgeschmierte Wälzlager ein und vermittelt ihm anhand zahlreicher Beispiele aus unterschiedlichsten Branchen einen ersten Eindruck von der Anwendungsbreite derartiger Schmierstoffe. Die beschriebenen, für feststoffgeschmierte Wälzlager typischen Anwendungsfälle werden anschließend auf die grundsätzlichen Unterschiede der Feststoffschmierung gegenüber der konventionellen Schmierung mit Fetten und Ölen zurückgeführt. Daraus wiederum leiten sich die Potenziale und Grenzen der Feststoffschmierung ab.

Festschmierstoffe finden überall dort Anwendung, wo konventionelle Schmierstoffe wie Fette oder Öle als Schmierstoff versagen oder wegen ihrer Stoffeigenschaften nicht eingesetzt werden können. Festschmierstoffe sind daher in der Regel auf „Sonderanwendungen“ beschränkt und werden derzeit kaum als Substitutionsschmierstoffe verwendet. Die erreichbaren Lebensdauern liegen im Vergleich zu Öl- und Fettschmierung bei gleichen Belastungen erheblich niedriger. Es sind also charakteristische Belastungen und Umgebungsbedingungen, die den Einsatz von Festschmierstoffen erfordern, z. B.

- extrem hohe Temperaturen bis über + 600 °C,
- extrem niedrige Temperaturen bis weit unter – 70 °C,
- Vakuum, insbesondere Hoch- und Ultrahochvakuum,
- energiereiche Strahlung,
- aggressive Chemikalien wie Säuren, Laugen oder bioaktive Substanzen,
- Reinraumbedingungen,
- Hygieneanforderungen,
- Aussetzbetrieb mit kurzen Betriebs- und langen Ruhezuständen,
- besondere Betriebsbedingungen, die eine Fluidschmierung verhindern.

H. Birkhofer, T. Kümmerle, *Feststoffgeschmierte Wälzlager*,
DOI 10.1007/978-3-642-16797-3_1, © Springer-Verlag Berlin Heidelberg 2012

Abb. 1.1 Bemesserbirne

1.1 Einsatzgebiete und Anwendung von Festschmierstoffen

Im Folgenden werden typische Anwendungsgebiete anhand ausgeführter Beispiele erläutert.

1.1.1 Einsatz bei hohen Temperaturen

Bei Temperaturen über +300 °C können Wälzlager nicht mehr mit Ölen oder Fetten geschmiert werden, da diese Schmierstoffe eindicken, verdampfen oder sich zersetzen würden. Ein typischer Produktbereich mit Hochtemperaturbedingungen sind *Härte- und Backöfen, Ofenwagen, Autoklaven, Ziegeleien, Anlagen in der Kalksandstein- und keramischen Industrie* und in der *Stahlerzeugung* (Abb. 1.1).

Bei *Tragrollenlagern* in *Back- und Brennöfen* (Abb. 1.2) bzw. in *Wanderrosten* können konventionelle Wälzlager kaum mehr verwendet werden, vielmehr finden meist Rillenkugellager mit großer Lagerluft und einem Segmentkäfig aus Grafit Verwendung.

Der Grafitkäfig hat eine selbst- bzw. nachschmierende Wirkung, welche die Lebensdauer der Lager deutlich verlängert. Die große Lagerluft vermeidet ein Blockieren der Lager infolge ungleicher Temperaturdehnungen im Lager und Eintrag von Schmierstoffpartikeln aus dem Käfigabrieb oder der Umgebung.

Brennofenwagen sind mit ihren Lagerungen im *Tunnelofen* Temperaturen von 300 bis 400 °C, in Extremfällen sogar bis 1400 °C ausgesetzt. Eine zusätzliche Belastung der Lager entsteht aus der staubigen Umgebung mit abrasiven Schmutzpartikeln und dem rauen Betrieb in Gießereien und Härtereien. Die geringen Verfahrgeschwindigkeiten der Ofenwagen (0,1 bis 1 m/h) beim Durchfahren der Tunnelöfen führen zu sehr geringen Lagerdrehzahlen in der Größenordnung 0,001 bis 0,1 U/min. Auch außerhalb der Öfen überschreitet die Lagerdrehzahl kaum 30 U/min, sodass die Auslegung der meist dabei eingesetzten Radialrillenkugellager im Hinblick auf ihre statische Tragfähigkeit erfolgt. Die extremen

Abb. 1.2 Tragrollenlager in Durchlauf-Härteöfen (*links*) [1] Härteofen [2] (*rechts*)

Abb. 1.3 Achslagerung eines Ofenwagens mit zwei Rillenkugellagern (*links*) [3, S. 48], Ofenwagen (*rechts*) [4]

Temperaturen und rauen Betriebsbedingungen lassen sich mit dem Festschmierstoff Molybdändisulfid (MoS_2) gut beherrschen (Abb. 1.3).

Dabei werden die Lager vor dem Beschichten phosphatiert, um eine bessere Schichthaftung auf dem Substrat und einen gewissen Korrosionsschutz zu erreichen. Zum Nachschmieren werden die Lager ausgebaut, mit Pressluft gereinigt und vor dem Einbau ein Schmierfilm mit MoS_2-Paste oder MoS_2-Spray aufgebracht.

1.1.2 Einsatz bei niedrigen Temperaturen

Bei sehr niedrigen Temperaturen ändert sich die Zähigkeit und Konsistenz von Fetten und Ölen bis zum festen Aggregatszustand, es bilden sich dann keine schmierwirksamen Schichten aus. Typische Anwendungen sind *Flüssiggas-Pumpen* und *Kryo-Turbopumpen in*

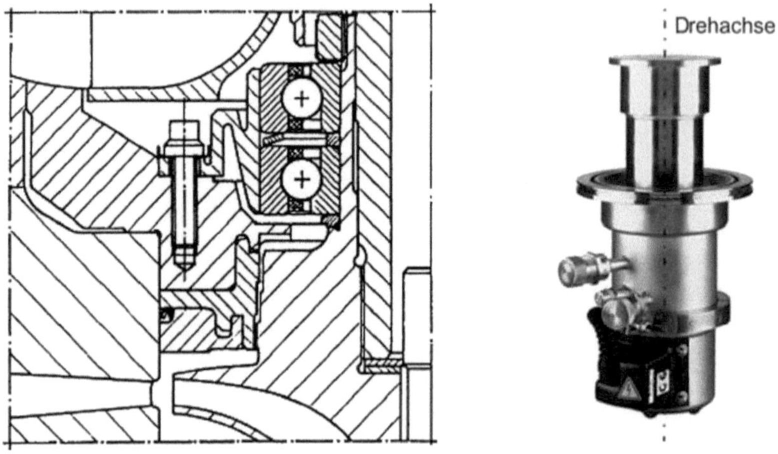

Abb. 1.4 Pumpenseitiges Loslager einer Hochdruck-Kryopumpe für flüssigen Sauerstoff mit zwei Spindellagern in O-Anordnung nach [3, S. 213] (*links*), Kryopumpe (*rechts*) [5]

Raketentriebwerken mit denen z. B. flüssiger Sauerstoff gefördert wird. Diese Hochdruckpumpen werden bei Temperaturen unter – 180 °C und einer Drehzahl von 30.000 U/min^{-1} betrieben und erzeugen einen Druck von 21 MPa. Die Lagerungen (Abb. 1.4) werden auf eine Lebensdauer von ca. 7,5 Stunden ausgelegt. Kugeln und Ringlaufbahnen sind mit einer MoS_2-Schicht beschichtet, der Käfig besteht aus einem glasfaserverstärkten PTFE-Verbundwerkstoff, der eine Transferschmierung sicherstellt.

Weitere Einsatzbereiche für Lagerungen bei extrem niedrigen Temperaturen unter – 70 °C finden sich z. B. in *Kälteanlagen* oder bei *Anwendungen im Weltraum.*

1.1.3 Einsatz im Vakuum

Im Vakuum gasen konventionelle Schmierstoffe aus oder verdampfen völlig. Typische Vakuumanwendungen für Wälzlager erfordern deshalb Feststoffschmierung insbesondere dann, wenn der Vakuumdruck 10^{-4} bis 10^{-5} mbar unterschreitet und gleichzeitig Temperaturen >200 °C herrschen. Diese Bedingungen finden sich insbesondere in der *Medizintechnik*, in *Vakuum- und Beschichtungsanlagen* und im *Weltraum.*

In der *Medizintechnik* sind hier vor allem Lager*ung von Drehanoden in Röntgenröhren* (Abb. 1.5) sowie Lagersysteme für *Molekularpumpen*, *Mammografie-* und *Computertomografie-An*lagen sowie für *Kernspintomografen* zu nennen. Hier sind gleichzeitig hohe Temperaturen bis 550 °C, große Hertz'sche Flächenpressungen bis 3200 N/mm^2 und ein Ultrahochvakuum von 10^{-7} bis 10^{-9} mbar zu beherrschen. Zudem wird ein niedriger Geräuschpegel < 55 dBA gefordert. In der Regel werden vollkugelige Lager mit blei- oder silberbeschichteten Kugeln verwendet. Dabei setzen sich aus technischen und wirtschaftlichen Gründen zunehmend temperaturkompensierte Lagerkomponenten gegenüber fe-

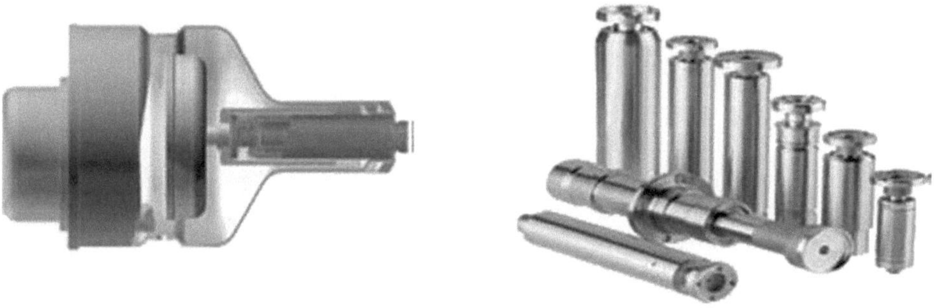

Abb. 1.5 Drehanode für Röntgenröhren (*links*), Komplettlagersysteme für Drehanoden (*rechts*). [6, S. 12]

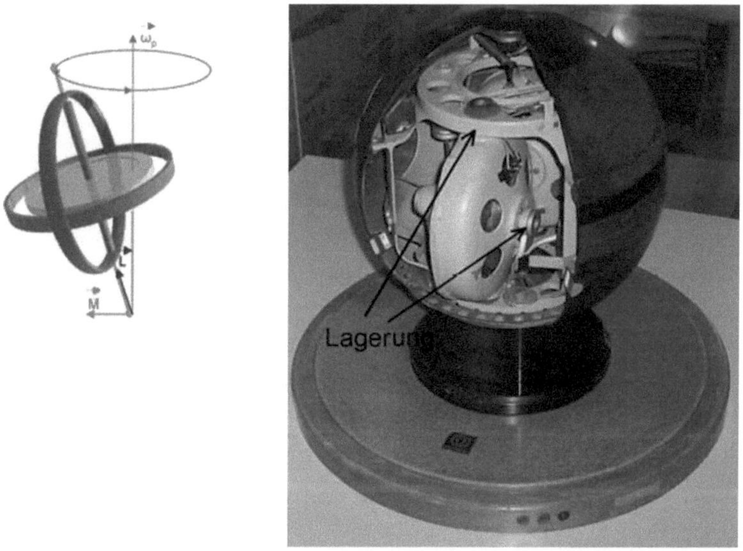

Abb. 1.6 Kreiselkompass; Prinzipskizze (*links*), ausgeführter Kompass (*rechts*)

derverspannten Lagersystemen durch. Wegen der großen Produktionszahlen (mehrere zehntausend Röhren/Jahr) muss der Prozess der Schmierstoffaufbringung sicher beherrscht werden.

In der Raumfahrttechnik werden feststoffgeschmierte Wälzlager in zahlreichen Anwendungen z. B. in Treibstoffpumpen, Navigationssystemen (Abb. 1.6), Antennen, Spiegeln, Instrumenten von Raumstationen, Antrieben für Trägerplattformen und Geräten für wissenschaftliche Experimente eingesetzt.

Hier herrschen Schwerelosigkeit, energiereiche Strahlung, extreme Kälte und Hitze sowie Höchstvakuum bis 10^{-10} mbar. Da metallische Werkstoffpaarungen bei einem

Abb. 1.7 Schwungrad für Gyrobusse

Vakuum $\leq 10^{-6}$ mbar auch bei geringen Flächenpressungen zum Kaltverschweißen neigen, müssen Wälzlager wie auch andere relativ bewegte Bauteile geschmiert werden. Um eine Lebensdauer von 5–10 Jahren sicherzustellen, werden neben viskosen Schmiermitteln vor allem ionenimplantierte Bleifilme, magnetrongesputterte MoS_2-Filme und PTFE-Filme mit Schichtdicken < 1 µm verwendet. MoS_2-Schichten haben sich in vielen Lagerungsaufgaben, z. B. bei *Solarmodulantrieben, Kreisel- und Schwungradlagerungen* (Abb. 1.7), *Antennenausrichtungen, Instrumentenlager* und *Schwenkmechanismen* bewährt.

In der *Beschichtungstechnik* werden feststoffgeschmierte Lager für die Lagerung von Werkstückträgern eingesetzt. Diese rotieren in der Anlage, um eine gleichmäßige Sputter- oder PVD-Abscheidung auf den Werkstücken (z. B. LCD-Panels, Halbleiter, CD- und DVD-Laufwerke) zu erreichen. Die Schichten sind Kohlenstoffschichten oder Fluoresin-Schichten und werden im PVD-Verfahren aufgebracht [7, S. 1].

Weitere Anwendungen im Hochvakuum finden sich bei *Turbomolekularpumpen* (Abb. 1.8), die zur Vakuumerzeugung eingesetzt werden, sowie in der *Halbleiter- und Waferproduktion.* Auch die *Positioniereinheiten von Rasterelektronenmikroskopen* werden in feststoffgeschmierten Wälzlagern gelagert, wobei Schichtkombinationen aus Gold, Silber und Blei verwendet werden.

1.1.4 Einsatz bei energiereicher Strahlung

In energiereicher Strahlung z. B. in *Kern- und Fusionsreaktoren* zersetzen sich Öle und Fette. Ein typischer Anwendungsfall ist die *Führung von Kernbrennstäben* und *Neutronen*

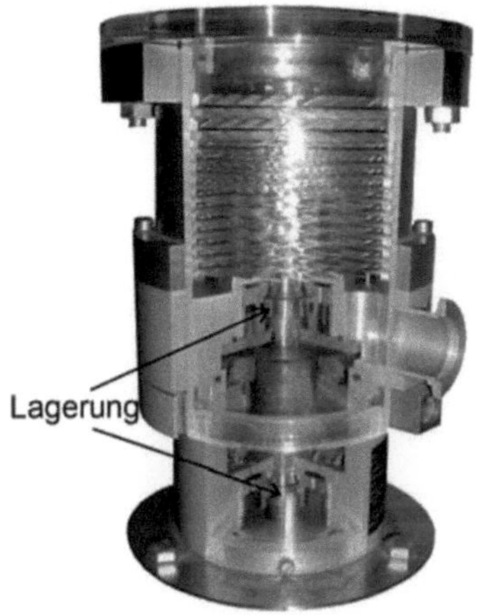

Abb. 1.8 Turbomolekularpumpe. [8]

absorbierenden Stäben in *Reaktordruckkammern*. Derartige Führungen müssen mit höchster Betriebssicherheit jederzeit schnell betätigt werden können. In der Regel sind hier MoS_2-geschmierte Führungen im Einsatz.

1.1.5 Einsatz in aggressiven Medien

Konventionelle Schmierstoffe in Apparaten der chemischen oder biotechnischen Industrie können durch aggressive Chemikalien (Säuren, Laugen, bioaktive Substanzen) angegriffen und zersetzt werden. Auch hier werden Festschmierstoffe (meist Grafit) als chemisch weitgehend inaktiver Schmierstoff eingesetzt.

1.1.6 Einsatz unter Reinraumbedingungen

In sehr reiner Atmosphäre, z. B. in optischen Geräten bei der *Spiegellagerung in Satelliten* und in *Instrumentenlagern* (z. B. *Kreuzgelenklager in Kreiselgeräten*) kann eine Schmierung mit Ölen und Fetten zu einer Kontaminierung der Optik führen. Festschmierstoffe (i. Allg. MoS_2), die weder ausgasen noch sich zersetzen, sind dafür meist eine preiswerte und betriebssichere Lösung.

1.1.7 Einsatz bei besonderen Hygieneanforderungen

Produktionsanlagen in der Lebensmittel- und Pharmaindustrie, die empfindlich gegen Verunreinigungen sind, werden häufig mit feststoffgeschmierten Lagern ausgestattet. Die Schmierung mit Fetten und Ölen auf der Basis von Pflanzen- oder Syntheseölen kann dabei wegen den Anforderungen an gesundheitliche Unbedenklichkeit und Einhaltung

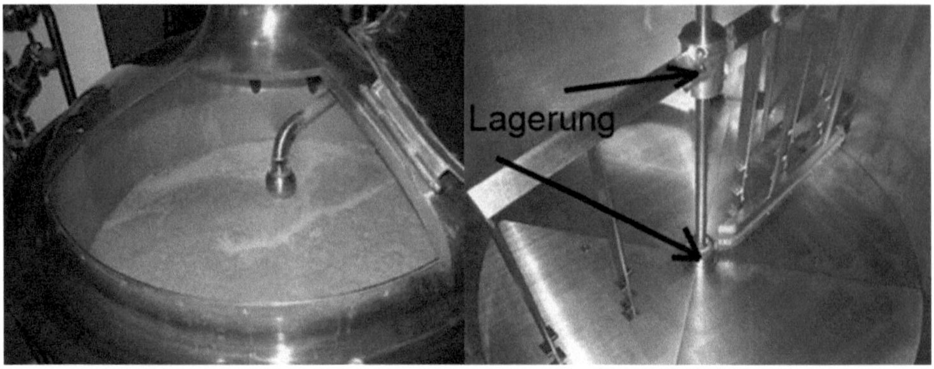

Abb. 1.9 Läuterbottich (*links*), Innenraum eines Läuterbottichs (*rechts*). [9]

Abb. 1.10 Sicherheitsgurt mit PTFE-beschichteter Gurtführungsbuchse. [10]

der Vorschriften der Wassergefährdungsklassen problematisch sein. Additive können deswegen nur sehr begrenzt eingesetzt werden, was sich nachteilig auf die Schmiereigenschaften konventioneller Schmierstoffe auswirkt. Zudem darf kein Schmierstoff aus der Lagerung austreten und Verschmutzungen oder Kontaminierungen bewirken. Besonders kritisch sind Anwendungen, bei der die Lagerung direkt mit dem Nahrungsmittel in Kontakt kommt oder sogar in ihm läuft, wie bei *Läuterbottich-Rührwerken in Brauereien* (Abb. 1.9) oder bei *Apfelpressen in Keltereien.*

Wegen der feuchtwarmen Atmosphäre und der aggressiven Reinigungsmittel müssen die Lager korrosionsbeständig sein, wozu Festschmierstoffe als Beschichtungen durchaus beitragen können.

Vergleichbare Anforderungen im Hinblick auf die Vermeidung von schmierstoffbedingten Verschmutzungen finden sich z. B. bei *Textil- und Papiermaschinen*, in der Weiterverarbeitung von *Werkstoffen oder Bauteilen mit visuell ansprechenden Oberflächen* (z. B. *Tapeten, Drucke, grafische Präsentationen, Designobjekte*). Ebenso muss überall dort, wo für Menschen zugängliche Kontakte zu schmieren sind, vermieden werden, dass Haut oder Kleidung verschmutzt werden. So werden z. B. *Gurtschlösser von Sicherheitsgurten* (Abb. 1.10) mit PTFE-Spray „geschmiert“ um ein leichtgängiges Schließen

Abb. 1.11 Analysegerät für Blutproben

und Öffnen des Schlosses zu ermöglichen und ein Anhaften von Staub oder Schmutz zu verhindern.

Besonders hohe Hygieneanforderungen gelten bei *Geräten der Medizintechnik* wie *Dosiergeräten für Medikamente* zur Behandlung von Patienten oder *Analysegeräten für biologische oder chemische Substanzen* (Abb. 1.11).

Für eine richtige Diagnose müssen Blutproben mit höchster Präzision analysiert werden, was an bewegte Komponenten wie Probenverteiler außerordentliche Anforderungen an Positioniergenauigkeit, Leichtgängigkeit und Partikelfreiheit stellt. Zudem sind strenge Hygiene- und Reinigungsvorschriften einzuhalten, wobei aggressive Desinfektionsmittel und Desinfektionstemperaturen bis 120 °C ohne Beeinträchtigung der Funktion ertragen werden müssen. Oft kommen derartige Komponenten bei der Reinigung auch mit wässrigen Lösungen in Kontakt. Zum Einsatz kommen hier Hybridlager (Stahlringe und Keramikkugeln) sowie Vollkeramiklager und neben Spezialfetten insbesondere Festschmierstoffe auf PTFE-Basis.

1.1.8 Einsatz im Aussetzbetrieb

Lagerungen, die sehr lange im Ruhezustand verweilen, bei Betätigung aber mit geringem Anlaufmoment zuverlässig funktionieren, finden sich in vielen *„Notfallaggregaten"*. Ein Beispiel ist der *aktive Überrollbügeln bei PKW-Cabriolets* (Abb. 1.12).

Derartige Überrollbügel sind in Ruhelage in der Verdeckaufnahme oder in einer B-Säulenverstrebung positioniert und müssen im Notfall auch nach jahrelanger Nichtbetätigung zuverlässig hochfahren. Dies erfordert völlige Wartungsfreiheit, Korrosionsbeständigkeit, Betriebssicherheit und Leichtgängigkeit der Lager, was mit feststoffgeschmierten Gelenklagern aus Stahlringen und einer PTFE-Gleitschicht gelöst wird.

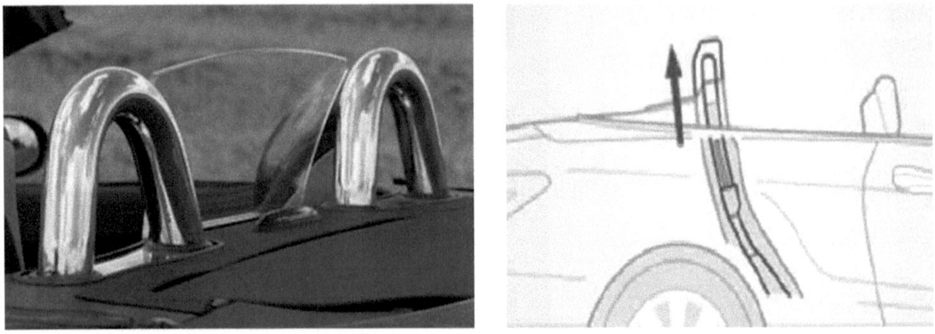

Abb. 1.12 Überrollbügel im Cabrio. [11]

Abb. 1.13 Fanglager in vollkugliger Ausführung. [12, S. 9]

1.1.9 Einsatz bei anomalen Belastungen

Besondere Betriebsbedingungen, bei denen die Voraussetzungen für eine ausreichende Fett- bzw. Ölschmierung eingeschränkt oder überhaupt nicht gegeben sind, können ebenfalls den Einsatz einer Feststoffschmierung erfordern.

Fanglager (sog. *Touch-Down-Lager*) werden bei magnetgelagerten Rotoren eingesetzt, um bei Überlast oder bei Ausfall des Magnetlagers ein Anstreifen des Rotors an Lagerkomponenten zu verhindern (Abb. 1.13).

Fanglager müssen sehr große stoßartige Belastungen beim Absturz der Welle und extreme Beschleunigungen (nd_m bis $3{,}5 \times 10^6$ mm/min) betriebssicher aufnehmen. Während bei Standardanwendungen vollkuglige Rillenkugellager aus 100Cr6 mit einem Schmierungskonzept aus beschichteten Kugeln und Öl eingesetzt werden, finden in aggressiver Umgebung Lagerringe aus High Nitrogen Steel (HNS), Keramikkugeln aus Siliziumnitrid (Si_3N_4) und MoS_2-Schmierung Verwendung.

In *hochdrehenden Werkzeugmaschinenspindeln werden* Öle und Fette mit MoS_2-Zusätzen verwendet, um bei kurzzeitigem Schmierstoffmangel eine Notlaufschmierung zu erreichen. Aus dem gleichen Grund werden auch MoS_2-beschichtete Lagerkomponenten in Verbindung mit Öl- und Fettschmierung eingesetzt. Derartige Misch-Schmierkonzepte verhindern durch eine zuverlässige Trennung der Substratoberflächen in Wälzlagern auch Transportschäden durch Stöße (*Schockbelastung*) und bedingt auch Korrosion.

Im *Wasserbau* verhindern Gleitlager und Kugelgelenklager mit einem Trockengleitfilm eine Verschmutzung von Gewässern oder Grundwasserschichten. Zudem stellen sie einen sicheren Betrieb auch nach sehr langen Ruhezeiten sicher.

1.2 Unterschiede bei der Anwendung von Festschmierstoffen und Fetten/Ölen

Festschmierstoffe unterscheiden sich in ihrer Wirkungsweise grundsätzlich von fluidischen Schmierstoffen (Öle, Flüssigkeiten) und pastösen Schmierstoffen (Fette, Pasten). Nach Schul gilt für Festschmierstoffe [12, S. 16]:

- Im Wälzkontakt herrscht immer Festkörperreibung. Der Reibwert liegt damit in der Regel etwa eine Größenordnung höher als der von Öl- und Fettschmierung.
- Eine dauerhafte Trennung der Reibpartner durch einen Schmierfilm wie bei Öl und Fettschmierung ist nicht möglich.
- Zur Beschreibung der Reibungs- und Schmiermechanismen unter unterschiedlichen Belastungen und Umgebungsbedingungen gibt es keine einheitliche Theorie wie sie z. B. als hydrodynamische Theorie (HD-Theorie) oder elastohydrodynamische Theorie (EHD-Theorie) bei der Öl- und Fettschmierung bekannt ist.
- Aufgrund der sehr geringen Dämpfung eines Festschmierstoffs im Vergleich zu Ölen oder gar Fetten und durch anfallende Abriebpartikel im Wälzkontakt ergibt sich eine deutlich höhere Lagerbelastung durch dynamische Kräfte.
- Die Festschmierstoffschicht verschleißt im Betrieb kontinuierlich. Da die Ausgangsschichtdicke h_S aus tribotechnischen Gründen begrenzt ist (h_S meist ≤ 1 µm), ist die Lagerlebensdauer durchweg sehr viel kleiner als bei öl- oder fettgeschmierten Lagern. Zudem ist nur das Schmierstoffvolumen, das sich im Wälzkontakt bzw. in der Laufspur befindet, Lebensdauer bestimmend. Ist die Festschmierstoffschicht verbraucht, erfolgt der Schichtdurchbruch. Die Substratoberflächen von Ringen und Wälzkörpern berühren sich ohne trennenden Schmierstoff, ein Oberflächenverschleiß setzt ein und führt in der Regel zu einem raschen Lagerausfall.
- Der Verschleiß der Feststoff-Schmierschicht, anfallende Verschleißpartikel und oft auftretende Temperaturgradienten im Lager bedingen in der Regel ein größeres Lagerspiel.
- Wegen der stark ausgeprägten Lagerdynamik feststoffgeschmierter Wälzlager kommt dem Käfig eine besondere Bedeutung für eine hohe Lebensdauer zu. Zum einen wird

er wesentlich stärker beansprucht im Vergleich zu Öl- und Fettschmierung und muss deswegen die erforderliche Festigkeit und Steifigkeit aufweisen. Zum anderen kann er durch eine Transferschmierung die Lebensdauer deutlich steigern, wenn der Käfigwerkstoff mit Festschmierstoff implantiert ist. Durch den Verschleiß der Käfigtasche im Kugel-Käfig-Kontakt werden Schmierstoffpartikel freigesetzt und in die Laufbahn eingetragen. Allerdings kann eine verschlissene Schicht nicht vollständig nachgebildet werden. Eine Transferschmierung kann den Lagerausfall lediglich verzögern.

1.3 Potenziale und Grenzen der Anwendung

Der Einsatz einer Feststoffschmierung kann nicht pauschal beurteilt werden. Er muss immer für die jeweiligen Anwendungsbedingungen genau abgewogen werden.

1.3.1 Potenziale der Feststoffschmierung

Die Schmierung von Wälzlagern mit Festschmierstoffen ist derzeit weitgehend auf die Einsatzfälle begrenzt, in denen eine konventionelle Schmierung mit Fetten und Ölen problematisch oder nicht möglich ist. Die Überlegenheit der Feststoffschmierung zeigt sich deshalb insbesondere bei folgenden Anwendungsfällen:

- Bei extremen Umgebungsbedingungen wie sehr hohen oder sehr niedrigen Temperaturen, Hochvakuum, aggressiven Medien oder bei radioaktiver Strahlung.
- Überall dort, wo keine Kontamination mit flüssigen oder pastösen Schmierstoffen auftreten darf.
- Bei besonders hohen Belastungen und niedrigen Drehzahlen, bei denen Öle und Fette aus dem Kontakt verdrängt werden.
- Bei Schockbelastungen, die ebenfalls den Fett- oder Ölfilm durchstoßen und zu einem Direktkontakt des Substrats führen.
- Im Aussetzbetrieb, wenn lange Ruhepausen von plötzlichem Kurzzeitbetrieb unterbrochen werden und eine betriebssichere Funktion der Lager erforderlich ist.

Zudem ist bei der Demontage und beim Recycling von feststoffgeschmierten Wälzlagern kein „Trockenlegen“ der Maschinenkomponente erforderlich. Der Festschmierstoff kann mit dem Lager problemlos entsorgt werden.

Da bei potenziellen Anwendern eine verbreitete Unsicherheit über die Einsatzbedingungen feststoffgeschmierter Wälzlager vorliegt und sich deshalb die Nachfrage in Grenzen hält, muss angenommen werden, dass die Feststoffschmierung durchaus auch dort angewendet werden kann, wo derzeit noch konventionelle Schmierstoffe verwendet werden.

1.3.2 Grenzen der Feststoffschmierung

Der gegenüber Fetten und Ölen grundsätzlich andere Schmiermechanismus von Festschmierstoffen bedingt eine Reihe von Einschränkungen im Hinblick auf Anwendungsbereiche und Lagereigenschaften. Einige der beim Einsatz von Fetten und Ölen vorhandenen Vorteile fehlen daher bei der Festkörperschmierung:

- Der relativ hohe Reibwert verhindert den Einsatz bei Anforderungen an besonders niedrige Verlustleistung und hohen Wirkungsgrad.
- Die Geräuschemissionen und Vibrationen sind deutlich höher, da eine Dämpfung wie bei Öl- und Fettschmierung fast völlig fehlt.
- Die Relativgeschwindigkeiten im Wälzkontakt sind durch den Zusammenhalt des Schmierstoffs in der Schmierstoffschicht begrenzt. Dadurch können feststoffgeschmierte Wälzlager nur bei vergleichsweise moderaten Drehzahlen eingesetzt werden.
- Ein Nachschmieren der Lager von außen ist nicht möglich. Allenfalls kann durch die sogenannte Transferschmierung eine lebensdauerverlängernde Wirkung erreicht werden. Dabei werden Schmierstoffpartikel, durch den Verschleiß im Kugel-Käfig-Kontakt, aus dem mit Festschmierstoff inkorporierten Käfig ausgetragen und in die Kontaktzone Kugel-Ring eingebracht.
- Eine Kühlung des Lagers, wie es bei der Ölumlaufschmierung mit Zwischenkühlung des Öls praktiziert wird, ist bei Feststoffschmierung nicht möglich. Durch die in den Wälzkontakten erzeugte Reibwärme steigt die Lagertemperatur soweit an, bis sich ein Gleichgewicht zwischen der intern im Lager erzeugten Reibwärme und der Wärmeabgabe des „heißen" Lagers durch Wärmeleitung, Konvektion und Strahlung an die „kühlere" Umgebung eingestellt hat.

Eine gravierende Einschränkung für die größere Verbreitung und höhere Marktakzeptanz feststoffgeschmierter Wälzlager liegt in der weit verbreiteten Unkenntnis ihrer Eigenschaften und der Unsicherheit im Bezug auf ihre Lebensdauer. Es fehlt derzeit eine Theorie, die es erlaubt, eine Lebensdauer der Wälzlager ähnlich wie mit der EHD-Theorie bei fett- und ölgeschmierten Lagern in Abhängigkeit von den Lagerbelastungen und Umgebungsbedingungen zu prognostizieren. Die grundsätzlich anderen Schmiermechanismen und die Vielzahl an oft extremen Einflussfaktoren machen eine Lebensdauerprüfung aufwendig und eine Lebensdauerprognose unsicher. Das Betriebsverhalten und die Lebensdauer feststoffgeschmierter Wälzlager werden durchweg nach Erfahrungswerten der Lagerhersteller oder durch Vorversuche bestimmt. Da zudem ein entsprechendes Marktvolumen nicht erkennbar ist, scheuen sich Lagerhersteller auch, aufwendige Prüfapparate zur Lebensdauerermittlung zu entwickeln und zu betreiben.

Das vorliegende Buch soll einen Beitrag dazu leisten, diese Unsicherheiten zu verringern und die Akzeptanz feststoffgeschmierter Wälzlager bei Konstrukteuren und Anwendern zu erhöhen.

1.4 Zusammenfassung

Die Anwendung feststoffgeschmierter Wälzkontakte und Wälzlager überstreicht einen großen Bereich, wobei fast ausschließlich „Sonderanwendungen" festzustellen sind, in denen konventionelle Schmierkonzepte mit Ölen und Fetten nicht mehr eingesetzt werden können oder keine befriedigenden Ergebnisse mehr erreichen. Feststoffgeschmierte Lager werden üblicherweise dann eingesetzt, „wenn es nicht mehr anders geht". Grund dafür sind die tribologischen Einschränkungen, die durch den Festkörperkontakt bedingt sind, aber auch die verbreitete Unkenntnis und Unsicherheit im Hinblick auf die Eigenschaften und Leistungsgrenzen dieser Lager.

Literatur

1. Hecht Kugellager GmbH & Co KG. http://www.hecht-hkw.de/hkw/lager2/o_lager.htm (2011). Zugegriffen: 18. Juni 2011
2. Kaderverein Mechanisch- Technische Berufe. http://www.kmtb.ch/index.php?page=105 (2011). Zugegriffen: 18. Juni 2011
3. SKF: SKF, Hauptkatalog (1994)
4. LAC, s. r.o. http://www.lac.cz/de/produkty/rekonstrukce-peci-susaren/
5. Oerlikon Leybold Vacuum GmbH. http://www.oerlikon.com/leyboldvacuum/products/produktkatalog_04.aspx?cid=1940
6. GMN Paul Müller Industrie GmbH & Co. KG, Werkskatalog (2010)
7. Bankmann, G.: Schmierung von Wälzlagern in der Luft- und Raumfahrt. Tribol. Schmier. **1995**(4), 205–215 (1995)
8. Deutsches Elektronen-Synchrotron. http://mhf-e.desy.de/e638/e1877/
9. Brauerei Heller. http://www.hellers-brauerei.de/sites/s_brauprozess01.htm
10. MOTIP DUPLI GMBH. http://www.motipdupli.de/index.php?id=tm_1455&L=1
11. Daimler, A.G.: http://m.mercedes-benz.de/%3Bm=img%3Bh=www2/5r9ADPMS8ia1mSYvzS1Uxg.jpg
12. Shigeki, M.: SPACEA Series Products for Special Environments. NSK Tech. J. Motion Control **7**, 1–4 (1999)
13. Schul, C.: Einfluß der Baugröße auf die Lebensdauer feststoffgeschmierter Kugellager. Dissertation TU Darmstadt. VDI, Düsseldorf (1997)

Die Tribologie von Festschmierstoffen

2

Das Kapitel beginnt mit grundlegenden Ausführungen zur Tribologie (Lehre von der Reibung), in dem tribologische Phänomene wie Reibungsarten, Reibungszustände und Verschleißarten in Tribosystemen beschrieben werden. Danach folgt eine detaillierte Beschreibung der Festschmierstoffe und ihrer Eigenschaften, wobei zuerst die Bedeutung der Wechselwirkungen zwischen Festschmierstoff, Substrat und Beschichtungsprozess betont wird. Nach einer Klassifikation der Festschmierstoffe werden die drei für praktische Anwendungen besonders wichtigen Schmierstoffklassen der Polymere, der Schichtgitterwerkstoffe und der Weichmetalle detailliert behandelt.

In technischen Systemen treten häufig Bewegungswiderstände in Form von Reibung und Bauteilschäden durch Verschleiß auf. Schon seit der frühen Zivilisation wurden die Werkstoffe der Reibpartner gezielt ausgewählt und die Reibflächen geschmiert, um Reibung und Verschleiß zu begrenzen und einen Betrieb mit dem erforderlichen Wirkungsgrad und der gewünschten Zuverlässigkeit zu erreichen [1, S. 99]. Es ist Aufgabe der *Tribologie*, die ingenieurwissenschaftlichen Voraussetzungen zur Auslegung und Gestaltung reibungs- und verschleißarmer Bauteilpaarungen bereitzustellen [2, S. 134].

2.1 Tribologische Grundlagen

Für das Verständnis der Tribologie von Festschmierstoffen in Kap. 2.2 werden die dafür erforderlichen Grundlagen vorab in diesem Kapitel zusammengefasst.

2.1.1 Tribosysteme

Jede Bauteilpaarung unter Reibbeanspruchung kann als *Tribosystem* aufgefasst werden (Abb. 2.1).

H. Birkhofer, T. Kümmerle, *Feststoffgeschmierte Wälzlager*,

DOI 10.1007/978-3-642-16797-3_2,

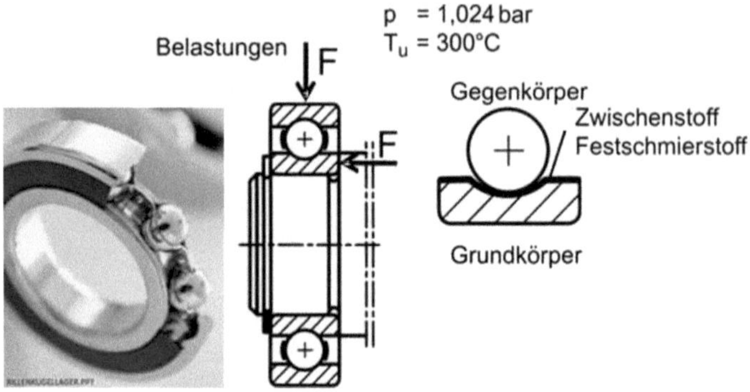

Abb. 2.1 Wälzlager als Tribosystem

▶ **Definition:** Ein Tribosystem besteht aus dem Grundkörper, dem Gegenkörper, meist einem Zwischenstoff und einer Umgebung mit Belastungen (Kräfte, Momente, Relativbewegung) und Umgebungsbedingungen (Temperatur, Druck, Feuchte…).

In Tribosystemen treten tribologische Effekte z. B. Reibung, Schmierung und Verschleiß auf, die tribologische Beanspruchungen, z. B. Schubspannungen, Erwärmung, Oberflächenzerrüttung und Materialverlust der Bauteile hervorrufen können.

▶ **Definition:** Reibung ist in Anlehnung an [3, S. 625] eine Wechselwirkung zwischen sich berührenden stofflichen Bereichen von Körpern, die deren Relativbewegung entgegenwirkt.

2.1.2 Reibungsarten

Nach DIN 50323 [4] wird Reibung als Gegenkraft zu einer Relativbewegung zweier sich berührender Stoffbereiche bezeichnet. Durch Reibung wird mechanische Arbeit in Wärme gewandelt (Reibungsarbeit). Um das Phänomen der Reibung differenzierter zu beschreiben, werden verschiedene *Reibungsarten* definiert.

▶ **Definition:** Unter Reibungsarten werden unterschiedliche Modellvorstellungen zur Beschreibung von Tribosystemen und zur Erklärung von tribologischen Phänomenen verstanden.

Die verschiedenen Reibungsarten können recht global (Makrobetrachtung) oder sehr stark aufgelöst (Mikrobetrachtung) behandelt werden. Die folgenden Abschnitte gehen von einer globalen, topologieorientierten Beschreibung der Reibung aus und reichen über eine kinematik- und verformungsorientierte Beschreibung bis hin zu einer mikrostrukturellen Beschreibung.

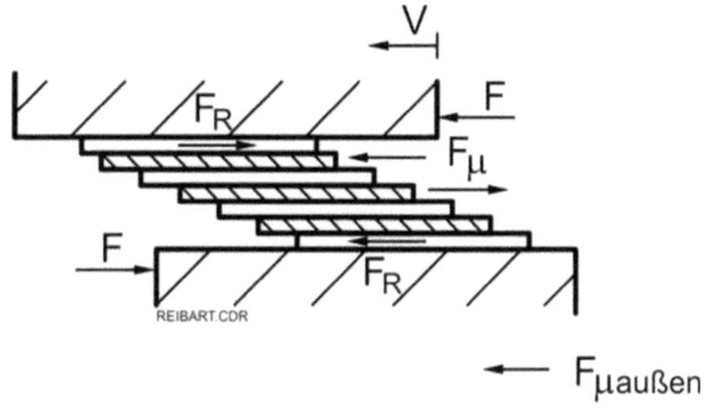

Abb. 2.2 Feststoffgeschmierte Metallkörper mit innerer und äußerer Reibung

2.1.2.1 Topologieorientierte Beschreibung der Reibung

Hierbei wird differenziert, ob die Reibung zwischen verschiedenen Körpern (äußere Reibung) oder innerhalb eines Körpers (innere Reibung) auftritt (Abb. 2.2). Ein typischer Fall, in dem beide Reibungsformen gleichzeitig auftreten, ist die Feststoffschmierung zweier metallischer Oberflächen mit einer MoS_2-Zwischenschicht. Die Festschmierstoffschicht ermöglicht eine Relativbewegung der beiden Körper, wenn die äußere Kraft F größer ist als der Widerstand innerhalb der Festschmierstoffschicht.

Die äußere Reibung beruht im Beispiel nach Abb. 2.2 auf der inneren Reibung innerhalb der MoS_2-Schicht, in der sich die MoS_2-Lamellen bei Belastung gegeneinander verschieben.

2.1.2.2 Kinematikorientierte Beschreibung der Reibung

Charakterisiert man das Phänomen der Reibung im Hinblick auf die makroskopisch wahrnehmbare Kinematik der Relativbewegung von Bauteilen, kann man die Reibungsarten nach Abb. 2.3 unterscheiden.

Bei der *Haftreibung* (auch Ruhereibung, statische Reibung) verharren die Körper relativ zueinander in derselben Position. Die äußeren Kräfte sind kleiner als der Reibungswiderstand. Bei der *Bewegungsreibung* (auch dynamische Reibung) findet eine Relativverschiebung und/oder Relativdrehung der Körper statt.

Die Bewegungsreibung wird üblicherweise in Gleit-, Roll-, Bohr- und Wälzreibung eingeteilt [5, S. 51].

- Bei der *Gleitreibung* herrscht eine translatorische Relativbewegung der Körper in der Kontaktfläche vor, wie sie z. B. in Gleitführungen auftritt.
- Als *Rollreibung* bezeichnet man die Reibung, bei der die Drehachse eines Reibpartners parallel zur Kontaktfläche liegt (Bsp. Rad-Schiene-System).
- Steht die Drehachse senkrecht auf der Kontaktfläche, z. B. beim Reibschweißen von Rundmaterial, spricht man von *Bohrreibung*.
- Als *Wälzreibung* wird eine Überlagerung von Gleit- und Rollreibung bezeichnet, wie sie z. B. bei Stirnradverzahnungen außerhalb des sogenannten Wälzpunkts vorliegt.

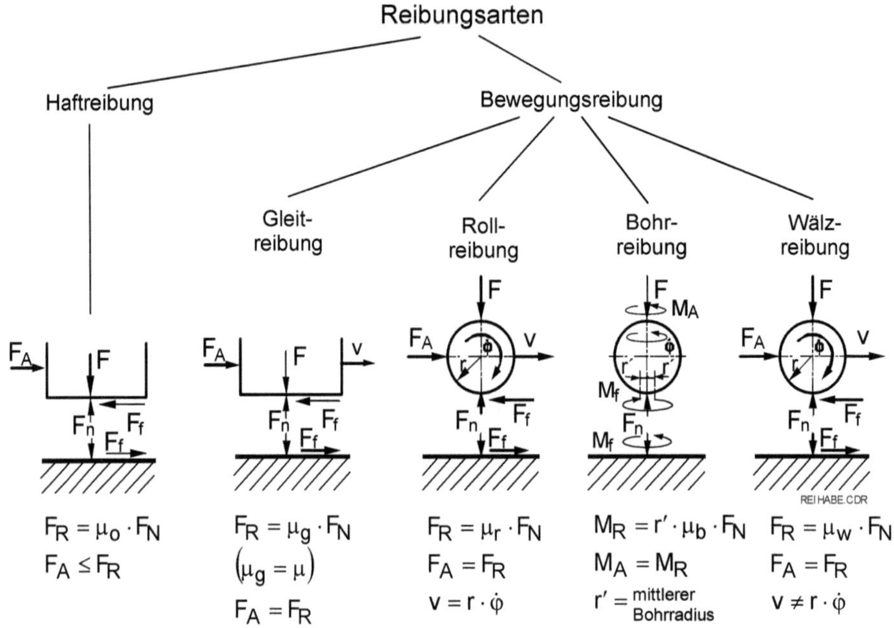

Abb. 2.3 Nach der Kinematik der Reibpartner gegliederte Reibungsarten

Gleitreibung verursacht im Vergleich zur Rollreibung meist die größeren tribologischen Beanspruchungen in der Reibzone.

Die Überlagerung von Gleit- und Rollreibung in der Wälzzone bedingt eine Verringerung der Geschwindigkeit v gegenüber dem reinen Rollvorgang.

$$v < r \cdot \dot{\varphi} \tag{2.1}$$

Die relative Differenz zwischen idealer Geschwindigkeit v_0 beim Rollen und tatsächlicher Geschwindigkeit v beim Wälzen eines angetriebenen Rads wird *Schlupf s* genannt.

$$s = \frac{(v_0 - v)}{v_0} \quad bzw. \quad s = \frac{\left(\dot{\varphi} - \frac{v}{r}\right)}{\dot{\varphi}} \tag{2.2}$$

▶ **Definition:** Der Schlupf *s* ist die auf die ideale Geschwindigkeit bezogene Differenz der Relativgeschwindigkeiten.

Dieser Schlupf bewirkt eine mikroskopische Gleitreibung in der Kontaktzone, die für die tribologischen Eigenschaften (z. B. Reibungszahl, Wirkungsgrad) und die Beanspruchung der Reibpaarungen (z. B. Schubspannungen) maßgeblich ist.

Die Unterteilung der Bewegungsreibung nach Tab. 2.1 lässt sich hinsichtlich der Reibungseffekte vereinfachen. So ist die Bohrreibung ein spezieller Fall der Gleitreibung und die Wälzreibung wiederum eine Überlagerung aus Gleit- und Rollreibung. Deshalb

Tab. 2.1 Reibwert-Größenordnung für die verschiedenen Reibungsarten und Reibungszustände. (Nach [5, S. 88])

Reibungsart	Reibungszustand	Reibwerte
Ruhereibung	Haftreibung	0,1 … >1
Gleitreibung	Festkörperreibung	0,1 … >1
	Grenzreibung	0,01 … 0,2
	Mischreibung	0,001 … 0,1
	Flüssigkeitsreibung	0,0001 … 0,01
	Gasreibung	0,00001
Rollreibung	Mischreibung	0,001 … 0,005

werden im Folgenden, wenn nicht explizit vermerkt, nur die grundsätzlich unterschiedlichen Reibungsarten *Haftreibung* und *Gleitreibung* behandelt.

Zur Beschreibung der Haft- und Gleitreibung wird das *Coulomb'sche Reibungsgesetz* verwendet.

Haftreibung:
$$F_R = \mu_0 \cdot F_N \tag{2.3}$$

Gleitreibung:
$$F_\mathrm{R} = \mu(bzw.\mu_\mathrm{r}, \mu_\mathrm{b}, \mu_\mathrm{W}) \cdot F_\mathrm{N} \tag{2.4}$$

Man bezieht dabei die Reibkraft F_R auf die zwischen den Reibflächen wirkende Normalkraft F_N und verknüpft beide mit dem dimensionslosen Reibwert μ_0 bzw. μ.

Die Haftreibung wird durch den *Haftreibwert* μ_0, die Gleitreibung durch den *Gleitreibwert* μ gekennzeichnet. In der Regel ist der Haftreibwert μ_0 größer als der Gleitreibwert μ (Tab. 2.1), was für spezielle Reiberscheinungen wie das Ruckgleiten (*Stick-Slip-Effekt*) verantwortlich ist.

Mittels der Coulomb'schen Reibung lassen sich die Kenngrößen der Reibung wie folgt definieren:

Das *Reibmoment* M_R beschreibt das Drehmoment, welches durch Reibung als mechanischer Widerstand gegen ein Antriebsmoment wirkt.

$$M_\mathrm{R} = F_\mathrm{R} \cdot r \tag{2.5}$$

Die durch die Reibung geleistete Arbeit mit der Reibstrecke l_R bzw. dem Reibwinkel φ_R wird als *Reibarbeit* W_R bezeichnet und vollständig oder zum größten

Teil in Wärme umgewandelt.

$$W_\mathrm{R} = F_\mathrm{R} \cdot l_\mathrm{R} = M_\mathrm{R} \cdot \varphi_\mathrm{R} \tag{2.6}$$

Die geleistete Arbeit pro Zeit wird als *Reibleistung* P_R bezeichnet.

$$P_\mathrm{R} = \frac{W_\mathrm{R}}{t} = F_\mathrm{R} \cdot v_\mathrm{R} = M_\mathrm{R} \cdot \omega_\mathrm{R} \tag{2.7}$$

2.1.2.3 Verformungsorientierte Beschreibung der Reibung

Die kinematisch orientierte Reibbetrachtung nach Abschn. 2.1.2.2 geht von geometrisch idealen Körpern aus. Da sich jedoch alle Bauteile bei Belastung verformen, treten auch in

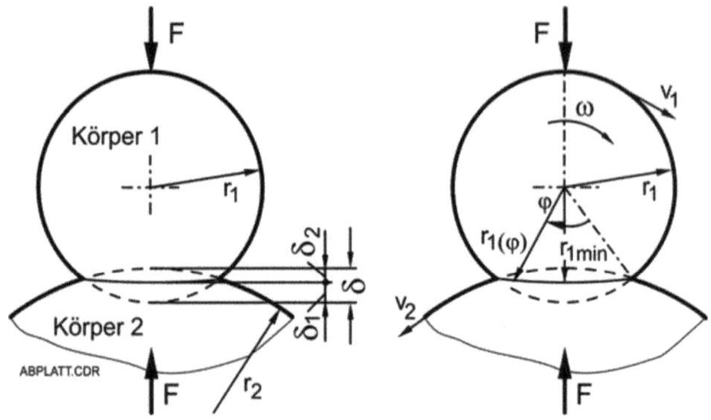

Abb. 2.4 Abplattung zweier Körper; Hertz'scher Kontakt (*links*); kinematische Verhältnisse bei Relativdrehung Körper 1 zu Körper 2 (*rechts*)

der durch Normal- und Reibkräfte belasteten Reibpaarung elastische und teilweise sogar plastische Verformungen[1] auf, was erhebliche Auswirkungen auf die Reibwerte haben kann.

Obwohl bei allen Reibungsarten nach Abb. 2.3 derartige Verformungen auftreten, spielen sie insbesondere bei der Roll- und Wälzreibung eine besonders wichtige Rolle. Die Abb. 2.4 zeigt zwei Rotationskörper, die durch äußere Kräfte aufeinander gepresst werden und sich in der Kontaktzone abplatten.

Die Abplattung δ hängt von der äußeren Kraft F, den Krümmungsradien r_i und den Elastizitätsmoduln E_i der beiden Körper ab. Sie kann durch die *Hertz'sche Gleichung* beschrieben werden:

$$\delta = \frac{\psi}{\xi} \cdot \sqrt[3]{\frac{9F^2 \cdot \sum \rho \cdot (1 - \nu^2)^2}{8E^2}} \tag{2.8}$$

Nach der Theorie des deutschen Physikers Heinrich Hertz [6] können Größe und Form der Kontaktflächen sowie die Höhe und Verteilung der mechanischen Spannungen unter der Oberfläche berechnet werden. Die Höhe der *Hertz'schen Pressung* hängt ebenfalls von der Kraft, mit der die beiden Körper aufeinander gepresst werden, von ihren Krümmungsradien und von ihren Elastizitätsmoduln ab. Die beiden Faktoren ψ und ξ werden *Hertz'sche Beiwerte* genannt und sind abhängig von den Geometriedaten beider Körper.

Rollt der Körper 1 auf dem Körper 2 ab, ergeben sich für jeden Berührpunkt in der Abplattungszone unterschiedliche Rollradien (Abb. 2.4, rechts). Damit ergeben sich in Abweichung zur idealen Kreisform der Rotationskörper in der Abplattungszone Mikrogleitvorgänge. Sie werden in Kap. 3.1.4.2 Mikroschlupf ausführlich beschrieben.

[1] Ein Beispiel für plastische Verformungen in der Reibzone ist die Definition der statischen Tragzahl C_0 bei Wälzlagern, die als diejenige Belastung des Wälzlagers definiert ist, bei der die gesamte bleibende Verformung von Wälzkörpern und Laufringen an der höchstbeanspruchten Kontaktstelle 0,1 ‰ des Wälzkörperdurchmessers beträgt.

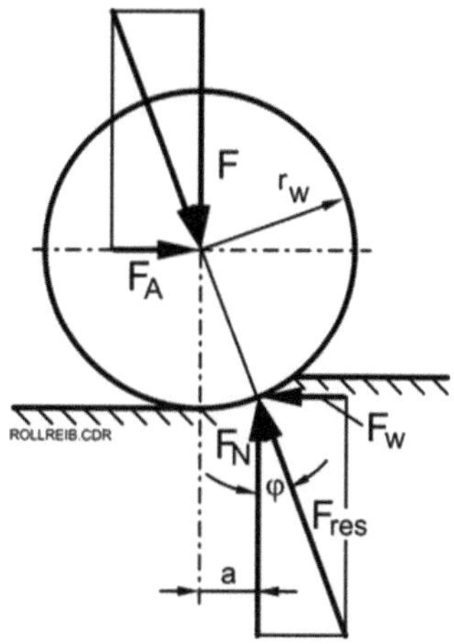

Abb. 2.5 Rollreibung und Rollwiderstand im Modell des „Hebelarms der rollenden Reibung“

Ein früher publizierter Sonderfall einer verformungsinduzierten Form der Reibung ist die Charakterisierung der Rollreibung mit dem sogenannten „Hebelarm der rollenden Reibung“. Hier trifft man die Annahme, dass ein unendlich harter Rollkörper auf einer verformbaren Unterlage abrollt (Abb. 2.5).

Auf den Rollkörper wirkt dann eine schräg nach oben gerichtete resultierende Kraft F_{res}, deren Horizontalkomponente F_W den Rollreibungswiderstand darstellt. Ihr muss bei gleichförmiger Bewegung die Antriebskraft F_A das Gleichgewicht halten.

Aus

$$F_N = F \tag{2.9}$$

und

$$a \ll r \tag{2.10}$$

folgt

$$\tan\varphi \approx \sin\varphi = \frac{a}{r} \tag{2.11}$$

und damit

$$F_W = F \cdot \frac{a}{r} \tag{2.12}$$

Daraus folgt für den Reibwert μ_R der Rollreibung:

$$\mu_R = \frac{F_W}{F} = \frac{a}{r} \tag{2.13}$$

Dies führt zum sogenannten Moment der rollenden Reibung M_W:

$$M_W = F_W \cdot r = F \cdot a \tag{2.14}$$

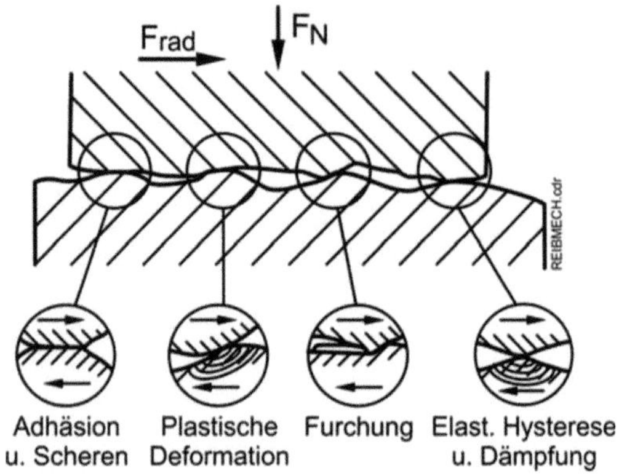

Abb. 2.6 Vereinfachte Darstellung der Reibungsmechanismen. (Nach [5, S. 74])

Der Hebelarm *a* der Rollreibung ist eine Modellvorstellung und kann empirisch ermittelt werden. Für Stahlräder auf Schienen wird $a \approx 0{,}5$ mm, für Wälzlager $a \approx 0{,}005$–$0{,}01$ mm gesetzt.

2.1.2.4 Mikrostrukturelle Beschreibung der Reibung

Vergrößert man den Betrachtungsmaßstab der Kontaktzone weiter bis zur Darstellung der Oberflächenrauheiten, so können die tribologischen Phänomene der Wechselwirkung zwischen den einzelnen, sich berührenden Rauheitsspitzen der Bauteiloberflächen durch die sogenannten *Reibungsmechanismen* [5, S. 74] beschrieben werden.

▶ **Definition:** Als Reibungsmechanismen werden die im Kontaktbereich eines Tribosystems auftretenden, bewegungshemmenden, energiedissipierenden Elementarprozesse der Reibung bezeichnet [5, S. 74].

Die Reibungsmechanismen können unterteilt werden in Adhäsion und Scherung, plastische Deformation, Furchung und elastische Hysterese und Dämpfung (Abb. 2.6).

Bei der *Adhäsion* werden Adhäsionsbindungen in den Kontaktzonen durch molekulare Wechselwirkungen gebildet und wieder zerstört. Die unterschiedlichen Bindungsarten (Ionen-, Atom-, metallische und Van-der-Waals-Bindungen) beschreibt [5, S. 29].

Die *plastische Verformung* durch die lokal hohen Flächenpressungen in den Mikrokontakten verursacht Energieverluste durch dissipative Energien, wenn die Kontaktzonen aufeinander drücken und/oder sich tangential verschieben und dabei die Elastizitätsgrenze der Werkstoffe überschritten wird.

Furchung tritt auf, wenn ein härterer Körper beim Kontakt in den weicheren Körper eindringt und diesen bei einer Relativverschiebung aus der Kontaktzone verdrängt.

Elastische Hysterese und Dämpfung stellen ebenfalls eine Form der Energiedissipation dar, die bei hysteresebehafteten, dämpfenden Werkstoffen auftritt, wenn diese verformt und bei anschließender Entlastung die Verformung nicht wieder vollständig aufgehoben wird.

Die Reibungsmechanismen sind auch Ursache für das Auftreten sogenannter Blitztemperaturen, womit sehr kurzzeitige, aber starke Temperaturerhöhungen in zeitlich und örtlich statistisch verteilten Mikrokontakten (hot spots) bezeichnet werden.

2.1.3 Reibungszustände

Bei den unterschiedlichen Formen der Bewegungsreibung können in technischen Anwendungen verschiedene *Reibungszustände* auftreten.

▶ **Definition:** Ein Reibungszustand definiert die tribologischen Eigenschaften des Systems und ist durch das Vorhandensein oder Fehlen einer Zwischenschicht zwischen den Reibpartnern bestimmt.

Man unterscheidet:

- *Festkörperreibung* als Reibung bei unmittelbarem Kontakt fester Körper ohne trennende Zwischenschichten oder Schmierfilme. Dieser Zustand liegt vor, wenn reine, ungeschmierte, oxid- und verunreinigungsfreie und absolut trockene Reibpartner aufeinander reiben. Er ist nur unter Laborbedingungen zu erreichen.
- *Grenzreibung*: Festkörperreibung, bei der die Oberflächen der Reibpartner nicht absolut sauber und trocken sind, sondern mit einem schmierwirksamen Film bedeckt sind. Dieser besteht meist aus einem Gemisch aus Oxiden, Verunreinigungen und Fluiden. Dieser Reibungszustand trifft gut für reale Reibpartner in technischen Systemen zu, die praktisch immer einen derartigen Schmierstofffilm, der oft nur wenige Nanometer dick ist, aufweisen.
- *Mischreibung*: Reibung bei der Festkörper- und Fluidreibung gleichzeitig vorliegen. Der Schmierfilm ist nicht zusammenhängend, einzelne Oberflächenspitzen der Reibpartner berühren sich. Die Tragkraft von Lagern im Mischreibungsgebiet setzt sich aus dem Anteil an hydrodynamischen Staudrücken in den Fluidkammern und den mechanischen Flächenpressungen an den Berührstellen zusammen.
- *Fluidreibung*: Reibung, bei der die Reibpartner vollständig durch einen Flüssigkeits- oder Gasfilm getrennt sind. Die Oberflächenrauheiten der Reibpartner berühren sich nicht und verschleißen deshalb auch nicht. Um diesen Reibungszustand der Reibpartner sicherzustellen, ist jedoch in allen Betriebszuständen eine minimale, von der Oberflächenrauheit der Reibpartner abhängige Mindestschmierspaltdicke einzuhalten. Diese Forderung wird allerdings beim Anfahren oder Herunterfahren von Lagern oder Führungen unterbrochen (Mischreibung) und durch Fluchtungsfehler wie Wellendurchbiegungen oder Wellenschiefstellungen in einer Lagerschale gefährdet.

Die Reibungszustände und mit ihnen die Reibwerte μ werden maßgeblich von den Relativgeschwindigkeiten der Reibpartner bestimmt und durch die sogenannte Stribeck-Kurve beschrieben (Abb. 2.7).

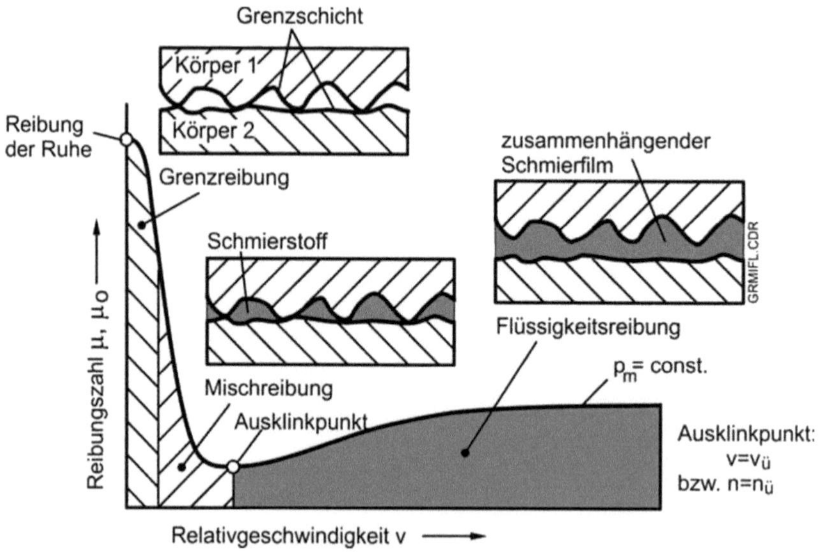

Abb. 2.7 Reibwert μ in Abhängigkeit von der Relativgeschwindigkeit v und dem Reibungszustand bei konstanter Belastung (Stribeck-Kurve). (Nach [2, S. 145])

Während die Ruhereibung den höchsten Reibwert μ_0 aufweist, sinkt μ mit zunehmender Relativgeschwindigkeit v der Reibpartner im *Grenz-* und *Mischreibungsgebiet* ab. Dabei baut sich ein hydrodynamischer Druck auf, der die *Grenzreibung* zwischen den Oberflächenspitzen der Reibpartner reduziert. Beim Übergang von der *Mischreibung* in die *Flüssigkeitsreibung,* dem sog. *Ausklinkpunkt,* wird das Reibwertminimum erreicht. Danach steigt die Reibungszahl μ trotz reiner *Flüssigkeitsreibung* mit zunehmender Geschwindigkeit wieder an, da die Scherspannungen in der Flüssigkeit mit zunehmender Geschwindigkeit und damit auch der Bewegungswiderstand größer werden.

Jede Stribeck-Kurve gilt nur für eine bestimmte Lagerbelastung p_m. Bei zunehmender Belastung und damit zunehmendem Fluiddruck im Schmierfilm verlagern sich die Kurven nach unten, hin zu niedrigeren Reibungszahlen.

2.1.4 Verschleißarten

Verschleiß ist eine meist unerwünschte Folge von Bewegungsreibung[2].

▶ **Definition:** Unter Verschleiß wird nach DIN 50 320 [7] der fortschreitende Materialverlust aus der Oberfläche eines festen Körpers (Grundkörper) verstanden, der durch mechanische Ursachen wie Kontakt- und Relativbewegung eines festen, flüssigen oder gasförmigen Körpers bzw. Mediums entsteht.

[2] Ein erwünschter Verschleiß liegt z. B. bei der so genannten Transferschmierung von feststoffgeschmierten Wälzlagern vor, bei der Schmierstoff durch Verschleiß aus dem Käfigwerkstoff freigesetzt wird und in den Laufbahnen eine Art „Nachschmiereffekt" bewirkt.

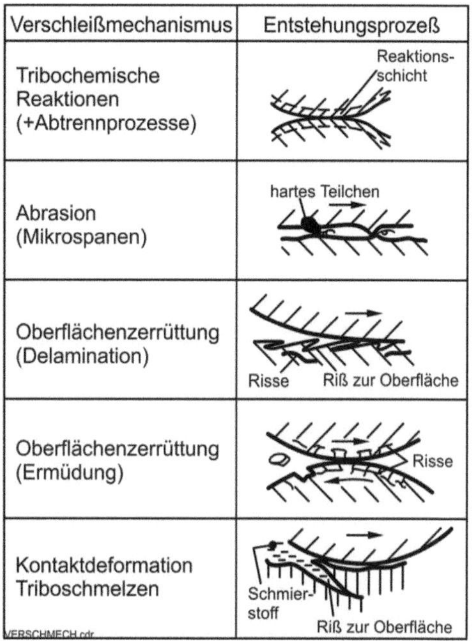

Abb. 2.8 Verschleißmechanismen und Verschleißpartikel. (Nach [5, S. 119])

Je nach Art des den Körper verschleißenden Mediums (Festkörper, Festkörperpartikel, Flüssigkeiten, Gase und Kombinationen davon) unterscheidet man Verschleißarten wie Wälzverschleiß, Schwingungsverschleiß, Strahlverschleiß oder Kavitationserosion. Dabei können die Verschleißmechanismen tribochemischer Reaktionen, Abrasion, Oberflächenzerrüttung und Adhäsion in komplexer Weise zusammenwirken (Abb. 2.8).

Typische Erscheinungsformen von Verschleiß sind z. B. Risse, Grübchen, Kratzer, Riefen, Fresser und Schuppen. Für Komponenten in technischen Systemen wie Lager, Zahnradpaarungen oder Nockenantrieben sind insbesondere der Gleit- und Wälzverschleiß von Bedeutung.

2.1.5 Weitere tribologische Phänomene

Eine Energiebilanz von Tribosystemen zeigt, dass mit dem Auftreten von Reibung ein Energieverlust verbunden ist, der durch den *Wirkungsgrad* η beschrieben werden kann.

► **Definition:** Der Wirkungsgrad η eines Systems ist eine dimensionslose Kennzahl, die das Verhältnis von abgegebener zu aufgenommener Arbeit bzw. Leistung angibt.

Für den Wirkungsgrad η gilt

$$0 \leq \eta \leq 1 \tag{2.15}$$

wobei in Tribosystemen wegen der dort immer vorhandenen Verlustleistung infolge Reibung der Wirkungsgrad η grundsätzlich < 1 ist.

Ein weiterer, für technische Anwendung wichtiger Effekt in Tribosystemen ist die *Selbsthemmung.*

▶ **Definition:** Selbsthemmung liegt vor, wenn ein System sich bei einem Vertauschen der Ein- und Ausgangskraft nicht mehr bewegen lässt.

Ursache für die Selbsthemmung sind die Reibkräfte innerhalb des Systems, die als Resultierende zusammengefasst größer sind als die am Ausgang wirkende Kraft und so eine Rückwärtsbewegung des Systems verhindern. Selbsthemmung spielt in vielen Maschinenelementen (z. B. bei Befestigungsschrauben) eine wichtige Rolle, wenn eine selbsttätige Rückbewegung (Lösen) verhindert werden soll.

In Tribokontakten wird mechanische Energie immer auch in thermische Energie gewandelt. Ursache ist die lokale Energiedissipation in unterschiedlichen Reibungsmechanismen, die sich in einer globalen Temperaturerhöhung der Körper im Tribosystem auswirkt. Reibbedingte Temperaturerhöhungen treten besonders ausgeprägt bei Gleitvorgängen auf [5, S. 60]. Der dabei auftretende Wärmestrom $\dot{Q}_R$ kann überschlägig ermittelt werden durch

$$\dot{Q}_{\mathrm{R}} = \frac{\mu \cdot F_{\mathrm{N}} \cdot v_{\mathrm{rel}}}{A} \tag{2.16}$$

Die Temperaturerhöhung der Reibpartner kann rückwirkend wiederum erhebliche Auswirkungen auf das tribologische Verhalten der Paarung haben. So nimmt z. B. die Adhäsionsneigung zu und kann zu den gefürchteten Fress-Erscheinungen führen.

2.2 Festschmierstoffe und ihre tribologischen Eigenschaften

Generell kann man jeden festen Stoff, der zur Verringerung der Reibung zwischen zwei Körpern und zur Reduzierung des Verschleißes in der Kontaktzone eingesetzt wird, als Festschmierstoff bezeichnen.

2.2.1 Grundlagen

Eine erste Unterscheidung grenzt Festschmierstoffe von jenen Beschichtungen wie Phosphat-, Hartchrom- oder Zinkschichten ab, die zwar als feste Beschichtungen von Grundwerkstoffen verwendet, aber nicht primär zur Minderung von Reibung und Verschleiß eingesetzt werden. Innerhalb der Gruppe von reibungs- und verschleißmindernden Feststoffen kann weiter unterschieden werden, ob Festschmierstoffe in elementarer Form, in Verbindungen mit anderen Festschmierstoffen (z. B. Gemische oder

Mehrstoffschichten) oder als Additive von Ölen oder Fetten [8] verwendet werden. Da der tribologische Mechanismus von Öl- und Fettschmierung auf dem Effekt der HD- oder EHD-Schmierung basiert, der grundsätzlich andere Eigenschaften als der der Feststoffschmierung aufweist, werden diese Anwendungen hier nicht weiter berücksichtigt.

► **Definition:** Festschmierstoffe sind alle festen Stoffe, die bewusst eingesetzt werden, um die Reibung zwischen Körpern und den Verschleiß in der Kontaktzone zu verringern. Festschmierstoffe finden als Reinstoffe, Verbindungen oder Gemische in unterschiedlichsten Erscheinungsformen wie Pulver, Pasten, Schichten, Filmen oder Compounds Anwendung.

Nach dieser Definition sind z. B. feste Verunreinigungen oder natürlich entstandene Oxidschichten auf Oberflächen, wie sie üblicherweise bei der Festkörperreibung in technischen Anwendungen auftreten (s. auch Abb. 2.7) keine Festschmierstoffe, da diese Stoffe zwar schmierwirksam sein können, sie aber nicht bewusst zur Reibungs- und Verschleißminderung aufgebracht wurden.

Von Festschmierstoffen werden allgemein die Eigenschaften gefordert:

- chemische Beständigkeit im Anwendungsbereich,
- Oxidations- und Zersetzungsbeständigkeit im Anwendungsbereich,
- geringer Reibwert,
- hohe Verschleißfestigkeit,
- Beibehaltung der tribologischen Eigenschaften im Anwendungsbereich.

Die Schmierwirkung und Verschleißminderung von Festschmierstoffen sind durch die tribologischen Eigenschaften des Festschmierstoffs bestimmt, aber auch maßgeblich durch die *Haftung* des Schmierstoffs auf den Oberflächen der Reibpartner (Substratoberflächen). Die Haftung wiederum wird neben der Art des Festschmierstoffs selbst wesentlich durch dessen Affinität zum Substratwerkstoff, die Eigenschaften der Substratoberfläche (Rauheit, Reinheit) und die Art des Beschichtungsverfahrens bestimmt. Ein typisches Beispiel für den engen Zusammenhang zwischen Festschmierstoffeigenschaften und Beschichtungsart zeigt Abb. 2.9.

Für die Auslegung eines Festschmierstoffsystems sind unbedingt die Wechselwirkungen zwischen Festschmierstoff, Substrat und Beschichtungsprozess zu berücksichtigen und im Hinblick auf den konkreten Anwendungsbereich zu optimieren (Abb. 2.10).

Eigene Erfahrungen belegen, dass selbst die Wahl eines hervorragenden Festschmierstoffs nur ein mäßiges oder gar unzureichendes tribologisches Verhalten ergeben kann, wenn z. B. die Beschichtung nicht optimal ausgeführt wurde. Wegen der Bedeutung dieses Zusammenhangs werden im Folgenden die einzelnen Festschmierstoffe gemeinsam mit den jeweiligen Substrateigenschaften und Beschichtungsverfahren behandelt.

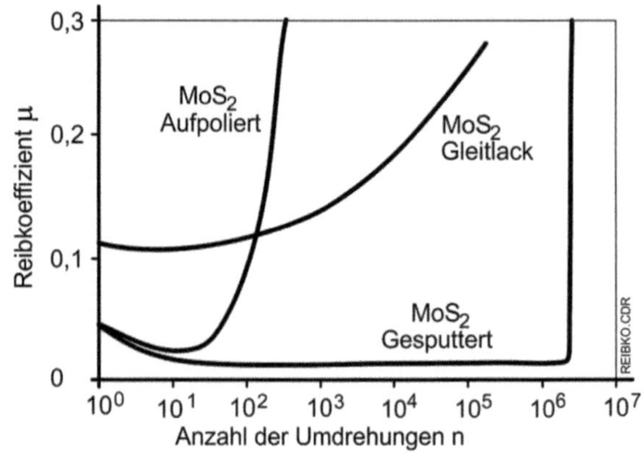

Abb. 2.9 Vergleich des Reibkoeffizienten MoS_2-beschichteter Proben. [9]

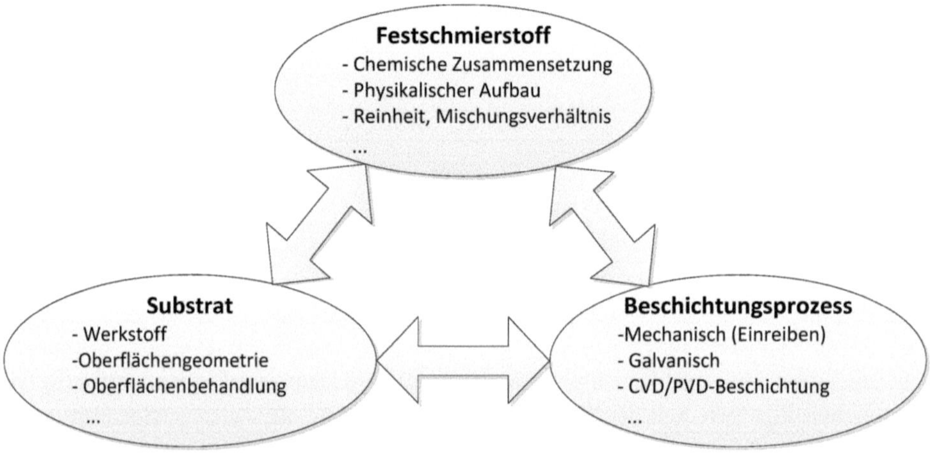

Abb. 2.10 Wechselwirkungen innerhalb eines Tribosystems

2.2.2 Einteilung der Festschmierstoffe

Festschmierstoffe sind in vielen Werkstoffgruppen vertreten. Ihre Einteilung erfolgt üblicherweise nach den gebräuchlichen Werkstoffklassen (Abb. 2.11).

Die Schmiermechanismen der einzelnen Festschmierstoffe basieren auf sehr unterschiedlichen physikalischen und chemischen Effekten und werden meist auch stark durch die Umgebungsbedingungen wir Temperatur, Feuchte und Atmosphäre beeinflusst. Daher ist der Einsatz eines Festschmierstoffs durchweg auf einen bestimmten Anwendungsbereich beschränkt. Um einen größeren Anwendungsbereich abzudecken, werden daher oft Kombinationen verschiedener Festschmierstoffe verwendet, wobei Synergieeffekte die Schmiereigenschaften durchaus positiv beeinflussen können [9, S. 17]. Stellvertretend für die Beschreibungen von Festschmierstoffen in der Fachliteratur wird hier auf [10–12] hingewie-

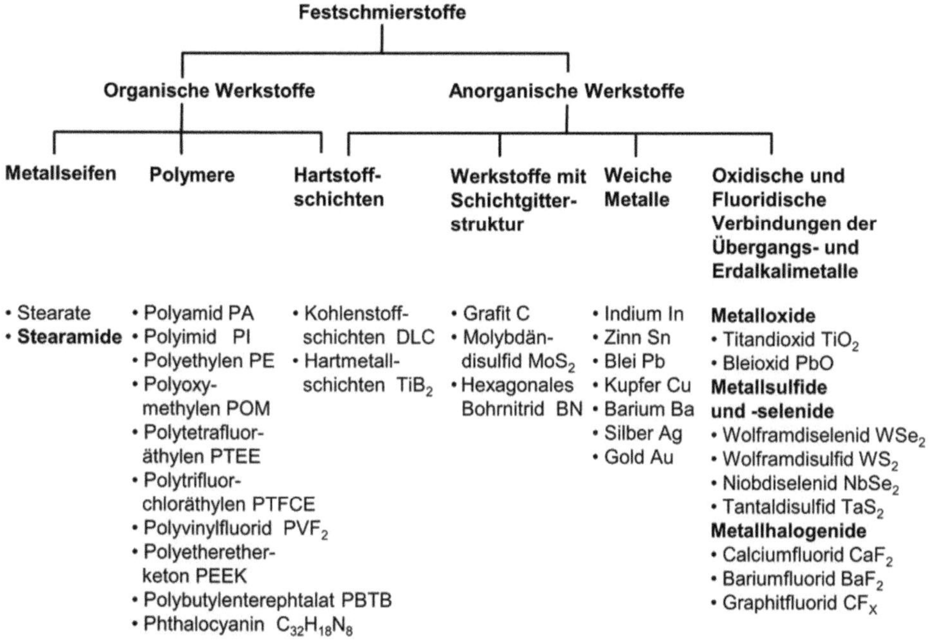

Abb. 2.11 Systematik der Festschmierstoffe mit Beispielen

Tab. 2.2 Eigenschaften gebräuchlicher Festschmierstoffe. (Nach [9, S. 18])

Eigenschaft	MoS_2	Grafit	Polyimid	PTFE	Silber
Dichte bei 20 °C (g/cm³)	4,7–4,8	2,2	1,43	2,2	10,5
Wärmeleitfähigkeit	Schlecht	Gut	Schlecht	Schlecht	Sehr gut
Reibwert in Vakuum oder trockener Luft	0,01/0,1	≥0,6	k. A.	k. A.	0,3–0,4 (ab 300 °C)
Reibwert in Normalatmosphäre bei 20 °C	0,06/0,3	0,04/0,1	k. A.	k. A.	≥0,5
Druckbelastbarkeit	Hoch	Mittel	Mittel	Gering	Mittel
Einsatztemperatur in Normal-atmosphäre (°C)	−180/300	−20/550	−250/315	−180/260	≤200
Einsatztemp. im Vakuum (°C)	−180/500	–	−250/315	−180/260	≤650
Reaktionsprodukte (an Normalatmosphäre)	MoO_3	CO_2	–	C_2F_4	Ag_2O
Chemikalienbeständigkeit	Gut	Sehr gut	Gut	Gut	Mäßig
Korrosionsbeständigkeit	Schlecht	Gut	Gut	Gut	Schlecht
Strahlungsbeständigkeit	Gut	Gut	Sehr gut	Schlecht	Gut

sen, in denen eine Vielzahl von Festschmierstoffen, die über die in Abb. 2.11 angegebenen weit hinausgehen, im Hinblick auf ihre tribologischen Eigenschaften untersucht werden.

Schul [9, S. 18] gibt die tribologischen Eigenschaften der gebräuchlichsten Vertreter dieser Gruppen in einer Übersicht (Tab. 2.2) an.

Im Folgenden werden die für die Anwendung in Wälzlagern besonders wichtigen Gruppen der Polymere, der Schichtgitterwerkstoffe und der Weichmetalle behandelt. Sie haben sich in einer Vielzahl von Anwendungen bewährt [13, S. 261 ff.]. Die Eigenschaften und Anwendungsgebiete der anderen Festschmierstoffe können der Literatur entnommen werden [5, S. 229 ff.; 9, S. 17 ff.; 10, S. 229 ff.; 11, S. 257 ff.; 12, S. 161 ff.].

2.2.3 Polymere

Polymere werden gleichzeitig als Konstruktions- und Lagerwerkstoff eingesetzt, vielfach finden sich aber auch Werkstoffverbunde, in denen Polymere als Lagerwerkstoff in eine Metallstruktur eingefügt werden. Für tribologische Anwendungen finden Thermoplaste und Duroplaste Verwendung.

2.2.3.1 Aufbau von Polymeren

Polymere sind makromolekulare Werkstoffe auf der Basis von Kohlenwasserstoffen, deren Molekülketten aus vielen gleichen oder ähnlichen Grundbausteinen zusammengesetzt sind. Sie sind organische Werkstoffe und besitzen die größte Strukturvielfalt aller technisch genutzten Werkstoffe. Anders als bei niedermolekularen Werkstoffen werden ihre Eigenschaften weniger von den Grundbausteinen bestimmt, sondern vor allem durch die Struktur des Makromoleküls (amorphe Knäuelstruktur bzw. teilkristalline Faser- oder Lamellenstruktur) bestimmt [14, S. 2].

2.2.3.2 Tribologische Eigenschaften

Zur Beschreibung des tribologischen Verhaltens von Polymeren werden im Wesentlichen die Adhäsions- und die Deformationstheorie verwendet.

Adhäsion beruht auf den Van-der-Waalschen Wechselwirkungen zwischen Polymer und Gegenwerkstoff und führt zu einer Bindung zwischen beiden Werkstoffen, die durch eine Reibungskraft überwunden werden muss, um eine Relativbewegung zu bewirken.

Die *Deformationstheorie* beschreibt die Verformung von Polymerschichten durch die Rauheiten eines üblicherweise härteren Gegenkörpers. Infolge der inneren Dämpfung von Polymeren bei der Verformung tritt ein Energieverbrauch ein, der sich makroskopisch als Reibenergie äußert.

Die Adhäsions- und die Deformationstheorie können das Phänomen der Reibung zwischen Grundkörper und Polymer erklären und entsprechen auch annäherungsweise experimentellen Befunden in Grundlagenversuchen. Die Modellierung des komplexen Reibungs- und Verschleißverhaltens realer tribologischer Systeme ist damit jedoch nur sehr eingeschränkt möglich. Eine ausführliche Darlegung der Theorien zur Beschreibung des tribologischen Verhaltens von Polymeren findet sich in [14, S. 41 ff.].

Bei statischer Belastung des Polymers bilden sich Kontaktzonen mit elastisch-plastischer Deformation des Polymers und adhäsiven Bindungen zwischen Polymer und Gegenkörper. Wird der Gegenkörper relativ zum Polymer bewegt, wird dieses entsprechend einem

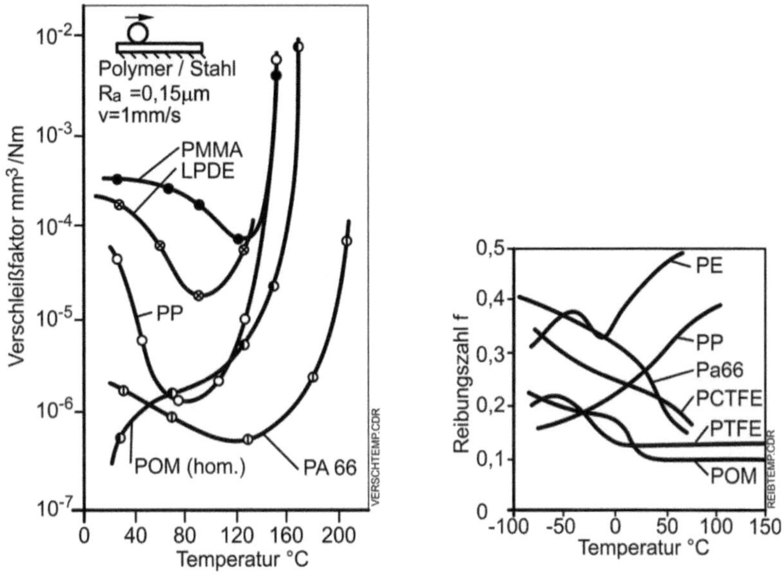

Abb. 2.12 Verschleiß nach [14, S. 107] (*links*), Einfluss der Temperatur auf den Reibwert (*rechts*)

Feder-Massesystem verspannt bis die Reibkraft größer wird als die Adhäsionskräfte. Dann werden die adhäsiven Bindungen des Polymers zum Gegenkörper gebrochen und das weichere Polymer durch die Rauheiten des Gegenkörpers furchend verdrängt [14, S. 91]. Die vor der Relativbewegung wirkende Haftreibungskraft beruht auf dem Scherwiderstand des Polymers und geht bei beginnender Relativbewegung in die Gleitreibungskraft über, die je nach Polymerart und tribologischen Bedingungen erheblich von der Haftkraft abweichen kann. Im Einlaufbereich werden tribologische Imperfektionen (z. B. ungleiche Schichtbeanspruchung und inhomogene Adhäsion an der Substratoberfläche) ausgeglichen, der Reibwert sinkt weiter ab, bis er einen weitgehend konstanten Wert in einem Gleichgewichtszustand annimmt, der als stationärer Zustand bezeichnet wird. Die tribologischen Eigenschaften (Reibwert, Verschleißrate, Temperaturverlauf) hängen dabei neben der Art des Gegenkörpers und des Polymers stark von den jeweiligen Bedingungen wie Höhe der Gleitgeschwindigkeit, Flächenpressung und Temperatur (Abb. 2.12) ab.

Eine ausführliche Darstellung und Erklärung der tribologischen Phänomene bei Gleitbeanspruchung von Polymeren findet sich in [14, S. 91]. Ergänzend wird auf [15, S. 52] verwiesen, wo der Verschleiß von Polymer-Metallpaarungen detailliert untersucht und vor allem bei Anwesenheit von Füll- und Verstärkungsstoffen in der Polymermatrix betrachtet wird.

2.2.3.3 Thermische Eigenschaften

Polymere finden vielfältige Anwendung als Festschmierstoffe bis in den Temperaturbereich von 250 bis 350 °C. Sie werden als reine Festschmierstoffe nur bei vergleichsweise niedrigen Gleitgeschwindigkeiten und geringen Belastungen eingesetzt. Der limitierende Faktor ist oft die Temperaturgrenze, die bei vielen Polymeren erheblich niedriger liegt als die der meisten schmierstoffwirksamen Metalle und Metallverbindungen. Dabei stellt die Umgebungstemperatur nur einen limitierenden Faktor dar. Hinzu kommt die durch Reibung erzeugte Wärme in der Reibpaarung Polymer-Metall, die eine Temperaturerhöhung der Reibpartner weit über die Umgebungstemperatur hinaus bewirken kann. Das Problem der thermischen Beanspruchung von Polymeren wird noch weiter dadurch verschärft, dass Polymere verglichen zu Metallen sehr schlechte Wärmeleiter sind und sie die in der Kontaktzone entstehende Wärme nur unzureichend ableiten können. Dies bedingt einen Wärmestau innerhalb der Kontaktzone und damit eine weitere Temperaturerhöhung.

Im Folgenden werden die für Anwendungen als Festschmierstoff besonders wichtigen und gebräuchlichen Polyamide, Polyimide, Polytetrafluoräthylene und Polyetheretherketone behandelt.

2.2.3.4 Polyamide

Polyamide gehören der Amidgruppe der Polymere an und weisen eine ausgeprägte Wasserstoff-Brückenbildung zwischen benachbarten Molekülketten auf [16, S. 479]. Diese Bindungen sind für die Zähigkeit, Temperaturformbeständigkeit und den hohen E-Modul der Polyamide verantwortlich. Sie haben einen kristallinen Aufbau, dessen Struktur von der Abkühlungsgeschwindigkeit abhängt. Die Struktur von Polyamiden wiederum beeinflusst die Festigkeit und den E-Modul stark. Zudem weisen Polyamide eine charakteristische Wasseraufnahmefähigkeit auf (0,7 % bei PA 12 und 3,7 % bei PA 46 in Luft mit 50 % relativer Luftfeuchte) [16, S. 482]. Die Wasseraufnahme führt zu einer Volumenvergrößerung, erhöht Zähigkeit und Abriebfestigkeit, senkt jedoch den E-Modul. Die Gebrauchstemperaturen von Polyamiden reichen im Dauerbetrieb von 70 °C bei PA 11 und PA 12 bis zu 120 °C bei PA 66, kurzfristig sind auch bis zu 280 °C bei PA 46 möglich.

Polyamide weisen ein sehr gutes Reibungs- und Verschleißverhalten [16, S. 485] auf und besitzen gute Trockenlaufeigenschaften, was sie für den Einsatz als Festschmierstoffe auszeichnet. Die vergleichsweise niedrige Gebrauchstemperatur von reinem PA kann durch Beimengung von bis zu 50 % Glasfasern, Kohlenstofffasern oder anderen Fasern deutlich erhöht werden. Die Zugabe von Siliziumdioxid, Talkum, Kreide oder Glaskugeln erhöht die Steifigkeit und verringert Verzugsneigung und Schwinden. Zugaben von Metallpulvern (z. B. Al, Cu, Bz, Pb) erhöhen die Warmstandfestigkeit. Mit Beimengungen von MoS_2, PTFE oder Grafit wird das Reibungs- und Verschleißverhalten verbessert und die Neigung zum Ruckgleiten (Stick-Slip-Effekt) deutlich verringert.

In tribologischen Anwendungen werden Polyamide vor allem als Gleitlagerwerkstoffe für Trockenlauf, aber auch für fluidgeschmierte Anwendungen (Gusspolyamid GF-PA auch für Wasserschmierung) verwendet.

2.2.3.5 Polyimide

Polyimide werden aus einem schmelzbaren Zwischenzustand unter Erhitzen und Abspalten von Stoffen in einen unlöslichen und nicht mehr schmelzbaren Zustand (Duroplast) überführt [16, S. 516]. Sie werden in der Regel als Halbzeuge angeboten und verwendet, können jedoch auch durch Sintern des pulverförmigen Zwischenprodukts zu Halbfertig- oder Fertigteilen verarbeitet werden. Erhältlich sind auch Polyimide zum Sprühen und Beschichten, was sie für die Anwendung als Festschmierstoffe interessant macht.

Polyimide besitzen die höchste Wärmeformbeständigkeit und sind im Dauerbetrieb bis 260 °C, kurzzeitig bis nahezu 400 °C einsetzbar [16, S. 518]. Der E-Modul von Polyimiden beträgt 2300 MPa, die Feuchteaufnahme in Luft mit 50 % relativer Feuchte etwa 2 %.

Typische tribologische Anwendungen finden Polyimide im Turbinenbau, in der Raumfahrt und in Umgebungsbedingungen, wo ihre Strahlungsbeständigkeit und hohe thermische Belastbarkeit zum Tragen kommt. In [17, S. 355 ff.] werden umfangreiche Stift-Scheibe Versuche mit Sintimid, einem handelsüblichen Polyimid unter Hochvakuum im Temperaturbereich zwischen − 100 °C und + 300 °C und niedrigen Gleitgeschwindigkeiten $v_g < 0{,}1$ m/s beschrieben. Dabei zeigte sich eine deutliche Abnahme von Reibwert und Verschleißrate mit zunehmender Flächenpressung, was eine Mindestflächenpressung von etwa 2 MPa für den Einsatz von Sintimiden als Festschmierstoff nahe legt. Demgegenüber haben die Gleitgeschwindigkeit und die Temperatur nur einen geringen Einfluss auf Reibung und Verschleiß.

Auf den Einsatz als Käfigwerkstoff für Wälzlageranwendungen bei hohen Temperaturen wird in Kap. 5.2 detailliert eingegangen.

2.2.3.6 Polytetrafluoräthylene

Polytetrafluoräthylen (PTFE) ist ein vergleichsweise weiches und nachgiebiges thermoplastisches Polymer. Wegen seines hohen Schmelzpunkts >327 °C und seiner hohen Schmelzviskosität kann PTFE nicht mit den üblichen Verfahren für Thermoplaste verarbeitet werden. Halbzeuge und Bauteile aus PTFE werden deshalb bei Raumtemperatur aus PTFE-Suspensionspolymerisat-Pulver durch Pressen oder Extrudieren vorgeformt und durch Sintern oberhalb der Schmelztemperatur fertig gestellt. Für tribologische Anwendungen interessant ist das Aufbringen von PTFE-Dispersionen auf metallische oder keramische Substrate mit einem nachfolgenden Einbrennen. Derart hergestellte Schichten sind jedoch nicht porendicht und daher als Korrosionsschutzschichten nicht geeignet [16, S. 462]. PTFE hat einen E-Modul von 400–750 MPa. Besondere Vorteile von PTFE sind der Einsatzbereich in einem weiten Temperaturspektrum von −270 °C bis +300 °C, die universelle chemische Beständigkeit, die Unlösbarkeit in allen bekannten Lösungsmitteln und die hervorragenden elektrischen und di-elektrischen Eigenschaften [16, S. 462]. Wird eine obere Grenztemperatur überschritten, zersetzt sich PTFE unter Bildung von Fluorverbindungen mit aggressivem Verhalten gegenüber metallischen Oberflächen [12, S. 156].

PTFE ist der wohl am häufigsten eingesetzte Polymer-Festschmierstoff, weil er das beste Gleit- und Antihaftverhalten aller Polymere besitzt und einfach in Form dünner Schichten und Filme auf die Substratoberflächen aufgebracht werden kann. Das mäßige Verschleißverhalten kann durch Beimengungen von Grafit, Elektrokohle, Stahl, MoS_2, Glasfasern oder Kohlefasern [17, S. 357] verbessert werden. In Reinform ist PTFE sehr weich und fließt schon unter geringen Druckbeanspruchungen. Diesem Fließen versucht man z. B. bei Gleitbuchsen durch strukturelle Verstärkungen des Polymers z. B. durch Einlagerung von Fasern, Pulvern und anderen Füllstoffen entgegen zu wirken. Leider resultieren aus diesen Maßnahmen merklich höhere Reibwerte im Bereich von 0,1 bis 0,25 verglichen zu Rein-PTFE mit einem Reibwert von < 0,01 [14, S. 13]. Zudem können Verschleißpartikel wie Glasfaser-Bruchstücke bei faserverstärktem PTFE zu gravierenden Verschleißschäden an metallischen Reibpartnern führen, wenn sie in die Kontaktzone gelangen (s. auch [18, S. 93]).

Wird PTFE als Festschmierstoff verwendet, muss sichergestellt werden, dass sich auf allen Kontaktflächen ein dünner PTFE-Film ausbildet. Dies kann durch vorherige Beschichtung, aber auch durch den Transfer von PTFE aus einem PTFE-Depot auf eine noch unbeschichtete Reibfläche erfolgen. Ein außergewöhnliches Beispiel für eine derartige PTFE-Transferschmierung beschreibt die Entwicklung eines ölfreien Industriegetriebes. Eine bestimmte Menge PTFE-Pulvers wird in ein Zahnradgetriebe gegeben und überzieht die Zahnflanken beim Einlaufen des Getriebes nach kurzer Zeit mit einem geschlossenen PTFE-Film [19].

Die Haftung von PTFE auf dem Substrat hängt auch von der Rauheit der Substratoberflächen ab, wobei sich nach [11, S. 175] eine Rauheit von Rz = 0,1 bis 0,2 µm als günstig erwiesen hat.

Die Hauptanwendungsgebiete für tribologische Zwecke sind neben Dichtungen, Bälgen und Kolben vor allem Gleitbuchsen und Gleitstreifen, wobei PTFE oft in eine poröse Metallmatrix eingebunden wird. In [14, S. 14] wird auch die Verwendung als Brückenlager zitiert. PTFE wird auch als Zusatz für Fette eingesetzt, um deren Anwendungsgrenzen auszuweiten. So berichtet [20] über das Verhalten von PTFE-inkorporierten Wälzlagerfetten im Temperaturbereich von −40 °C bis +240 °C.

2.2.3.7 Polyetheretherketone

Polyetheretherketon (PEEK) gehört zur Gruppe der aromatischen Polyetheretherketone und ist ein teilkristallines Polymer. Der Kristallanteil kann durch eine Temperung nach der Fertigung eingestellt werden [18, S. 45]. PEEK wird nach den üblichen Verfahren für die Thermoplastherstellung durch Spritzguss oder Extrudieren hergestellt. Auch Beschichtungen z. B. durch Wirbelsintern sind herstellbar.

Polyetheretherketone sind in einem weiten Temperaturbereich hochfest und steif [16, S. 517]. So liegt der Zug-E-Modul von reinem PEEK bei 3.600 MPa, der von kohlefaserverstärktem PEEK zwischen 78.000 und 155.000 MPa, die Zugfestigkeit zwischen 1570 und 2.600 MPa. Zur Erhöhung von Steifigkeit und Festigkeit insbesondere auch bei höheren Temperaturen werden deshalb Glas- oder Kohlenstofffasern zugesetzt, die Beimengung von PTFE oder Grafit verbessert die Reibungs- und Verschleißeigenschaften. PEEK weist eine für Polymere ungewöhnlich hohe Gebrauchstemperatur von 250 °C bei einer Schmelztemperatur von 365 °C auf. PEEK zeichnet sich durch eine gute thermische und chemische Beständigkeit aus und nimmt sehr wenig Wasser auf. Es ist beständig gegen nicht oxidierende Säuren, Laugen, Öle und Fette.

Die tribologischen Eigenschaften von PEEK [18, S. 45 ff.] zeigen eine deutliche Zunahme der Verschleißraten mit zunehmender Gleitgeschwindigkeit. Die Verschleißraten werden vor allem durch den Anteil an amorphen Phasen im PEEK-Werkstoff bedingt. Der Reibwert steigt mit Zunahme der Flächenpressung leicht an und bleibt ab etwa 4 MPa konstant.

Für tribologischen Anwendungen findet PEEK vor allem als Käfigwerkstoff für Wälzlager Verwendung, bei der vor allem die sehr guten Festigkeitseigenschaften im Hinblick auf die Käfigbeanspruchung durch die Kugel-Käfig-Dynamik zum Tragen kommen.

2.2.3.8 Polymere und ihre Eigenschaften

Tabelle 2.3 zeigt eine Übersicht der wichtigsten Eigenschaften der vier, in den vorherigen Abschnitten beschriebenen Polymere. Es muss hier jedoch explizit darauf hingewiesen werden, dass die Polymereigenschaften je nach Sorte erheblich variieren können.

2.2.3.9 Polymere in Mehrstoffverbunden

Vielfach werden zwei oder mehrere Polymere zu Gleitwerkstoffen kombiniert. Lu [18, S. 54 ff.] beschreibt beispielsweise detailliert das tribologische Verhalten einer PEEK-PTFE-Mischung, in der sich synergetische Effekte einstellten. So fiel die spezifische Verschleißrate bei Zumischung von nur 5 % PTFE um das Dreifache, was sich auf die Ausbildung eines dünnen PTFE-Films auf der Oberfläche des metallischen Gegenkörpers zurückführen lässt. Wird PTFE mit Bleipulver inkorporiert und in Sinterbronze-Gleitbuchsen und Gleitstreifen eingebracht, entstehen Schmierstoff-Compounds mit hoher Belastbarkeit, vergleichsweise niedrigem Reibwert und geringer Verschleißrate.

In [20, S. 11] wird von erfolgreichen Versuchen berichtet, PEEK-Walzlagerkäfige mit gradiertem Zirkoniumkarbid (ZrC_g) im PVD-Verfahren zu beschichten. Damit sollen Reibung und Verschleiß des Wälzlagerkäfigs verringert und ein sicherer Betrieb auch bei hoch beanspruchten Anwendungen wie der Lagerung von Werkzeugmaschinenspindeln erreicht werden. Die Schwierigkeit, eine haftfeste Abscheidung im PVD-Verfahren zu erreichen, wurde durch eine geeignete Vorbehandlung des PEEK-Substrats und eine angepasste Prozessführung bei der PVD-Beschichtung überwunden.

2.2.4 Schichtgitter-Festschmierstoffe

Schmierstoffe mit Schichtgitterstruktur weisen ausgeprägte *Gleitebenen* (auch Basalebenen genannt) innerhalb ihrer Kristallstruktur auf (Abb. 2.13).

Diese Gleitebenen führen bei einer tribologischen Belastung zu einer internen Scherung des Festschmierstoffs und zu einer Relativbewegung der Schichtlamellen innerhalb der Gleitebenen. Zwischen den Lamellen wirken dabei molekulare Kräfte, sodass die Lamellen trotz einer lateralen Relativverschiebung aneinander haften und im Idealfall kein Auftrennen der Schicht mit Abplatzen oder Abblättern von Schichtpartikeln auftritt. Je geringer die Haftung zwischen den Schichtlamellen und je größer die Kraftaufnahme der

Tab. 2.3 Eigenschaften von Polyamiden, Polytetrafluoräthylenen, Polyimiden und Polyetheretherketonen. (Nach [14, S. 210 ff.; 15, S. 700 ff.; 26, S. 89])

		Polyamide (PA)	Polytetrafluorathylene (PTFE)	Polyimide (PI)	Polyetheretherketone (PEEK)
Dichte (g/cm^3) DIN 53479		1,04–1,13	2,15–2,20	1,43	1,32
Zug-E-Modul (MPA) DIN 53457		1000–2000	410	3000–3200	3600
Zugfestigkeit (MPa) DIN 53455		56–85	25–36	75–100	90
Linearer Ausdehnungskoeffizient ($K^{-1} \cdot 10^{-6}$)		80–130	120–250	50–60	47
Belastbarkeit und Verschleiß *pv*-Wert (N/mm^2 m/s) bei Gleitgeschwindigkeit	0,05 m/s	0,04	0,09–0,03	–	–
	0,5 m/s	0,08	0,09–0,03	1	–
	5 m/s	0,07	0,09–0,03	–	–
Gleitreibwert		0,25–0,45	0,22	0,41	0,39
Verschleißrate (mm^3/Nm) bei *pv*-Wert = 1(MPa m/s)				2×10^{-6}	4×10^{-6}
Schmelztemperatur (°C)		185–330	327	–	335–345
Glastemperatur (°C)		50–150	127	250–270	145
Max. Gebrauchstemperatur kurzzeitig (°C)		120–230	300	400	300
Max. Gebrauchstemperatur dauernd (°C)		70–155	260	260	250
Min Gebrauchstemperatur dauernd (°C)		− 30 bis − 70	− 270	–	–
Wasseraufnahme Normklima (23 °C/50 %r.F.)		0,7–3,5	–	1,2	–
Spezifischer Durchgangswiderstand (Ω cm) DIN IEC 6093		10^{11}–10^{13}	$>10^{18}$	$>10^{16}$	5×10^{16}
Strahlenbeständigkeit bis zu einer Gamma-Strahlendosis (Gy) von		10^4	Gering, Einsatz nicht zu empfehlen	–	–
Fertigungs- und Gebrauchseigenschaften		Preiswert, kleine Verschleißraten, einfach herstellbar mit engen Toleranzen	Sehr niedrige Reibwerte, stick–slip–frei, weiter Temperaturbereich, mit Faserverstärkung große Tragfähigkeit und Verschleißbeständigkeit	Insbesondere bei hohen Einsatztemperaturen, wenn andere Polymere versagen, schwierige Verarbeitung infolge der Sprödigkeit	Gute Verarbeitbarkeit bei hohen Einsatztemperaturen
Empfohlene Gleitpartner und Eigenschaften		Stahl	Stahl	Stahl	
		$HR_{Cmin} = 50$	$HR_{Cmin} = 50$	$HR_{Cmin} = 50$	
		Rz = 2–4 µm	Rz = 0,2–1µm	Rz = 1–2 µm	

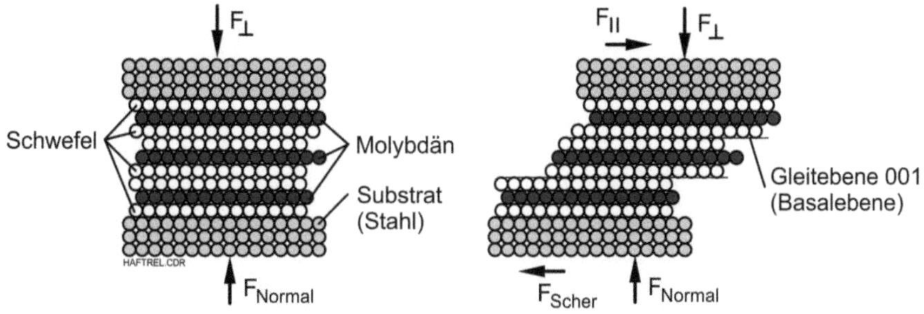

Abb. 2.13 Schematische Darstellung des Aufbaus von Schichtgitterwerkstoffen und ihres Verhaltens unter Normal- und Reibbeanspruchung am Beispiel von MoS_2. [9, S. 25]

Abb. 2.14 Schichtgitterstruktur von Grafit [10] mit Gleitebenen (*a*)

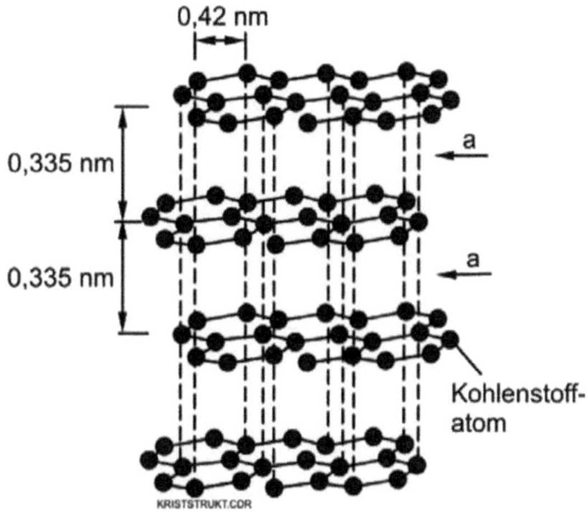

Schicht senkrecht zu ihrer Erstreckung ist, umso geringer sind Reibung und Verschleißrate und umso besser ist der Werkstoff als Festschmierstoff geeignet.

2.2.4.1 Grafit

Aufbau Grafit ist eine Modifikation des reinen Kohlenstoffs und wird seit langem als Schmierstoff eingesetzt. Die Struktur von Grafit ist sehr ähnlich zu der von Molybdändisulfid. Der kristallografische Aufbau zeigt eine ausgeprägte anisotrope Struktur mit differenzierten, in Schichterstreckung orientierten Lagen von Kohlenstoffatomen (Abb. 2.14).

Tribologische und thermische Eigenschaften In den Gleitebenen von Grafit ist zwar eine Relativverschiebung möglich, aber die zwischen den Gleitebenen wirkenden van der Waals-Kräfte sind wesentlich größer als bei MoS_2. Der Reibwert von hochreinem Grafit ist daher deutlich höher als der von MoS_2 und erreicht im Hochvakuum Werte >0,5. Auch die Verschleißrate von reinem Grafit ist hoch und übertrifft die Verschleißrate von Grafit mit eingelagertem Wasser um den Faktor 100 [10, S. 37]. Eine gute Schmierwirksamkeit mit niedrigen Reibwerten und Verschleißraten ergibt sich, wenn „Verunreinigungen", insbesondere Wassermoleküle in die Kristallstruktur eingebunden sind. Sie verringern die zwischen den Grafitlagen wirkenden van der Waals-Kräfte und reduzieren damit den Scherwiderstand deutlich [11, S. 169]. Dabei sinkt der Reibwert auf Werte zwischen 0,05 und 0,15 ab und nimmt mit der Zunahme der Flächenpressung in der Kontaktzone weiter ab. Da niedrige Reibwerte nur bei Anwesenheit von Wassermolekülen in der Kristallstruktur zu erreichen sind, ist die Verwendung grafitgeschmierter Lager mit reinem Grafit im Hochvakuum oder bei höheren Temperaturen oberhalb etwa 200 °C nicht zweckmäßig. Selbst wenn Wasser im Einbauzustand in die Grafitmatrix inkorporiert ist, verflüchtigen sich die Wasseratome bei diesen Betriebszuständen, sodass der Reibwert wieder auf Werte zwischen 0,3 und 0,4 ansteigt. Ebenso erhöht sich der Verschleiß und es stellt sich eine Verschleißhochlage ein [21, S. 36].

Zwischen 350 °C und 500 °C weist Grafit allerdings wieder deutlich bessere Schmiereigenschaften auf, was auf eine Interaktion mit Metalloxiden der Substratoberflächen zurückgeführt wird [11, S. 169]. Man kann die Einlagerung metallischer Verunreinigungen, die als Intercalation bezeichnet wird [10, S. 42], auch bewusst durch die Zugabe geeigneter Oxide und Sulfate wie Cadmiumoxid (CdO), Bleioxid (PbO), Natriumsulfat (Na_2SO_4) und Cadmiumsulfat (Na_2SO_4) steuern, wobei die Zugabe von Cadmiumoxid die mit Abstand besten Schmiereigenschaften ergibt.

Oberhalb 500 bis 550 °C beginnt sich reiner Grafit in Normalatmosphäre zu zersetzen und wird als Schmierstoff unbrauchbar. Durch Zumischung fester Additive, z. B. Polyphosphornitril-Chlorid ($PNCl_2$) kann Grafit jedoch auch bis zu Temperaturen von ca. 900 °C mit Reibungszahlen von 0,05 bis 0,15 verwendet werden [10, S. 43].

Die tribologische Wirkung von Grafit in kohlenstofffaserverstärkten Polymeren führt Lu [18, S. 100 ff.] auf die Anordnung der Grafitscherebenen in Relation zur Orientierung der Gleitbewegung zurück.

2.2.4.2 Molybdändisulfid

Aufbau Molybdändisulfid (MoS_2) gehört zur Strukturfamilie der Übergangsmetall-Chalcogenide und ist ein Halbleiter-Material. Es ist ein anthrazitfarben glänzender Stoff und neben Grafit der wohl am häufigsten eingesetzte Schichtgitter-Festschmierstoff [38, S. 57] aufgrund seiner besonderen tribologischen Eigenschaften:

- Außerordentlich gute Haftung auf metallischen Oberflächen,
- Sehr niedrige Reibwerte durch eine ausgeprägte Schichtgitterstruktur,
- Aufnahme von hohen Druckbelastungen senkrecht zur Schicht,
- Hervorragend geeignet für Vakuum, Inertgas- und trockene Atmosphäre.

Der kristallografische Aufbau zeigt eine ausgeprägt anisotrope Struktur mit einzelnen Chalcogenidlagen. Sie bestehen aus zwei Lagen von Schwefelatomen mit dazwischen liegenden Molybdänatomen. Zwischen den Schwefellagen benachbarter Chalcogenidlagen

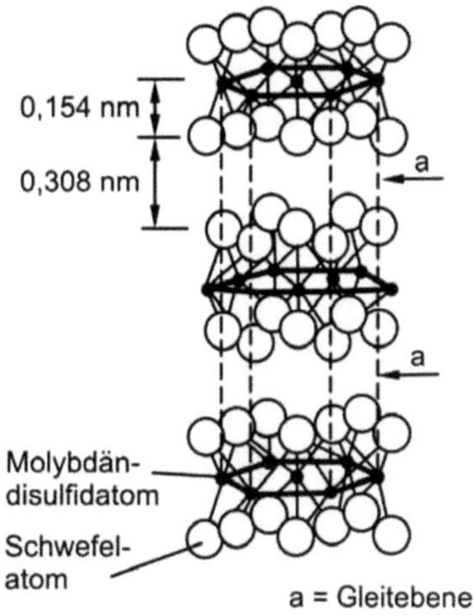

Abb. 2.15 Schichtgitterstruktur von MoS_2 mit Gleitebenen (*a*). (Nach [19])

wirken nur schwache van der Waals-Kräfte [10, S. 9], die eine Relativverschiebung der Chalcogenidlagen ohne großen Widerstand ermöglichen und somit die ausgeprägten Gleitebenen in der MoS_2-Schicht begründen (Abb. 2.15).

Die Ausbildung von Gleitebenen hängen von der Orientierung und Größe der MoS_2-Kristalle ab. Dabei können nach [5, S. 135] die drei Phasen Einlaufphase, stationäre Phase und Auslaufphase unterschieden werden. Insbesondere die Einlaufphase ist für die tribologischen Eigenschaften und die Lebensdauer MoS_2-geschmierter Kontakte von besonderer Bedeutung.

Bei Einreibebeschichtungen müssen die stochastisch verteilten MoS_2-Partikel zuerst durch die Gleitbeanspruchung im Betrieb einen geschlossenen Film bilden. Danach müssen sich die Gleitebenen parallel zur Substratoberfläche ausrichten und erst dann liegt die gewohnt gute Schmierwirkung von MoS_2 vor.

Auch bei Standard-PVD-Beschichtung stehen die Basalebenen in der Regel ungeordnet zur Substratoberfläche. Insbesondere bei hohem Argondruck im Beschichtungsprozess sind sie nahezu senkrecht zur Substratoberfläche ausgerichtet [22, S. 258]. Sie müssen bei Beginn der Reibbeanspruchung erst durch Umorientierung der Kristallite in eine zur Substratoberfläche parallele Anordnung gebracht werden, um die Schmierwirkung der Gleitebenen voll zum Tragen zu bringen. Dieses Umorientieren durch mechanische Beanspruchung erklärt den erhöhten Reibwert in der Einlaufphase. Zudem findet bei der Reibbeanspruchung von Standardbeschichtungen keine vollständige Umorientierung der Kristallite statt, es verbleibt ein Rest an nicht optimal ausgerichteten Gleitebenen [23, S. 449] mit einem suboptimalen Reibungs- und Verschleißverhalten.

Moderne PVD-Beschichtungsverfahren orientieren die Gleitebenen bereits im Beschichtungsprozess nahezu vollständig parallel zur Substratoberfläche (Abb. 2.19). Dadurch werden nicht nur das Einlaufreibmoment und die Einlaufdauer minimiert, sondern auch der Reibwert in der stationären Phase wird deutlich gesenkt und eine insgesamt wesentlich höhere Lebensdauer erzielt (Abb. 2.16).

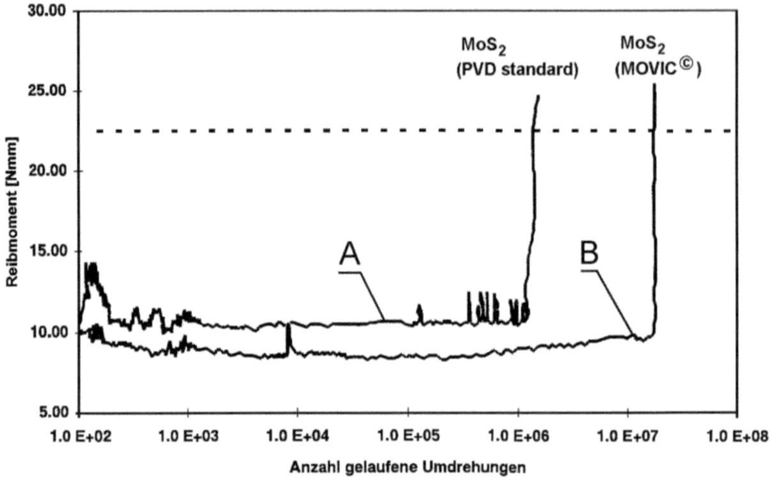

Abb. 2.16 Reibmomentverläufe von MoS_2-PVD-Schichten mit Standard- und mit optimiertem Beschichtungsverfahren. (Nach [24, S. 519])

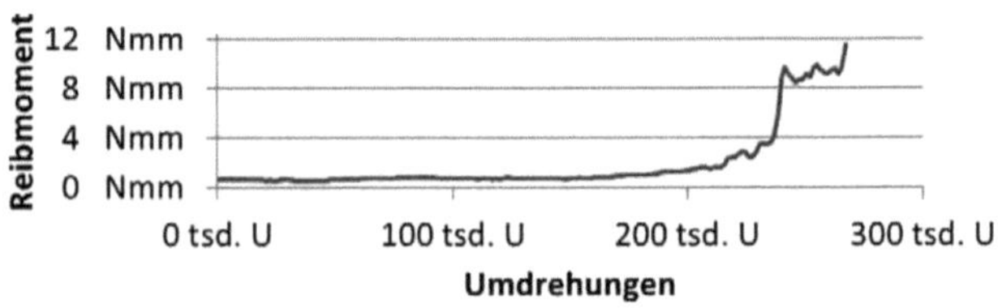

Abb. 2.17 Reibmomente für MoS_2-geschmierte Kugeln im modifizierten Vierkugelapparat mit stationärer Phase und Auslaufphase

Abbildung 2.17 zeigt den Reibmomentenverlauf in einem modifizierten Vierkugelapparat mit Kugeln, die eine moderne MoS_2-PVD Beschichtung erhalten haben. Ein explizites Einlaufverhalten ist dabei nicht mehr erkennbar.

Haftung Mit hochauflösenden, optoelektronischen Analyseverfahren gelang es, die Wirkungsweise der Schichthaftung auf dem Substrat zu erfassen. Sie basiert auf der hohen Affinität von polarisierten Schwefelatomen zu metallischen Substratoberflächen. Dennoch traten bei Einreibebeschichtungen und frühen PVD-Beschichtungen ein Schichtversagen bei hohen Beanspruchungen durch Abblättern der Schicht von der Substratoberfläche auf. Mit modernen PVD-Verfahren wird dieses Problem insbesondere durch eine geeignete Prozessführung gelöst. So kann die Haftung z. B. noch deutlich gesteigert werden [25, S. 164], wenn in einer, nur wenige nm dicken Grenzschicht zwischen Substratoberfläche und MoS_2-Schicht ein Anteil von 30 bis 40 % MoS_3 erreicht wird. Dieses Oxidationsprodukt von MoS_2 weist stark kovalente Bindungen auf und unterstützt die ursprünglich schon gute Haftung von MoS_2 derart, dass die eigentliche Relativgleitung immer nur im mittleren Schichtbereich innerhalb der MoS_2-Gleitebenen stattfindet und nicht die Festschmierstoffschicht direkt auf der Substratoberfläche gleitet [22, S. 259].

Tribologische und thermische Eigenschaften Der Reibwert von MoS_2-geschmierten Gleitpaarungen beträgt in trockener Luft und Vakuum zwischen 0,01 und 0,1 und erhöht sich in Normalatmosphäre auf Werte zwischen 0,03 und 0,3. Im Unterschied zu Grafit, der eine Einlagerung von Fremdatomen, insbesondere Wasser, zur Erlangung und Aufrechterhaltung seiner guten Schmiereigenschaften benötigt, haben reine, nicht kontaminierte MoS_2-Schmierschichten die niedrigsten Reibwerte. MoS_2-Schmierung wird daher vor allem im Hochvakuum und in Inertgasatmosphäre, in denen keine Kontaminierung der MoS_2-Schicht auftreten kann, angewandt. In [26, S. 213 ff.] wird berichtet, dass hochreine MoS_2-Schichten im Ultrahochvakuum (ca. 10nPa) sogar derart niedrige Reibwerte aufweisen, dass sie mit konventionellen Stift-Scheibe-Apparaturen nicht mehr messbar waren. In [13, S. 288 ff.] wird gezeigt, dass der Reibwert nur unwesentlich von der Temperatur abhängt, solange die Einsatzgrenzen von MoS_2 nicht überschritten werden. Die Reibwerte im Kugel-Platte-Kontakt verringern sich nach [13, S. 276] mit zunehmender Belastung nach folgender Gleichung (F=Anpresskraft, k=Konstante):

$$\mu = k \cdot F^{-\frac{1}{3}} \tag{2.17}$$

Diese Nichtlinearität zwischen Anpresskraft und Reibwert wird allerdings nicht auf ein lastabhängiges Reibverhalten von MoS_2, sondern auf die nichtlineare Abplattung der Gegenkörper (z. B. Kugeln) im Hertz'schen Kontakt zurückgeführt. Die spezifische Verschleißrate erhöht sich bei steigender Belastung nur leicht und hängt in erster Näherung linear vom Gleitweg bzw. von der Anzahl der Überrollungen bei Wälzlageranwendungen ab [13, S. 283].

Die Lebensdauer einer MoS_2-Schicht lässt sich durch größere Schichtdicken nicht beliebig steigern. Überschüssiges MoS_2 wird aus dem Kontakt befördert und steht dann zur Schmierung nicht mehr zur Verfügung. Als übliche Schichtdicken werden in [23] ein Bereich von 0,1 bis 1 μm bei einer Hertz'schen Flächenpressung von 1400 N/mm^2 genannt, während in [27] 0,2 bis 1,5 μm bei einer Hertz'schen Flächenpressung von 1100 N/mm^2 angegeben werden. MoS_2-geschmierte Reibpaarungen benötigen eine ausreichende Mindesthärte des Substrats. So steigt die Reibungszahl deutlich an, wenn die Vickershärte des Grundwerkstoffs einen Wert von VH=100 daN/mm^2 unterschreitet und erreicht z. B. bei einem Bleisubstrat $\mu=0{,}25$ gegenüber $\mu=0{,}05$ bei Kohlenstoffstählen [28, S. 153]. Eine deutliche Reibwertreduzierung (Faktor 2 und mehr) und eine Lebensdauersteigerung konnten nach [10, S. 29] erreicht werden, wenn zwischen Substratwerkstoff und Festschmierstoffschicht eine Hartstoffschicht (z. B. Titandiborid (TiB_2) oder Bornitrid (BN)) eingebracht wurde. Derartige Zweistoff-Schichtsysteme wurden in der Vergangenheit mehrfach untersucht, haben aber die in der Praxis in sie gesetzten Erwartungen bislang nicht erfüllt.

In MoS_2-Schichten können vier Verschleißmechanismen auftreten:

- *Abblättern von Partikeln:* Dies tritt insbesondere bei einfachen Beschichtungsverfahren wie der Einreibebeschichtung auf, wegen der dabei erzielbaren geringen Haftung der MoS_2-Schicht auf dem Substrat.

- *Kristallitbruch:* Er ist eine Folge sowohl von zu grober Kristallitbildung durch einen unzureichenden Beschichtungsprozess als auch von mechanischer Überbeanspruchung und partieller Zerstörung der Schicht. Kristallitbruch verhindert zudem eine Reintegration der Bruchstücke in die Schicht und erhöht dadurch den Reibwert.
- *Tribooxidation:* Oxidiert MoS_2 durch Sauerstoff oberhalb 350 °C, entsteht meist das Oxidationsprodukt MoS_3, das die Beweglichkeit der Gleitebenen einschränkt und somit den Reibwert erhöht. Die Oxidationsanfälligkeit von MoS_2 nimmt mit zunehmender Luftfeuchte zu, da Wasser als Oxidationsmittel wirkt. Das Einbringen von wasserabweisenden Substanzen wie PTFE im Beschichtungsprozess (Co-Sputtern) kann die Oxidationsneigung deutlich reduzieren [10, S. 26]. Tribooxidation und Kristallitbruch beeinflussen sich bezüglich des Reibwertes negativ, da tribooxidierte MoS_3-Bereiche die Einlagerung von Kristallitbrüchen weiter erschweren.
- *Chemische Reaktionen:* Durch chemische Reaktionen zersetzt sich MoS_2 oberhalb 700 °C zu reinem Molybdän Mo und zu Eisensulfid FeS, was eine deutliche Erhöhung des Reibwerts zur Folge hat. In Normalatmosphäre bei Feuchtigkeit kann MoS_2 zu Schwefelsäure oxidieren, die eine elektrochemische Korrosion von Stahloberflächen bewirkt [29, S. 49 ff.].

2.2.4.3 Beschichtungsverfahren für Schichtgitterwerkstoffe

Die hohe Affinität von Grafit und insbesondere MoS_2 zu Metallen erleichtert die Beschichtung metallischer Substrate erheblich und ermöglicht auch einfache, kostengünstige Beschichtungen [9, S. 19 ff.].

Bei der *Einreibebeschichtung* wird MoS_2-Pulver trocken oder als Suspension meist in Aceton in die Kontaktzone eingebracht und durch langsame Relativbewegung der Kontaktflächen verteilt. Suspensionen liefern eine deutlich gleichmäßigere Verteilung als Pulverapplikationen. Dennoch ist die Reproduzierbarkeit der Schichtdicken bei beiden Verfahren problematisch. Bei der Anwendung in Wälzlagern werden damit üblicherweise Schichtdicken von 1,0 bis 5,0 μm erreicht [12, S. 127], was meist die Auswahl von Lagern mit größerer Lagerluft erfordert, um ein Blockieren des Lagers durch den Schichteintrag zu verhindern. Einreibebeschichtungen sind einfach herzustellen und sehr kostengünstig, weshalb sie in weiten Bereichen bei nicht zu hohen Anforderungen an Belastung und Lebensdauer angewendet werden.

Ein ebenfalls sehr einfaches, aber hinsichtlich seiner tribologischen Eigenschaften unbefriedigendes Verfahren ist die *Beschichtung mit Gleitlacken*. Dabei wird Festschmierstoffpulver in organischen oder anorganischen Bindern (Harze, Silikate, Keramiken) gebunden und auf die Kontaktflächen aufgetragen bzw. aufgesprüht. Bedingt durch die Konsistenz des Binders und die schlechte Reproduzierbarkeit des Sprühverfahrens variieren die Schichtdicken im Bereich von 2 bis 20 μm und weisen eine sehr raue Oberflächenstruktur auf (Abb. 2.18)

Diese Schichtdicke erfordert bei Wälzlageranwendungen den Einsatz von Lagern mit deutlich erhöhter Lagerluft. Im Betrieb jedoch wird die relativ dicke Binderschicht verdrängt und abgerieben, was wiederum ein erhöhtes Lagerspiel, einen unruhigen Lauf und vergleichsweise geringe Lebensdauern nach sich zieht. Gleitlackbeschichtungen finden deswegen heute kaum noch Anwendungen.

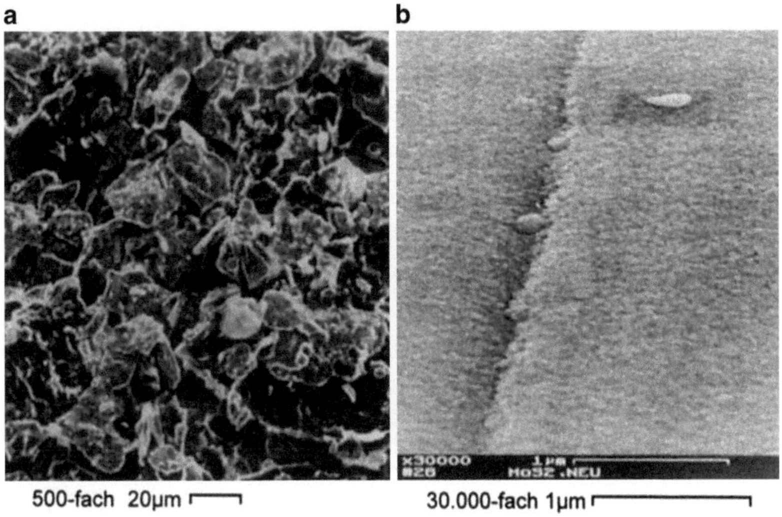

Abb. 2.18 REM-Aufnahmen von zwei MoS_2-Schichten nach dem Beschichten: **a** Gleitlack; **b** PVD-Beschichtung. (Nach [9, S. 23])

Bei der sogenannten *Compoundschmierung* wird eine mit Festschmierstoff versetzte pastöse Masse (Bindeharz, Silikate) in die Hohlräume des mit einem Käfig versehenen Wälzlagers eingebracht und getrocknet. Im Betrieb werden diese ausgehärteten Volumina in den Verschleißzonen abgerieben, wobei der freigesetzte Schmierstoff die metallischen Kontaktflächen schmiert. Da dieser Schmiereffekt erst beim Verschleiß des Compounds einsetzt, ist die Reibung derart geschmierter Wälzlager zu Beginn relativ hoch, nimmt jedoch mit zunehmendem Eintrag von MoS_2 in die Laufbahnen deutlich ab. Compound-geschmierte Lager werden serienmäßig von verschiedenen Lagerherstellern angeboten.

Speziell für MoS_2 entwickelt wurde das sogenannte *In-situ-Verfahren*. Dabei werden zuerst Reinmolybdän oder Molybdänverbindungen galvanisch auf die Substrate aufgebracht und danach in flüssigen oder gasförmigen Medien, die Schwefel abgeben (z. B. H_2S), zu MoS_2 umgewandelt. Der Mo-S-Anteil hängt dabei stark von der Prozessführung ab, was dieses Verfahren relativ aufwendig macht. Hinzu kommen die Umweltbelastungen der Galvanik. Die tribologischen Eigenschaften sind nach [30, S. 13] allerdings sehr gut und durchaus vergleichbar mit modernen PVD-Verfahren (Abb. 2.19).

Seit Mitte der 90er Jahre des vorigen Jahrhunderts hat sich für anspruchsvollere Beschichtungsaufgaben das *Physical-Vapour-Deposition (PVD) Verfahren* durchgesetzt. Damit können Metalle oder Legierungen im Vakuum in der Dampfphase auf das Substrat durch Zufuhr von kinetischer und/oder thermischer Energie abgeschieden werden. Eine für Schichtgitterwerkstoffe besonders gut geeignete Variante des PVD-Verfahrens ist das *Sputter-Verfahren*, bei dem eine Spannung von ca. 5KV zwischen dem zu zerstäubenden Werkstoff (Target) mit negativem Pol und dem Substratwerkstoff mit positivem Pol angelegt wird. Nach der Evakuierung des Rezipienten im Hochvakuum wird die Kammer mit Argongas mit einem Druck von 10^{-2} bis 10^{-4} mbar geflutet. Die Hochspannung versetzt

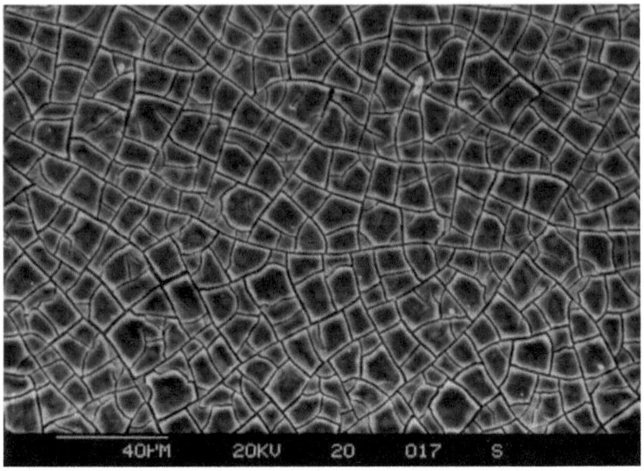

Abb. 2.19 Pflasterstein-Struktur der MoS_2-In-Situ Beschichtung. (Nach [30])

das Argon in einen Plasmazustand und beschleunigt die Argonionen stark in Richtung des Targets. Dort lösen sie durch ihre kinetische Energie Atome heraus, die auf das Substrat treffen und kondensieren. Ein großer Vorteil des Verfahrens ist die Möglichkeit der Beschichtung auch komplexer Geometrien und die geringe Erwärmung des Substrats (meist unter 200 °C), was für die meisten Anwendungen, wie auch für die Beschichtung von Wälzlagerkomponenten, unkritisch ist. Legt man noch zusätzlich ein Magnetfeld auf das Substrat an, sodass die Magnetlinien senkrecht auf die Substratoberfläche treffen, werden Ionenkonzentration und Abscheidungsrate erheblich gesteigert nach [31, S. 88] und erreichen Werte bis zum 30-fachen des Verfahrens ohne Magnetfeld. Damit lässt sich fast die Dichte von reinem MoS_2 erreichen und ein sehr homogener Schichtaufbau erzielen (Abb. 2.19). Zudem sind Schichtstruktur und Schichtdicke beim Sputtern sehr gut steuerbar und reproduzierbar herzustellen. Vertauscht man die Polarität der Hochspannung zwischen Target und Substrat, lösen die auftretenden Argonionen Atome aus dem Substrat heraus. Dieses sogenannte *Sputter Cleaning* reinigt die Substratoberfläche und wird als sehr einfaches und effizientes Vorbehandlungsverfahren vor dem eigentlichen Sputtern eingesetzt.

2.2.5 Weichmetalle

Weichmetalle eignen sich als tribologische Beschichtungen von Lagerkomponenten insbesondere bei hohen Temperaturen (Tab. 2.4).

Ihr niedriger Scherwiderstand, ihre gute Duktilität und die einfache Möglichkeit dünne Schichten auf Substrate aufzubringen, machen sie für tribologische Anwendungen interessant. Zudem leiten sie sehr gut elektrischen Strom und Wärme und verhalten sich in der Regel stabil im Vakuum, aber auch bei radioaktiver Strahlung. Weichmetall-Festschmierstoffschichten werden deshalb bevorzugt bei Anwendungen mit sehr hohen Temperaturen, mit Röntgen- und Gammastrahlung und unter Weltraumbedingungen eingesetzt. Typische, schmierwirksame Weichmetalle mit ihren Eigenschaften zeigt.

Tab. 2.4 Weichmetalle für den Einsatz als Festschmierstoff. (Nach [5])

Metall	Schmelzpunkt (°C)	Reibkoeffizient
Indium (In)	157	0,04–0,2
Zinn (Sn)	232	0,02–0,6
Blei (Pb)	328	0,015–0,7
Silber (Ag)	962	0,09–0,3
Gold (Au)	1064	0,07–0,11

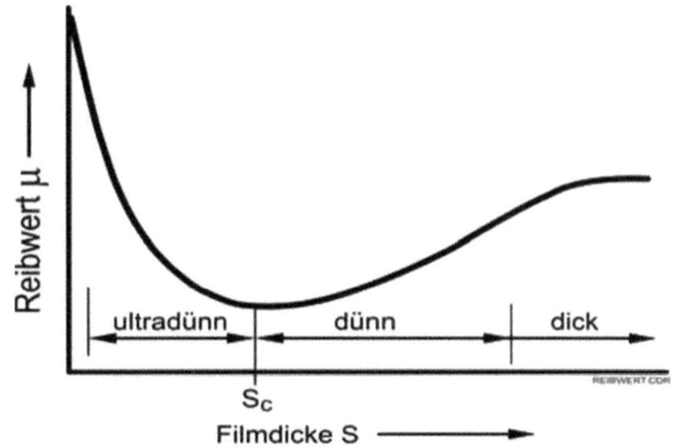

Abb. 2.20 Reibwerte dünner Metallschichten in Abhängigkeit von der Schichtdicke. (Nach [10, S. 72])

Aufbau Weichmetalle sind eine Untergruppe der Metalle, die sich durch ihre hohe Duktilität, geringe Härte und einen Schmelzpunkt auszeichnen, der erheblich unter dem von Eisen liegt. Wie alle Metalle bilden die Atomkerne eine Gitterstruktur, zwischen der die Elektronen frei beweglich über das ganze Gitter verteilt sind (Elektronengas). Diese freie Beweglichkeit der Elektronen ergibt eine gute bis ausgezeichnete elektrische und Wärmeleitfähigkeit. Weichmetalle sind sehr duktil, in ihrem Gitteraufbau finden sich viele Korngrenzen und Versetzungen, die bei einer äußeren Belastung elastische und auch erhebliche plastische Dehnungen zulassen, ohne dass der Zusammenhalt der Gitterstruktur aufgehoben wird und der Werkstoff getrennt wird. Das spezifische Gewicht von Weichmetallen liegt über dem von Eisen und reicht bei den hier betrachteten, für tribologische Anwendungen verwendeten Werkstoffen von 7,3 g/cm^3 für Indium bis 19,3 g/cm^3 für Gold. Weichmetalle gehören daher zur Gruppe der Schwermetalle.

2.2.5.1 Tribologische Eigenschaften

Der Schmiermechanismus von weichen Metallen beruht auf ihrer geringen Scherfestigkeit und der Eigenschaft geschlossene Filme auf harten Oberflächen zu bilden [32, S. 259]. In korrosiver Atmosphäre neigen Metalle dazu, Oxidschichten aufzubauen. Diese wirken sich im Allgemeinen positiv auf den Reibungskoeffizienten und die Lebensdauer aus.

Die tribologischen Eigenschaften von dünnen Weichmetallschichten zeigen eine ausgeprägte Abhängigkeit von der Schichtdicke (Abb. 2.20), die in ihrem Verlauf eine gewisse Ähnlichkeit mit der Stribeck-Kurve hat, obwohl dort ganz andere Effekte zum Tragen kommen.

Unterhalb einer kritischen Schichtdicke s_c wächst der Reibwert mit abnehmender Schichtdicke steil an. Kommt die Schichtdicke in den Bereich der Rauheit der Kontaktpartner, berühren sich die Rauheitsspitzen der Kontaktpartner. Analog zum Mischreibungsgebiet der Fluidschmierung trennt die Schmierstoffschicht die Kontaktpartner nicht mehr vollständig, die resultierende Reibung ist daher eine Überlagerung aus niedrigem Reibwert der Feststoffschmierung und höherem Reibwert der Festkörperreibung der Kontaktpartner. Je dünner die Schmierstoffschicht wird, umso mehr überwiegt der Anteil der Festkörperreibung und umso höher ist der Reibwert, bis er bei der theoretischen Schichtdicke $h_s = 0$ den Reibwert der reinen Festkörperreibung erreicht. Eine detaillierte Beschreibung des Mechanismus der elastisch-plastischen Verformung von metallischen Rauheitsspitzen wird in [33, S. 16 ff.] gegeben.

Auch oberhalb der kritischen Schichtdicke s_c tritt ein Reibwertanstieg auf. Wird die Schichtdicke größer, dringt der Gegenkörper durch die Anpresskraft immer stärker in die Weichmetallschicht ein. Jetzt überwiegt der Effekt der Schichtverdrängung. Der Widerstand gegen Bewegung kann nun in erster Näherung als Verdrängungswiderstand F_V aufgefasst werden, der von der Fläche A der verdrängten Zone und der in der Weichmetallschicht wirkenden Scherspannung τ_S abhängt.

$$F_V = A \cdot \tau_S \tag{2.18}$$

Wird die Schichtdicke zu groß und/oder ist ihre Scherfestigkeit τ_{aB} zu klein, tritt Furchen ein, d. h. die dem Gegenkörper Widerstand leistende Schichtzone wird aus der Kontaktzone durch Scherung verdrängt, aufgeworfen und bildet eine, die Reibspur beidseitig flankierende „Seitenmoräne". Das Phänomen der Furchung wird bei der Interaktion von zwei Kontaktpartnern und einer Zwischenschicht als Drei-Körper-Furchung bezeichnet und in [33, S. 11 ff.] beschrieben.

Ebenso kann auch bei dünnen Schichten eine irreversible Beschädigung der Weichmetallschmierschicht auftreten, wenn Flächenpressung und Gleitgeschwindigkeit so groß werden, dass die Scherfestigkeit der Weichmetallschicht τ_{aB} überschritten wird ($\tau_s > \tau_{aB}$). Dann treten plastische Verformungen und Risse in der Schicht auf, Schichtpartikel können abplatzen und werden aus der Kontaktzone ausgetragen (Abb. 2.21).

Die Festlegung einer optimalen Schichtdicke bei Weichmetallschmierstoffen ist daher immer ein Kompromiss und kann nur durch eine Zusammenschau von Schichteigenschaften (Härte, Scherfestigkeit), Substrat- und Gegenkörpereigenschaften (Härte, Rauheit) und den wirkenden Beanspruchungen (Flächenpressung, Gleitgeschwindigkeit) erfolgen. In der Literatur werden für die Verwendung von Weichmetallen als Festschmierstoff Schichtdicken zwischen 0,1 bis 1 µm empfohlen. Die Schichtoberflächen sollen eine möglichst geringe Rauheit aufweisen.

Im Gegensatz zu MoS_2 werden die Schmierstoffschichten von weichen Metallen nicht kontinuierlich abgerieben. Es zeigt sich, dass abgeriebene Metallpartikel wieder in die Schmierschicht eingearbeitet werden. Dabei kommt es teilweise sogar zur Vermischung von Schmierstoff und Substratmaterial. [34, S. 79]

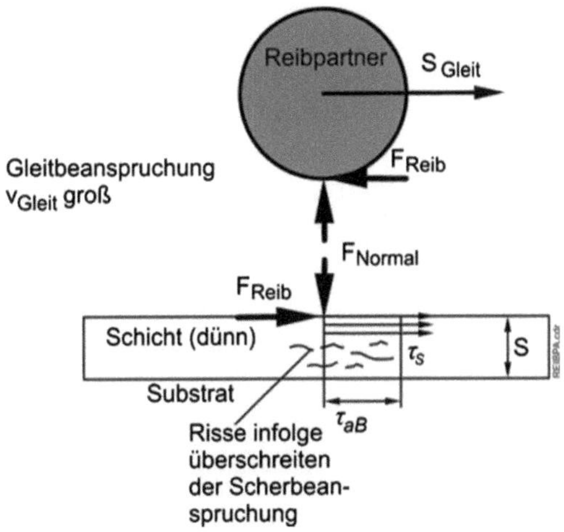

Abb. 2.21 Überbeanspruchung einer dünnen Weichmetallschicht durch hohe Flächenpressung und Gleitgeschwindigkeit

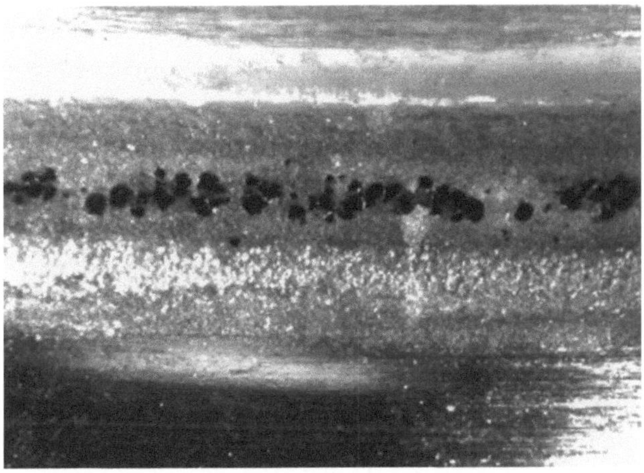

Abb. 2.22 Spratzerbildung durch aufgeschmolzenes und aus der Laufspur von Wälzlagern ausgetragenes Weichmetall (hier Blei)

2.2.5.2 Thermische Eigenschaften

Weichmetalle haben im Vergleich zu Schichtgitterwerkstoffen i. Allg. niedrigere Blitztemperaturen im Mikrokontakt, neigen aber in Normalatmosphäre außer bei Gold zu Oxidation. Dies begrenzt ihren Einsatz als Festschmierstoffe in Normalatmosphäre. Madan [21, S. 37] weist darauf hin, dass bei höheren Temperaturen die Festigkeit der Weichmetallschicht abnimmt. Sie erweicht und wirkt dann wie ein hochviskoses Fluid (Paste). Ergänzende Beobachtungen bestätigen diesen Effekt und zeigen z. B. bei bleigeschmierten Wälzlagern aufgeschmolzene und wieder erstarrte Blei-Spratzer außerhalb der Laufspur (Abb. 2.22). Die Schmierwirkung derart erweichter Metallschichten ähnelt dann aber mehr der von hochviskosen Fetten und Pasten und stellt eine Vorstufe der reinen Flüssigkeitsschmierung mit Metallschmelzen dar, wie sie in [11, S. 179 ff.] beschrieben werden.

Die Reibwerte von Weichmetallschichten liegen üblicherweise bei 0,3 und nehmen mit steigender Temperatur ab [12, S. 38], was wiederum als ein Indiz für die Erweichung des

Werkstoffs und den Übergang in einen pastösen Zustand interpretiert werden kann. Bei höheren Belastungen sinkt der Reibwert ebenfalls, was jedoch weniger auf eine Druckabhängigkeit der Reibeigenschaften des Metallfilms zurückzuführen ist, sondern auf die Vergrößerung der Kontaktfläche im Hertz'schen Kontakt bei elastischer Verformung von Schicht und Substrat.

Für Hochvakuumanwendungen muss die Abhängigkeit des Dampfdrucks von der Temperatur betrachtet werden. Während sich Silber- und Goldschichten im Hochvakuum weitgehend stabil verhalten, können sich Metalle mit niedrigen Schmelztemperaturen bereits in der Sublimationsphase befinden und aus der Kontaktzone diffundieren.

2.2.5.3 Beschichtungstechnologien und Weichmetalle

Die Beschichtung mit Weichmetallen erfolgt mittels galvanischer, CVD oder PVD-Verfahren (Sputtern) und Ionenplattieren. Mit Ionenplattieren und Vakuumsputtern erreicht man eine dichte Filmabscheidung, eine gleichmäßige Filmdicke und eine gute Haftung auf dem Substrat. Die Schichtdicke beträgt üblicherweise 0,25 bis 1,0 µm und ergibt bei diesen Dicken die niedrigsten Reibwerte [13, S. 260].

Indium (In) Indium ist ein seltenes, sehr weiches Schwermetall mit silberweißer Farbe. Die Dichte beträgt 7,3 g/cm^3, die Mohs-Härte nur 1,2, sodass sich reines Indium sogar mit dem Messer schneiden lässt. Für tribologische Anwendungen wird Indium selten in Reinform, meist jedoch als Legierungsbestandteil zusammen mit Blei und Zinn verwendet. Indium hat einen sehr niedrigen Schmelzpunkt von 157 °C, sodass sich schon bei Raumtemperatur infolge der Reibwärme ein teigiger Zustand einstellt, der tribologisch einer hochviskosen Fettschmierung ähnlich ist.

Blei (Pb) Blei ist ein unedles Metall mit einer kubisch-flächenzentrierten Kristallstruktur. Es wird als Festschmierstoff bevorzugt zur Schmierung von Wälzlagern in der Raumfahrttechnik eingesetzt [11, S. 172]. In Bleischichten liegen auch bereits bei kleinen Lasten weitgehend plastische Verformungen vor [10, S. 72]. Das tribologische Verhalten folgt weitgehend dem Coulomb'schen Reibgesetz mit konstantem Reibwert. Blei bildet eine Bleioxidschicht aus. Dieses Oxid ist ein wirkungsvoller Schmierstoff bis zu Temperaturen von ca. 700 °C [10, S. 62]. Kritisch ist die Giftigkeit von Blei, die jegliche Anwendungen in der Lebensmittelherstellung ausschließt.

Silber (Ag) Silber ist ein weiches, weiß glänzendes Edelmetall mit kubisch-flächenzentriertem Kristallgitter. Es hat einen Schmelzpunkt von 961 °C und weist eine sehr gute Verformbarkeit und eine geringe Mohs-Härte von 2,5 auf. Silber hat die beste elektrische Leitfähigkeit aller Elemente und die beste Wärmeleitfähigkeit aller Metalle. Silber wird ähnlich wie Gold und Barium als Festschmierstoff in der Raumfahrttechnik, aber auch in Hochvakuumanwendungen (Röntgenröhren, Elektronenmikroskope) eingesetzt [11, S. 172]. Silber zeigt als weiches Metall, einen völlig anderen Schmiermechanismus als z. B.

MoS_2, es findet kein kontinuierlicher Schichtabtrag statt. Vielmehr entstehen abrasive Partikel, die durch die hohen Kontakttemperaturen wieder in die Silberschicht eingearbeitet werden, und nicht wie bei MoS_2 aus dem Kontakt befördert werden [34, S. 79]. Die Transferneigung von Silber scheint unter dem Einfluss von korrosiver Umgebung geringer zu sein [32, S. 269]

Gold (Au) Gold ist ein metallisch sattgelb glänzendes Edelmetall und weist ein außerordentlich hohes spezifisches Gewicht von 19,3 g/cm^3 auf. Gold hat ein kubisch-raumzentriertes Metallgitter mit einer ausgeprägten Duktilität, die es erlaubt, durch mechanische Verfahren wie Walzen oder Schlagen sehr dünne Goldschichten (Blattgold) herzustellen. Die Mohs-Härte beträgt zwischen 2,5 und 3, der Schmelzpunkt liegt bei 1064 °C. Gold ist extrem beständig gegen Oxidation und wird nur von ganz wenigen Säuren (Königswasser) angegriffen. Aufgrund seines hohen Preises kommt Gold für tribologische Zwecke nur dann zum Einsatz, wenn andere, preiswertere Festschmierstoffe versagen und die spezifischen Vorteile von Goldschichten als Festschmierstoff (hohe Schmelztemperatur, praktisch keine Oxidation) zum Tragen kommen. Dies ist z. B. bei Instrumentenlagern (Kreiselkompasse, Elektronenstrahlmikroskopen) oder in Laborgeräten (chemische Industrie) der Fall.

2.2.5.4 Weichmetalle in Mehrstoffverbunden

Mit fortschreitender Entwicklung der Beschichtungstechnologie werden zunehmend *Mehrstoffschichten* als Verbund von Metallschichten mit anderen Metallschichten oder mit Schichtgitterwerkstoffen eingesetzt. Ziel dabei ist es, die mechanischen, tribologischen, thermischen und chemischen Eigenschaften der Schicht zu verbessern. Üblicherweise werden *Multilayer-* und *Multikomponentenschichten* unterschieden (Abb. 2.23).

Mit Mehrstoffschichten sind erstaunliche Leistungssteigerungen und Lebensdauererhöhungen erzielbar [10, S. 26] Hartstoffschichten als Haftschicht zwischen Substrat und Metallschicht reduzieren die Reibwerte und erhöhen die Lebensdauer. Inkorporierte Metallatome (insbesondere Nickel) im Anteil von ca. 5 % in MoS_2-Schichten bilden dichtere Schichten mit niedrigeren Reibwerten und längerer Lebensdauer aus. Gebräuchlich sind heute vielfach Mehrstoffschichten aus Grafit und MoS_2, die als Einreibebeschichtungen z. B. für Röntgenröhrenlagerungen oder als co-gesputterte Mehrstoffschichten Verwendung finden. Multistoffschichten wurden bisher weitgehend empirisch entwickelt, die theoretische Durchdringung der Wirkmechanismen steckt noch in den Anfängen.

2.2.5.5 Vergleich Schichtgitterwerkstoffe und Weichmetalle

Fasst man die Eignung und Anwendungsgrenzen von Festschmierstoffen zusammen, so kann man in Anlehnung an [13, S. 271] einige generelle Empfehlungen geben (Tab. 2.5).

Insgesamt liegt ein breites Spektrum an Festschmierstoffen vor. Allerdings müssen wie eingangs beschrieben der jeweilige Anwendungsfall und die dabei auftretenden Bedingungen genau bekannt sein, um den geeignetsten Festschmierstoff auszuwählen. Zudem

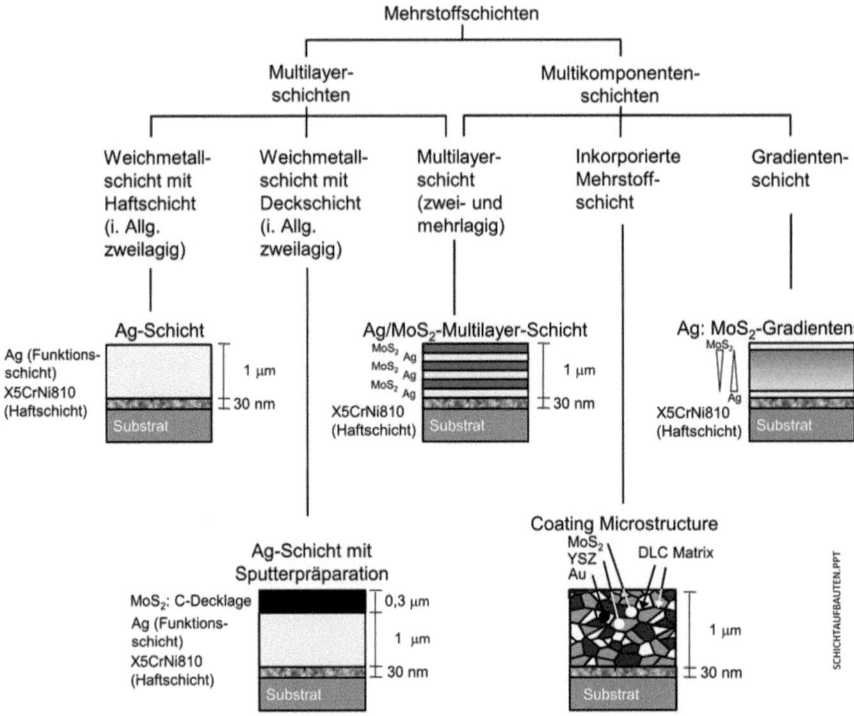

Abb. 2.23 Einteilung von Mehrstoffschichten

Tab. 2.5 Einsatzgebiete und Anwendungsgrenzen der am häufigsten verwendeten Festschmierstoffe für die Anwendung in Wälzlagern (Werkstoff AISI 440 C); Grenzen Reibwert <0,3, Verschleißrate $< 10^{-6}$ mm³/Nm

	Eignung für Hochvakuum	Eignung für Stickstoffatmosphäre	Eignung für feuchte Umgebungsluft
MoS_2-Einreibebeschichtung	Ja am besten geeignet	Ja	Bedingt
MoS_2-Sputterbeschichtung	Ja am besten geeignet	Ja	Bedingt
Ionenplattierte Bleischichten	Ja	Nein (Reibwert) Ja (Verschleißrate)	Nein (Reibwert) Ja (Verschleißrate)
Gesputterte Bleischichten	Ja	Ja	Bedingt
Ionenplattierte Silberschichten	Ja	Nein (Reibwert) Ja (Verschleißrate)	Nein (Reibwert) Ja (Verschleißrate)
Gesputterte Silberschichten	Ja	Ja	Nein
PVD-Kohlenstoff-Hartschichten	Nein (Reibwert) Ja Verschleißrate	Ja	Ja am besten geeignet
CVD-Kohlenstoff-Hartschichten	Nein (Reibwert) Ja Verschleißrate	Ja	Ja

sind in der Regel auch die Beschichtungstechnologie und ihre Auswirkungen auf Schichthaftung und Schichtaufbau mit zu betrachten.

2.3 Zusammenfassung

In einem Tribosystem wirken die gepaarten Körper in der Kontaktzone in komplexer Weise zusammen. Mit der Formulierung unterschiedlicher Reibungsarten, Reibungszustände und Verschleißarten versucht man, einzelne tribologische Phänomene zu isolieren und einer wissenschaftlichen Beschreibung zuzuführen.

Der Fortschritt in den Analysetechnologien im Hinblick auf die Erfassung auch kleinster Teilchen und Phänomene im Subminiatur- und Nanobereich ermöglicht es zunehmend, das Phänomen der Reibung auf molekularem Niveau zu untersuchen und Reibkräfte zwischen Molekülen im Nano-Newton-Bereich zu messen. So spielen bewegungsinduzierte Magnetfelder in diesen Bereichen eine große Rolle. Durch Absenkung der Temperatur bei der das Substrat supraleitend wird, kann sich der Reibkoeffizient um den Faktor 2–4 verringern [35]. Obwohl diese Erweiterung der Forschung noch in den Anfängen steckt, sind weitreichende Erkenntnisse über die grundlegenden tribologischen Phänomene zu erwarten, die wiederum das Verständnis der Wirkungsweise von Festschmierstoffen vertiefen und neue Schmierstoffapplikationen hervorbringen werden.

Polymere sind sicherlich die am häufigsten eingesetzten Festschmierstoffe überhaupt. Sie werden in einer Vielzahl an Werkstoff- und Geometrievarianten vor allem in Normalatmosphäre eingesetzt und haben wegen ihrer Vielseitigkeit, ihren guten Verarbeitungseigenschaften und Kostenvorteilen einen breiten Anwendungsbereich gefunden. Aus tribologischer Sicht sind ihre Notlaufeigenschaften und die weitgehende Wartungsfreiheit von Polymerlagern hervorzuheben [14, S. 12]. Ihren Nachteilen wie Kriechneigung, deutlicher Temperaturabhängigkeit der mechanischen Eigenschaften und vergleichsweise niedrigen Einsatztemperaturen kann in vielen Fällen durch eine polymergerechte Gestaltung, durch den Einsatz von Verbundwerkstoffen mit Füll- und Verstärkungsstoffen und durch eine tribologische Optimierung des Reibsystems entgegen gewirkt werden.

Schichtgitterwerkstoffe sind Standardwerkstoffe für Feststoffschmierung und überzeugen gegenüber den Polymeren vor allem durch ihre deutlich höhere Temperaturbeständigkeit und Belastbarkeit. Auch ihre Eignung für Vakuumanwendungen prädestiniert sie als Festschmierstoffe für anspruchsvolle Schmieraufgaben, in denen Polymere nicht mehr eingesetzt werden können. Beim Einsatz von Schichtgitterwerkstoffen müssen jedoch unbedingt die jeweilige Beschichtungstechnologie und die Haftung der Schicht auf dem Substrat mit betrachtet werden, die beide das Einlaufverhalten und damit die Gebrauchsdauer der Schicht maßgeblich mit bestimmen.

Weichmetalle als Festschmierstoffe werden durchweg als Beschichtungen auf harte Substrate (in der Regel Metalle) aufgebracht. Sie ertragen hohe Flächenpressungen bei hohen Temperaturen, was sie insbesondere gegenüber Polymer-Festschmierstoffen, aber auch Schichtgitterwerkstoffen auszeichnet. Sie werden daher bevorzugt bei extremen Temperaturen und Belastungen eingesetzt, wobei die Reibwerte fast immer deutlich höher liegen als bei Polymeren und Schichtgitterwerkstoffen. Positiv hervorzuheben ist jedoch die vergleichsweise einfache Beschichtungstechnologie durch Galvanisieren oder PVD-Beschichten, die ausgezeichnete Haftung auf metallischen Substraten und die gleichbleibend hohe Schichtqualität.

Literatur

1. Bartz, W.J.: Handbuch der Tribologie und Schmierungstechnik, Bd. 1. Expert, Ehningen bei Böblingen (1988)
2. Birkhofer, H., Nordmann, R.: Maschinenelemente und Mechatronik II Skript, 3. Aufl. Shaker, Aachen (2008)
3. Bartz, W., Möller, U.J.: Expert Praxislexikon Tribologie plus 2000. Expert, Renningen (2000)
4. DIN 50 323: DIN 50 323, Teil 1: Tribologie; Begriffe. Beuth, Berlin (1988).
5. Czichos, H., Habig, K.-H.: Tribologie-Handbuch, Reibung und Verschleiß, Systemanalyse, Prüftechnik, Werkstoffe und Konstruktionselemente. Vieweg, Braunschweig (1992)
6. Hertz, H.: Über die Beführung fester elastischer Körper. Ges. Werke, Bd. 1. Barth, Leipzig (1895)
7. DIN 50 320: DIN 50 320: Verschleiß, Begriffe, Systemanalyse von Verschleißvorgängen, Gliederung des Verschleißgebietes. Beuth, Berlin (1979)
8. Sammer, W., Schweigkofler, M.: Schneller, höher, weiter – PFPE/PTFE-Schmierstoffe für neue Einsatzbereiche. Renningen (2009). (Tribol Schmierungstechnik **56**(1) 2009)
9. Schul, C.: Einfluß der Baugröße auf die Lebensdauer feststoffgeschmierter Kugellager. Dissertation TH Darmstadt. VDI, Düsseldorf (1997)
10. Wäsche, R., Habig K.-H.: Physikalisch-chemische Grundlagen der Fest-stoffschmierung Literaturübersicht. BAM, Berlin (1989)
11. Lansdown, A.R.: High temeprature lubrication. Redwood Books, London (1994)
12. Rüblinger, W.: Optimierung feststoffgeschmierter, hochbelasteter Kugellager bei Temperaturen bis 300 °C. Dissertation TH Darmstadt, Darmstadt (1984)
13. Kazuhisa, M.: Solid lubrication – fundamentals and applications. Marcel Dekker Inc., Washington (2001)
14. Uetz, H., Wiedemeyer, J.: Tribologie der Polymere: Grundlagen und Anwendungen in der Technik; Reibung – Verschleiß – Schmierung. Hanser, München (1984)
15. Mennig, G.: Verschleiß in der Kunststoffverarbeitung – Phänomene und Schutzmaßnahmen. Hanser, München (1990)
16. Oberbach, K., Baur, E., Brinkmann, S., Schmachtenberg, E.: Saechtling Kunststoff Taschenbuch. Hanser, München (2004)
17. Merstallinger, A., Bieringer, H., Kubinger, E., Gaillard, L., Brenner, J., Mozdzen, G.: Self lubricating composites for medium temperatures in space based on polyimide sintimid. In Proceedings of the 11th European Space Mechanisms and Tribology Symposium (ESMATS 2005). ESA SP-591, Luzerne (July 2005)
18. Lu, Z.: Geschmierte Hochtemperatur-Verbundwerkstoffe für Anwendungen als Gleitelemente. In:Deutsch Hochschulschriften Bd. 527. Hänsel-Hohenhausen, Engelbach (1994)
19. Lansdown, A.R.: Molybdenum disulphide lubrication. In: Tribology Series 35. Elsevier Science, Amsterdam (1999)
20. Bobzin, K., Bagzivan, N., Goebbels, N.: PVD-Beschichtung von Polyetheretherketonen (PEEK) zur Verschleiß- und Reibungsminimierung im Kontakt Käfig-Führungsbord eines Spindellagers. Expert, Renningen (2009) (TribolSchmierungstechnik **56**(1) 2009)
21. Madan, I.: Ermittlung der Lebensdauer feststoffgeschmierter Wälzkontakte durch Prognose des Wälzverschleißes. Dissertation TU Darmstadt. VDI, Düsseldorf (2006)
22. Moser, J., Lévy, F.: MoS_2 lubricating films: structure and wear mechanism investigated by cross-sectional transmission electron microscopy. Thin Solid Films **228**, 257–260 (1993)

23. Seitzmann, L.E., Bolster, R.N., Singer, I.L., Wegand, J.C.: Relationship of endurance to microstructure of IBAD MoS_2 coatings. Tribol Trans (STLE) **38**, 445–451 (1995)
24. Gugler, G., Debaud, S., Mischler, S.: Lebensdauerermittlung von festschmierstoffbeschichteten AISI 440C-Wälzlagerkugeln verschiedener Oberflächenmorphologie mittels eines Vier-Kugel-Apparates. 10th Intern. Colloquium Tribology: Solving Friction and Wear Problems, Esslingen (1996)
25. Fleischhauer, P.D., Bauer, R.: The influence of surface chemistry on MoS_2 thin films. ASLE Trans **27** (1987)
26. Erdemir, A., Martin, J.-M.: Superlubricity. Elsevier, Amsterdam (2007)
27. Menoud, C., Kocher, H., Hintermann, H.E.: Morphology and life-time investigations of dry-lubricating MoS_2 films deposited by R.F.-Sputtering. In: 5th international conference IPAT, München (1985)
28. Peterson, M.B., Kanakia, M.: Solid lubricants. In: Proceedings of the international conference engineered materials for advanced friction and waer applications (Smidt, F.A., Blau, P.J., Hrsg). ASM International, Metals Park, Ohio (1988)
29. Shekhter, Y. u. a.: Wirkung von MoS_2 auf die elektrochemische Korrosion von Metallen. Chim. i. Teknol. Topl. Masel **4**, 49–54 (1969)
30. Reinwald, E.: Optimierung von Käfigen aus Hochtemperaturthermoplasten für den Einsatz bei feststoffgeschmierten Wälzlagern. Dissertation TH Darmstadt. VDI, Düsseldorf (1992)
31. Keine, G., Sommerkamp, P.: PVD-Verfahren. In: Kunst, H. (Hrsg.) Verschleiß metallischer Werkstoffe und seine Verminderung durch Oberflächenschichten. Expert, Grafenau (1982)
32. Miyoshi, K.: Solid lubrication fundamentals and applications. Marcel Dekker Inc., New York (2001)
33. Zum Gahr, K.-H.: Abrasiver Verschleiß metallischer Werkstoffe. VDI, Düsseldorf (1981)
34. Heinz-Schwarzmaier, T.: Bestimmung der Lebensdauer feststoffgeschmierter Kugellager auf der Grundlage von Reibenergieberechnungen und Kurzzeitvesuchen. Dissertation TU Darmstadt. VDI, Düsseldorf (2003)
35. Persson, B.N.J.: Sliding friction physical principles and applications. Springer, Berlin (1999)

3 Theorie der Lebensdauer feststoffgeschmierter Gleit- und Wälzkontakte

Dieses Kapitel behandelt feststoffgeschmierte Gleit- und Wälzkontakte generell und geht damit über die spezielle Analyse von Wälzlagern deutlich hinaus. Um Gleit- und Wälzkontakte zu beschreiben, werden die Modelle und Methoden der klassischen Disziplinen der Ingenieurwissenschaften genutzt. Der Abschnitt „Mechanik" beschreibt die Kontaktgeometrie, um dann die Belastungen und Beanspruchungen sowie die kinematischen Verhältnisse im Wälzkontakt mit Makro- und Mikroschlupf zu untersuchen. Danach folgt der Abschnitt „Tribologie", der Reibung und Verschleiß im Wälzkontakt untersucht. Beide Phänomene werden danach im Abschnitt „Lebensdauermodell" zusammengeführt, mit dem die Lebensdauer von Wälzkontakten durch Berechnungen und mit Hilfe experimentell ermittelter Verschleißwerte bestimmt werden kann.

Feststoffschmierung wird wie alle Schmierungsarten dann eingesetzt, wenn Reibung und Verschleiß in der Kontaktzone zwischen Festkörpern reduziert werden sollen. Ein derartiger Kontakt entsteht, wenn zwei Festkörper durch äußere Kräfte aufeinander gepresst und gleichzeitig gegeneinander relativ zueinander bewegt werden. Die tribologischen Eigenschaften in einem derartigen Kontakt werden durch die im Kontakt auftretenden physikalischen und chemischen Phänomene wie Flächenpressung, Verschleiß und Schmierung bestimmt.

3.1 Die Mechanik feststoffgeschmierter Gleit- und Wälzkontakte

Voraussetzung für das Verständnis der Tribologie von Gleit- und Wälzkontakten ist die Kenntnis der Geometrie der Kontaktpartner und der Kontaktmechanik mit dem Auftreten und der Wirkung von Kräften, Momenten, Relativbewegungen und -geschwindigkeiten.

H. Birkhofer, T. Kümmerle, *Feststoffgeschmierte Wälzlager*,
DOI 10.1007/978-3-642-16797-3_3, © Springer-Verlag Berlin Heidelberg 2012

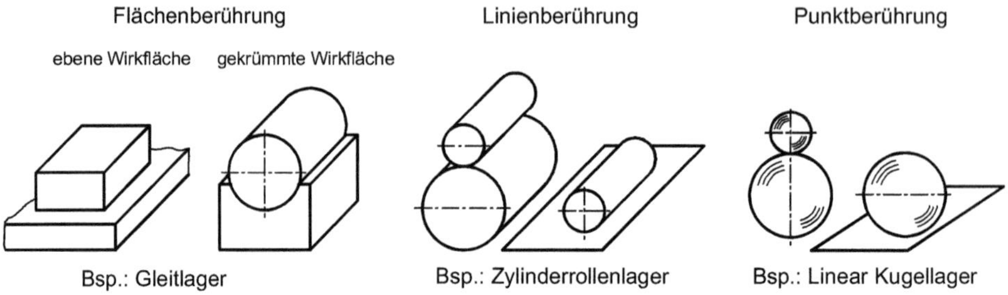

Abb. 3.1 Flächen-, Linien- und Punktberührung. [1, S. 125]

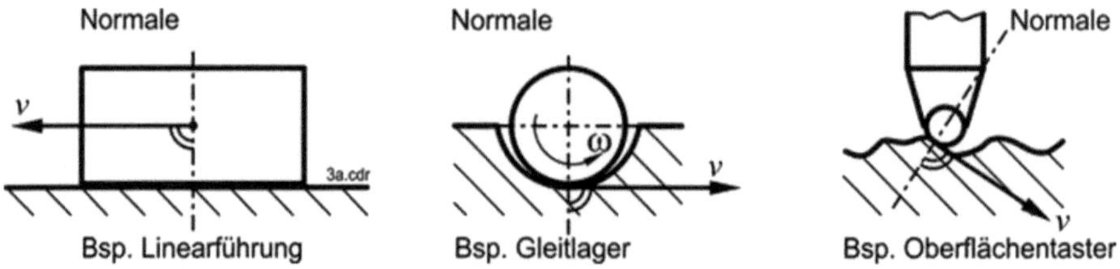

Abb. 3.2 Beispiele für Gleitkontakte

3.1.1 Kontaktgeometrie und Kontaktkinematik

Werden zwei sich berührende Körper durch Normalkräfte gegeneinander gedrückt, tritt je nach der *Kontaktgeometrie* Flächenberührung, Linienberührung oder Punktberührung auf (Abb. 3.1).

Diese Betrachtung ist idealisiert, weil sie von exakten Körpergeometrien ausgeht und in der Kontaktzone keinerlei elastische oder plastische Verformungen berücksichtigt. Die tatsächliche Kontaktgeometrie bestimmt die Art und Höhe der Druckbeanspruchung im Kontakt infolge äußerer Kräfte und Momente.

Bei relativ bewegten Körpern muss zusätzlich noch die *Kontaktkinematik* betrachtet werden, um Reibung und Verschleiß im Kontakt bestimmen zu können. Dabei unterscheidet man entsprechend Kap. 2.1.2.2 Gleit-, Roll-, Bohr- und Wälzkontakte. Da Bohrkontakte eine spezielle Form der Gleitkontakte sind und reines Rollen nur ein theoretisches Modell ist und sich in der Realität immer als Wälzen darstellt (s. ebenfalls Kap. 2.1.2.2), werden im Folgenden nur die beiden Grundformen Gleitkontakte und Wälzkontakte behandelt. Sie unterscheiden sich allerdings in ihren mechanischen Eigenschaften erheblich und sollen daher hier getrennt behandelt und definiert werden.

In einem *Gleitkontakt* kann die globale Relativbewegung des bewegten Körpers rein translatorisch, rein rotatorisch oder auch eine Kombination aus beiden Bewegungsarten sein (Abb. 3.2).

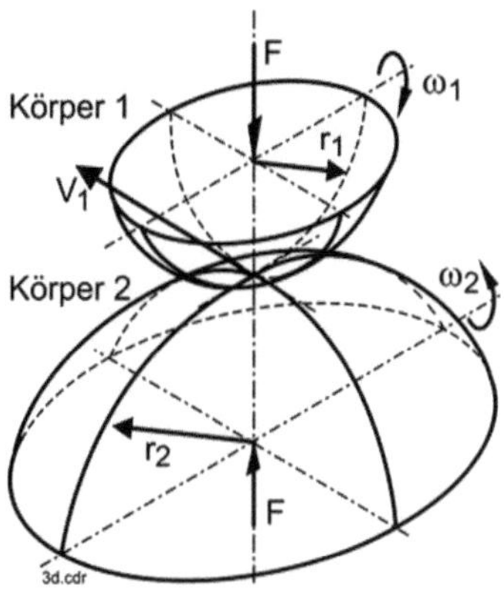

Abb. 3.3 Wälzkontakt zwischen zwei räumlich gekrümmten Körpern mit einer außen angreifenden Druckkraft und einer Rollbewegung

▶ **Definition:** Ein Gleitkontakt liegt vor, wenn in der Kontaktzone eine reine Gleitbewegung stattfindet. Dabei steht der Bewegungsvektor *v* des relativ bewegten Körpers immer senkrecht zur Normalen in der Kontaktzone.

In diesem Sinn ist auch eine Bohrbewegung als eine besondere Form der Gleitbewegung aufzufassen.

Während bei Gleitkontakten jede Körperform (eben, zylindrisch, kugelförmig, tonnenförmig, …) auftreten kann, muss bei *Wälzkontakten* mindestens einer der Körper einfach oder zweifach gekrümmt sein und einen Rollradius *r* besitzen, um eine rollfähige Kopplung zu ermöglichen (Abb. 3.3).

Die Krümmung von Körpern wird durch eine oder zwei aufeinander orthogonal stehende Hauptkrümmungsebenen definiert, wobei mit dem Index 1 die Hauptkrümmungsebene mit dem kleinsten Krümmungsradius r_{min}, mit dem Index 2 die Hauptkrümmungsebene mit dem größten Krümmungsradius r_{max} bezeichnet wird. Der tatsächliche Rollradius r_i, d. h. der Radius um den Körper i relativ zu einem anderen Körper rollt, liegt in einem Intervall, das von den beiden Krümmungsradien begrenzt wird:

$$r_{\mathrm{i,min}} \leq r_{\mathrm{i}} \leq r_{\mathrm{i,max}} \tag{3.1}$$

Bewegt sich nun ein derartig geformter Kontakt relativ zueinander auf einer Rolllinie als geometrischer Ort aller Berührpunkte, spricht man von einem Wälzkontakt.

▶ **Definition:** Ein Wälzkontakt liegt vor, wenn der relativ bewegte Körper in einer (oft dominierenden) Rollbewegung auf dem Gegenkörper abrollt und dabei gleichzeitig in der Kontaktzone eine Gleitbewegung stattfindet.

Die der Rollbewegung überlagerte Gleitbewegung kann dabei makroskopisch ausgebildet sein (z. B. das Gleiten bei gepaarten Zahnflanken außerhalb des Wälzpunkts) oder mikroskopisch durch die elastische oder plastische Abplattung der Körper in der Kontaktzone (s. Kap. 3.1.3). Eine Abplattung bedeutet immer eine Imperfektion der idealen Rollform und verursacht eine Störung der idealen Rollkinematik.

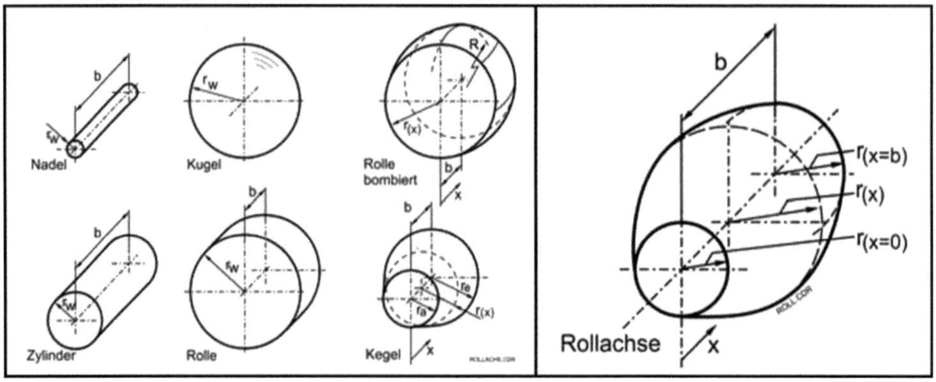

Abb. 3.4 Beispiele für Wälzkörper (*links*) und allgemeinster Fall eines Wälzkörpers (*rechts*)

Eine besondere Form von abwälzfähigen Körpern sind sog. *Wälzkörper*. Dabei handelt es sich um rotationssymmetrische Körper, die zwischen zwei anderen Körpern angeordnet sind und bei einer Relativbewegung dieser Körper zwischen ihnen eine Wälzbewegung ausführen (Abb. 3.4 links). Der allgemeinste Fall eines Wälzkörpers ist ein rotationssymmetrischer Körper, dessen Krümmungsradius $r(x)$ in jeder Trajektorie einer Hauptkrümmungsebene konstant ist, in der dazu orthogonalen Krümmungsebene konstant oder variabel sein kann (Abb. 3.4 rechts).

Ein typisches Beispiel für Wälzkörper sind Zylinderrollen eines Zylinderrollenlagers, die bei einer Relativdrehung der Ringe zwischen diesen rollen bzw. wälzen.

3.1.2 Das Belastungsmodell – äußere und innere mechanische Lasten

Den auf einen Kontakt einwirkenden äußeren Belastungen (Kräfte, Momente) können Schnittkräfte und Schnittmomente zugeordnet werden (Abb. 3.5).

Schnittkräfte und Schnittmomente wirken in der Kontaktzone und stellen das Kräfte- und Momentengleichgewicht an den Körpern sicher. Es gilt:

Normalkraft = Axialkraft $F_{\mathrm{N}} = F_{\mathrm{y}}$

Reibkraft infolge Querkraft = Querkraft bzw. $F_{Rx}(F_x) = F_x \quad F_{\mathrm{Rz}}(F_z) = F_z$

Reibkraft infolge Rollmoment = Rollmoment/Rollradius $F_{\mathrm{Rx}}(\mathrm{M}_{\mathrm{roll}}) = M_{\mathrm{roll}}/r_{\mathrm{i}}$

Bohrreibmoment = Drehmoment $M_{\mathrm{b}} = M_{\mathrm{y}}$

Die Reibkraft infolge der Querkraft $F_{Rx}(F_x)$ und die Reibkraft infolge des Rollmoments $F_{\mathrm{Rx}}(\mathrm{M}_{\mathrm{roll}})$ können geometrisch zur Gesamtreibkraft F_{Rges} addiert werden:

$$F_{Rges} = \sqrt{[F_{Rx}(F_x) + F_{Rx}(M_x)]^2 + [F_{Ry}(F_y) + F_{Ry}(M_y)]^2} \tag{3.2}$$

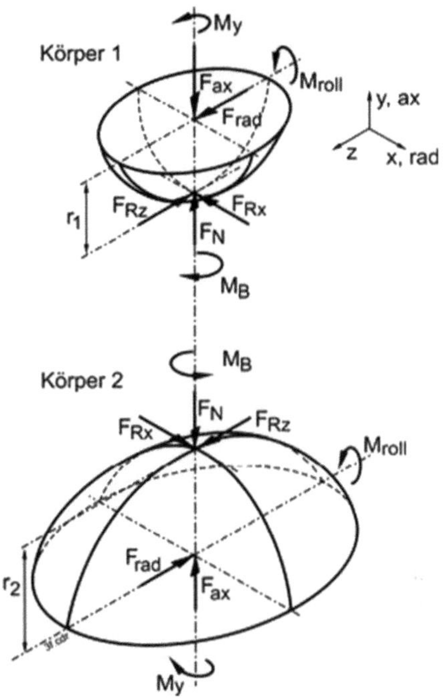

Abb. 3.5 Schnittkräfte und Schnittmomente in einem Wälzkontakt. (Nach [2])

3.1.3 Das Beanspruchungsmodell

Die Schnittkräfte und -momente beanspruchen die Kontaktzone und rufen dort Spannungen hervor. Spannungen sind grundsätzlich an Flächen gebunden. Setzt man eine Idealgeometrie der beiden Körper voraus, können nur bei dem Fall der Flächenberührung Spannungen angegeben werden, nicht aber bei Punkt- und Linienberührung. Aus diesem Grund wird zwischen der Ermittlung von Spannungen in Kontakten mit Flächenberührung und der bei Linien- und Punktberührung unterschieden.

3.1.3.1 Flächenpressung bei Flächenberührung

Die Berechnung von Flächenpressungen unterscheidet sich je nachdem, ob Flächenberührung oder Linien bzw. Punktberührung vorliegen.

Flächenpressung bei Flächenberührung von ebenen Flächen Die Verteilung der Flächenpressung erfolgt nach Abb. 3.6.

Die Flächenpressung kann näherungsweise mit dem Mittelwert σ_p berechnet werden.

$$\sigma_p = \frac{F_N}{A_{proj}} \tag{3.3}$$

Hierbei wird die senkrecht zur äußeren Kraft liegende projizierte Fläche A_{proj} zugrunde gelegt.

$$\sigma_p = \frac{F_1}{A_1} \tag{3.4}$$

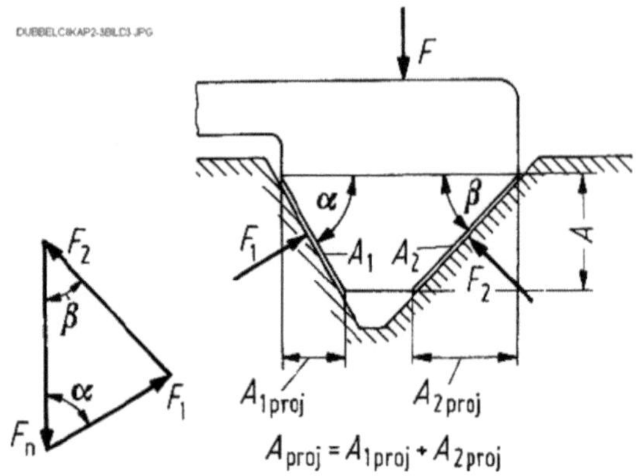

Abb. 3.6 Flächenpressung bei Bauteilkopplungen mit ebenen Wirkflächen. [1, S. 126]

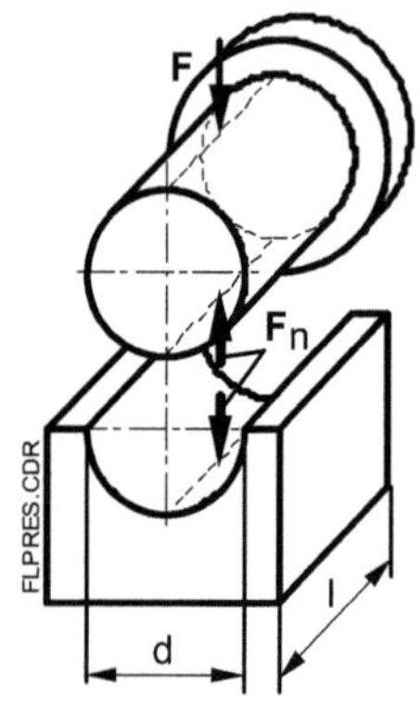

Abb. 3.7 Flächenpressung bei gekrümmten Flächen. [1, S. 127]

$$A_1 = A/\sin\alpha \tag{3.5}$$

$$F_1 = F_N \frac{\sin\beta}{\sin(\alpha+\beta)} \tag{3.6}$$

$$\sigma_{\text{p1}} = \frac{F_N}{A} \cdot \frac{\sin\alpha\sin\beta}{\sin(\alpha+\beta)} = \frac{F_N}{A} \cdot \frac{1}{\cot\alpha + \cot\beta} = \frac{F_N}{A_{\text{1proj}} + A_{\text{2proj}}} = \frac{F_N}{A_{\text{proj}}} \tag{3.7}$$

$$\sigma_{\text{P2}} = \frac{F_N}{A_{\text{ proj}}}(\text{analog}) \tag{3.8}$$

Es gilt:

$$\sigma_{\text{p1}} = \sigma_{\text{p2}} = \sigma = \frac{F_{\text{N}}}{A_{\text{proj}}} \tag{3.9}$$

Flächenpressung bei Flächenberührung mit gekrümmten Flächen Analog zu Abb. 3.6 gilt auch hier (Abb. 3.7) in erster Näherung:

$$\sigma_p = F_N/A_{\text{proj}} = F_N/(d \cdot l) \tag{3.10}$$

Tab. 3.1 Anhaltspunkte für die zulässige Flächenpressung $\sigma_{p,zul}$ bei Flächenlast

	Beanspruchung	
	Ruhend	Schwellend
Duktile Werkstoffe	$\sigma_{p,zul} \approx \sigma_{dF}/1{,}2$	$\sigma_{p,zul} \approx \sigma_{dF}/2{,}0$
Spröde Werkstoffe	$\sigma_{p,zul} \approx \sigma_{dB}/2{,}0$	$\sigma_{p,zul} \approx \sigma_{dB}/3{,}0$

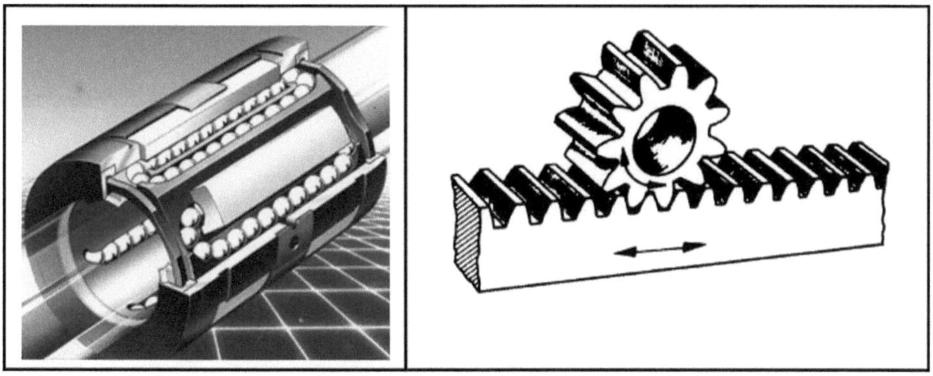

Abb. 3.8 Punktberührung bei einer Kugelumlaufführung (*links*) nach [1, S. 127] und Linienberührung im Kontakt Zahnstange-Zahnritzel (*rechts*) nach [1, S. 128]

Die zulässige Flächenpressung ist stark vom Belastungsfall (statisch, schwellend, wechselnd) abhängig. Anhaltspunkte für die zulässige Flächenpressung bei Flächenlast gibt Tab. 3.1.

Maßgebend für die Berechnung ist die Festigkeit des schwächeren Teils (geringere zulässige Flächenpressung).

3.1.3.2 Flächenpressung bei Punkt- und Linienberührung (Hertz'sche Flächenpressung)

Punkt- und Linienberührung treten in mechanischen Kontakten sehr häufig auf (Abb. 3.8).

Hertz'sche Flächenpressung Bei Punkt- oder Linienberührung muss die Berechnung der Flächenpressung in der Kontaktzone nach der Theorie von Hertz [3, 4] vorgenommen werden. Grundlage der Spannungsermittlung im Hertz'schen Kontakt ist die auch experimentell leicht nachweisbare Annahme, dass sich die beiden Körper in der Kontaktzone verformen (abplatten). Für die Berechnung der Hertz'schen Flächenpressung wird vorausgesetzt:

- ein homogenes, isotropes Material,
- die Gültigkeit des Hook'schen Gesetzes,
- die Ebenheit der entstehenden Druckfläche,

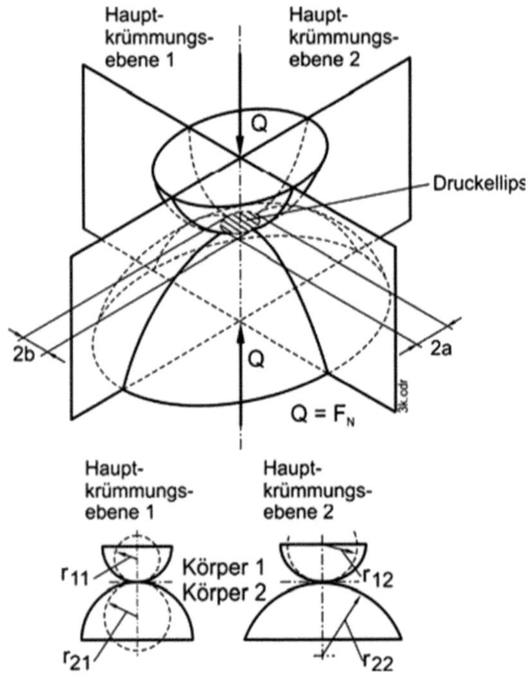

Abb. 3.9 Berührung zweier allseitig gekrümmter Körper und Ausbildung einer Kontaktellipse unter Einwirkung einer Normalkraft F_N=Q. [2, S. 163]

- die alleinige Wirkung von Normalspannungen in der Berührungsfläche,
- die Deformationen beider Körper (Abplattung) müssen im Verhältnis zu den Körperabmessungen klein sein.

Obwohl diese Voraussetzungen in vielen Wälzkontakten, insbesondere bei hochbelasteten Wälzlagern nicht immer gegeben sind, kann nach dem Stand der Forschung in guter Übereinstimmung von Theorie und Experiment auch bei abweichenden Voraussetzungen mit der Hertz'schen Theorie gerechnet werden [5]. Maßgebend für die Berechnung der Hertz'schen Flächenpressung ist die Kontaktgeometrie (Abb. 3.9).

Bei der Abplattung entsteht nach (Abb. 3.9) eine Druckellipse mit großer Halbachse a und kleiner Halbachse b. Die große Ellipsenhalbachse a entsteht in der Hauptkrümmungsebene, in der der Radienunterschied der beiden Körper kleiner ist. Grundlage der Berechnung sind die Krümmungsradien nach Gl. (3.11):

$$p_{\mathrm{ij}} = \frac{1}{r_{\mathrm{ij}}} \quad \text{mit} \quad \mathrm{i,j} = 1{,}2 \tag{3.11}$$

Dabei bezeichnet der Index i den Körper und der Index j die jeweilige Hauptkrümmungsebene wie in Abb. 3.9 dargestellt. Bei gleichen Werkstoffen gelten für die Druckellipsenhalbachsen die folgenden Gleichungen:

Große Halbachse: $$a = a^* \cdot \sqrt[3]{\frac{3 \cdot Q}{\sum \rho} \cdot \frac{(1-\nu^2)}{E}} \tag{3.12}$$

Abb. 3.10 Verteilung der Pressung auf der Druckellipse. [7, S. 27]

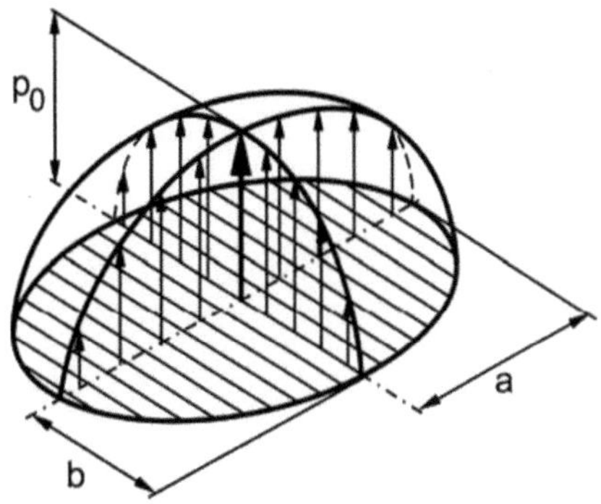

Kleine Halbachse: $$b = b^* \cdot \sqrt[3]{\frac{3 \cdot Q}{\sum \rho} \frac{(1-\nu^2)}{E}} = \frac{b^*}{a^*} \cdot a \qquad (3.13)$$

Elastische Verformung: $$\delta = \frac{3}{2} \delta^* \cdot \sqrt[3]{\frac{Q^2 \cdot \sum \rho}{3} \cdot \left(\frac{(1-\nu^2)}{E}\right)^2} \qquad (3.14)$$

Die dimensionslosen Konstanten a^*, b^* und δ^* sind Funktionen der Hilfsfunktion

$$\cos r = \frac{\frac{1}{r_{11}} \cdot \frac{1}{r_{12}} \cdot \frac{1}{r_{21}} \cdot \frac{1}{r_{22}}}{\sum \rho} \qquad (3.15)$$

und für einfache Berechnungen in Tabellen [5] abgelegt. Für die Implementierung in ein Berechnungsprogramm eignet sich besser ein Näherungsverfahren [6], mit dem die Werte sehr gut approximiert werden können, ohne die Lösung elliptischer Integrale bestimmen zu müssen.

Weiter folgt:

Summe der Krümmungsradien: $$\sum \rho = \frac{1}{r_{11}} + \frac{1}{r_{12}} + \frac{1}{r_{21}} + \frac{1}{r_{22}} \qquad (3.16)$$

Max. Flächenpressung: $$p_0 = \frac{3 \cdot Q}{2 \cdot \pi \cdot a \cdot b} \qquad (3.17)$$

Oder nach Einsetzen der Gl. (3.12) und (3.13) in (3.17):

$$p_0 = \frac{1}{a^* \cdot b^*} \cdot \sqrt[3]{\frac{3 \cdot Q \cdot \left(\sum \rho\right)^2}{8 \cdot \pi^3} \cdot \left(\frac{E}{(1-\nu^2)}\right)^2} \qquad (3.18)$$

Mit dieser Formel kann die maximal herrschende Flächenpressung p_0 berechnet werden.

Die Höhe der Flächenpressung ist vom Ort innerhalb der Druckellipse abhängig (Abb. 3.10) und lässt sich mit Gl. (3.18) berechnen.

Pressungsverteilung: $$p(x,y) = p_0 \cdot \sqrt{1 - \left(\frac{x}{a}\right)^2 - \left(\frac{y}{b}\right)^2} \qquad (3.19)$$

Oder mit den bezogenen Größen

$$\gamma = {}^{x}\!/_{a} \quad \text{und} \quad \eta = {}^{y}\!/_{b} \qquad (3.20)$$

$$p(\gamma,\eta) = p_0 \cdot \sqrt{1 - \gamma^2 - \eta^2} \qquad (3.21)$$

Aus (3.20) ergeben sich die Substitutionen:

$$dx = a \cdot dy, \quad dy = b \cdot d\eta \qquad (3.22)$$

Aus der Ellipsengleichung folgt:

$$b(x) = b \cdot \sqrt{1 - (x/a)^2} = b \cdot \sqrt{1 - \gamma^2} \qquad (3.23)$$

Mit

$[Q] = \mathrm{N}$	Normalkraft (entsprechend F in Abb. 3.9)
$[E] = \mathrm{N/mm^2}$	Elastizitätsmodul
ν	Querkontraktionszahl
ρ	Reziproker Krümmungsradius $\begin{cases} + \text{ bei konvexer} \\ - \text{ bei konkaver} \end{cases}$ Krümmung

Bei unterschiedlichen Werkstoffen der beiden Körper muss in den Gl. (3.12), (3.13), (3.14) und (3.16) lediglich der Term

$$\frac{(1-\nu^2)}{E} \qquad (3.24)$$

durch

$$\frac{1}{2} \cdot \left(\frac{(1-\nu_1^2)}{E_1} + \frac{(1-\nu_2^2)}{E_2} \right) \qquad (3.25)$$

ersetzt werden.

Eine zusammenfassende Darstellung für die Gleichung zur Berechnung der Hertz'schen Flächenpressung zeigt Tab. 3.2.

Darin ist für die Querdehnungszahl $\nu = 0{,}3$ und bei unterschiedlichen Werkstoffen der berührenden Körper ein resultierender E-Modul E angenommen:

$$E = 2 \cdot E_1 \cdot E_2 / (E_1 + E_2) \qquad (3.26)$$

Die Werte für η und ξ können Abb. 3.11 entnommen werden.

Tab. 3.2 Hertz'sche Flächenpressungen. (Nach [2, S. 163])

HERTZsche Pressung (Allgem. Formel)	Körperkombination Körper 1/ Körper 2	Halbachsen der „elliptischen" Kontaktfläche	Maximale HERTZsche Pressung	Annäherung beider Körper
p_{max}	$\frac{1-v^2}{E} = \frac{1}{2}\left(\frac{1-{v_1}^2}{E_1} + \frac{1-{v_2}^2}{E_2}\right)$	a, b	p_{max}	δ
Kontakt gekrümmter Oberflächen: $p_{max} = \frac{3}{2} \cdot \overline{p}$ $= \frac{3}{2} \cdot \frac{F}{\pi \cdot ab}$	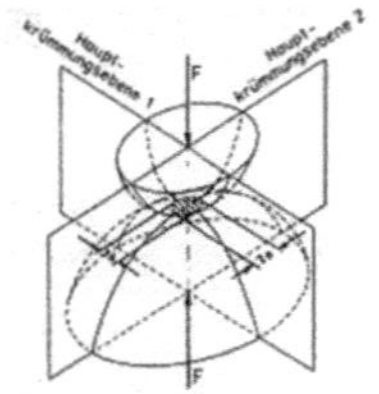	$a = \xi \sqrt[3]{\frac{3F(1-v^2)}{E \cdot \sum k}}$ $b = \eta \sqrt[3]{\frac{3F(1-v^2)}{E \cdot \sum k}}$ $\xi, n = f(\cos\tau)$	$p_{max} = \frac{1}{\xi \cdot \eta} \sqrt[3]{\frac{3F \cdot E^2 (\sum k)^2}{8\pi^3(1-v^2)^2}}$ $\xi, n = f(\cos\tau)$	$\delta = \frac{\Psi}{\xi} \sqrt[3]{\frac{9F^2 \sum k(1-v^2)^2}{8E^2}}$ $\Psi/\xi = f(\cos\tau)$
Punkt-kontakt: $p_{max} = \frac{3}{2} \cdot \overline{p}$ $= \frac{3}{2} \cdot \frac{F}{\pi \cdot a^2}$	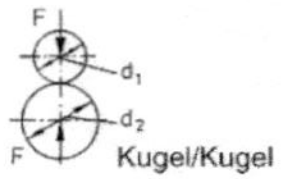	$a = b = \sqrt[3]{\frac{3F(1-v^2)}{4E\left(\frac{1}{d_1} + \frac{1}{d_2}\right)}}$	$p_{max} = \sqrt[3]{\frac{6F \cdot E^2}{\pi^3(1-v^2)^2}\left(\frac{1}{d_1} + \frac{1}{d_2}\right)^2}$	$\delta = \sqrt[3]{\frac{9F^2(1-v^2)^2}{2E^2}\left(\frac{1}{d_1} + \frac{1}{d_2}\right)}$
	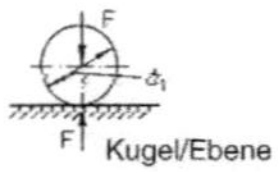	$a = b = \sqrt[3]{\frac{3F(1-v^2)d_1}{4E}}$	$p_{max} = \sqrt[3]{\frac{6F \cdot E^2}{\pi^3(1-v^2)^2 \cdot {d_1}^2}}$	$\delta = \sqrt[3]{\frac{9F^2(1-v^2)^2}{2E^2 \cdot d_1}}$
Linien-kontakt: $p_{max} = \frac{4}{\pi} \cdot \overline{p}$ $= \frac{4}{\pi} \cdot \frac{F}{2b \cdot l}$ $= \frac{2}{\pi} \cdot \frac{F}{b \cdot l}$	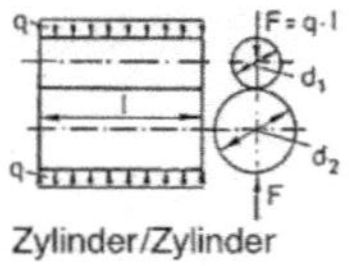	$a = l$ $b = \sqrt{\frac{4F(1-v^2)}{\pi \cdot E \cdot l\left(\frac{1}{d_1} + \frac{1}{d_2}\right)}}$	$p_{max} = \sqrt{\frac{F \cdot E}{\pi \cdot l(1-v^2)}\left(\frac{1}{d_1} + \frac{1}{d_2}\right)}$	$\delta = \frac{2F}{\pi l}\left[\frac{1-{v_1}^2}{E_1}\left(\ln\frac{d_1}{b} + 0{,}407\right) + \frac{1-{v_2}^2}{E_2}\left(\ln\frac{d_2}{b} + 0{,}407\right)\right]$
	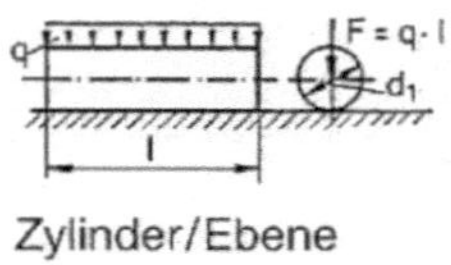	$a = l$ $b = \sqrt{\frac{4F(1-v^2)d_1}{\pi \cdot E \cdot l}}$ (Kontaktfläche: Rechteck)	$p_{max} = \sqrt{\frac{F \cdot E}{\pi \cdot d_1 \cdot l(1-v^2)}}$	$\delta = \frac{3{,}97}{10^5} \cdot \frac{F^{0{,}9}}{l^{0{,}8}}$ für St /St

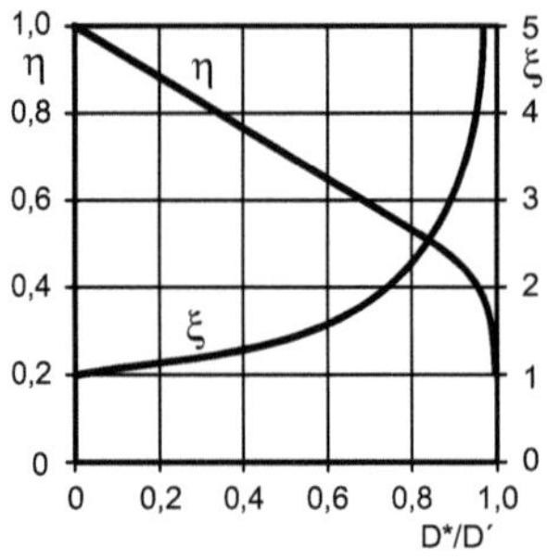

Hilfsvariable D^* und D':

$$\Rightarrow D^* = \left(\frac{1}{D_{11}}+\frac{1}{D_{12}}+\frac{1}{D_{21}}+\frac{1}{D_{22}}\right)^{-1}$$

$$\Rightarrow D' = \left(\frac{1}{D_{11}}-\frac{1}{D_{12}}+\frac{1}{D_{21}}-\frac{1}{D_{22}}\right)^{-1}$$

Mit Hauptkrümmungsdurchmesser:
Körper 1: D_{11}, D_{12}
Körper 2: D_{21}, D_{22}

Abb. 3.11 Darstellung der Hertz'schen Beiwerte η und ξ zur Bestimmung der Druckellipsen. (Nach [1, S. 130])

Spannungszustände im Hertz'schen Kontakt Bei der Berührung zweier beliebig gekrümmter Körper treten Druckspannungen σ_x, σ_y und σ_z bzw. σ_z σ_t und σ_r in 3 Koordinatenrichtungen auf. Die maximale Druckspannung $\sigma_{z\,max}$ wird auch maximale Hertz'sche Pressung p_{max} genannt. Für die Sonderfälle der Paarung von Normkörpern (Kugeln, Zylinder, Ebenen) gelten nachfolgende Hinweise.

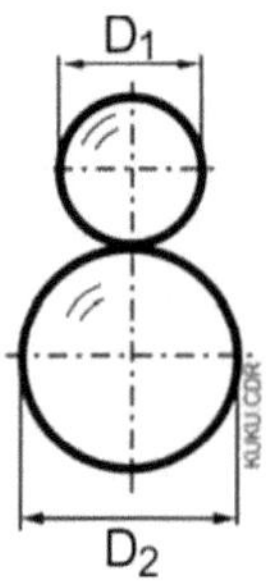

Kugel gegen Kugel

Die Druckspannung verteilt sich halbkugelförmig über der Druckfläche. Die Projektion der Druckfläche ist ein Kreis vom Radius a. Umschließt die größere Kugel (als Hohlkugel) die kleinere, so ist D_2 negativ einzusetzen.

Die Spannungen σ_r und σ_t am mittleren Volumenelement der Druckfläche sind in der Mitte:

$$\sigma_r = \sigma_t = p_{max}(1 + 2\nu)/2 = 0{,}8 \cdot p_{max} \tag{3.27}$$

und am Rand:

$$\sigma_r = -\sigma_t = 0{,}133 \cdot p_{max} \tag{3.28}$$

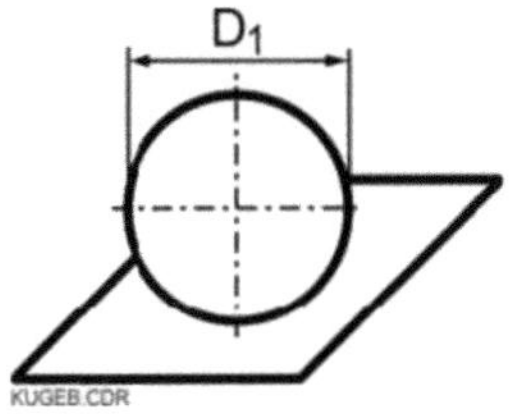

Kugel gegen Ebene

Mit $d_2 \to \infty$, d. h. $r=r_1$, gelten die Ergebnisse der Paarung Kugel-Kugel ebenfalls.

Der Spannungsverlauf in z-Richtung liefert die größte Schubspannung für $z=0{,}47a$ zu $\tau_{max}=0.31 \cdot p_{max}$ und die zugehörigen Werte $\sigma_z=0{,}8 \cdot p_{max}$ sowie $\sigma_r=\sigma_t=0{,}18 \cdot p_{max}$.

Wie Föppl [8, S. 209 ff.] gezeigt hat, entwickeln sich Fließlinien von Stelle τ_{max} aus. Man begnügt sich jedoch üblicherweise mit dem Nachweis von $\sigma_{max,z}=p_{max}$.

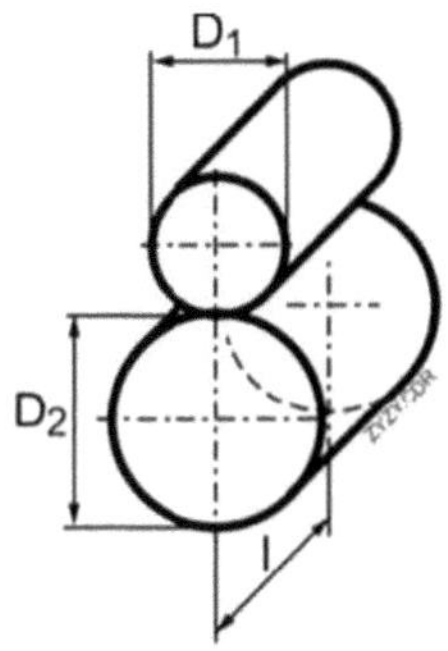

Zylinder gegen Zylinder

Die Projektion der Druckfläche ist ein Rechteck von der Breite $2a$ und der Zylinderlänge l. Die Druckspannungen verteilen sich über die Breite $2a$ halbkreisförmig. Hierbei wird vorausgesetzt, dass sich $q=F/l$ als Linienlast gleichförmig über die Länge verteilt. Die Abplattung wurde von Hertz nicht berechnet, da die begrenzte Länge des Zylinders die Problemlösung erschwert.

Die Spannungen σ_x und σ_y an einem Element der Druckfläche (x in Längsrichtung, y in Querrichtung) sind in Zylindermitte:

$$\sigma_x = 2 \cdot \nu \cdot \sigma_z = 0{,}6 \cdot p_{max} \tag{3.29}$$

$$\sigma_y = \sigma_z = p_{max} \tag{3.30}$$

Der Spannungsverlauf in z-Richtung liefert die größte Schubspannung in der Tiefe $z=0{,}78 \cdot a$ zu $\tau_{max}=0{,}30 \cdot p_{max}$. Am mittleren Volumenelement der Berührungsfläche ist in der Mitte des Zylinders:

$$\tau_{max} = 0{,}5 \cdot (\sigma_1 - \sigma_3) = 0{,}5 \cdot (p_{max} - 0{,}6 \cdot p_{max}) = 0{,}2 \cdot p_{max} \tag{3.31}$$

Und am Zylinderende:

$$\tau_{\max} = 0{,}5 \cdot p_{\max} \tag{3.32}$$

Dabei liegt τ_{max} in Flächenelementen schräg zur Oberfläche, da voraussetzungsgemäß in den Oberflächenelementen selbst und damit nach dem Satz von den zugeordneten Schubspannungen auch in Flächenelementen senkrecht dazu $\tau=0$ ist, d. h. die Oberflächenspannungen Hauptspannungen sind.

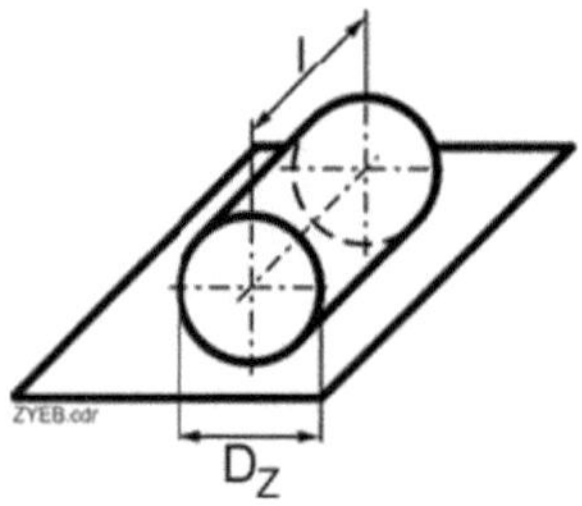

Zylinder gegen Ebene

Mit $r_2 \to \infty$ gelten die entsprechenden Ergebnisse wie für die Paarung Zylinder-Zylinder.

Wirkung von Spannungen im Hertz'schen Kontakt Flächenpressungen verursachen innerhalb der Wirkkörper Normal- und Schubspannungen. Abbildung 3.12 zeigt den Spannungsverlauf für die Paarung Zylinder-Zylinder.

Bemerkenswert ist, dass das Maximum der Schubspannung τ_{max} dabei unterhalb der Oberfläche liegt. Bei einem überbeanspruchten Hertz'schen Kontakt treten hier Trennbrüche auf, die sich bis zur Oberfläche ausweiten und zum Ablösen von Partikeln führen können. Diese Pittingbildung (Abb. 3.13) ist ein typischer Schädigungsmechanismus bei Wälzlagern und Verzahnungen.

3.1.4 Das Kinematikmodell

Bei Gleitreibung liegen vergleichsweise einfache kinematische Verhältnisse vor, die von einer elastischen Verformung der Kontaktflächen durch die Anpresskraft und der Flächenpressung in der Kontaktzone kaum oder nicht beeinflusst werden. Im Hertz'schen Kontakt sind die Zusammenhänge deutlich komplizierter, da die Kinematik in einer gekrümmten, in der Kontaktzone elastisch verformten Wälzpaarung von der Idealvorstellung des reinen Rollens mehr oder weniger abweicht. Die Abplattungen im Hertz'schen Kontakt bedingen permanent wirkende Gleitreibungsanteile, den sogenannten Schlupf, die sich der Rollbewegung überlagert. Es ist gerade dieser Schlupf, der die Reibbeanspruchung und den Verschleiß von Feststoff-Schmierschichten bewirkt.

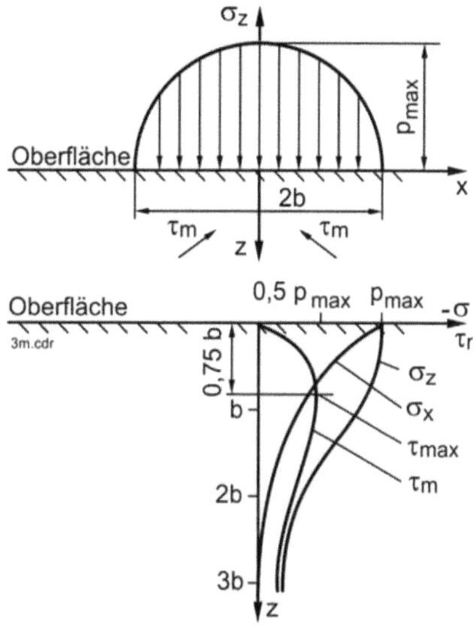

Abb. 3.12 Spannungen in der Paarung Zylinder-Zylinder. [1, S. 132]

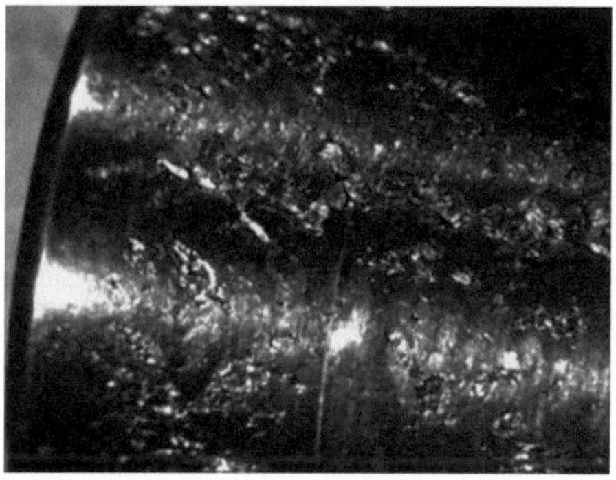

Abb. 3.13 Pittingbildung an einem Wälzkörper

Für die Berechnung des Schlupfs s in Wälzkontakten gilt:

$$s = 2\left[\frac{v_1 - v_2}{v_1 + v_2}\right] = \frac{v_{\text{rel}}}{u_W} \tag{3.33}$$

Schlupf wird dabei als Differenz der Geschwindigkeitsunterschiede bezogen auf das Geschwindigkeitsmittel definiert. Der Schlupf in Hertz'schen Wälzkontakten lässt sich in einen Makroschlupf, der durch die Makrogeometrie im Wälzkontakt bedingt wird, und einen Mikroschlupf, der aufgrund der nicht-idealen kinematischen Verhältnisse in der elastisch verformten Kontaktzone entsteht, einteilen.

3.1.4.1 Makroschlupf

Der Makroschlupf kann seinerseits in die beiden Grenzfälle „Rollschlupf" und Bohrschlupf unterschieden werden.

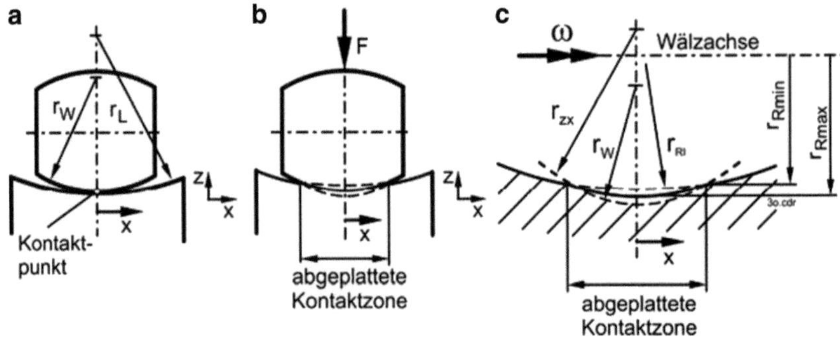

Abb. 3.14 Wälzpaarung mit positiver Schmiegung: **a** unbelastet, **b** belastet mit Hertz'scher Abplattung; **c** belastet mit resultierendem Rollradius r_{zx}

Rollschlupf Palmgren [9] und Heathcote [10] untersuchten den sogenannten Makroschlupf (auch Heathcote-Schlupf genannt), der vor allem in konvex-konkav-gekrümmten Wälzkontakten (positive Schmiegung) zu erhöhter Wälzreibung führt. Abbildung 3.14 zeigt einen derartigen Wälzkontakt, wobei zur Vereinfachung der ruhende Partner in Laufrichtung nicht gekrümmt ist.

Bei Belastung bildet sich die bereits beschriebene Druckellipse aus, die im Radialschnitt selbst gekrümmt ist, da sie sich naturgemäß den Krümmungen der Wälzkörper anpasst. Bezogen auf die Rollachse ergeben sich deshalb über der Breite der Druckellipse unterschiedliche Rollradien quer zur Laufbahn. Daraus wiederum resultieren bei gleicher Winkelgeschwindigkeit ω des Wälzkörpers unterschiedliche Umfangsgeschwindigkeiten $v(x)$ über der Druckellipsenbreite.

Es gilt:

$$v(x) = \omega \cdot r(x) \tag{3.34}$$

Wegen der Geschwindigkeitsunterschiede kann nicht an jedem Punkt der Kontaktzone reines Rollen stattfinden, vielmehr stellt sich über der Kontaktzonenbreite eine Relativgeschwindigkeitsverteilung mit vor- und nacheilenden Bereichen ein (Abb. 3.15).

In der Mitte eilt der Wälzkörper vor, ist also schneller, während er seitlich außerhalb der Rolllinien nacheilt, also langsamer als die mittlere Umfangsgeschwindigkeit ist. Die Folge ist ein breitenabhängiger Schlupf, der aus der Makrogeometrie der Wälzkörper herrührt und deswegen Makroschlupf genannt wird. Die vor- und nacheilenden Geschwindigkeitsbereiche werden durch Rolllinien, an denen reines Rollen ohne Schlupf vorherrscht, getrennt (Abb. 3.15 links).

Der Abstand der Rolllinien zur Mittelachse ergibt sich aus dem Momentengleichgewicht der Reibkräfte um die Hochachse auf die Druckellipse. Für den Rollschlupf in einem belasteten Wälzkontakt hat Heinz-Schwarzmaier [12] basierend auf den Überlegungen von Holland [13] und Schul [11] die nachfolgend dargestellte Herleitung durchgeführt.

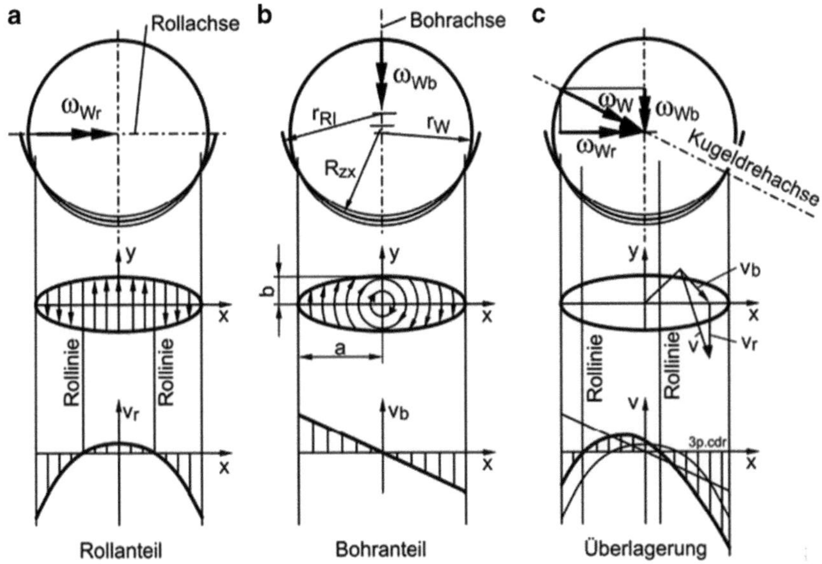

Abb. 3.15 Relativgeschwindigkeiten im Kugel-Ring-Kontakt [11, S. 41]; **a** reiner Rollschlupf; **b** reiner Bohrschlupf; **c** Überlagerung von Roll- und Bohrschlupf

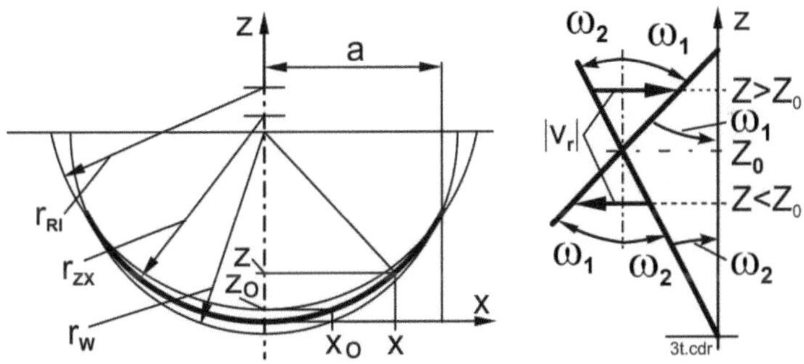

Abb. 3.16 Kontaktgeometrie und Rollrelativgeschwindigkeiten. [12, S. 18]

Abbildung 3.16 zeigt den Geschwindigkeitsplan in einem Hertz'schen Kontakt mit positiver Schmiegung.

Die Umfangsgeschwindigkeiten werden hierbei entlang der Rolllinien in y-Richtung als konstant angenommen.

Für $x \neq x_0$ kann man dem Geschwindigkeitsplan in Abb. 3.16 Folgendes entnehmen:

$$v_{r,rel}(x) = (\omega_1 + \omega_2)(z_0 - z(x)) \tag{3.35}$$

Die zur Ermittlung der Rollrelativgeschwindigkeit $v_{r,rel}$ maßgeblichen Winkelgeschwindigkeiten sind ω_1 und ω_2. Die Koordinate $z(x)$ erhält man aus der Kontaktgeometrie.

$$z(x) = R_{zx} - \sqrt{R_{zx}{}^2 - x^2} \tag{3.36}$$

Der Abbruch der Taylorreihenentwicklung dieser Beziehung nach dem ersten von Null verschiedenen Glied liefert

$$z(x) = \frac{x^2}{2 \cdot R_{zx}} \tag{3.37}$$

Der Rollschlupf ist definiert als das Verhältnis zwischen der Rollrelativgeschwindigkeit und der Umfangsgeschwindigkeit $u(x{=}x_0)$. Da im Allgemeinen für makroskopische Kontakte $z_0 \ll D_W/2$ ist, kann man mit genügender Genauigkeit für $u(x{=}x_0) \approx u_W$ annehmen. Daraus erhält man entsprechend Gleichung

$$s = 2 \cdot \left[\frac{v_1 - v_2}{v_1 + v_2}\right] = \frac{v_{rel}}{u_W} \tag{3.38}$$

Setzt man in Gl. (3.38) die Beziehungen (3.35) und (3.37) ein, so erhält man

$$s_r = \frac{w_1 + w_2}{u_W} \cdot \frac{x_0^2 - x^2}{2 \cdot R_{zx}} \tag{3.39}$$

Drückt man die Umfangsgeschwindigkeit der Kugel mit ihrer Winkelgeschwindigkeit aus, d. h. setzt man für $u_W{=}\omega_W \cdot D_W/2$ ein, folgt

$$s_r(x) = \frac{\omega_1 + \omega_2}{\omega_W} \cdot \frac{x_0^2 - x^2}{D_W \cdot R_{zx}} \tag{3.40}$$

oder mit der bezogenen Größe $y{=}x/a$

$$s_r(y) = \frac{\omega_1 + \omega_2}{\omega_W} \cdot \frac{a^2}{D_W \cdot R_{zx}} \cdot \left(y_0^2 - y^2\right) \tag{3.41}$$

Diese Herleitung basiert auf der Annahme, dass der Rollschlupf in Rollrichtung konstant ist.

Bohrschlupf Die bisherige Betrachtung des Makroschlupfs ging von einer reinen Rollbewegung mit überlagertem Makroschlupf aus. Die Rollachse kreuzt dabei die Bahnachse rechtwinklig. In vielen Wälzkontakten findet jedoch auch Bohrreibung statt, bei der die

Drehachse senkrecht auf der Bahnachse steht und diese durchdringt. Abbildung 3.15 Mitte zeigt die kinematischen Verhältnisse im Kugel-Ring-Kontakt bei reiner Bohrreibung. Dabei liegen die Vektoren der Bahngeschwindigkeit punktsymmetrisch zum Aufstandsmittelpunkt und nehmen nach außen mit ihrem Radius linear zu.

Die Bohrrelativgeschwindigkeit errechnet sich für jede Stelle (x, y) aus der Bohrwinkelgeschwindigkeit.

$$v_{b,rel,x} = \omega_{b,rel} \cdot y \tag{3.42}$$

$$v_{b,rel,y} = \omega_{b,rel} \cdot x \tag{3.43}$$

Die gesamte Borrelativgeschwindigkeit erhält man aus der Vektoraddition

$$\left|v_{\mathrm{b,rel}}\right| = \omega_{\mathrm{b,rel}} \cdot \sqrt{x^2 + y^2} \tag{3.44}$$

Mit der Einführung von $\gamma = y/b$ wird

$$\left|v_{\mathrm{b,rel}}\right| = \omega_{\mathrm{b,rel}} \cdot a \cdot \sqrt{\gamma^2 + \left(\frac{b}{a}\right)^2 \cdot \eta^2} \tag{3.45}$$

Der Schlupf in der jeweiligen Koordinatenrichtung ist das Verhältnis von Relativgeschwindigkeit zu mittlerer Umfangsgeschwindigkeit

$$s_{\mathrm{b},x} = \frac{\omega_{\mathrm{b,rel}} \cdot y}{\omega_1 \cdot r_{11}} \tag{3.46}$$

$$s_{\mathrm{b},y} = \frac{\omega_{\mathrm{b,rel}} \cdot x}{\omega_1 \cdot r_{11}} \tag{3.47}$$

und

$$|s_{\mathrm{b}}| = \frac{\omega_{\mathrm{b,rel}}}{\omega_1} \cdot \frac{a}{r_{11}} \cdot \sqrt{\gamma^2 + \left(\frac{b}{a}\right)^2 \cdot \eta^2} \tag{3.48}$$

oder wenn mit $s_{\mathrm{b,max}}$ der maximale Bohrschlupf an der Stelle $x = a$ bezeichnet wird

$$|s_{\mathrm{b}}| = s_{\mathrm{b,max}} \cdot \sqrt{\gamma^2 + \left(\frac{b}{a}\right)^2 \cdot \eta^2} \tag{3.49}$$

Diese Berechnung basiert auf der Annahme, dass Bohrrelativgeschwindigkeit und Bohrschlupf auf der projizierten Fläche angenommen werden, also die Krümmungen der Wälzkörper in der Kontaktzone vernachlässigt werden können.

Abb. 3.17 Vektorielle Addition der Roll- und Bohrrelativgeschwindigkeiten in der Kontaktzone. [12, S. 20]

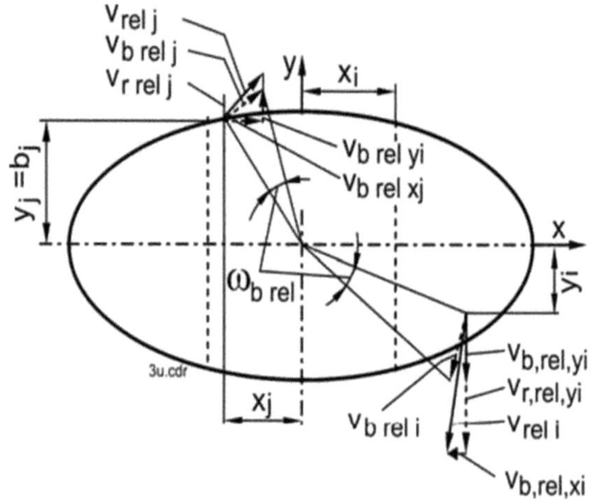

Überlagerung von Roll- und Bohrschlupf Überlagern sich Roll- und Bohrbewegung, so ergibt sich eine resultierende Geschwindigkeitsverteilung nach Abb. 3.15 rechts, die asymmetrisch ausgeprägt ist und bei der die Rolllinien gegenüber der Laufbahnmitte seitlich verschoben sind. Roll- und Bohrrelativgeschwindigkeiten können nach Abb. 3.17 vektoriell addiert werden.

Es gilt:

$$|v_{\mathrm{rel}}| = \sqrt{\left(v_{\mathrm{r,rel}} + v_{\mathrm{b,rel},y}\right)^2 + v_{\mathrm{b,rel},x}^2} \tag{3.50}$$

Ebenso der Schlupf

$$|s| = \sqrt{\left(s_{\mathrm{r}} + s_{\mathrm{b},y}\right)^2 + s_{\mathrm{b},x}^2} \tag{3.51}$$

Mit Gl. (3.49) erhält man

$$|s(\gamma,\eta)| = \sqrt{\left[s_{\mathrm{r}} + s_{\mathrm{b}} \cdot \gamma\right]^2 + \left(\frac{b}{a}\right)^2 \cdot s_{\mathrm{b,max}}^2 \cdot \eta^2} \tag{3.52}$$

Bei konvex-konvex-gekrümmten Körpern mit negativer Schmiegung κ ist die Druckellipse im Schnitt senkrecht zur Laufbahn, gleiche Abmessungsbeträge und Belastungen vorausgesetzt, ungleich schmäler. Ihre radiale Abweichung zur Rollachse wird damit erheblich kleiner im Vergleich zum Wälzkontakt mit positiver Schmiegung. Damit reduzieren sich auch die Rollradien-Unterschiede und der daraus resultierende Makroschlupf erheblich, sodass bei diesen Wälzkontakten der Makroschlupf in der Regel vernachlässigt werden kann.

3.1.4.2 Mikroschlupf

Mikroschlupf wurde von Poll [14] ausführlich untersucht und tritt generell in allen Wälzpaarungen auf, auch wenn kein Makroschlupf vorhanden ist wie bei der Paarung Zylinder-

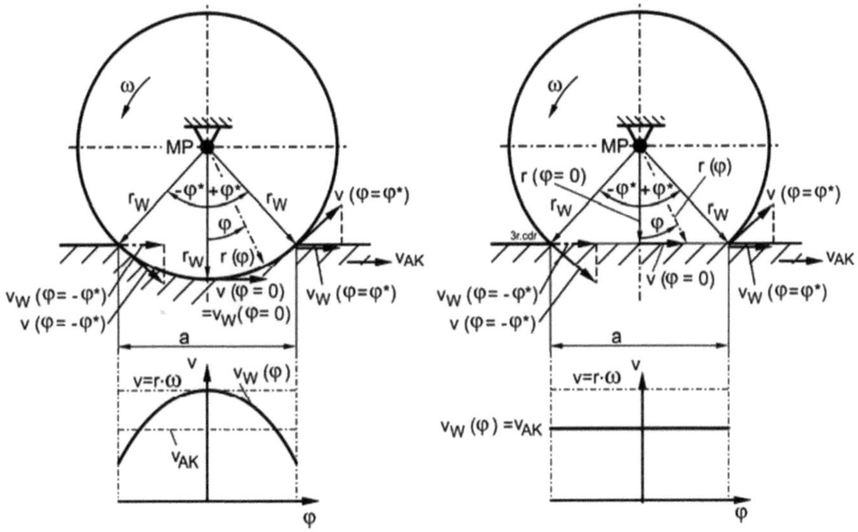

Abb. 3.18 Geschwindigkeitsverläufe in der Kontaktzone in den Paarungen „harte Rolle-weiche Unterlage" (*links*) und „weiche Rolle-harte Unterlage" (*rechts*)

Ebene oder Zylinder-Zylinder. Er wird hervorgerufen durch die elastischen Verformungen der Wälzkörper im Wälzkontakt, die zu einer Beeinträchtigung der idealen Rollkinematik im Wälzkontakt führen. Nimmt man den Fall an, dass eine zylindrische Rolle mit ortsfestem Drehpunkt eine ebene Unterlage translatorisch antreibt, so lässt eine Betrachtung der beiden Grenzfälle „harte Rolle-weiche Unterlage" und „weiche Rolle-harte Unterlage" unschwer erkennen, dass sich die waagrechten Geschwindigkeitsanteile in der Kontaktzone in beiden Fällen unterscheiden (Abb. 3.18).

Beim Fall „harte Rolle-weiche Unterlage" findet die gesamte Verformung in der Unterlage statt. Die waagrechten Geschwindigkeitsvektoren $v_W(\varphi)$ haben am Ein- und Austritt in der Kontaktzone den niedrigsten Wert und in der Mitte bei $\varphi=0$ das Maximum. Der Wälzkontakt hat Schlupf, die Vektoren $v_w(\varphi)$ eilen in einer gewissen Analogie zum Makroschlupf beim Ein- und Auslauf nach und in der Mitte vor. Die Bahngeschwindigkeit v_{AK} des Abtriebskörpers (bewegte Ebene) liegt zwischen diesem Minimum und Maximum. In den beiden Schnittpunkten der Kurve $v_w(\varphi)$ mit der Bahngeschwindigkeit v_{AK} der Ebene sind die Geschwindigkeiten beider Körper gleich, hier liegt ein schlupffreier Zustand vor.

Beim Fall „weiche Rolle-harte Unterlage" hingegen kompensieren sich die Winkeleinflüsse der Wirkradien $r(\varphi)$ und der waagrecht verlaufenden Geschwindigkeitsvektoren $v_w(\varphi)$, sodass sich ein konstanter Verlauf der waagrechten Geschwindigkeitsanteile über der gesamten Kontaktzone ergibt. Damit ist auch die Bahngeschwindigkeit der bewegten Ebene v_{AK} gleich $v_w(\varphi)$. Gegenüber der Umfangsgeschwindigkeit der Rolle außerhalb der Kontaktzone $v=r\cdot\omega$ ist ein Geschwindigkeitsverlust $\Delta v=(r-r(\varphi=0))\cdot\omega$ vorhanden. Auch in diesem Fall treten Relativgeschwindigkeiten in der Kontaktzone auf, da der Rollenum-

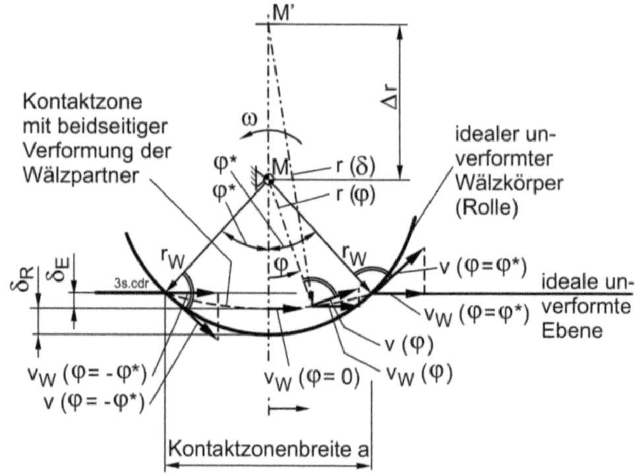

Abb. 3.19 Geometrische und kinematische Verhältnisse in einem realen Wälzkontakt mit beidseitiger Verformung der Wälzkörper in der Kontaktzone (Annahme: Die resultierende Kontaktgeometrie kann durch einen Radius r_δ angenähert werden)

fang im Bereich von $-\varphi$ bis $+\varphi$ durch Stauchung verkürzt wird auf die *Sehne* in diesem Bereich. Diese Verkürzung bewirkt Mikrogleitvorgänge in der Kontaktzone und damit Schlupf.

In beiden Fällen tritt also sowohl eine Verlustarbeit durch Schlupf als auch eine Verlustarbeit durch die Deformation der Ebene (Fall 1) bzw. der Rolle (Fall 2) auf. Diese hängen von den inneren Eigenschaften der verformten Werkstoffe ab, während die „Schlupfverluste" durch die tribologischen Eigenschaften der Kontaktzone bedingt sind. Welche Verluste im konkreten Anwendungsfall überwiegen muss im Einzelnen geklärt werden.

Da Schlupf grundsätzlich mit Reibung und daher mit Verlusten an Bewegungsenergie verbunden ist, kann hier bereits festgestellt werden, dass eine Paarung „harte Rolle-weiche Unterlage" deutlich mehr Reibungsverluste hat als die Paarung „weiche Rolle-harte Unterlage". Diese Tatsache wird auch millionenfach durch die Wälzpaarungen im Kontakt zwischen weichem Gummirad und harten Asphaltboden bei Landfahrzeugen belegt.

Da reale Wälzkontakte wegen der Elastizität beider Wälzkörper immer „zwischen" den o. a. Grenzfällen liegen, weisen sie grundsätzlich Mikroschlupf und damit Reibungsverluste auf. Abbildung 3.19 zeigt die entsprechenden geometrischen und kinematischen Verhältnisse.

Es zeigt sich, dass die Größe des Mikroschlupfs stark von der Anwendung abhängt. Liegt keine ebene Kontaktgeometrie vor, überlagert sich dem Mikroschlupf ein Makroschlupf. Bei konvex-konkav-gekrümmten Wälzpaarungen mit positiver Schmiegung steigt der Makroschlupf stark an. Betragen die Durchmesserunterschiede der Wälzkörper im Radialschnitt weniger als 20 %, ist der Mikroschlupf gegenüber dem Makroschlupf zu vernachlässigen. Bei Kugellagern liegt die Schmiegung im Bereich 1 bis 10 %, also noch deutlich niedriger[15, 16]. Damit ist der Mikroschlupf gegenüber dem Makroschlupf in diesen Fällen vernachlässigbar klein und wird daher in der weiteren Berechnung der Reibenergie nicht berücksichtigt.

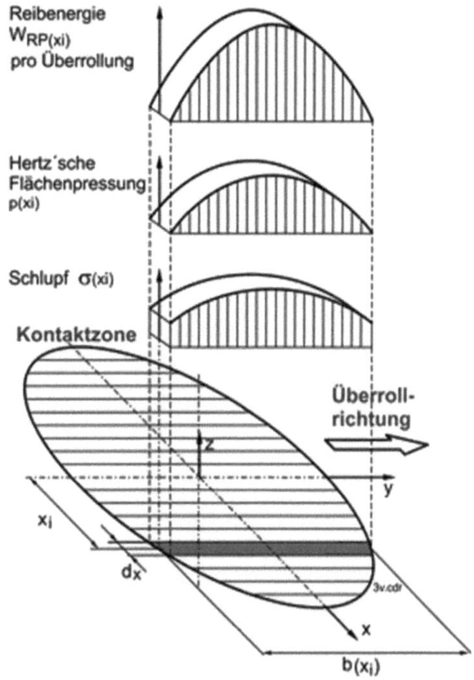

Abb. 3.20 Schlupf, Hertz'sche Flächenpressung und Reibenergie im Kontaktzonen-Streifenmodell. [13, S. 40]

3.2 Die Tribologie feststoffgeschmierter Gleit- und Wälzkontakte

Feststoffschmierung dient wie jede Schmierung zur Reduzierung von Reibung und Verschleiß. Diese tribologischen Größen werden im Folgenden detailliert be-handelt, da sie die Beanspruchung einer Festschmierstoffschicht und damit deren Lebensdauer direkt beeinflussen.

3.2.1 Das Reibenergiemodell

In jeder differentiell kleinen Fläche der Kontaktzone können eine Hertz'sche Flächenpressung $p(x,y)$ und ein Schlupf $s(x,y)$ (entspricht der Relativgleitgeschwindigkeit in dieser Fläche) nach Kap. 3.1.3 und 3.1.4 errechnet werden. Dazu teilt man entsprechend dem von Holland [13] vorgeschlagenen Streifenmodell die Kontaktzone in differentiell schmale, sich in Überrollrichtung (y-Richtung) erstreckende Streifen x_i ein (s. Abb. 3.20).

Damit kann die in diesem Streifen pro Überrollung U auftretende Reibenergie $W_{RU}(x_i)$ nach Gl. (3.50) bestimmt werden.

$$W_{RU}(x_i) = 2 \cdot \mu \cdot \int_y b(x_i) \cdot p(x_i, y) \cdot s(x_i, y) dy \qquad (3.53)$$

Die Verwendung der Gl. (3.22) und (3.23) ergibt

$$W_{\mathrm{RU}}(\gamma_{\mathrm{i}}) = 2 \cdot b^2 \cdot \mu \cdot \int\limits_{\eta} \sqrt{1-\gamma_{\mathrm{i}}^2} \cdot p(\gamma_{\mathrm{i}}, \eta) \cdot s(\gamma_{\mathrm{i}}, \eta) d\eta \tag{3.54}$$

Setzt man die Flächenpressungsverteilung, Gl. (3.21) in Gl. (3.54) ein, so lässt sich die umgesetzte Reibenergie pro Überrollung für einen Streifen γ_{i} beschreiben:

$$W_{\mathrm{RU}}(\gamma_{\mathrm{i}}) = 2 \cdot b^2 \cdot \mu \cdot p_0 \cdot \sqrt{1-\gamma_{\mathrm{i}}^2} \cdot \int\limits_{\eta} \sqrt{1-\gamma_{\mathrm{i}}^2-\eta^2} \cdot s\,(\gamma_{\mathrm{i}}, \eta)\, d\eta \tag{3.55}$$

Mit Gl. (3.17) für p_0 und der Berücksichtigung der Symmetrie des Kontaktes erhält man:

$$W_{\mathrm{RU}}(\gamma_{\mathrm{i}}) = 6 \cdot Q \cdot \frac{\mu}{\pi} \cdot \frac{b}{a} \cdot \sqrt{1-\gamma_{\mathrm{i}}^2} \cdot \int\limits_{\eta=0}^{1} \sqrt{1-\gamma_{\mathrm{i}}^2-\eta^2} \cdot s\,(\gamma_{\mathrm{i}}, \eta) d\eta \tag{3.56}$$

Die Reibenergie $W_{\mathrm{RU}}(\gamma_{\mathrm{i}})$ hat in Gl. (3.56) noch die Einheit [Nmm/mm], da sie auf den breitenlosen Streifen γ_{i} bezogen ist. Für die Bestimmung der Reibenergie über der gesamten Druckellipse bei einer Überrollung des Kontakts werden die Einzelreibenergien der Streifen aufaddiert und mit der Streifenbreite multipliziert, wodurch sich die korrekte Einheit [Nmm] ergibt.

$$W_{\mathrm{RU}}(\gamma_{\mathrm{i}}) = \sum_{i=1}^{\eta} \left[6 \cdot Q \cdot \frac{\mu}{\pi} \cdot \frac{b}{a} \cdot \sqrt{1-\gamma_{\mathrm{i}}^2} \cdot \int\limits_{\eta=0}^{1} \sqrt{1-\gamma_{\mathrm{i}}^2-\eta^2} \cdot s\,(\gamma_{\mathrm{i}}, \eta)\, d\eta \right] \tag{3.57}$$

In dieser Berechnung ist ein konstanter Gleitreibwert μ angenommen worden, was angesichts der sehr geringen Abhängigkeit des Gleitreibwerts vom vergleichsweise niedrigen Schlupf s bei Wälzkontakten vertretbar erscheint.

Ein Beispiel für die Reibenergie in der Kontaktzone eines Rillenkugellagers zeigt Abb. 3.21.

Deutlich erkennt man, dass die Reibenergie über der η-Achse parabolisch verläuft, was durch die Hertz'sche Flächenpressung bedingt ist und den Einfluss des über der γ-Achse sich verändernden Schlupfs. Der Verlauf über der x-Achse ist symmetrisch und zeigt die tiefen „Reibenergietäler" an den beiden Rolllinien, dort wo der Schlupf und damit auch die Reibenergie zu null wird. Angesichts dieses ausgeprägt ungleichförmigen Verlaufs der Reibenergie darf mit Recht bezweifelt werden, ob eine stark vereinfachte Reibenergieberechnung mit einer konstanten, mittleren Flächenpressung p_m und einem konstanten Schupf s den realen tribologischen Verhältnissen gerecht wird.

3.2.2 Das Verschleißmodell

Das Reibenergiemodell erlaubt es, die reibenergetische Beanspruchung einer Festschmierstoffschicht mit beliebiger Geometrie zu berechnen. Wie Schul in seiner Arbeit gezeigt hat,

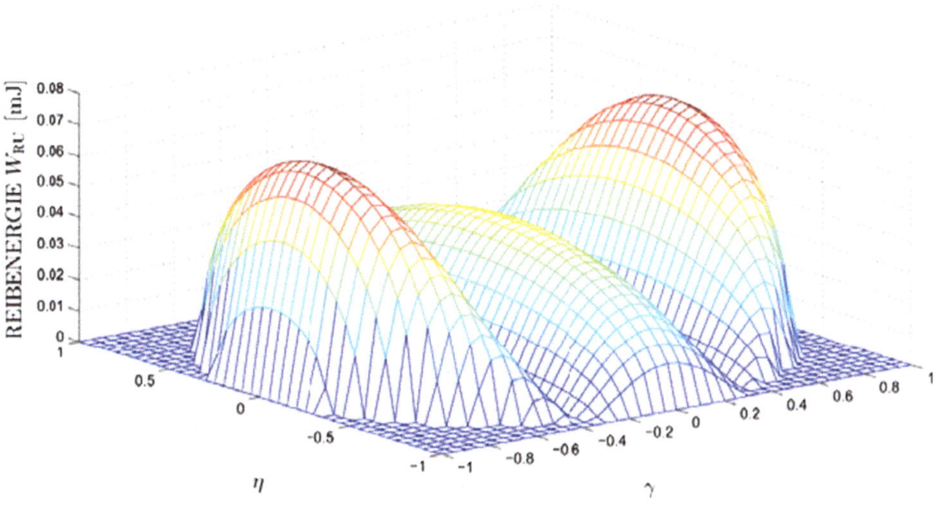

Abb. 3.21 Reibenergie eines Rillenkugellagers im Kontaktzonen-Streifenmodell. [12, S. 39]

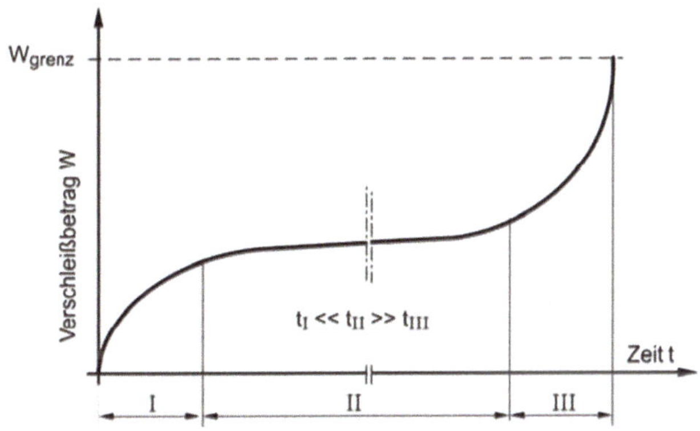

Abb. 3.22 Verschleiß-Zeit-Verhalten für fluidgeschmierte Gleit- und Wälzkontakte mit den drei Phasen Einlaufverschleiß (*I*), stationärer Verschleiß (*II*) und progressiver Verschleiß (*III*). [11, S. 87]

kann mit Hilfe dieses Reibenergiewertes eine Lebensdauerprognose basierend auf Referenzversuchen erstellt werden. Eine alleinige Aussage zur Lebensdauer feststoffgeschmierter Wälzkontakte ist damit allein jedoch nicht möglich, da eine Reibenergiebeanspruchung nicht zum Werkstoffversagen im Sinne der Ermüdung führt, sondern das Versagen der Schmierstoffschicht lebensdauerbestimmend ist. Daher muss auch der Verschleiß der Festschmierstoffschicht (Verschleißvolumen, Verschleißrate) in die Lebensdauerprognose mit einbezogen werden.

3.2.2.1 Die Verschleißtheorie bei Fluidschmierung

Der Verschleiß von fluidgeschmierten Gleit- und Wälzkontakten kann wie vielfach beschrieben in drei Phasen unterteilt werden (Abb. 3.22).

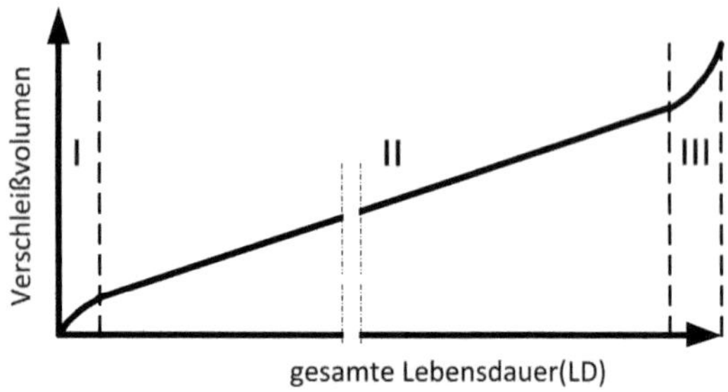

Abb. 3.23 Verschleiß-Zeit-Verhalten für Feststoffschmierung mit den drei Phasen: Einlaufverschleiß (*I*), stationärer Verschleiß (*II*) und progressiver Verschleiß (*III*). [7, S. 9]

In der ersten Phase werden größere Rauigkeitsspitzen verschlissen und die Oberfläche eingeebnet. In der anschließenden Phase II findet in der Regel so gut wie kein Verschleiß im Sinne des Materialabtrags statt, da es nur zu vereinzelten Festkörperkontakten kommt. Phase III beginnt mit dem zunehmenden, ermüdungsbedingten Materialabtrag aus dem Substrat. Bei Überrollung der Verschleißpartikel kommt es zu einer erhöhten Werkstoffbeanspruchung und damit zu einer weiteren Steigerung des Verschleißes.

3.2.2.2 Die Verschleißtheorie bei Feststoffschmierung

Der Verschleiß von feststoffgeschmierten Wälzkontakten unterscheidet sich grundsätzlich von dem von öl- und fettgeschmierten Kontakten (Abb. 3.23).

Beim Einlaufverschleiß nimmt der Verschleiß ausgehend von meist sehr niedrigen Werten durch die Beanspruchung einer unbeanspruchten Schicht zu und verläuft dann in den Bereich des stationären Verschleißes. Dort wird die Schichtdicke des Festschmierstoffs in einem weitgehend stabil verlaufenden Verschleißprozess durch eine weitgehend konstante Verschleißrate abgetragen, bis eine minimale, kritische Schichtdicke erreicht wird. Das Verschleißvolumen steigt in dieser Phase konstant an. Bei der reinen Feststoffschmierung überlagern sich zunehmend Kontakte zwischen den Rauheitsspitzen der Substratoberflächen, der Festschmierstoff wirkt nur noch partiell und die Verschleißrate steigt in diesem progressiven Verschleißbereich steil an, bis der Kontakt durch massiven Verschleiß der Kontaktpartner oder durch Fressen versagt.

Heinz-Schwarzmaier [12] hat gezeigt, dass die Einlaufphase bei MoS_2-Beschichtungen weniger als 6 % der gesamten Betriebsdauer beträgt. Eine separate Berücksichtigung der Einlaufphase wird daher in diesem Buch nicht vorgenommen, zumal moderne MoS_2-Beschichtungen wegen der Ausrichtung der MoS_2-Moleküle während der Beschichtung nahezu kein Einlaufverhalten aufweisen. Die folgenden Ausführungen beziehen sich daher ausschließlich auf die stationäre Verschleißphase (II) mit konstanter Verschleißrate.

3.2.2.3 Vergleich der Verschleißkenngrößen bei Fluid- und Feststoffschmierung

In Tab. 3.3 sind unterschiedliche Merkmale des Verschleißvorgangs für Fluidschmierung (mit Ölen oder Fetten) und für Feststoffschmierung angegeben.

Tab. 3.3 Verschleißphänomene Öl-, Fettschmierung vs. Feststoffschmierung

Verschleißkenngrößen	Öl- und fettgeschmierte Gleit- und Wälzkontakte	Feststoffgeschmierte Gleit- und Wälzkontakte
Schädigungsmechanismen	Ermüdung des Substratwerkstoffs	Abtrag der Festschmierstoffschicht
Visuelle Befundung	Raue, matt aussehende Laufbahnen, Pittingbildung, Ausplatzungen in der Kontaktzone	Farbänderungen hin zur Original-Substratfarbe (glänzende Metallflächen)
Einfluss der Verschleißpartikel	Im Kontakt verbleibende Partikel werden durch Überrollungen in die Kontaktzone eingewalzt, führen dort zu weiterer Ermüdung des Substratwerkstoffs und zu mehr Ausbröckeln von Partikeln	Im Kontakt verbleibende Festschmierstoff-Partikel werden in die vorhandene Schmierstoffschicht eingearbeitet und unterstützen Schmierwirkung (Transferschmierung)
Langzeitwirkung von Verschleiß	Abtrag von Material aus der Kontaktzone (z. B. Lagerspiel wird größer), Laufgeräusche und Vibrationen nehmen zu, zunehmende Schwergängigkeit bis hin zum Fressen und Blockieren	Geringfügige Zunahme von Geräusch, Vibrationen und Reibmoment bis Partikel in Schmierstoffschicht eingearbeitet und ausgerichtet sind, keine direkte Schädigung

Es ist offensichtlich, dass der Verschleiß und damit die Lebensdauer feststoffgeschmierter Gleit- und Wälzkontakte keinesfalls mit der klassischen EHD-Theorie für Fluidschmierung beschrieben werden kann.

Eine Prognose des Verschleißes feststoffgeschmierter Gleit- und Wälzkontakte bleibt wegen der Vielzahl an Einflussfaktoren komplex und schwierig. Um eine verlässliche Aussage über den Verschleiß treffen zu können, werden deshalb nachfolgend die wesentlichen Einflussfaktoren und ihre Einflüsse auf den Verschleiß beschrieben, um daraus dann ein Modell für die Verschleißberechnung abzuleiten.

3.2.3 Das Lebensdauermodell

Eine Prognose des Verschleißes feststoffgeschmierter Gleit- und Wälzkontakte bleibt wegen der Vielzahl an Einflussfaktoren komplex und schwierig. Um wenigstens qualitative Aussagen darüber treffen zu können, werden nachfolgend die wesentlichen Einflussfaktoren und ihre Einflüsse auf den Verschleiß benannt, ihre Wirkungen in einem Lebensdauermodell zusammengefasst und jeder Einflussfaktor danach detailliert beschrieben. Die Ausführungen beziehen sich dabei weitgehend auf die Arbeiten von Schul [11] zur Definition eines tribologischen Systems und von Madan [17] zur Verschleißanalyse feststoffgeschmierter Wälzkontakte.

Tab. 3.4 Einflussgrößen auf die Lebensdauer feststoffgeschmierter Wälzkontakte

Einflussgrößen		
Eigenschaften der Wälzpartner	Eigenschaften des Festschmierstoffs	Umgebungsbedingungen
Werkstoff mit seiner chemischen Zusammensetzung	Schichtwerkstoff	Belastung (Höhe, Verlauf, Belastungskollektiv, Schwingungen…)
	Schichtdicke	
Gefüge im Oberflächenbereich (Zusammensetzung, Korngröße…)	Schichtaufbau (homogen, Multilayerschichten, Gradientenschicht)	Bewegungsform (Gleiten, Bohren, Wälzen)
Geometrie (Abmessungen, Form)	Schichtstruktur (Größe, Form und Ausrichtung der Körner bzw. Moleküle, kristallin, amorph…)	Relativgeschwindigkeiten (Höhe, Verlauf…)
Oberflächeneigenschaften (Rauheit, Welligkeit…)		Eingriffsverhältnisse (Gleitweg, Überrollhäufigkeit…)
Mechanische Eigenschaften (E-Modul, Festigkeit, Härte…)	Interne Bindung (Kohäsion)	Betriebstemperatur (Niedrig-, Raum, Hoch- und Höchsttemperatur)
Substrat-Grundbeschichtungen (Hartstoffschichten, Passivierungsschichten…)	Haftfähigkeit auf Substrat und auf Gegenkörper (Adhäsion)	Wärmeein- oder -austrag (Heizung, Kühlung, selbstinduzierte (Reib-)Wärme)
		Atmosphäre (Normalatmosphäre, Schutzgas, Hochvakuum…)
		Strahlung (Laser-, Röntgen- atomare Strahlung…)
		Reinheit (Reinraum-, Labor-, Umgebungsbedingungen)

3.2.3.1 Einflussfaktoren auf die Lebensdauer feststoffgeschmierter Wälzkontakte

Eine Systembetrachtung teilt die Einflussgrößen auf den Verschleiß fest-stoffgeschmierter Wälzkontakte in drei Gruppen nach Tab. 3.4 ein.

Deutlich werden die Vielzahl an Einflussfaktoren und deren gegenseitige Abhängigkeit, die eine quantitative Prognose der Lebensdauer beliebiger feststoffgeschmierter Wälzkontakte mangels einer umfassenden Theorie und mangels verlässlicher Kennwerte derzeit – und wohl auf lange Sicht – als nicht realisierbar erscheinen lassen.

3.2.3.2 Die Wirkung der Einflussfaktoren im Lebensdauermodell

Abbildung 3.24 fasst die Wirkung von Einflussfaktoren auf den Verschleiß von Festschmierstoffschichten und damit auf die Lebensdauer in einem qualitativen Lebensdauermodell zusammen. Deutlich wird darin, dass ein konkretes quantitatives Lebensdauermodell die vielen Einflussfaktoren und ihre Wechselwirkungen unbedingt in einer Gesamtschau berücksichtigen muss.

So ist es beispielsweise nicht verwunderlich, dass bis heute unterschiedliche Aussagen zum direkten Zusammenhang zwischen Schichtdicke und Lebensdauer bestehen [18].

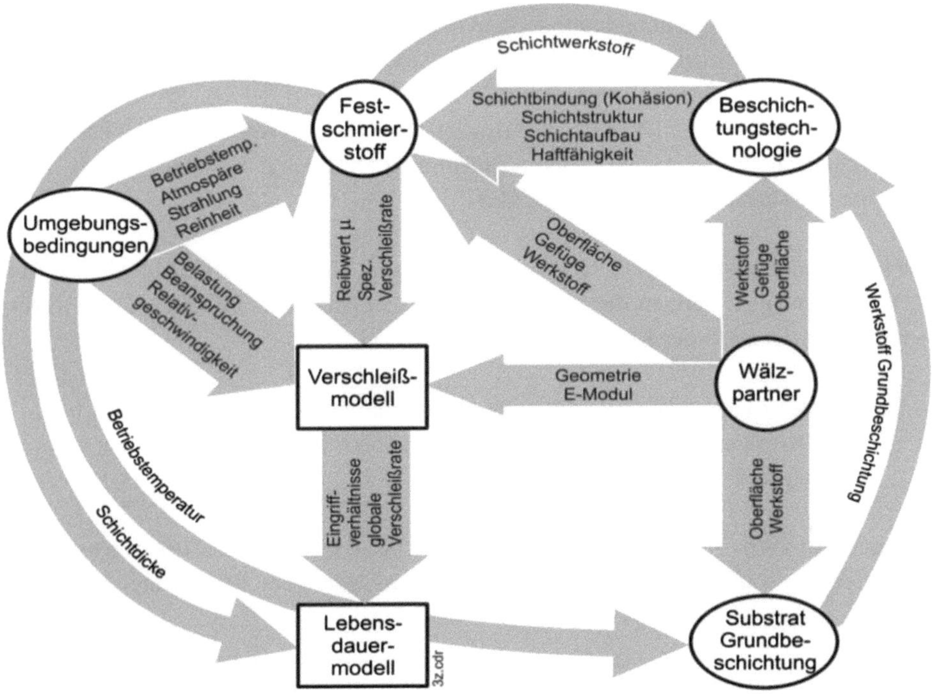

Abb. 3.24 Lebensdauermodell mit Einflussfaktoren und ihren Einflüssen auf den Verschleiß von Festschmierstoffschichten

Aus einer Untersuchung von Buttery [19, S. 86] über MoS_2-Schichten im Vakuum geht hervor, dass die Lebensdauer unabhängig von der Schichtdicke ist. Dies wurde erklärt mit einer minimalen nach dem Einlauf verbleibenden Schichtdicke. Überschüssiger Festschmierstoff wurde durch die Pressung aus dem Kontakt befördert. In anderen Stift-Scheibe-Untersuchungen wurde im Widerspruch dazu ein linearer Zusammenhang zwischen Lebensdauer und Schichtdicke festgestellt [20]. Campell variierte die Beschichtungsverhältnisse mit dem Ergebnis, dass die Konstellation mit dem größten Schichtvolumen auch die längste Lebensdauer zeigte. Nach Abb. 3.24 ist jedoch offensichtlich, dass ein alleiniger Vergleich Schichtdicke – Lebensdauer nicht zulässig ist. Vielmehr müssen alle relevanten Einflussfaktoren in ein Lebensdauermodell Eingang finden, um realistische Aussagen treffen zu können. Im Folgenden werden die Einflussfaktoren im Detail besprochen und die Konsequenzen für die Lebensdauerermittlung erläutert.

3.2.3.3 Wirkung der Werkstoffe und der Geometrie der Wälzpartner

Bei der Werkstoffwahl der Wälzpartner wird vorausgesetzt, dass man übliche Werkstoffe für Gleit- und Wälzkontakte mit einer ausreichenden Wälzfestigkeit einsetzt.

Haftfähigkeit des Substratwerkstoffs zum Festschmierstoff: Die Adhäsion des Festschmierstoffs hat einen großen Einfluss auf die Lebensdauer, da eine intakte Festschmierstoffschicht ohne Ablösungen von Schmierstoffpartikeln oder gar flächigen Schmierstoffbereichen die Voraussetzung für eine Lebensdauerabschätzung ist.

- Im Lebensdauermodell durch die Auswahl der Wälzpartnerwerkstoffe, des Festschmierstoffs und der Beschichtungstechnologie festgelegt und bei der Ermittlung der Verschleißrate berücksichtigt

Substrat-Grundbeschichtungen: Grundbeschichtungen wie Hartstoffschichten oder Passivierungsschichten können die Haftung des Festschmierstoffs verbessern. Der Schichtwerkstoff ist dann wie der Substratwerkstoff zu behandeln.

- Im Lebensdauermodell durch die Auswahl des Schichtwerkstoffs und der Beschichtungstechnologie festgelegt über die daraus resultierende Haftfähigkeit bei der Ermittlung der Verschleißrate berücksichtigt

Gefüge im Oberflächenbereich: Die Gefügestruktur des Substrats (Zusammensetzung, Korngröße...) kann einen Einfluss auf die Haftfähigkeit der Festschmierstoffschicht haben.

- Im Lebensdauermodell durch die Auswahl der Wälzpartnerwerkstoffe und ihres Gefüges im Hinblick auf die Haftfähigkeit festgelegt und bei der Ermittlung der Verschleißrate berücksichtigt

Mechanische Eigenschaften: Die Steifigkeit der Wälzpartner geht durch den werkstoffspezifischen E-Modul direkt in die Berechnung der Hertz'schen Flächenpressung ein. Demgegenüber sind Festigkeit und Härte der Substratwerkstoffe bei Feststoffschmierung von untergeordneter Bedeutung, da übliche Beanspruchungen weit unterhalb der Ermüdungsgrenze der Substratwerkstoffe liegen.

- Im Lebensdauermodell wird E-Modul bei der Ermittlung der Hertz'schen Flächenpressung im Reibenergiemodell berücksichtigt

Kontaktgeometrie Die Kontaktgeometrie der Wälzpartner hat einen zentralen Einfluss auf die Lebensdauer.

Makrogeometrie: Sie wird bei der Berechnung der Hertz'schen Flächenpressung und bei der Herleitung des Schlupfs im Kinematikmodell berücksichtigt. Beide gehen in die Berechnung der verschleiß- und lebensdauerbestimmenden Reibenergie ein und sind damit zentrale Größen zur Auslegung von Wälzkontakten.

- Im Lebensdauermodell direkt bei der Bestimmung der Reibenergie im Wälzkontakt berücksichtigt

Oberflächeneigenschaften: Die Oberflächeneigenschaften der Wälzpartner in der Kontaktzone (Rauheit, Welligkeit…) können die Haftfähigkeit der Beschichtung auf dem Substrat beeinflussen. Die Oberflächenrauheit kann sich nach [17, S. 54] vor allem in der Einlaufphase und gegen Ende der Lebensdauer in der Phase des progressiven Verschleißes auswirken. Bei hochwertigen Schichten fällt die Einlaufphase durch die Beschichtungstechnologie nur sehr kurz aus. Der progressive Verschleiß kann jedoch durch die Ausbildung von Schmierstoffdepots in den Rauheitstälern erkennbar reduziert und damit die Betriebsdauer in Maßen verlängert werden.

▶ Im Lebensdauermodell nicht explizit berücksichtigt, da vor allem für den Einsatz nach Erreichen der Gebrauchsdauer relevant

3.2.3.4 Wirkung des Festschmierstoffs

Eigenschaften des Festschmierstoffs *Schmierstoffart:* Der Festschmierstoff hat eine zentrale Bedeutung für den Schichtverschleiß.

▶ Im Lebensdauermodell durch die Auswahl des Festschmierstoffs festgelegt und bei der Ermittlung der Verschleißrate berücksichtigt

Schichtaufbau: Der Schichtaufbau (homogen, Multilayerschichten, Gradientenschicht) kann erheblichen Einfluss auf den Schichtverschleiß haben. Bisher wurden jedoch weitgehend Monoschichten mit einem homogenen Schichtwerkstoff untersucht. Multilayer- und Gradientenschichten sind derzeit noch im Versuchsstadium. Hinweise zu Reib- und Verschleißverhalten finden sich in [21, S. 299 ff.]

▶ Im Lebensdauermodell derzeit nicht berücksichtigt; könnte durch schichtspezifische Verschleißraten erfasst werden.

Schichtstruktur: Auch die Schichtstruktur (z. B. Größe, Form und Ausrichtung der Körner bzw. Moleküle, kristallin, amorph, Bindung der Moleküle bzw. Körner) kann den Schichtverschleiß erheblich beeinflussen. Beispielsweise sind im PVD-Verfahren aufgebrachte MoS_2-Schichten bei gleichen Versuchsbedingungen weitaus verschleißärmer als galvanische oder in-situ-Schichten.

▶ Im Lebensdauermodell durch die Auswahl des Festschmierstoffs und die Wahl der Beschichtungstechnologie festgelegt und bei der Ermittlung der Verschleißrate berücksichtigt

Schichtdicke: Die Schichtdicke hat einen großen Einfluss auf die Lebensdauer. Bei sehr großen Schichtdicken (> 10 bis 20 μm z. B. bei Gleitlacken [22, S. 90]) tritt ein übermäßiger Verschleiß in der Anfangsphase auf. Die Schicht wird dabei durch den Gegenkörper gefurcht und es kommt zu einem massiven Austrag von Schichtpartikeln, was nicht durch das Lebensdauermodell mit einer weitgehend konstanten Verschleißrate abgebildet wird.

Erst wenn sich danach eine moderate Schichtdicke von wenigen μm einstellt, liegt ein weitgehend stationäres Verschleißverhalten vor, in dem sich die Lebensdauer in etwa linear zur Schichtdicke verhält. Moderne Beschichtungstechnologien ergeben sehr homogene, dünne Schichten ohne nennenswerten Einlaufverschleiß. Die Schichtdicke hat damit in der stationären Phase keine nennenswerte Relevanz für den Verschleiß, sehr wohl aber für die Lebensdauer der Schicht.

▶ Im Lebensdauermodell direkt über das Verschleißvolumen berücksichtigt

3.2.3.5 Wirkung der Umgebungsbedingungen

Die Umgebungsbedingungen beeinflussen die Lebensdauer ganz entscheidend (s. auch Kap. 2).

Belastung: Die Belastung des Wälzkontakts (Höhe, Verlauf, Belastungskollektiv, Schwingungen...) wirkt sich über die im Kontakt erzeugte Hertz'sche Beanspruchung direkt auf die Lebensdauer aus.

▶ Im Lebensdauermodell über die Hertz'sche Flächenpressung berücksichtigt

Bewegungsform: Die Bewegungsform (Gleiten, Bohren, Wälzen) ist nach Schul [11] *das* charakteristische Merkmal eines tribologischen Systems und beeinflusst das Verschleißverhalten maßgebend.

▶ Im Lebensdauermodell voll über die Kinematik des Wälzkontakts als Eingangsgröße für die Reibenergiebestimmung berücksichtigt

Relativgeschwindigkeit: (Höhe, Verlauf...) ist ebenfalls eine maßgebliche Größe für die Ermittlung des Schlupfs und damit der Verschleißgeschwindigkeit.

▶ Im Lebensdauermodell über die Roll- und Bohrschlupfverhältnisse bei der Bestimmung der Reibenergie berücksichtigt

Eingriffsverhältnisse: Die Eingriffsverhältnisse (Gleitweg, Überrollhäufigkeit...) haben eine direkte Auswirkung auf die Lebensdauer.

▶ Im Lebensdauermodell über die Bestimmung des Verschleißvolumens und der Verschleißrate berücksichtigt

Betriebstemperatur: Die Betriebstemperatur (Niedrig-, Raum, Hoch- und Höchsttemperatur) hat einen maßgeblichen Einfluss sowohl auf die Steifigkeit des Substratwerkstoffs als auch auf die Verschleißrate des Festschmierstoffs. Die Änderung der Steifigkeit des Substratwerkstoffs wird über die Temperaturabhängigkeit des E-Moduls berücksichtigt, wobei eine obere Grenztemperatur für eine sinnvolle Verwendung nicht überschritten werden soll. Die Temperaturabhängigkeit der Festschmierstoff-Verschleißrate kann teilweise aus der Literatur entnommen oder muss durch Versuche ermittelt werden.

> ▶ Im Lebensdauermodell durch die Temperaturabhängigkeit des E-Moduls des Substratwerkstoffs und der Festschmierstoff-Verschleißrate berücksichtigt

Wärmeein- oder -austrag: Jegliche Wärmeerzeugung oder Wärmezu- bzw. abfuhr in das Tribosystem durch Heizung, Kühlung oder selbstinduzierte (Reib-)Wärme führt zu Temperaturveränderungen im Wälzkontakt. Thermische Effekte können damit auf Temperatureinflüsse (s. oben) zurückgeführt werden.

> ▶ Im Lebensdauermodell über die Betriebstemperatur und deren Einfluss auf E-Modul und Verschleißrate berücksichtigt

Atmosphäre: Die jeweilige Atmosphäre (Normalatmosphäre, Schutzgas, Hochvakuum...) hat entscheidenden Einfluss auf die Auswahl des Festschmierstoffs. Die Eignung für unterschiedliche Atmosphären wird in Kap. 2 bei der Erörterung der einzelnen Festschmierstoffe behandelt.

> ▶ Im Lebensdauermodell bei der Auswahl des Festschmierstoffs im Hinblick auf die Betriebsbedingungen festzulegen und bei der Ermittlung der Verschleißrate berücksichtigt

Strahlung: Strahlung (Laser-, Röntgen-, atomare Strahlung...) kann die Verwendung bestimmter Festschmierstoffe ausschließen. So sind z. B. nicht alle polymeren Festschmierstoffe bei γ-Strahlung, wie sie in kerntechnischen Anwendungen auftritt, verwendbar.

> ▶ Im Lebensdauermodell bei der Auswahl des Festschmierstoffs im Hinblick auf die Betriebsbedingungen festzulegen

Reinheit: Bezüglich der Reinheit der Umgebungsbedingungen (Reinraum-, Labor- und Umgebungsbedingungen) gelten die analogen Aussagen wie zur Atmosphäre. Es ist jedoch direkt einsichtig, dass von außen in die Kontaktzone eingetragene Fremdpartikel, Verschmutzungen, Flüssigkeiten, Dämpfe oder Gase die tribologischen Eigenschaften des Festschmierstoffs massiv beeinflussen können (s. Kap. 2) und damit auch den Verschleiß.

> ▶ Im Lebensdauermodell durch die Auswahl des Festschmierstoffs im Hinblick auf die Betriebsbedingungen festzulegen

3.2.3.6 Lebensdauermodell

Die Diskussion der Einflussfaktoren und ihrer Einflüsse auf die Lebensdauer feststoffgeschmierter Wälzkontakte zeigt, dass nahezu alle wesentlichen Einflussfaktoren auf die Lebensdauer im Lebensdauermodell berücksichtigt sind. Dabei finden die Wälzkontaktgeometrie und die im Kontakt wirkenden Kraft- und Bewegungsgrößen durch den analytisch berechenbaren Ansatz der Reibenergie Eingang in die Lebensdauerabschätzung. Ebenso kann aus theoretischen Überlegungen das Verschleißvolumen bestimmt werden. Den Anforderungen aus unterschiedlichen Betriebsbedingungen hingegen muss durch die Auswahl eines geeigneten Festschmierstoffs und einer hochwertigen Beschichtungstechnologie Rechnung getragen werden.

Für die Ermittlung der Lebensdauer eines Wälzlagers ergeben sich daraus zwei alternative Vorgehensweisen:

- Soll die Lebensdauer nur für eine Wälzlager- und Festschmierstoff-Konfiguration und einen Belastungsfall ermittelt werden, muss dafür eine Verschleißrate experimentell bestimmt werden. Parallel dazu wird das nutzbare Schmierstoffvolumen durch Berechnung bestimmt. Der Vergleich von Verschleißrate und nutzbarem Schmierstoffvolumen ergibt dann die Lebensdauer auf der Zeitskala.
- Soll die Lebensdauer für unterschiedliche Wälzlagerkonfiguration und Belastungsfälle bestimmt werden, muss für jede Schmierstoffart und Beschichtungstechnologie eine spezifische Verschleißrate experimentell ermittel werden. Dabei sollten Wälzlager und Belastungen so ausgewählt werden, dass sie im mittleren Bereich des Variantenspektrums liegen. Diese Verschleißrate kann dann analog zur konkreten Reibenergiebeanspruchung an den neuen Beanspruchungsfall angepasst werden. Der Vergleich Verschleißrate – nutzbares Schmierstoffvolumen ergibt dann die zu erwartende Lebensdauer.

Das hier beschriebene, generelle Vorgehen zur Bestimmung der Lebensdauer für feststoffgeschmierte Wälzlager gilt nur für konstante Betriebszustände. Für einen intermittierenden oder in den Beanspruchungen stark variierenden Betrieb bleibt derzeit nur die experimentelle Bestimmung der Lebensdauer.

3.3 Zusammenfassung

Die Lebensdauer feststoffgeschmierter Gleit und Wälzkontakte ist keineswegs einfach zu bestimmen, sondern setzt detaillierte Kenntnisse der mechanischen und tribologischen Effekte im Kontakt und eine Lebensdauerberechnung mit validierten Modellen voraus. Dies ist mit ein Grund, warum sich so divergierende Aussagen zur Lebensdauer feststoffgeschmierter Gleit- und Wälzkontakte finden und die dadurch bedingte Unsicherheit einer Lebensdauerprogose eine größere Verbreitung der Feststoffschmierung verhindert. Das hier vorgestellte Lebensdauermodell kann dazu beitragen, fundiertere und zutreffendere Lebensdauerprognosen erstellen zu können. Die konkrete Anwendung der Modelle zur Prognose der Gebrauchsdauer von feststoffgeschmierten Wälzlagern wird in Kap. 6 beschrieben.

Literatur

1. Birkhofer, H., Nordmann, R.: Maschinenelemente und Mechatronik II Skript, 3. Aufl. Shaker, Aachen (2008)
2. INA-Technisches Handbuch, S. 163. INA Wälzlager Schaeffler KG, Herzogenaurach
3. Hertz, H.: Über die Berührung fester elastischer Körper. Barth, Leipzig (1895)
4. Szabó, I.: Höhere Technische Mechanik. Springer, Berlin (1977)
5. Eschmann, P., Hasbargen, L., Weigand, K.: Die Wälzlagerpraxis–Handbuch für die Berechnung und Gestaltung von Lagerungen. Oldenbourg, München (1988)
6. Grekoussis, R., Michailidis, T.: Näherungsgleichungen zur Nach- und Entwurfsrechnung der Punktberührung nach Hertz. Konstruktion **33**, 135–139 (1981)
7. Kümmerle, T.: Theorie und Evaluierung eines universell anwendbaren Gebrauchsdauermodells für feststoffgeschmierte Wälzlager. Dissertation TU Darmstadt (2011)
8. Föppl, L.: Der Spannungszustand und die Anstrengung der Werkstoffe bei der Berührung zweier Körper. Forsch. Ing.-Wes. **7** 1936
9. Palmgren, A.: The life of ball bearings. Z. VDI. **68**(14), 339–341 (1924). (VDI, Düsseldorf)
10. Heatchcote, H.L.: The ball bearing in the making, under test, and in service. Proc. Inst. Automot. Eng. **15**, 569–702 (1921)
11. Schul, C.: Einfluss der Baugröße auf die Lebensdauer feststoffgeschmierter Kugellager. Dissertation TH Darmstadt. VDI, Düsseldorf (1997)
12. Heinz-Schwarzmaier, T.: Bestimmung der Lebensdauer feststoffgeschmierter Kugellager auf der Grundlage von Reibenergieberechnungen und Kurzzeitvesuchen. Dissertation TU Darmstadt. VDI, Düsseldorf (2003)
13. Holland, H.-J.: Einflussgrößen auf die Gebrauchsdauer feststoffgeschmierter Wälzlager. Dissertation TH Darmstadt (1978)
14. Poll, G.: Der Einfluß der realen Systemeigenschaften auf die Kraftschlussgesetze bei wälzender Relativbewegung. Dissertation RWTH Aachen (1983)
15. Kragelski, I.W., Dobycin, M.N., Kombalov, V.S.: Grundlagen der Berechnung von Reibung und Verschleiß. Hanser, München (1983)
16. Drutowski, R.C.: Die Bedeutung des Mikroschlupfs für frei rollende Körper. J. Basic Eng. Trans. ASME Ser. D. **81**, 724–728 (1959)
17. Madan, I.: Ermittlung der Lebensdauer feststoffgeschmierter Wälzkontakte durch Prognose des Wälzverschleißes. Dissertation TU Darmstadt. VDI, Düsseldorf (2006)
18. Wahl, K.J., Singer I.L.: Quantification of a lubricant transfer process that enhances the sliding life of a MoS2 coating. Tribol. Lett. **1**, 59–66 (1995)
19. Buttery, M.: An evaluation of liquid, solid, and grease lubricants for space mechanisms using a Spiral Orbit Tribometer. In: Proceedings of the 40th Aero-space Mechanisms Symposium, NASA/CP-2010–216272 (2010)
20. Campbell, M.E.: Solid lubricants. A survey. NASA SP-5059 (1972)
21. Holmberg, K., Matthews, A.: Coatings tribology. Elsevier, Amsterdam (1994)
22. Hüber, W.: Untersuchungen an Wälzlagern mit Festschmierstoffen. Dissertation TH Darmstadt (1970)

Lebensdauerprüfverfahren für feststoffgeschmierte Gleit- und Wälzkontakte

4

Dieses Kapitel beschreibt die Grundlagen der Lebensdauerprüfung und die unterschiedlichen Prüfverfahren. Zuerst werden die Begriffe „Lebensdauer“ und „Gebrauchsdauer“ voneinander abgegrenzt, um dann Stift-Scheibe-Versuche und Walze-Platte-Versuche als Lebensdauerprüfverfahren für Gleitkontakte zu präsentieren. Im Hinblick auf die experimentelle Untersuchung von Wälzlagern sind vor allem Lebensdauerprüfverfahren für Wälzkontakte mit ihren Roll- und Bohranteilen wichtig. Ausführlich wird dazu der modifizierte Vierkugelapparat als leistungsfähiger Hochtemperatur-Hochvakuum-Prüfapparat beschrieben, der eine nahezu universelle Wälzkontaktprüfung unter realistischen Einsatzbedingungen ermöglicht. Das Kapitel endet mit einer Übersicht über Verfahren zur Auswertung tribologischer Versuche und einer Beschreibung typischer Schadensfälle für überbeanspruchte Wälzkontakte.

Die Prüfung feststoffgeschmierter Gleit- und Wälzkontakte dient der Ermittlung der Lebensdauern bei definierter Kontakt-Belastung meist unter Laborbedingungen.

4.1 Grundlagen

Der Begriff der Lebensdauer wird in der Literatur durchaus unterschiedlich verwendet. Deshalb wird hier zuerst eine Definition der Lebensdauer gebracht und davon der Begriff der Gebrauchsdauer unterschieden.

4.1.1 Begriffe und Definitionen

Werden ein feststoffgeschmierter Gleit- und Wälzkontakt unter definierten Belastungen geprüft und die Messwerte aufgezeichnet, ergeben sich zeitlich veränderliche Verläufe z. B. für das Reibmoment oder die Temperaturentwicklung im Wälzkontakt. Beispielsweise zeigt sich bei der Untersuchung von MoS_2-geschmierten Wälzkontakten ein charakteristisches Verhalten des Reibmomentverlaufs (Abb. 4.1). Nach Versuchsbeginn ist das Reib-

H. Birkhofer, T. Kümmerle, *Feststoffgeschmierte Wälzlager*,
DOI 10.1007/978-3-642-16797-3_4,

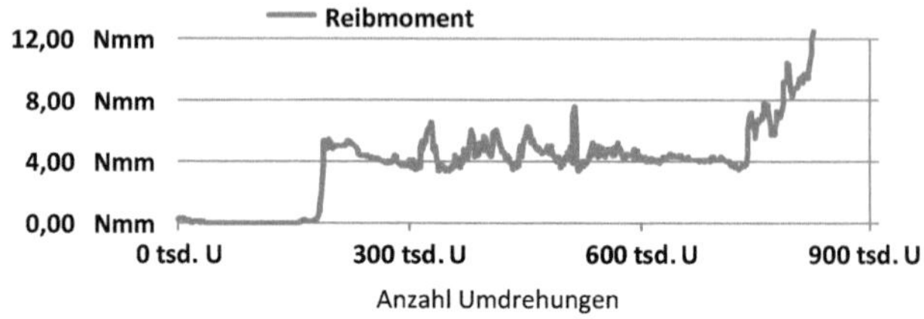

Abb. 4.1 Reibmomentverlauf eines MoS_2 geschmierten Wälzkontaktes. [1, S. 130]

moment sehr gering und konstant bis zu einem sprunghaften Anstieg bei etwa 200 Tsd. Umdrehungen. Nach dem Anstieg nimmt das Reibmoment ein neues Niveau ein, verläuft aber deutlich unruhiger. Bei etwa 750 Tsd. Umdrehungen zeigt sich ein erneuter Anstieg bis der Versuch bei ca. 800 Tsd. Umdrehungen wegen Erreichen des Abschaltkriteriums (Reibmoment > 12 Nmm) abgebrochen wird. Es ist davon auszugehen, dass der Versuch auch darüber hinaus mit in immer kürzer werdenden Intervallen zunehmenden Reibmomentanstiegen bis zur vollständigen Zerstörung der Prüfkörper fortgesetzt werden könnte.

4.1.1.1 Gebrauchsdauer feststoffgeschmierter Wälzkontakte

Der Übergang von einem sehr niedrigen und ruhigen Reibmomentverlauf von Versuchsbeginn hin zu einem höheren und unruhigeren Niveau definiert die *Gebrauchsdauer* der Festschmierstoffschicht.

▶ **Definition:** Die Gebrauchsdauer (GD) ist die Zeitspanne (oder die Anzahl der Umdrehungen), in der ein funktionsfähiger Schmierfilm und eine unversehrte Substratoberfläche vorliegen. Sie charakterisiert den bestimmungsgemäßen Zustand des feststoffgeschmierten Wälzkontakts und erlaubt eine relativ genaue Vorhersage der zu erwartenden Messgrößen.

Innerhalb der Gebrauchsdauer nimmt die Dicke der Schmierstoffschicht durch Schichtverschleiß kontinuierlich ab. Es verbleibt aber eine durchgehende Schmierstoffschicht, die einen adhäsiven oder abrasiven Substratverschleiß infolge einer Berührung der Rauigkeitsspitzen des Substrats verhindert. Solange die verbliebene Schichtdicke eine Mindesthöhe nicht unterschreitet, zeigt sich der charakteristisch niedrige Reibmomentverlauf der Gebrauchsdauer.

4.1.1.2 Lebensdauer feststoffgeschmierter Wälzkontakte

Wenn die Schichtdicke zu gering wird, können sich die Rauigkeitsspitzen der Kontaktpartner berühren und es kommt zu punktuellem Substratverschleiß, der zu einem abrupten Anstieg des Reibmoments führt. Das neue Reibmomentniveau resultiert dann aus der ständigen Überrollung der Schadstellen, wobei diese vergrößert, aber auch durch Eintrag von Schmierstoffpartikeln teilweise wieder ausgeheilt werden können. Diese stochastischen Effekte verursachen deutlich größere Abweichungen des Reibmoments und bedingen einen erheblich unruhigeren Verlauf im Vergleich zur Phase der Gebrauchsdauer.

In der Regel wird die *Lebensdauer* als Zeitspanne definiert, innerhalb der sich bestimmte Eigenschaften eines Bauteils nur in begrenztem Maße ändern. Das Lebensdauerende ist dann erreicht, wenn die Ausprägung der Eigenschaft einen bestimmten Wertebereich

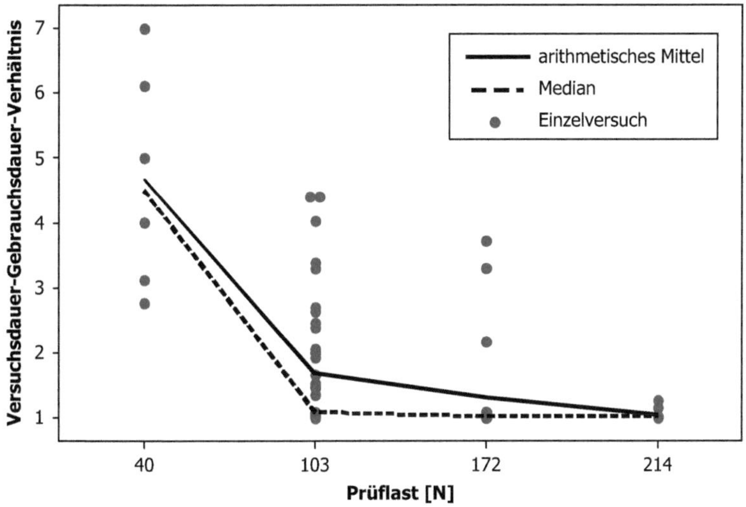

Abb. 4.2 Verhältnis zwischen Lebensdauer und Gebrauchsdauer in Abhängigkeit der Prüflast bei 250 °C (KKR-608). [1, S. 38]

verlässt [2, S. 9]. Bei der Untersuchung von tribologischen Systemen sind diese Eigenschaften in der Regel: Summenreibmoment, Laufruhe und Temperaturentwicklung. Ein Überschreiten des definierten Wertebereichs bedeutet daher nicht zwangsläufig ein Totalversagen des Bauteils, sondern nur das Verlassen des zulässigen Bereichs.

► **Definition:** Die Lebensdauer (LD) ist die Zeitspanne (oder die Anzahl der Umdrehungen), in der ein definiertes Abschaltkriterium erreicht wird. Meist liegen hierbei noch schmierwirksame Filmbereiche vor, wobei Teilschädigungen der Substratoberfläche auftreten. Die Lebensdauer charakterisiert den Zustand eines feststoffgeschmierten Wälzkontakts, in dem ein eingeschränkter Betrieb möglich ist, aber noch keine katastrophalen Schädigungen der Prüfkörper auftreten. Allerdings sind ein deutlich höheres Niveau und erheblich größere Schwankungen der Messgrößen zu erwarten.

Innerhalb der Lebensdauer kann der Wälzkontakt seine Funktion erfüllen, wenngleich er dies nur mehr eingeschränkt leistet. Im Hinblick auf die bekannten Prinzipien der Sicherheitstechnik [3, S. 272] liegt damit ein klassisches Fail-Safe-Verhalten vor. Eine eingeschränkte Funktionserfüllung zeigt partielles Versagen rechtzeitig vor dem Eintreten eines vollständigen Ausfalls an.

4.1.1.3 Zusammenhang zwischen Lebens- und Gebrauchsdauer

Nach Kümmerle [1, S. 38] ist das Verhältnis von Lebensdauer zu Gebrauchsdauer (LD/GD-Verhältnis) stochastisch bestimmt und von den Versuchsbedingungen abhängig. So führen niedrige Lasten und hohe Temperaturen häufiger zu einem größeren LD/GD-Verhältnis.

Bei hohen Flächenpressungen (Abb. 4.2) und niedrigen Temperaturen (Abb. 4.3) ist die Lebensdauer in der Regel nahezu identisch mit der Gebrauchsdauer. Durch eine hohe Last

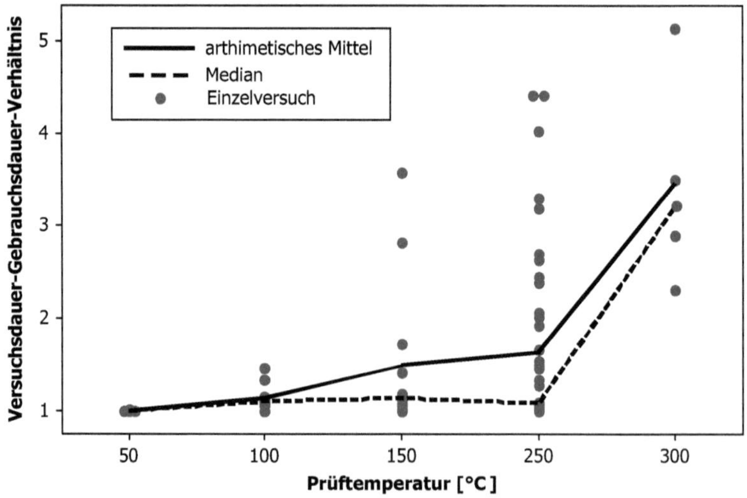

Abb. 4.3 Verhältnis zwischen Lebensdauer und Gebrauchsdauer in Abhängigkeit der Prüftemperatur bei Fa=103 N (KKR-608). [1, S. 39]

vergrößert sich die wahre Kontaktfläche [4] und auch die Flächenpressung im Kontakt, sodass die Wahrscheinlichkeit eines Kontaktes der Substrat-Rauigkeitsspitzen ansteigt. Das Lebensdauerende verschiebt sich näher zum Ende der Gebrauchsdauer, das LD/GD-Verhältnis nähert sich dem Wert 1 an (Abb. 4.2)

Der Einfluss der Temperatur auf das LD/GB Verhältnis (Abb. 4.3) wird von der Temperaturabhängigkeit der Verschleißrate der Schmierstoffschicht verursacht.

Bei niedrigen Temperaturen wird die Schicht langsamer abgetragen als bei höheren Temperaturen, die Schichtabnahme geht daher bei niedrigeren Temperaturen gleichmäßiger vonstatten. Wenn jedoch die Schicht sehr gleichmäßig ist und eine kritische Dicke unterschreitet, kann es zeitgleich an mehreren Stellen zum Schichtversagen kommen, was die Lebensdauer verkürzt und an die Gebrauchsdauer annähert. Bei höheren Temperaturen und größerer Schichtverschleißrate sind ein ungleichmäßigerer Verschleiß und damit ein vereinzelter Schichtdurchbruch eher wahrscheinlich, der aber durch die noch ausreichend vorhandene Restschicht eher wieder ausgeheilt werden kann. Weitere Erläuterungen können der Arbeit von Kümmerle [1, S. 38 ff.] entnommen werden.

4.2 Lebensdauerprüfverfahren

Tribologisch beanspruchte Festkörperkontakte treten in technischen Produkten in einer Vielzahl von geometrisch unterschiedlichen Ausprägungen auf.

Die Lebensdauer dieser Kontakte kann experimentell durch *tribologische Prüfverfahren* bestimmt werden. Die Einteilung [3, S. 155–157] dieser Prüfverfahren wird üblicherweise nach der Art der gepaarten Prüfkörper (z. B. Kugel-Kugel, Stift-Scheibe, Walze-Platte), nach der Art der Beanspruchung (z. B. Belastung, Bewegungsart, Temperatur) oder nach der Art der Kontaktgeometrie (z. B. konform (Flächenkontakt) oder kontraform (Linien- oder Punktkontakt) vorgenommen. Dementsprechend ergibt sich eine Vielzahl an Verfahren und Prüfeinrichtungen. Um den Aufwand an Prüfeinrichtungen zu begrenzen und dennoch die auftretenden Phänomene weitgehend allgemeingültig beschreiben zu können, muss für die Lebensdauerprüfung insbesondere im Hinblick auf Wälzlageranwendungen eine sinnvolle und zweckmäßige Auswahl an Prüfeinrichtungen und Verfahren getroffen werden. So treten bei Wälzlagern verschiedene Kontaktarten auf:

- Wälzkontakte zwischen Wälzkörpern und Ringen
- Gleitkontakte zwischen Wälzkörpern und Käfigen, teilweise auch zwischen Ringen und Käfigen

Im Folgenden werden deshalb Prüfungen für Gleitpaarungen[1] und solche für Wälzpaarungen unterschieden, weil hierbei jeweils grundsätzlich unterschiedliche tribologische Phänomene auftreten und spezielle Versuchseinrichtungen benötigt werden.

4.3 Lebensdauerprüfverfahren für feststoffgeschmierte Gleitkontakte

Die Bauteilprüfung unter Modellbedingungen dient dazu, lange und aufwendige Praxisversuche durch schneller durchzuführende Labortests zu ersetzen und trotzdem aussagekräftige Ergebnisse zu erhalten. Da nach [5] die ermittelten Kennwerte keine Werkstoffeigenschaften sondern Systemgrößen darstellen, sind die Prüfergebnisse nur dann auf den Anwendungsfall sinnvoll übertragbar, wenn alle relevanten Einflüsse mit denen in der Realität übereinstimmen.

Um feststoffgeschmierte Gleitkontakte im Hinblick auf ihre Lebensdauer zu prüfen, wird üblicherweise ein Probekörper mit Festschmierstoff beschichtet bzw. aus einem mit Festschmierstoff inkorporierten Werkstoff hergestellt. Reine Festschmierstoffe, z. B. Silber, werden nur dann als Prüfkörper verwendet, wenn die Steifigkeit und Festigkeit des Festschmierstoffs dies zulässt. Als Prüfkörper kommen Stifte, Platten und Kugeln zum Einsatz, die gegen rotierende Gegenkörper (Scheiben, Walzen) mit definierter Anpresskraft gedrückt werden. Die Prüfumgebung (Atmosphäre, Temperatur) richtet sich nach dem jeweiligen Anwendungsfall.

[1] Dabei wird sowohl reines Gleiten als auch eine Überlagerung von Gleit- und Bohrbewegung betrachtet.

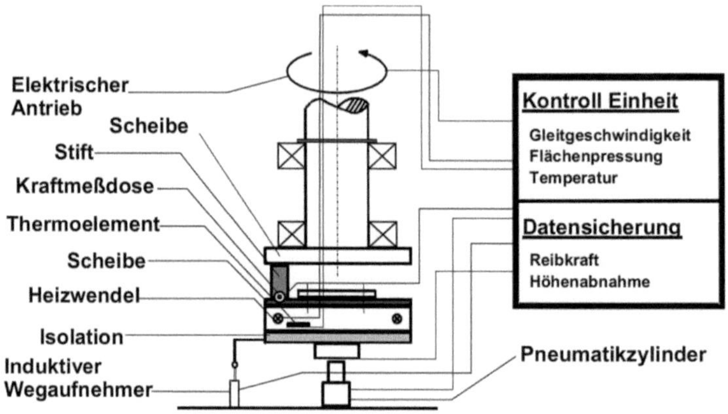

Abb. 4.4 Stift-Scheibe Prüfapparatur schematisch. [5]

4.3.1 Stift-Scheibe-Versuche

Das tribologische Verhalten von Festschmierstoffen kann nach dem Stift Scheibe Prinzip (Abb. 4.4) ermittelt werden. Dabei wird ein Stift aus dem Prüfmaterial pneumatisch gegen eine um die Vertikalachse rotierende Scheibe gedrückt. Die Anpresskraft wird über eine Messdose erfasst. Die Gleitgeschwindigkeit kann über den stufenlos einstellbaren Antrieb der Scheibe in weiten Grenzen eingestellt werden. Die Zustellung der Scheibe während des Versuchs entspricht dem linearen Stiftverschleiß. Sie wird durch einen induktiven Wegaufnehmer gemessen und in der Kontrolleinheit kontinuierlich aufgezeichnet. Ein Thermoelement erfasst die Temperatur möglichst nahe am Gleitkontakt, wobei die eigeninduzierte Reibwärme durch eine separate Scheibenheizung verstärkt werden kann, um Reib- und Verschleißkennwerte auch bei höheren Temperaturen zu ermitteln.

Die wichtigsten Messgrößen sind neben der Kontakttemperatur die Gleitgeschwindigkeit und die Anpresskraft. Aus ihnen und den geometrischen Größen der Reibpartner werden durch die Kontrolleinheit die Verschleißrate ΔV und der Reibwert μ errechnet. Stift-Scheibe-Versuche sind vergleichsweise einfache Versuche, die sich für eine Vielzahl von Proben und Werkstoffen bewährt haben.

4.3.2 Walze-Platte-Versuche

Walze Platte- Versuche zur Prüfung von feststoffgeschmierten Gleitkontakten sind von Reinwald [6] und Bozkurt [7] in Anlehnung an DIN 31 680 [8] zur Prüfung des tribologischen Verhaltens von Kunststoffen entwickelt worden. Walze-Platte-Versuche werden nachfolgend ausführlicher im Vergleich zu Stift-Scheibe-Versuchen dargestellt, weil sie durch ihre Kinematik die Verhältnisse in Wälzlagern z. B. im Kugel-Käfig-Kontakt, sehr

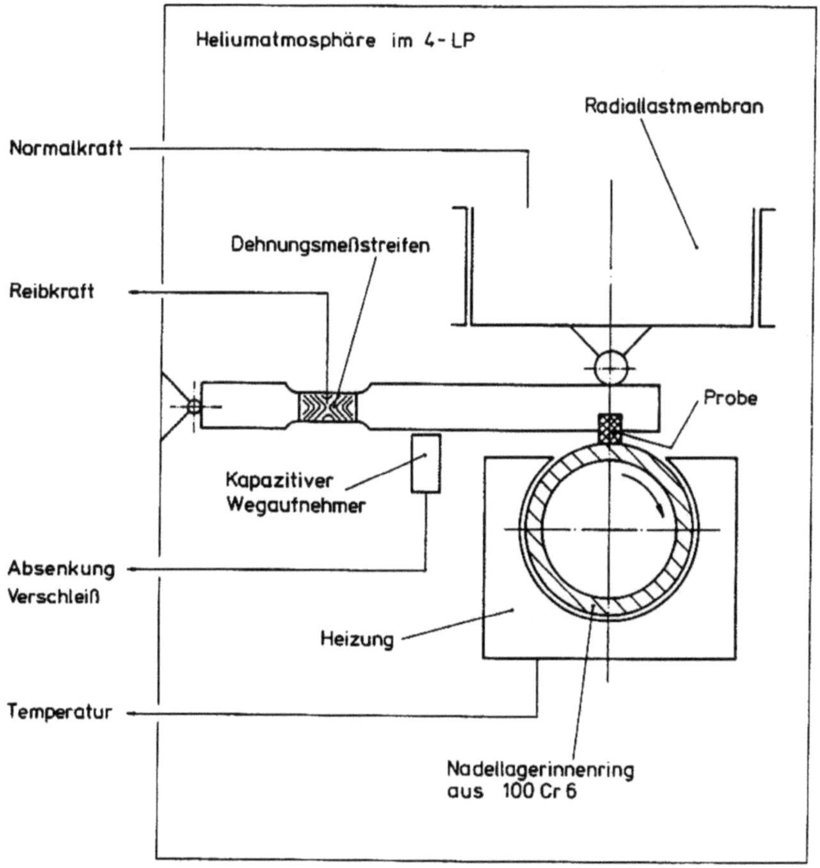

Abb. 4.5 Reibungsprüfstand für feststoffgeschmierte Gleitkontakte. [6, S. 86]

gut nachbilden und daher die Versuchsergebnisse auch besonders gut auf Wälzlager übertragbar sind.

4.3.2.1 Walze-Platte-Versuche nach Reinwald

Prüfstand Reinwald [6, S. 85, 86] beschreibt einen Prüfstand nach dem Stift-Ring-Prinzip (Abb. 4.5) in dem stabförmige oder plattenförmige Proben auf rotierende, handelsübliche, unbeschichtete Nadellagerinnenringe gedrückt werden.

Die Last wird über einen pneumatischen Membranzylinder aufgebracht, die Nadellagerringe werden konvektiv durch eine sie umschließende Heizung erwärmt. Die Temperatur der Probe wird über Thermoelemente direkt oberhalb der Verschleißfläche und separat durch eine berührungslose Infrarot-Temperaturerfassung der Welle gemessen. Die Messung der Reibkraft erfolgt in der Drehmomentenstütze über temperaturbeständige Dehnmessstreifen. Eine Drehmomenten-Messnabe erfasst das Summenreibmoment an

Tab. 4.1 Prüfstandsdaten der Gleitreibungsversuche von Reinwald. [6, S. 23, 85, 86, 96]

Kontaktfläche Proben	Max. 2 mm × 10 mm	Atmosphäre	Helium
Werkstoffe Proben	Polyimid, PEEK ohne/mit 15 % MoS_2	Prüfraumdruck	0,2 bar
Nadellager-Innenringe	IR 40 × 45 × 20	Reinheit	$H_2O < 5$ ppm
Werkstoff Innenringe	100Cr6	Reinheit	$O_2 < 5$ ppm
Härte Innenringe	60 HRC	Drehzahl	1500 U/min
Rauigkeit Innenringe	Ra = 0,06 µm	Radiallast	$F_{rad}/C_0 = 0{,}2$
Kontaktfläche Proben	Max. 2 mm × 10 mm	Probetemperaturen	≤ 300 °C
Werkstoffe Proben	Polyimid, PEEK ohne/mit 15 % MoS_2	Flächenpressung	0,5 bis 10 N/mm^2
		Gleitgeschwindigkeit	Bis 1,6 m/s

der Antriebswelle. Der Prüfstand ist gekapselt und mit Helium gefüllt. Die Prüfstandsdaten und Prüfbedingungen zeigt Tab. 4.1.

Versuchsdurchführung Die Versuche von Reinwald begannen mit dem Reinigen der Proben im Ultraschall-Freon-Bad, um eine vollständige Fettfreiheit zu gewährleisten. Nach einem mindestens zweistündigen Auslagern an Normalatmosphäre wird das Gewicht von Reibprobe und Ring mit einer Analysewaage gewogen. Nach Einbau in den Stift-Ring-Prüfstand schließt sich eine 28–stündige Ausgasphase an, in welcher der Prüfstand auf 120 °C geheizt wird. Anschließend wird die jeweilige Prüftemperatur (Umgebungstemperatur bis 300 °C) eingestellt. Die Versuchsdauer entspricht einer Reibstrecke von 150 km. Die Reibwerte werden kontinuierlich über Schreiber aufgenommen. Nach dem Ausbau werden die Proben erneut im Ultraschallbad gereinigt. Ein 24–stündiges Auslagern der Kunststoffe in einem Wasserbad hat sich bewährt, um die während des Versuchs ausgegaste Feuchtigkeit in den Werkstoff zurückzuführen. Vor der gravimetrischen Verschleißermittlung werden die Proben mindesten 48 Stunden an Normalatmosphäre ausgelagert. Beides ist notwendig, da bei manchen Kunststoffen die Gewichtsänderung durch Feuchtigkeitsabgabe in der Größenordnung des zu messenden Verschleißes liegt.

Auswertung Aus den Messgrößen Last, Reibungskraft und den Gewichtsänderungen von Probe und Gegenkörper wurden nach Versuchsende folgende Kennwerte ermittelt:

- Der Einlaufreibwert μ_E, der aus dem erstmaligen Ausrichten der Moleküle herrührt
- Die Einlaufstrecke l_E, die den Weg kennzeichnet, der bis zum Stabilisieren des Reibungsverhaltens auf ein niedriges stationäres Niveau zurückgelegt wird. Sie ist ein Maß für die Geschwindigkeit der Ausbildung des Transferfilms und beschreibt die Dauer bis zum Erreichen des dynamischen Gleichgewichts der mechanischen und energetischen Vorgänge in der Gleitfläche.
- Der stationäre Reibwert μ_{stat}, der sich aus den nahezu konstanten Reibkräften im Betrieb ergibt. Es ist ein geringfügiges Ansteigen mit der Reibstrecke zu beobachten, was

mit der Vergrößerung der Kontraktfläche und der damit verbundenen Zunahme der Adhäsionskräfte zusammenhängt.

- Die Verschleißintensität I_V, die – in Anlehnung an DIN 31 680 [8] – das Verschleißvolumen V, bezogen auf den Gleitweg l_R, angibt. Sie ermittelt sich für Reibprobe und Gegenkörper:

$$I_V = \frac{V}{l_R} \quad \text{in } \frac{\text{mm}^3}{\text{m}} \tag{4.1}$$

mit

$$V = \frac{m}{\rho} \quad \text{in mm}^3 \tag{4.2}$$

Weitere Rückschlüsse können aus folgenden Oberflächenuntersuchungen gezogen werden:

- Zur Beurteilung des Abrasionsverhaltens wird die Oberflächenrauigkeit der Ringe gemessen.
- Zur visuellen Beurteilung liegen zum Teil REM-Aufnahmen der Ringe und Proben vor.
- Zum qualitativen Nachweis von MoS_2 wird die Röntgen-Fluoreszenz-Analyse (RFA) angewendet.

4.3.2.2 Walze-Platte-Versuche nach Bozkurt

Aufbauend auf dem Prüfstand von Reinwald entwickelte Bozkurt [7] Prüfstand und Versuchsprogramm weiter, um den Gleitreibungskontakt zwischen Wälzkörpern und Käfigtaschen bzw. zwischen Käfig und Innenring bei innenbord geführten Käfigen zu simulieren.

Prüfstand In Abb. 4.6 sind die Prinzipskizze des Prüfstandes und die konkrete Ausführung dargestellt, der Aufbau ist dabei analog zum Prüfstand von Reinwald. Die Reibkraft wird mit Dehnungsmessstreifen auf dem Tragarm erfasst. Diese sind vakuumtauglich und wurden für drei Temperaturstufen abgeglichen (Raumtemperatur, 100 und 130 °C).

Die Bestimmung des Verschleißvolumens erfolgt mit einem in der Versuchsapparatur integrierten Wegaufnehmer. Das Wiegen ist wegen der starken Ausgasung des Käfigwerkstoffs keine geeignete Methode für die Verschleißbestimmung.

Um die Beziehung zwischen umgesetzter Reibenergie und Verschleiß und um die Beziehung zwischen Geschwindigkeit und Reibwert im Käfigwerkstoff experimentell zu ermitteln, werden für jeden der in Tab. 4.2 angegeben Werkstoffe – bei gleich bleibenden sonstigen Bedingungen – Versuche mit zwei unterschiedlichen Geschwindigkeiten und drei unterschiedlichen Pressungen durchgeführt.

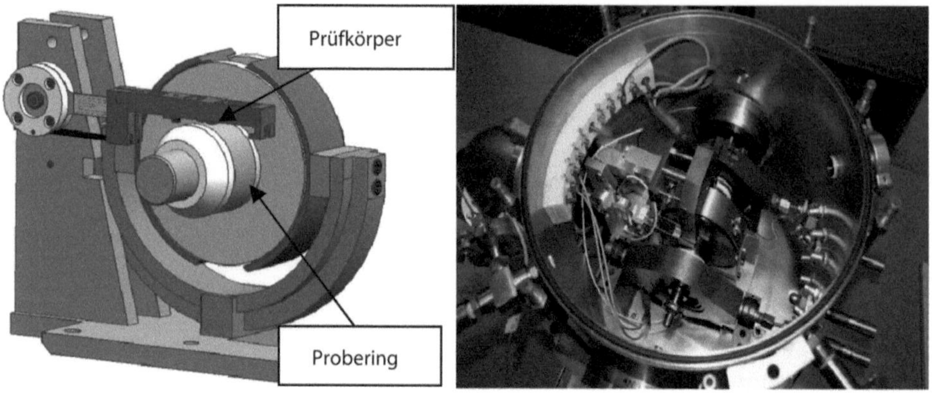

Abb. 4.6 Walze-Platte Prüfstand

Tab. 4.2 Prüfstandsdaten der Gleitreibungsversuche von Bozkurt. [7, S. 63 f.]

Kontaktfläche Proben	Max. 2 mm × 10 mm	Atmosphäre	Vakuum
Werkstoffe Proben	Sintimid mit 30 % MoS_2	Prüfraumdruck	5×10^{-5} bar
Nadellager-Innenringe	IR 40 × 45 × 20	Reinheit	$H_2O < 5$ ppm
Werkstoff Innenringe	100Cr6	Reinheit	$O_2 < 5$ ppm
Probenbreite	2 mm	Drehzahl	1500 U/min
Probenlänge	10 mm	Radiallast	$F_{rad}/C_0 = 0{,}2$
Härte Innenringe	60 HRC	Probetemperaturen	≤ 275 °C
Rauigkeit Innenringe	Ra = 0,06 µm	Flächenpressung	1,2; 2,4 und 3,6 N/mm²
		Gleitgeschwindigkeit	2,4 und 3,6 m/s

Für die Simulation des Kugel-Käfig Kontaktes wurde eine Gleitreibung zwischen plattenförmigen Probekörpern (Abb. 4.8) aus Käfigmaterial und Nadellagerring im Walze-Platte Prüfstand erzeugt. Die Probekörper wurden aus Stangenhalbzeug mit dem Käfigmaterial gefertigt. Die Prüfstandsdaten und Prüfbedingungen zeigt Tab. 4.2.

Bozkurt nutzte den Prüfstand auch, um erste Anhaltspunkte für Reibwerte im Kugel-Ring-Kontakt zu erhalten. Während der Kugel-Käfig-Kontakt eine große und annähernd gleichmäßig auf der Kugelkalotte verteilte Gleitreibungsverteilung aufweist, treten im Kugel-Ring-Kontakt betragsmäßig sehr kleine, aber stark ungleich verteilte Gleitreibungsanteile auf.

Abbildung 4.7 zeigt die Reibenergieverteilung in einem Kugel-Ring-Wälzkontakt, die einen Rückschluss auch auf die inhomogene Verteilung der Gleitreibungsanteile im Wälzkontakt zulässt.

Da einschlägige Gleitreibungsuntersuchungen fast durchweg größere Gleitgeschwindigkeiten untersuchen, als sie durch den Schlupf in der Wälzkontaktzone auftreten, wurden mit dem Walze-Platte-Prüfstand auch Reibwerte bei diesen sehr kleinen Gleitgeschwindigkeit ermittelt (s. Abb. 4.8)

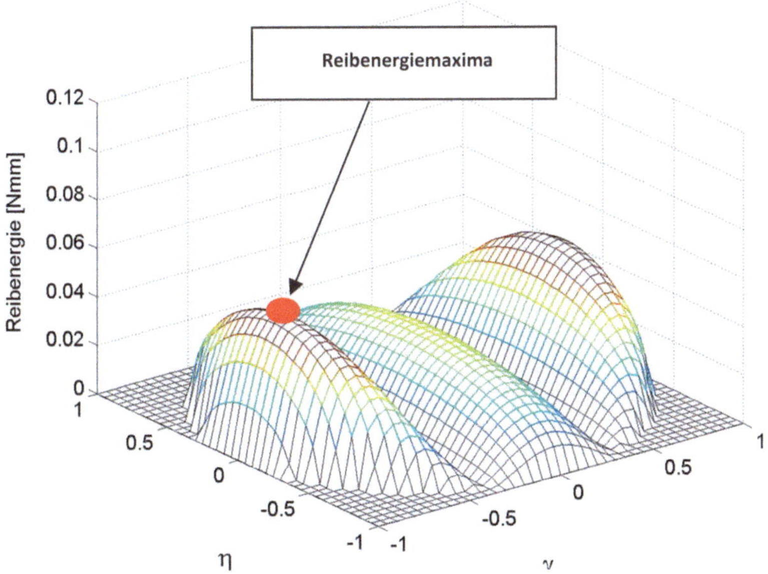

Abb. 4.7 Reibenergiemaximum am Kugel-Ring-Kontakt, Lagergröße: 6205, $F_{rad}=999$ N, $F_{ax}=0$ N. [9, S. 39]

Abb. 4.8 Probekörper im Walze-Platte-Prüfstand zur Simulation des Reibwerts im Kugel-Ringkontakt (Nadeln eines Nadellagers auf Träger). [7, S. 47]

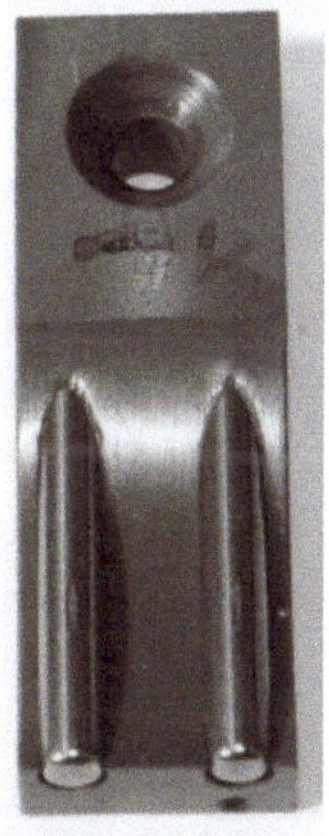

Als Probekörper wurden dabei Nadeln von Nadellagern und als Gegenkörper mit MoS_2 beschichtete Nadellagerringe verwendet. Beide Prüfkörper bestanden aus dem Wälzlagerwerkstoff 100Cr6.

Versuchsdurchführung und Auswertung Nachdem die Proben gereinigt wurden, werden die Ringe auf die Prüfwelle und die Plättchen aus Käfigwerkstoff (für die Untersuchung des Kugel-Käfig-Kontaktes) bzw. die Wälzkörper eines Nadellagers (für die Untersuchung des Kugel-Ring-Kontaktes) auf dem Bügel befestigt.

Der Prüfraum wird vakuumdicht verschlossen und bis auf die Prüftemperatur (275 °C) aufgeheizt. Die Reibgeschwindigkeit ist während der Versuche konstant eingestellt. Nach Erreichen der gewünschten Prüftemperatur und des Prüfraumdruckes wird der Versuch gestartet und läuft automatisch ab. Die eingestellten Abschaltkriterien werden permanent überwacht und bei Überschreiten eines Kriteriums wird der Versuch abgeschaltet. Als Abschaltkriterium wurde eine Grenzreibstrecke von 70 km festgelegt. Um eine Überhitzung und Überlastung der Dehnungsmessstreifen zu verhindern, wurden deren Grenztemperaturen als Abschaltkriterien definiert. Nach dem Ende des Versuchs beginnt die Abkühlphase.

Folgende Messdaten und Prozessgrößen werden während eines Versuchs elektronisch erfasst, protokolliert und auf dem PC-Monitor dargestellt:

- Vakuumdruck
- Summenreibmoment
- Reibkraft
- Verschleißvolumen
- Probentemperatur
- Wellentemperatur (oben)
- Wellentemperatur (unten)
- Wellentemperatur (stirnseitig)
- Temperatur DMS
- Vakuumdichtungstemperatur

Mit einem Excel-Makro-Programm können die oben aufgelisteten Messdaten und Prozessgrößen für den gesamten Versuchszeitraum oder für einen bestimmten Zeitausschnitt am PC angezeigt werden. Mit dem gleichen Programm können durchschnittliche Reibwerte und Verschleißbeträge ermittelt werden.

Bei den Gleitreibungsversuchen mit dem Walze-Platte Prüfstand (Kugel-Käfig-Kontakt) können mit der bekannten Radiallast und mit den Messgrößen Reibkraft und Probenabtrag (ermittelt mit dem Wegsensor) folgende Werte ermittelt werden:

- Einlaufreibwert μ_E vor dem Ausrichten der MoS_2 Moleküle
- Stationärer Reibwert μ_{stat} nach dem Ausrichten der MoS_2 Moleküle; bleibt im Betrieb weitgehend konstant.
- Verschleißintensität I_V bezogen auf den Gleitweg l_R.

4.3.2.3 Ausgewählte Ergebnisse

Aus der Vielzahl der Untersuchungen werden hier nur solche Ergebnisse dargestellt, die für das Verständnis der nachfolgenden Inhalte relevant sind.

Reibwert und Transferrate Reinwald [6, S. 102] ermittelte, dass Reibwert und Transferrate bei MoS_2-gefülltem Käfigwerkstoff Sintimid sehr deutlich vom Anteil des inkorporierten MoS_2 abhängen (Abb. 4.9).

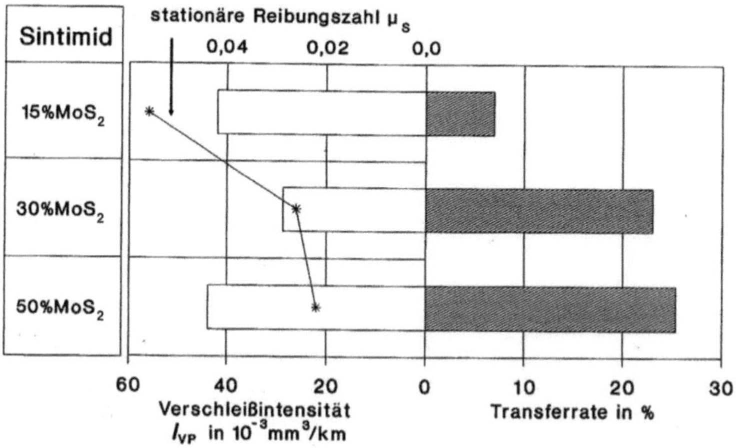

Abb. 4.9 Einfluss von MoS_2 auf das tribologische Verhalten am Beispiel des Polyimids Sintimid (Flächenpressung 2 N/mm², T=300 °C). [6, S. 102]

Ein MoS_2-Anteil von 30 % reduziert den Reibwert gegenüber einer Füllung mit nur 15 % um ca. 60 % und erhöht die Transferrate etwa um das Dreifache. Eine weitere Steigerung des MoS_2-Anteils bewirkt demgegenüber nur eine geringfügige Verbesserung, weshalb für viele Versuche in der Regel der 30 % MoS_2-Anteil beibehalten wurde.

Reibkraft- und Verschleißverläufe Bozkurt [7, S. 67] ermittelte in seinem Walze-Platte-Prüfstand Reibkraft und Verschleißverläufe der Paarung Sintimid mit 30 % MoS_2-Stahlring (Abb. 4.10). Gut zu erkennen ist der plötzliche Anstieg der Reibkraft und Abfall der Verschleißkurve zu Versuchsbeginn, bis alle Gleitkontakte beschichtet sind und sich die MoS_2-Moleküle in Bewegungsrichtung ausgerichtet haben. Nach einer längeren Einlaufstrecke bis ca. 12 km sinkt die Reibkraft auf einen weitgehend konstanten Wert ab, während der konstante Verschleiß der Festschmierstoffschicht eine linear verlaufende Abnahme der Schichtdicke über der gesamten restlichen Versuchsstrecke von 70 km bewirkt.

Im stationären Bereich kann also bei diesen Versuchsbedingungen mit einem nahezu konstanten Reibwert und einer konstanten Verschleißrate gerechnet werden.

Verschleißverhalten Abbildung 4.11 zeigt die experimentell ermittelte Abhängigkeit des Verschleißverhaltens des Matrixwerkstoffs mit einer MoS_2-Beimengung von 30 % Gewichtsanteil. Jeder Faktorstufenkombination liegen vier bis sechs Messergebnisse zugrunde. Sie weisen eine Streubreite zwischen minimal 2,14 % und maximal 18,90 % auf.

Aus Abb. 4.11 erkennt man eine ausgeprägte Zunahme des Verschleißes mit steigender Flächenpressung und einen fast gleich bleibenden Verschleiß mit zunehmender Gleitgeschwindigkeit. Ursache dafür sind die mit steigender Pressung zunehmenden Adhäsionskräfte zwischen Schmierstoff und Gegenkörper [6]. Im Gegensatz zur Pressung trägt die Gleitgeschwindigkeit kaum dazu bei, diese Kräfte zu erhöhen. Ein Signifikanztest ergab,

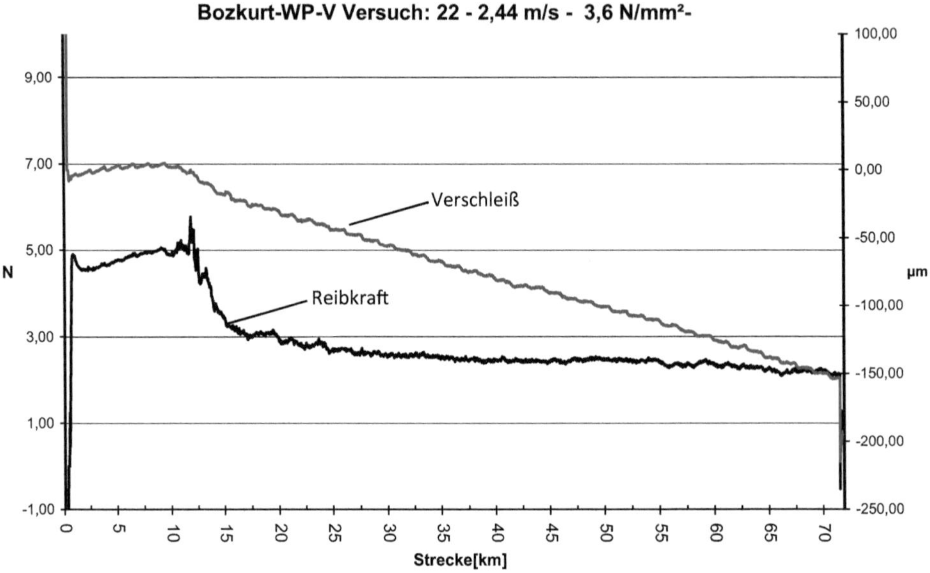

Abb. 4.10 Reibkraft- und Verschleißkurve nach [7, S. 67] (Paarung. Sintimid mit 30 % MoS_2-Stahlring, Flächenpressung 3,6 N/mm², T=250 °C)

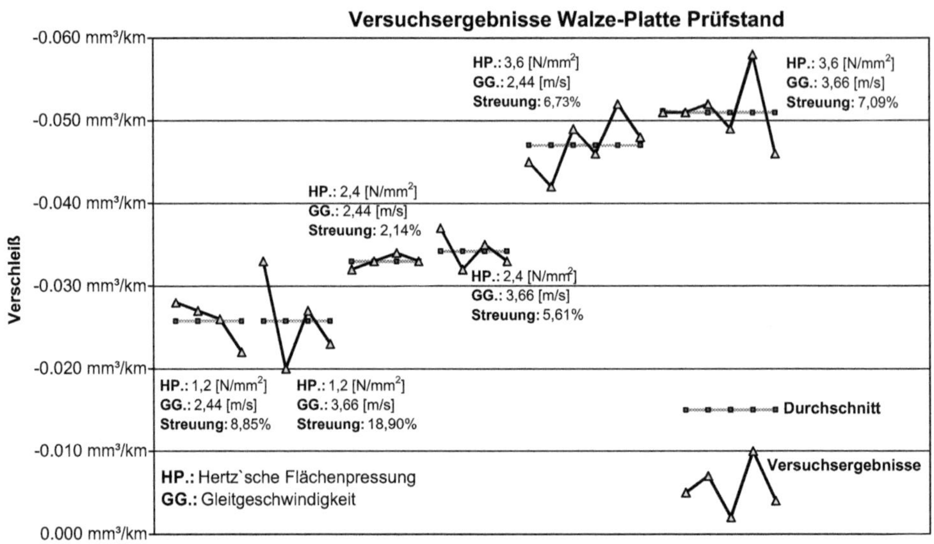

Abb. 4.11 Ergebnisse aus Walze-Platte Prüfstand

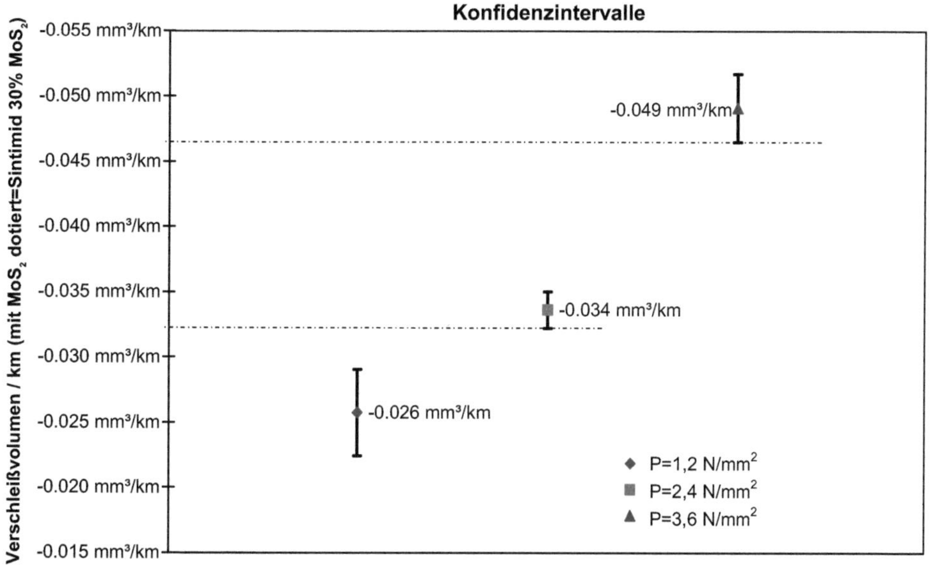

Abb. 4.12 95 % Konfidenzintervalle der Gleitreibungsversuche (Stahl-Käfigmaterial SINTIMID 30 % MoS_2)

dass der Einfluss der Pressung auf den Verschleiß in jeder Faktorstufenkombination hochsignifikant ist, während der Einfluss der Geschwindigkeit keinen signifikanten Anteil am Verschleiß hat. Diese Ergebnisse decken sich mit den Ergebnissen von Reinwald [6].

In Abb. 4.12 sind die Mittelwerte der Versuchsergebnisse und ihre zweifache Standardabweichung mit 95 %iger Wahrscheinlichkeit dargestellt.

Die kleine Standardabweichung verdeutlicht die Qualität der Ergebnisse.

Verschleiß und Reibenergie Aus den Ergebnissen wurde die Abhängigkeit zwischen der im Kontakt umgesetzten Reibenergie und dem Verschleißvolumen ermittelt (Abb. 4.13)

Der Reibenergie-Verschleiß-Zusammenhang wurde in einer Regressionsrechnung für weitergehende Berechnungen genutzt.

Reibwerte Neben dem Verschleißvolumen wurde auch der Reibwert des Käfigmaterials in 28 Gleitreibungsversuchen für unterschiedliche Flächenpressungen und Geschwindigkeiten ermittelt. Dazu wird die Reibkraft mit Hilfe von Dehnungsmessstreifen erfasst und daraus der Reibwert errechnet (Tab. 4.3)

Die Reibwerte sind im stationären Bereich bei allen Versuchen niedrig und weisen nahezu identische Werte auf. Die Einlaufreibwerte sinken bei allen 28 Gleitreibversuchen in vergleichbarem Maße, was eine wirkungsvolle MoS_2-Freisetzung über den Käfigwerkstoff belegt. Da der Einlaufbereich gegenüber dem stationären Bereich einen sehr geringen Zeitabschnitt umfasst, können sie für eine Lebensdauerbestimmung vernachlässigt werden.

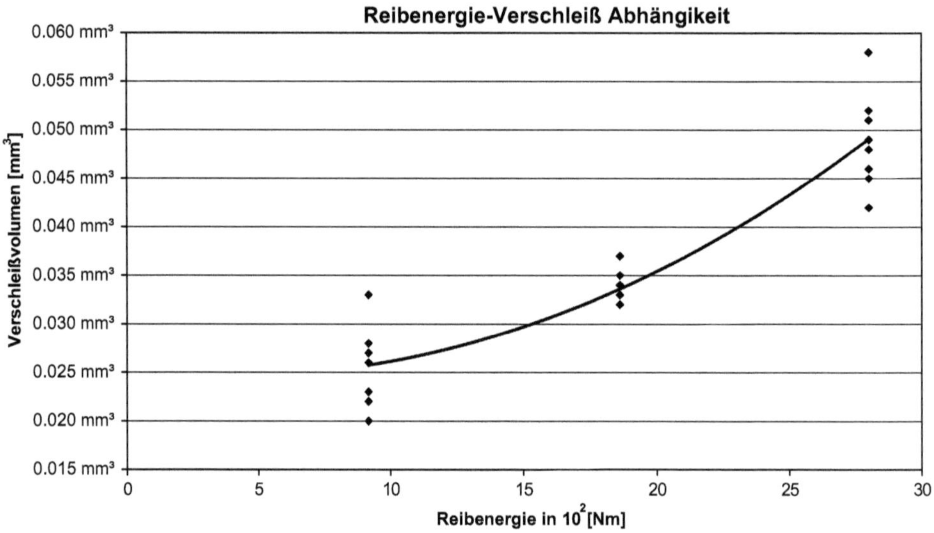

Abb. 4.13 Reibenergie-Verschleiß Abhängigkeit aus Gleitreibungsuntersuchungen

Tab. 4.3 Reibwerte des Käfigwerkstoffs SINTIMID 30 % MoS_2 bei 275 °C

Gleitreibungsversuche Stahl-Käfigmaterial SINTIMID 30 % MoS_2		
Flächenpressung (N/mm^2)	Gleitgeschwindigkeit (m/s)	Reibwert (stationärer Bereich)
1,2	2,44	0,0389
1,2	3,66	0,0388
2,4	2,44	0,0387
2,4	3,66	0,0388
3,6	2,44	0,037
3,6	3,66	0,0388

Gleitreibungssimulation des Kugel-Ring-Kontakts Versuche zur Simulation der Gleitreibung im Kugel-Ring-Kontakt mit sehr niedrigen Gleitgeschwindigkeiten ergaben je nach Versuchsbedingung und Art des MoS_2-Schichtsystems Reibwerte von $\mu=0{,}03$ bis 0,05, was sich sehr gut mit einschlägigen Angaben in der Literatur deckt. Die Versuche bestätigten ebenfalls dass sich die Reibwerte im Vakuum nicht mit der Geschwindigkeit ändern.

4.4 Lebensdauerprüfverfahren für feststoffgeschmierte Wälzkontakte

Für die tribologische Prüfung von Wälzkontakten bieten sich *Modellversuche* mit einfachen Probekörpern an, wobei Kugeln wegen ihrer Vielfalt an Durchmessern und Werkstoffen, ihrer hohen Präzision und ihren leichten Beschaffbarkeit bevorzugt werden. Ein weit verbreiteter und nach DIN 50322 [10] in die Kategorie V (Probekörperversuch) fallender

Tab. 4.4 Versuchsparameter im VKA

Versuchsparameter	Werte	
	Minimal	Maximal
Drehzahl (min^{-1})	100	4000
Vakuumdruck (mbar)	$<5\times10^{-5}$	Normalatmosphäre
Hertz'sche Pressung im Kontakt (N/mm^2)	0	4200
Temperatur Ring und Platte (°C)	50	360
Temperatur Antriebskugel (°C)	50	285

Prüfstand für die Fettprüfung ist der nach DIN 51359 [11] genormte Shell-Fettprüfstand. Er untersucht das Verhalten von Schmierstoffen im Gleitkontakt zwischen einer rotierenden Antriebskugel und drei feststehenden Auflage-Kugeln. Der Shell-Fettprüfstand kann als Grundlage für die Entwicklung eines Prüfstands zur Prüfung auch von Wälzkontakten dienen.

4.4.1 Modifizierter Vierkugelapparat

Beim *modifizierten Vierkugelapparat (VKA)*[2] wurde der prinzipielle Aufbau der Shell-Fettprüfmaschine beibehalten, allerdings wurden die Gleitkontakte im Prüftopf durch Wälzkontakte ersetzt. Zudem ermöglicht er das Durchführen von Versuchen mit unterschiedlichen Atmosphären und Temperaturen (Tab. 4.4).

Der VKA kann zu Recht als Hochtemperatur-Hochvakuum-Prüfstand bezeichnet werden. Mit der Breite der Versuchsparameter wird den Anwendungsbereichen feststoffgeschmierter Wälzlager gut entsprochen, was die Realitätsnähe der VKA-Prüfungen erhöht.

Derart modifizierte Vierkugelapparate werden derzeit zur Verkürzung von Versuchszeiten, bei der Entwicklung neuer Schichtsysteme und Beschichtungsverfahren und zur Qualitätssicherung in der Schichtherstellung eingesetzt. Die Versuchszeiten werden nach [9] vor allem dadurch reduziert, dass ein Punkt in der Verschleißspur auf der Kugel bei jeder Kontaktierung die maximale Beanspruchung erfährt und nicht nur an der Scheitelposition wie im Kugellager.

4.4.1.1 Konfiguration der Prüfkammer

Im VKA treibt ein rotationssymmetrischer Antriebskörper (meist eine Antriebskugel) umlaufende Kugeln an, die sich auf einem oder zwei stationären Gegenkörpern abstützen. Die Umlaufkugeln führen eine Orbitalbewegung analog der von Planetenrädern eines Planetengetriebes aus und wälzen auf Antriebskörper und stationärem Gegenkörper ab (Abb. 4.14).

[2] Obwohl der modifizierte Vierkugelapparat in der Regel mehr als vier Kugeln (1 Antriebs-, 3 Umlaufkugeln) enthält, wurde der eingeführte Begriff des *Vier*kugelapparats beibehalten.

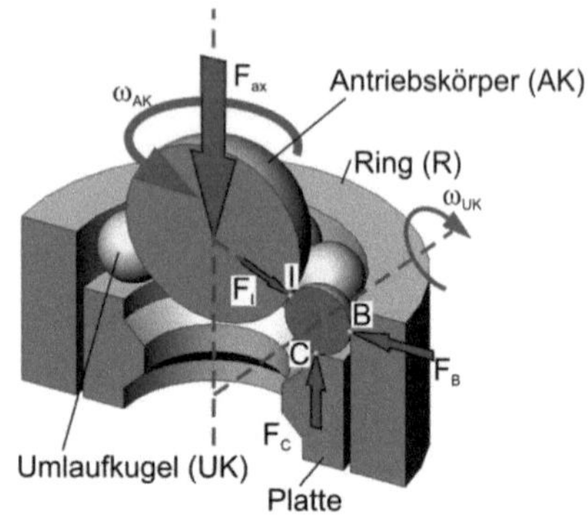

Abb. 4.14 Wirkprinzip der Wälzprüfung im VKA. (Nach [7])

Durch Variation der Form der Antriebs- und Gegenkörper (Abb. 4.15) lassen sich nahezu unbegrenzt und gezielt die Bedingungen im Wälzkontakt mit Roll-, Gleit- und Bohrbewegungsanteilen einstellen. Aus fertigungstechnischen und wirtschaftlichen Gründen kommen vor allem die Varianten A1, B1 seltener die Varianten mit den Antriebskörpern 2 und 3 zum Einsatz.

In der Regel ist daher der Antriebskörper eine Kugel, die Umlaufkugeln wälzen entweder in einem aus einem Ring und einer Platte gebildeten Topf ab oder auf einem konisch ausgenommenen Ring, z. B. Schrägschulterlager-Außenring.

4.4.1.2 Konfiguration der Prüfkörper

Gegenüber der Shell-Fettprüfmaschine mit drei feststehenden Kugeln, welche die Antriebskugel statisch bestimmt abstützen, sind beim VKA meist deutlich mehr Umlaufkugeln im Einsatz. Die Kugeln können aus Kugellagerwerkstoff 100Cr6, bei höheren Temperaturen auch aus Molybdän-Wolfram-legiertem Schnellarbeitsstahl S6-5-2 gefertigt werden. Für Platten und Ringe gilt dasselbe, teilweise wurde auch hochkobaltlegierter Schnellarbeitsstahl S18-1-2-5 verwendet.

Die Beschichtung wird in der Regel auf die Umlaufkugeln aufgebracht, da so erheblich mehr Schichtmaterial zur Schmierung zur Verfügung steht, insbesondere wenn bei ausgeprägter Kugeldrehachsenänderung das gesamte Schichtvolumen auf den Umlaufkugeln beansprucht wird. Zudem reibt dann kein Wälzkontakt in der Startphase ohne Beschichtung, was vor allem im Hochvakuum zu sofortiger Schädigung dieser Kontakte durch Kaltverschweißen führen würde. Es können jedoch auch Ringe, Platte und Antriebskugel beschichtet sein.

Üblicherweise wird aus Aufwandgründen eine vollkugelige Anordnung der Umlaufkugeln gewählt. Dem Vorteil des preiswerten Bezugs der Kugeln steht allerdings ähnlich der Problematik bei vollkugeligen oder vollrolligen Wälzlagern der Nachteil der Relativreibung in den Kontaktzonen zwischen den Umlaufkugeln gegenüber. Die dort auftretende Schichtbeanspruchung ist allerdings deutlich niedriger als im Kontakt zwischen Antriebskugel (bzw. Antriebskörper) und Umlaufkugel, da zwar eine höhere Relativgeschwindigkeit vorherrscht, die Reibenergie aber wegen der deutlich geringeren Hertz'schen Flächenpressung erheblich niedriger ist.

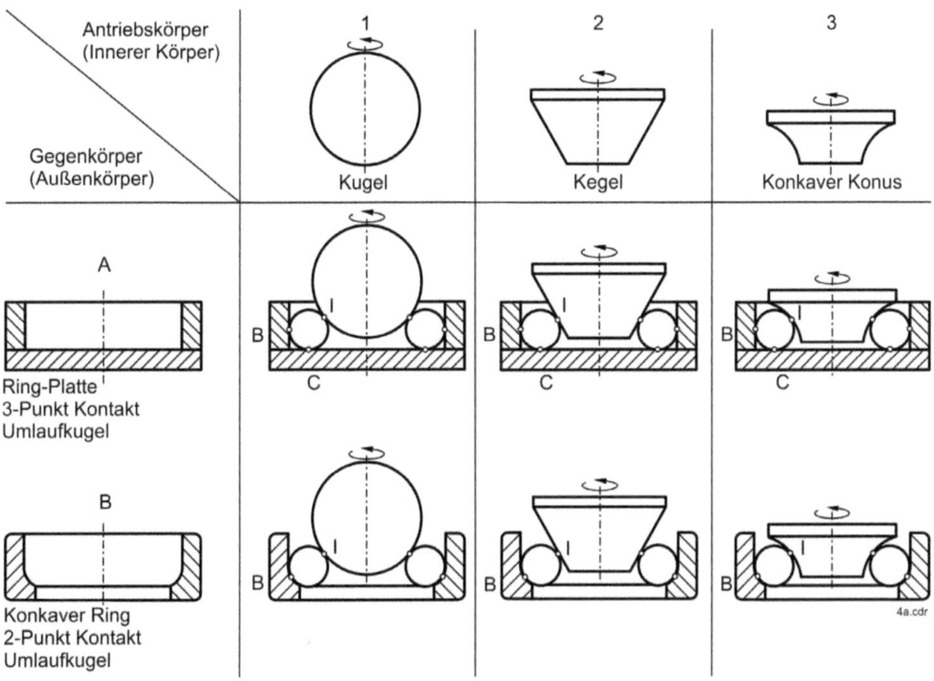

Abb. 4.15 Varianten von Antriebs- und Gegenkörpern mit Kontaktgeometrie (I = Innenkontakt, B = Außenkontakt, C = Bodenkontakt)

Abb. 4.16 Umlaufkugeln mit Spacer-Kugeln

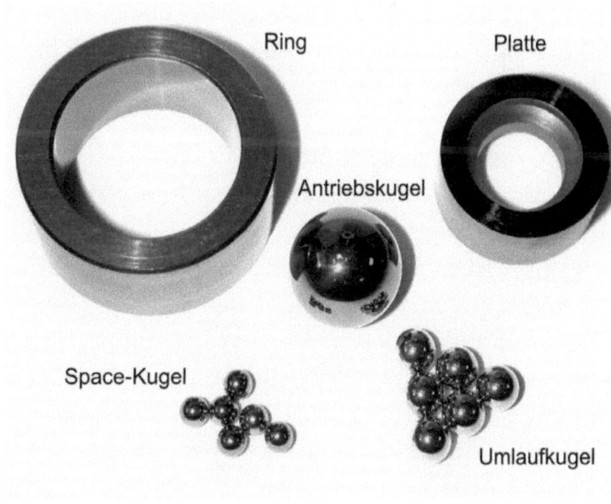

In Sonderfällen, in denen die Kontaktreibung zwischen den Umlaufkugel reduziert oder ganz vermieden werden soll, werden Konfigurationen mit Spacerkugeln (Abb. 4.16) oder käfiggeführte Umlaufkugeln eingesetzt (Abb. 4.18).

Spacerkugeln haben einen geringfügig kleineren Durchmesser als die Umlaufkugeln, werden daher vom Antriebskörper nicht angetrieben und nur durch die Kontaktkräfte

Abb. 4.17 Stiftgeführte Umlaufkugeln mit Sonderkäfig

zwischen den Umlaufkugeln mitgenommen. Die Zwängung zwischen den Kugeln und die daraus resultierende Schichtbeanspruchung werden damit deutlich reduziert. Zudem können Spacerkugeln auch aus anderen, z. B. nachschmierenden Werkstoffen gefertigt werden, was die Lebensdauer der Prüflinge deutlich erhöht.

Bei käfiggeführten Umlaufkugeln werden Käfige ähnlich denen von Schräg- oder Schulterkugellagern eingesetzt, die jedoch gerade bei kleinen Prüfkörper- und Prüftopfabmessungen schwierig zu fertigen und wegen ihrer filigranen Form nur wenig belastbar sind. Es wurden auch Versuche mit käfiggeführten Umlaufkugeln durchgeführt, bei denen diese mittels Drahterodieren durchbohrt und über eine stiftförmige, im Käfig fixierte Achse geführt werden (Abb. 4.17). Damit vermeidet man zwar jegliche Berührung zwischen den Umlaufkugeln, erkauft sich aber diesen Vorteil mit einem hohen Fertigungsaufwand und einer geringen Belastbarkeit des Käfigs. In der Regel werden daher vollkugelige Ausführungen ohne bzw. mit Spacerkugeln verwendet.

4.4.1.3 Aufbau des Prüfstands

Den prinzipiellen Prüfstandsaufbau zeigt Abb. 4.18.

Die Antriebskugel wird über eine Spindel von einem frequenzgeregelten Asynchronmotor angetrieben und treibt wiederum die Umlaufkugeln an. Diese rotieren in einer Orbitalbewegung in einem beheizbaren Prüftopf (Platte-Ring oder konkaver Ring), der auf dem Anpresskolben wärmeisoliert befestigt ist. Der Anpresskolben ist hydrostatisch gelagert und kann sich leicht gängig verdrehen. Dadurch kann das Reibmoment zwischen Umlaufkugeln und Prüftopf nahezu unverfälscht gemessen werden.

Die axiale Anpresskraft zwischen Grundkörper, Umlaufkugeln und Antriebskörper wird hydraulisch durch den unter dem Prüftopf angeordneten Anpresszylinder aufgebracht und ist innerhalb festgelegter Grenzen stufenlos einstellbar.

Der frequenzgeregelte Asynchronmotor wird über eine Leistungselektronik angesteuert. Diese befindet sich mit den Mess- und Regelungsmodulen und einer speicherprogrammierbaren Steuerung (SPS) in einem separaten Schaltschrank (Abb. 4.19). Das Reibmoment wird über einen, am Prüftopf angebrachten Hebel auf eine Kraftmessdose übertragen.

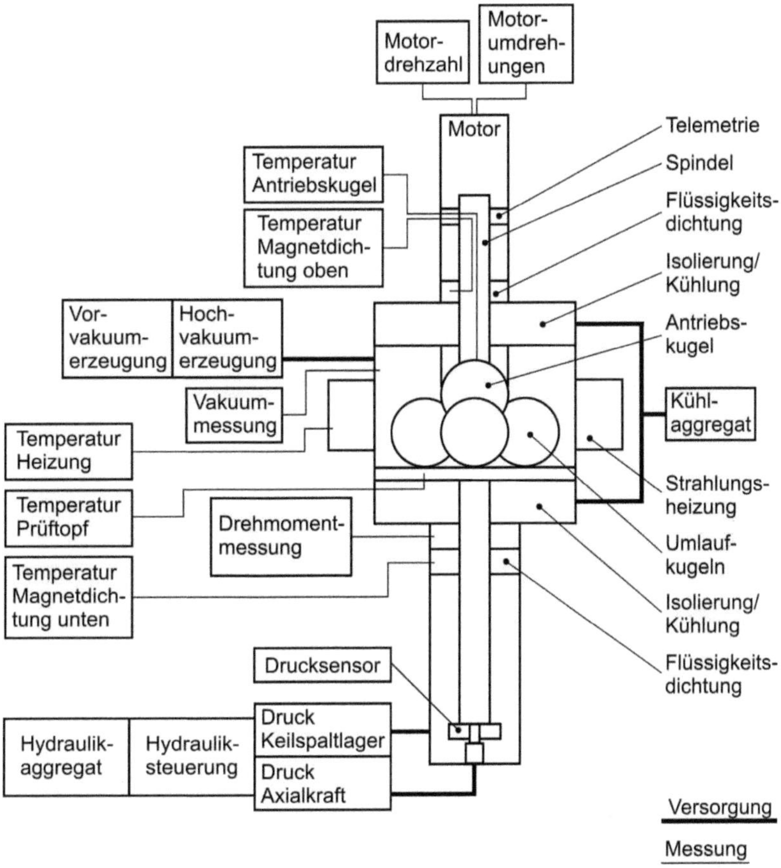

Abb. 4.18 Prinzipskizze des VKA. [1]

Alle Messdaten bzw. Prozessgrößen werden kontinuierlich erfasst, in einer ASCII-Datei protokolliert und teilweise auf dem PC-Monitor dargestellt (Tab. 4.5):

Neben der elektronischen Messdatenerfassung und Anzeige auf dem PC wird zusätzlich ein analoger Linienschreiber angesteuert. Er zeichnet den Gesamtverlauf der wichtigsten Messgrößen auf und dient als redundantes Aufzeichnungssystem zur elektronischen Messdatenverarbeitung.

4.4.2 Mechanik der Wälzbeanspruchung im Vierkugelapparat

Die Wälzkörper werden im VKA in den jeweiligen Wälzkontakten unterschiedlich beansprucht, wobei die *Laufbahnführung* der Umlaufkugeln in der Regel durch einen Kontakt übernommen wird.

Abb. 4.19 Modifizierter Vierkugelapparat (*VKA*) mit Schaltschrank und Aufzeichnungsgeräten

Tab. 4.5 Erfasste Messdaten im VKA

Reibmoment	Temperatur Spindelnase
Vakuumdruck	Temperatur Spindeldichtung (Oberteil)
Hydraulikdruck	Temperatur Kolbendichtung (Unterteil)
Topfheizung	Temperatur Prüftopf

Laufbahnführung Da im VKA die Drehachsen der Antriebskugel und die der Umlaufkugeln nicht parallel liegen, tritt in den Wälzkontakten neben dem unvermeidbaren Rollschlupf auch ein Bohrschlupf auf. Je nach Prüfkonfiguration (Abb. 4.15) ist der Bohrschlupfanteil in den Wälzkontakten sehr unterschiedlich. Bohrschlupf beansprucht die Festschmierstoffschicht ganz besonders, da die Flächenpressungen im Kontakt vergleichbar groß wie beim Rollschlupf sind, der Bohrschlupf aber meist einen deutlich größeren Schlupfanteil aufweist und somit die bohrschlupfinduzierte Reibenergie dominiert und damit durchaus lebensdauerbestimmend sein kann.

Um den Bohrschlupf in jedem Wälzkontakt bestimmen zu können, muss berechnet werden, welcher Wälzkontakt die Laufbahnführung der Umlaufkugel bestimmt.

▶ **Definition:** Unter Laufbahnführung versteht man die Festlegung einer definierten Drehachse eines kugelförmigen Wälzkörpers in einer Wälzkonfiguration durch die in den Wälzkontakten dieser Laufbahn wirkenden Reibkräfte und -momente. Diese verhindern eine Änderung der Kugeldrehachse infolge des im Kontakt auftretenden Bohrreibungsmoments. Je enger die Schmiegung bei Kugel-Ring-Paarungen ist, umso mehr tendieren derartige Wälzkontakte dazu, die Laufbahnführung zu übernehmen und an dieser Laufbahn

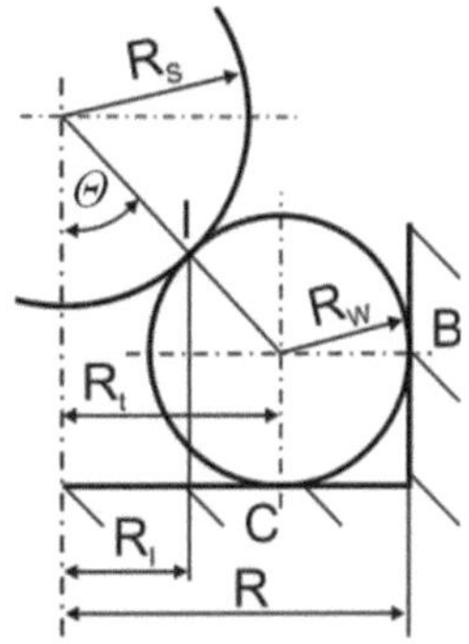

Abb. 4.20 VKA-Geometriegrößen. [9, S. 48]

keine Bohrbewegung zuzulassen. Bei fettgeschmierten Kugellagern hat sich eine engere Schmiegung am Innenring als optimal erwiesen.

An Kontakten mit Laufbahnführung tritt nur Rollschlupf auf, der Bohrschlupf verlagert sich auf den (die) anderen Kontakt(e). Ausschlaggebend für die Laufbahnführung ist das übertragbare Reibmoment im Hertz'schen Kontakt, das sich aus Normalkraft in der Abplattungszone, dem Reibwert und dem wirkendem Hebelarm zum fiktiven Aufstandspunkt der unverformten Wälzkörper integriert über die gesamte Kontaktzone errechnet. Gleiche Hertz'sche Flächenpressungen vorausgesetzt weisen breite, schmale Druckellipsen (z. B. im Kontakt Umlaufkugel-Ringinnenfläche) wegen des großen Hebelarms ein deutlich höheres Reibmoment als kreisförmige Druckellipsen mit geringer radialer Ausdehnung (z. B. im Kontakt Umlaufkugel-Antriebskugel) auf.

Für die Standardkonfigurationen Antriebskugel-Umlaufkugeln-Gegenkörper als Ring-Platte oder konkaver Ring (Abb. 4.15 Varianten A1 und B1) haben Heinz-Schwarzmaier [9] und Bozkurt [7] die kinematischen Verhältnisse detailliert untersucht und beschrieben. Im Folgenden werden lediglich der Berechnungsansatz, wichtige Zwischenergebnisse und das Endergebnis gezeigt.

4.4.2.1 Roll-, Bohrschlupf und Reibenergie bei Ring-Platte-Konfigurationen

Die kinematischen und tribologischen Verhältnisse für die Ring-Platte-Konfiguration sind ausführlich in der Dissertation von Heinz-Schwarzmaier [9, S. 49–59] beschrieben. Im Folgenden werden nur die Grundlagen und einige wichtige Ergebnisse dargestellt.

Lastverteilung, Kontaktwinkel und Geschwindigkeiten Die geometrischen Größen und die Lastverteilung im Vierkugelapparat sind in Abb. 4.20 und 4.21 dargestellt.

Die Lastverteilung ist im Vergleich zu kombiniert belasteten Rillenkugellagern wesentlich einfacher (Abb. 4.21).

Sie kann mit den drei Gl. (4.3) bis (4.5) beschrieben werden. Die Axialkraft F_{ax} teilt sich dabei nach Abb. 4.21 auf die Z Umlaufkugeln auf.

$$F_{\mathrm{I}} = \frac{F_{ax}}{Z \cdot \cos\theta} \tag{4.3}$$

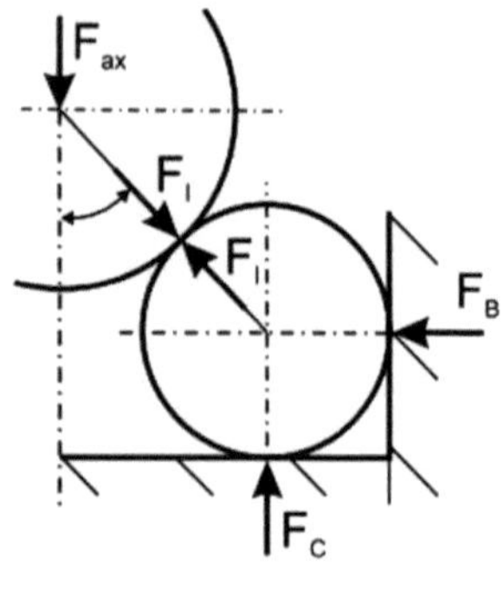

Abb. 4.21 Wirkende Kräfte im VKA. [9, S. 48]

$$F_B = F_{ax} \cdot \frac{\tan\theta}{Z} \tag{4.4}$$

$$F_C = \frac{F_{ax}}{Z} \tag{4.5}$$

Der Kontaktwinkel θ lässt sich aus Abb. 4.21 bestimmen:

$$\theta = \arcsin \frac{R - R_W}{R_I + R_W} \tag{4.6}$$

Die Winkelgeschwindigkeit ω_I ist eine einstellbare Eingangsgröße im Vierkugelapparat. Die kinematischen Zusammenhänge zur Bestimmung der Geschwindigkeiten und Drehzahlen lassen sich aus Abb. 4.20 und 4.22 ablesen

Die Kugelsatzdrehzahl n_W ergibt sich demnach zu

$$n_W = \frac{n_I}{2} \cdot \frac{R_I}{R_t} \cdot \sin\theta \tag{4.7}$$

Roll- und Bohrschlupf Unter Zusammenfassung und Umformung der kinematischen Beziehungen ergeben sich für die einzelnen Kontakte folgende Roll- und Bohrschlupfanteile:

Kontakt I:

Rollschlupf: $$s_{r,I}(x) = \frac{\cos(\lambda - \alpha)}{4} \cdot \left(\frac{1}{{r_W}^2} - \frac{1}{{R_I}^2}\right) \cdot \left(x_0^2 - x^2\right) \tag{4.8}$$

Bohrschlupf: $$\left|s_{b,I}\right| = \frac{\omega_{b,rel,I}}{\omega_{W,r,I}} \cdot \frac{a_I}{r_W} \cdot \sqrt{\gamma^2 + \left(\frac{b}{a}\right)_I^2 + \eta^2} \tag{4.9}$$

Kontakt B:

Rollschlupf: $$s_{r,B}(x) = \frac{\cos\lambda \cdot \cos(\lambda - \alpha) \cdot (R_A - r_W)}{6 \cdot R_t \cdot r_W \cdot R_A} \cdot \left(x_0^2 - x^2\right) \tag{4.10}$$

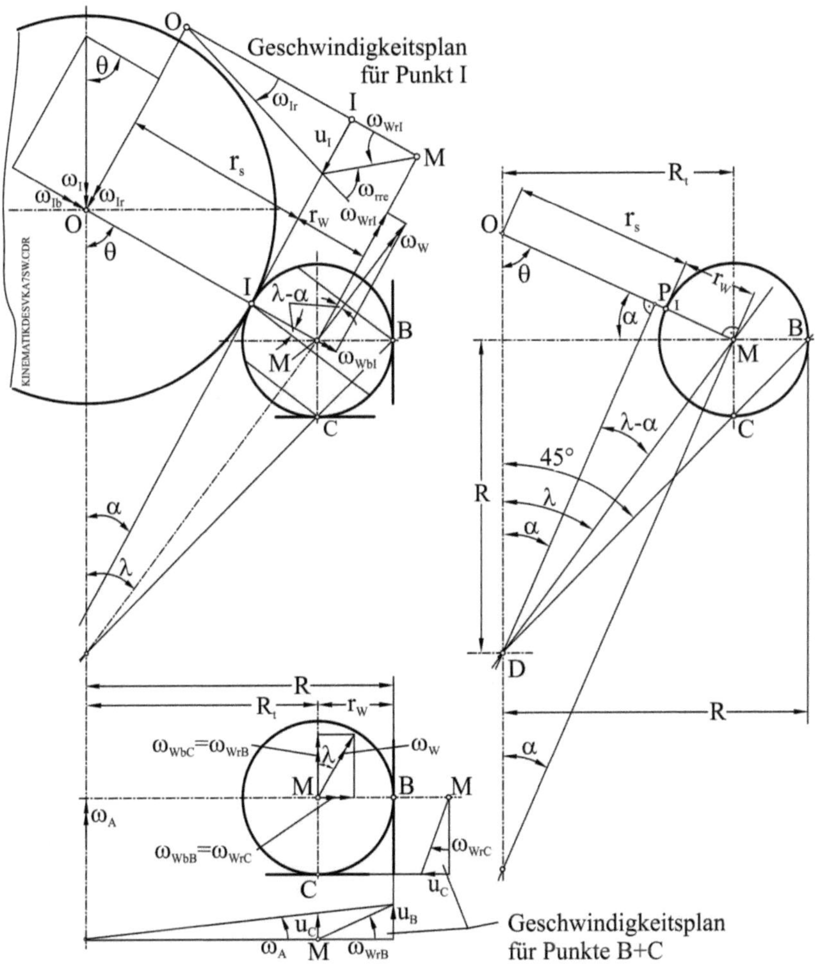

Abb. 4.22 Kinematik des VKA. [9]

Bohrschlupf:
$$\left|s_{\mathrm{b,B}}\right| = \frac{R_{\mathrm{t}}}{R_A} \cdot \frac{a_{\mathrm{B}}}{r_{\mathrm{W}}} \cdot \sqrt{\gamma^2 + \left(\frac{b}{a}\right)_{\mathrm{B}}^2 + \eta^2} \tag{4.11}$$

Kontakt C:

Rollschlupf:
$$s_{\mathrm{r,C}}\left(x\right) = \frac{\sin\lambda \cdot \cos\left(\lambda - \alpha\right) \cdot \left(R_A - r_{\mathrm{W}}\right)}{6 \cdot R_{\mathrm{t}} \cdot r_{\mathrm{W}} \cdot R_A} \cdot \left(x_0^2 - x^2\right) \tag{4.12}$$

Bohrschlupf:
$$\left|s_{\mathrm{b,C}}\right| = \frac{a_{\mathrm{C}}}{r_{\mathrm{W}}} \cdot \sqrt{\gamma^2 + \left(\frac{b}{a}\right)_{\mathrm{C}}^2 + \eta^2} \tag{4.13}$$

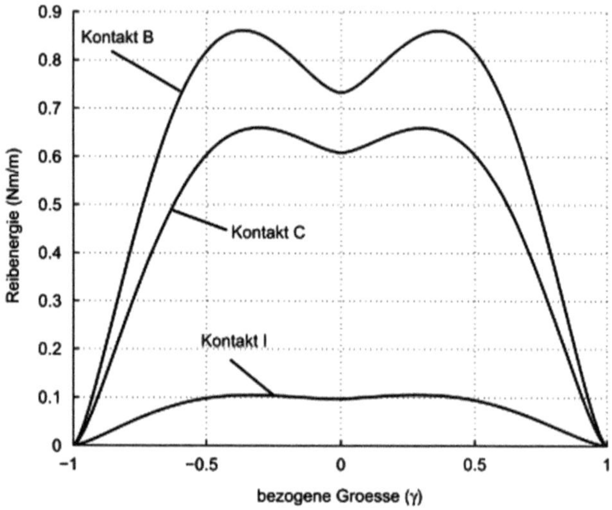

Abb. 4.23 Verlauf der Reibenergie über die jeweilige Druckellipsenbreite pro Überrollung im VKA für die der Kontakte I, B und C. [9, S. 57]

Umgesetzte Reibenergie im Wälzkontakt pro Überrollung Analog zur Bestimmung der umgesetzten Reibenergie im Kugellager, kann nun aus den entwickelten Gleichungen für Roll- und Bohrschlupf, den bekannten Kontaktkräften und den Druckellipsenhalbachsen die umgesetzte Reibenergie bei einer Überrollung eines Punktes jeweils betrachteten Kontaktes I, B oder C ermittelt werden. (Abb. 4.23)

Deutlich zu erkennen ist in Abb. 4.23, dass der geringste Reibenergieumsatz am Kontakt I zwischen Umlaufkugel und Antriebskugel erreicht wird. Der Grund dafür ist die gewählte Konfiguration, die darauf ausgelegt war, im Kontakt I möglichst reines Rollen zu erreichen. Das bedeutet, dass dort der Bohrschlupf minimiert wird und sich auf die Kontakte B und C verlagert. Die höchsten Reibenergiebeträge pro Überrollung findet man im Kontakt B.

Abbildung 4.24 zeigt die umgesetzte Reibenergie für die drei Kontakte I, B und C.

Die Reibenergieverteilung resultiert aus der Berechnung mit den in Versuchen eingestellten Geometrien und Eingangsgrößen und vermittelt einen qualitativen Eindruck der unterschiedlichen Reibenergieumsätze in den drei Kontakten. Die charakteristische Form der Reibenergieverteilung entsteht durch den unterschiedlich hohen Anteil an punktsymmetrischem Bohrschlupf in den betrachteten Kontakten.

4.4.2.2 Roll-, Bohrschlupf und Reibenergie bei Konfigurationen mit konkavem Ring als Gegenkörper

Die detaillierte Ableitung der kinematischen und tribologischen Verhältnisse für die Konfiguration mit konkavem Ring als Gegenkörper sind in der Dissertation von Schul [2, S. 49–59] aufgeführt. Analog zur Kugel-Kugel-Ring Konfiguration ergeben sich:

Lastverteilung, Kontaktwinkel und Geschwindigkeiten Die Kontaktkräfte im Berührpunkt I (F_I) und im Berührpunkt B (F_B) hängen von der axialen Vorspannkraft F_{ax} und der Anzahl und Geometrie der Prüfkomponenten ab (Abb. 4.25)

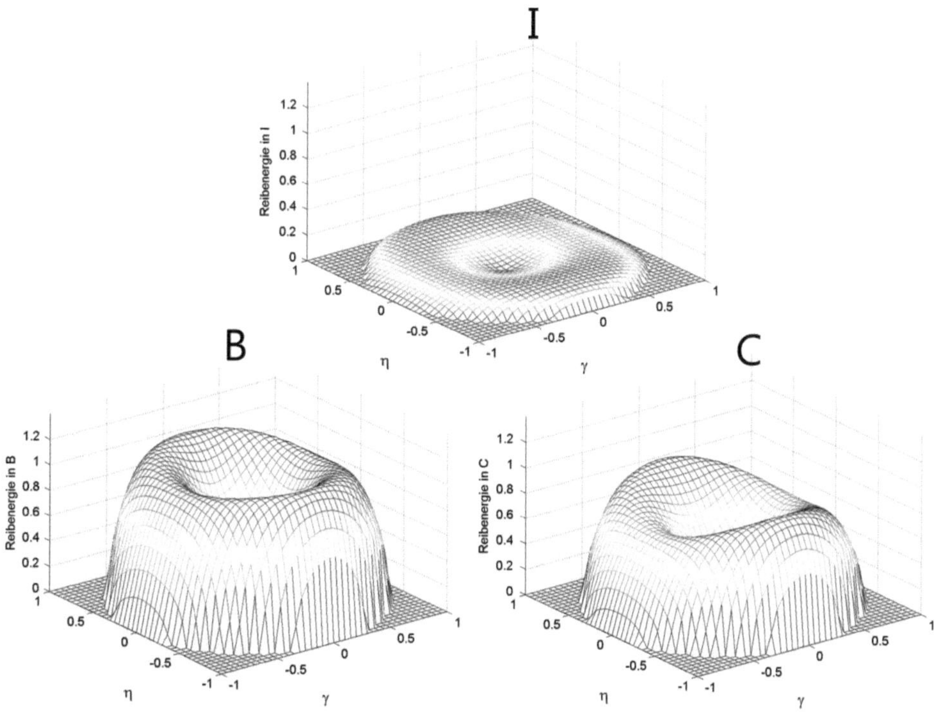

Abb. 4.24 Umgesetzte Reibenergie pro Überrollung in den drei Kontakten: Antriebskugel I (*oben*), Ring B (*unten links*), Platte C (*unten rechts*). [9, S. 58]

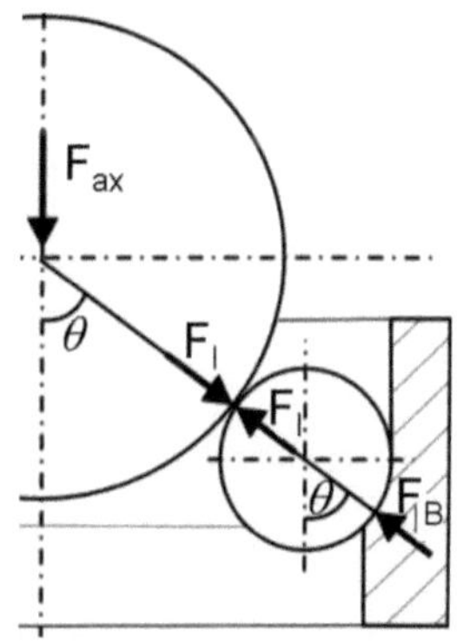

Abb. 4.25 Wirkende Kräfte im Wälzreibungsprüfapparat. (Nach [9, S. 48])

$$F_{\mathrm{I}} = F_{\mathrm{B}} = \frac{F_{\mathrm{ax}}}{Z \cdot \cos\theta} \tag{4.14}$$

Der Kontaktwinkel θ berechnet sich aus den Geometrien der Antriebskugel, Umlaufkugel und des Schulterkugellageraußenrings (Abb. 4.26).

Abb. 4.26 Geometrie der Wälzkontakte

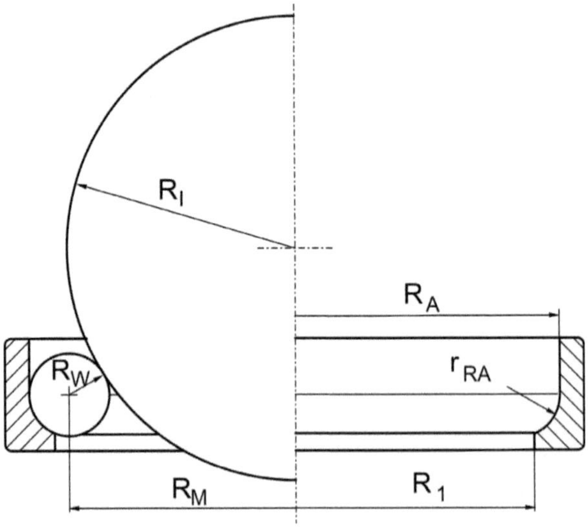

Umlaufkugeln, Antriebskugel und die Laufbahn des Schulterkugellageraußenrings berühren sich in je einem Punkt und die Verbindungslinie der Kontaktpunkte an diesen Stellen verläuft senkrecht durch die Kugelmittelpunkte (Abb. 4.27).

Der Kontaktwinkel folgt aus Abb. 4.27 und dem Rillenradius des Außenrings r_{RA} zu:

$$\theta = \arcsin \frac{R_I - r_{RA}}{R_I + 2(R_W - r_{RA})} \tag{4.15}$$

Mit dem abgebildeten Geschwindigkeitsplan (Abb. 4.28) werden die kinematischen Verhältnisse in den Kontakten I und B bestimmt.

Die Winkelgeschwindigkeiten im Kontakt I ergeben sich mit Hilfe des Geschwindigkeitsplans (Abb. 4.28) für

Umlaufkugel:

$$\omega_1 = \omega_{W,r,I} = \omega_W \cdot \cos(\alpha - \lambda) \tag{4.16}$$

Antriebskugel:

$$\omega_2 = \omega_{I,r} = \omega_I \cdot \sin\theta \tag{4.17}$$

Die Winkelgeschwindigkeiten für den Kontakt B ergeben sich für:

Körper 1:

$$\omega_1 = \omega_{W,r,B} = \omega_{W,r,I} = \omega_W \cdot \cos(\alpha - \lambda) \tag{4.18}$$

Körper 2:

$$\omega_2 = \omega_K \tag{4.19}$$

Abb. 4.27 Hypothese der Kugeldrehachse

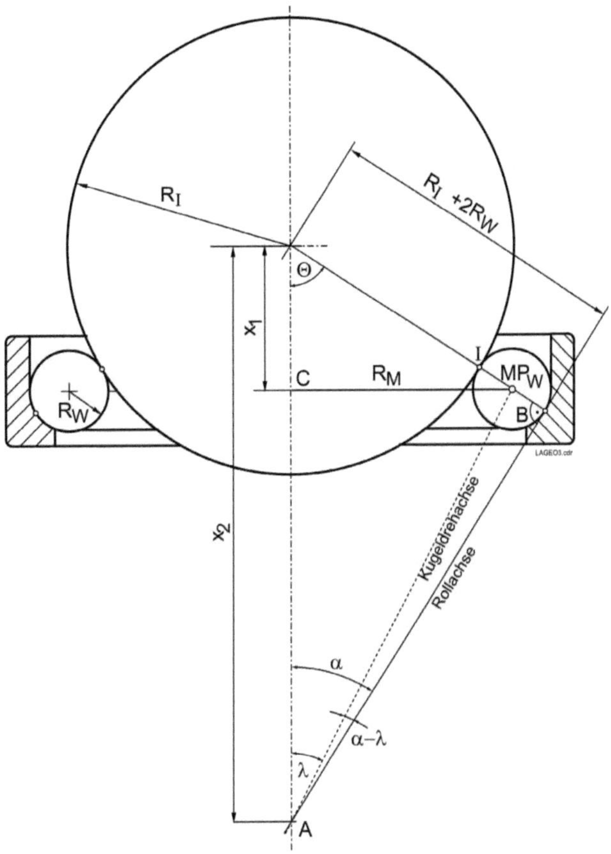

Roll- und Bohrschlupf

Kontakt I:

Rollschlupf:
$$s_{r,I} = \frac{\cos(\alpha - \lambda)}{4} \cdot \left(\frac{a_I}{R_W}\right)^2 \cdot (1 + S_I - 2 \cdot S_I^2) \cdot (\gamma_0^2 - \gamma^2) \tag{4.20}$$

Bohrschlupf:
$$|s_{b,I}| = \left(\tan(\alpha - \lambda) + \frac{R_W}{R_I} \cdot \cot\theta\right) \cdot \frac{a_I}{r_W} \cdot \sqrt{\gamma^2 + \left(\frac{b}{a}\right)_I + \eta^2} \tag{4.21}$$

Kontakt B:

Rollschlupf:
$$s_{r,B} = \cos(\alpha - \lambda) \cdot \left(1 + \frac{1}{2} \cdot \frac{R_W}{R_t}\right) \cdot \left(\frac{r_{RA} - R_W}{r_{RA}}\right) \frac{a^2}{4 \cdot R_W^2} \cdot (\gamma_0^2 - \gamma^2) \tag{4.22}$$

Bohrschlupf: Nicht vorhanden, reiner Rollschlupf

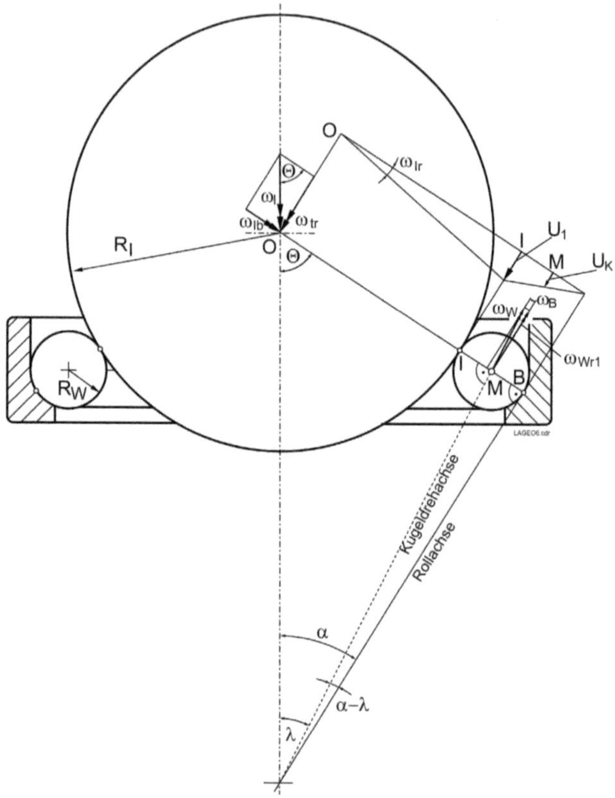

Abb. 4.28 Geschwindigkeitsplan des modifizierten Wälzreibungsprüfapparates. [1]

Umgesetzte Reibenergie im Wälzkontakt pro Überrollung Mit den Gleichungen für Roll- und Bohrschlupf, Kontaktkräfte und Druckellipsenhalbachsen kann nun die umgesetzte Reibenergie bei einer Überrollung eines Punktes oder bei einer Spindelumdrehung jeweils an den Kontakten I und B ermittelt werden. Abbildung 4.29 zeigt den Reibenergieverlauf über der Laufspurbreite für reine Radiallast während Abb. 4.30 den für eine kombinierte Last darstellt.

Auffallend sind die Reibenergieminima bei $\gamma = \pm\ 0{,}35$. Hier verschwinden die Reibenergien, weil der Schlupf an diesen Stellen zu 0 wird. Daneben steigen die Reibenergiebeträge stark an, um dann an den Rändern der Laufspur wieder auf 0 abzufallen.

Bei kombinierter Belastung verschieben sich Nulldurchgänge und Maxima der Reibenergien asymmetrisch. Die Maxima sind ungleich groß, da der überlagerte Bohrschlupf punktsymmetrisch zur Nulllinie liegt und durch seinen Vorzeichenwechsel das links dargestellte Maximum erhöht, das rechts dargestellte Maximum reduziert.

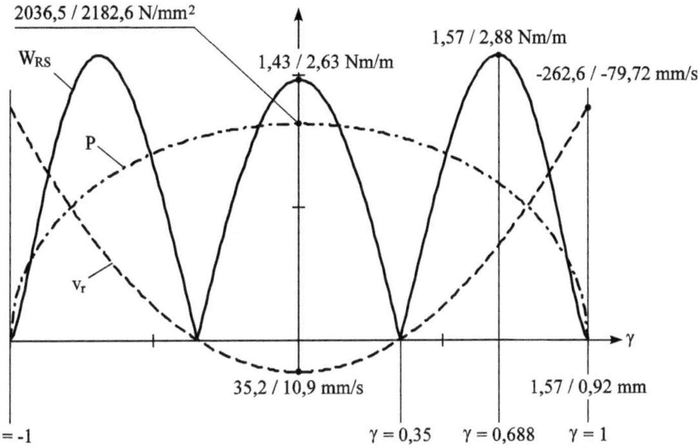

Abb. 4.29 Reibenergieverlauf über der Laufspurbreite für *reine Radiallast* der Lagergröße 6205 bei einer Radiallast von 1680 N und 300 °C inklusive Hertz'scher Flächenpressung p und Relativgeschwindigkeit v_r. Reibenergiewerte für Umfangslast am Innenring und Punktlast am Außenring. [2, S. 99]

Abb. 4.30 Reibenergieverläufe über der Laufspurbreite für *kombinierte Last* bei Punktlast am Außenring (—) und Umfangslast am Innenring (- - - -) mit innerer Laufbahnführung. [2, S. 100]

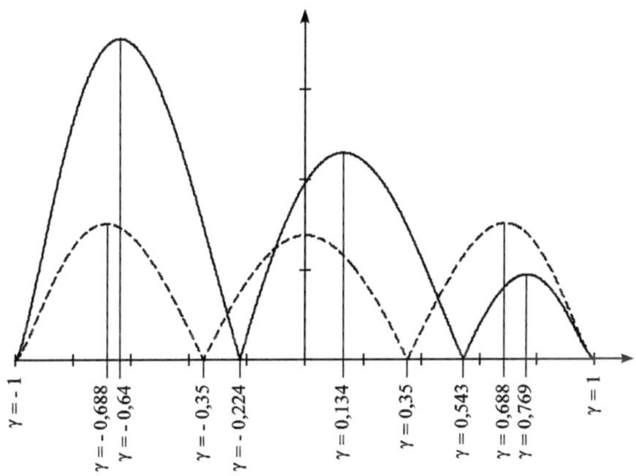

4.5 Auswertung der Lebensdauerprüfung

Um die unterschiedlichen Schädigungsmechanismen in Gleitkontakten zu klären hat Schul [2, S. 76 ff.] ein strukturiertes Vorgehen zur Schadensanalyse entwickelt. Es basiert auf der Klassifikation von Schadensarten nach VDI 3822 [12] und soll die Vergleichbarkeit von Ergebnissen ermöglichen und eine einheitliche Dokumentation erleichtern.

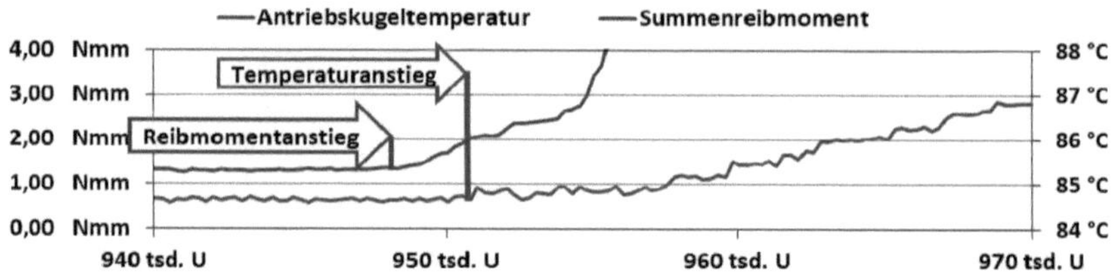

Abb. 4.31 Antriebskugeltemperatur als Indikator für das Gebrauchsdauerende. [1, S. 130]

4.5.1 Versagensindikatoren

In diesem Abschnitt werden drei Indikatoren beschrieben, die den Verlauf der Gebrauchsdauer überwachen und Aussagen über den Zustand des Wälzlagers ermöglichen. Da sich gezeigt hat, dass die Gebrauchsdauerphase eine charakteristische Eigenschaft [vgl. 13] des MoS_2-Schmierstoffes ist, sollte diese Phase genutzt werden, um einem Totalausfall vorzubeugen und so entsprechende Wartungsintervalle zu steuern. Durch das Verschleißverhalten kann nach dem Ende der Gebrauchsdauer von einem beschränkten Versagen ausgegangen werden, das nicht zwangsläufig ein sofortiges Bauteilversagen zur Folge hat [vgl. 3].

4.5.1.1 Reibmoment

Das Reibmoment zeigt einen sehr niedrigen Reibwert innerhalb der Gebrauchsdauer und liegt deutlich unter dem von fettgeschmierten Rillenkugellagern. Dies stimmt gut mit den in der Literatur gemessenen Reibkoeffizienten von $\mu_{min} \leq 0{,}001$ überein. Das Ende der Gebrauchsdauer ist in der Regel deutlich zu erkennen (s. auch Abb. 4.1).

Die Reibmomentmessung ist in der Regel ein sehr zuverlässiger Indikator. Störgrößen können jedoch zusätzliche Messungen erfordern, um das Gebrauchsdauerende zu definieren.

4.5.1.2 Temperaturentwicklung

Durch den rapiden Anstieg des Reibmoments am Ende der Gebrauchsdauer kommt es zu einer starken Zunahme der umgesetzten Summenreibenergie. Diese Reibenergie führt zu einer Temperaturerhöhung in der Kontaktzone (Abb. 4.31), der über die Temperatur der Antriebskugel oder des Innenrings messbar ist.

Durch die Temperaturüberwachung der Lagerkomponenten kann eine Veränderung des tribologischen Verhaltens zeitnah erkannt werden. Jedoch können auch hier Störgrößen die Auswertung beeinflussen. Durch die Überwachung von Reibmoment und Temperatur erhöht sich die Zuverlässigkeit der Gebrauchsdauerüberwachung.

4.5.1.3 Körperschall

Durch den permanenten Festkörperkontakt sind die Laufgeräusche feststoffgeschmierter Wälzlager deutlich höher als bei Öl-/Fettschmierung. Dies eröffnet die Möglichkeit einer Überwachung des Wälzlagerzustandes durch Aufnahme des Körperschalls. Dazu wurde

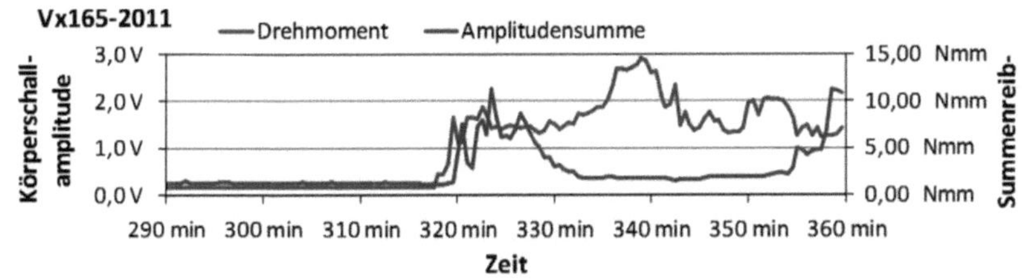

Abb. 4.32 Protokoll der Körperschallmessung während und nach Ende der Gebrauchsdauer. [1, S. 130]

ein Körperschallaufnehmer am Gehäuse des VKA angebracht. Die Daten wurden in einer LABview-Steuerungssoftware ausgewertet und aufgezeichnet. Trotz der hohen Störgeräusche der Versorgungsaggregate des Prüfstands konnte insbesondere bei den RKR-Versuchen, in der Regel kurz nach dem Reibmomentanstieg, ebenfalls ein Anstieg der Amplitudensumme der Körperschallaufzeichnung festgestellt werden (Abb. 4.32).

Der betrachtete Frequenzbereich lag dabei zwischen 2.500–3.200 Hz, da die Amplituden in diesem Spektrum das Erreichen der Gebrauchsdauer am zuverlässigsten anzeigen konnten.

4.5.2 Optische Auswertung und Schäden

Ein erster Schritt nach Schul [2, S. 76] in der Befundung ist die Beschreibung und Dokumentation des aufgetretenen Schadens noch vor dem Ausbau der Proben. So können eventuelle Schäden an Prüfkörpern und Versuchseinrichtungen (z. B. Verformungen oder Lageänderungen von Bauteilen, Ablagerungen von Verschleißpartikeln) erkannt und dokumentiert werden, wobei Fotoaufnahmen sehr hilfreich sind. Oft kann auch mit Magneten ferromagnetischer Abrieb nachgewiesen werden, der Hinweise auf einen Verschleiß von Lagerkomponenten, z. B. Käfig, oder von Prüfstandbauteilen, z. B. Lagersitzen, geben kann.

4.5.3 Makroskopische Untersuchung

Für eine effiziente, makroskopische Untersuchung von tribologischen Systemen bietet sich nach [2, S. 76 ff.] und [12] ein systematisches Vorgehen an (Tab. 4.6).

Das schrittweise Vorgehen bei einer makroskopischen Untersuchung hilft, Versuche nach einheitlichen Kriterien auszuwerten, wichtige Analysen nicht zu vergessen und eine weitgehend vollständige Dokumentation sicherzustellen. Am Ende einer Schadensanalyse stehen oft mehrere Ursachen als Schadenshypothesen zur Diskussion. Hier sollte nach [12, S. 79] eine gründliche Beurteilung erfolgen, um die tatsächlichen Ursachen einzugrenzen.

Tab. 4.6 Vorgehen bei der Schadensanalyse in tribologischen Systemen in Anlehnung an. [2, S. 77]

Analyse Versuchseinrichtung	Schäden an Versuchseinrichtung, z. B. Verformungen, Schiefstellungen, lose Teile, Anlauffarben, Verschleißpartikel?
Analyse Tribosystem	Untersuchungen mit Lichtmikroskop, Vergleich mit typischen Schadensbildern
Analyse Beanspruchung	Reale Kontaktgeometrien und Kräfte bestimmen
Analyse Oberfläche	Härteprüfung, Mikrohärte, Rauigkeit, REM-Aufnahmen
Analyse Wechselwirkungen	Übertrag Verschleißpartikel, thermische oder tribologische Wechselwirkungen zwischen Teilsystemen
Folgerung auf Schadensursache	Schadensbeschreibung, Schadenshypothesen
Dokumentation	Formlos oder nach tribologischer Systemanalyse

4.5.4 Bestimmung des Verschleißvolumens

Um das Verschleißvolumen zu bestimmen, stehen mehrere Auswerteverfahren zu Verfügung.

Eine *Differenzwägung* der Prüfkörper vor Beginn und nach Ende der Versuche kann Aufschluss über Masseverluste oder Massezunahmen geben. Massenverluste stellen sich ein, wenn Beschichtungen verschlissen werden. Massenzuwächse ergeben sich bei anfangs unbeschichteten Prüfkomponenten durch Transfer von Schmierstoff von beschichteten Komponenten. So verlieren bei der KKR-Konfiguration die üblicherweise beschichteten Umlaufkugeln an Masse, während beim unbeschichteten Ring ein, wenn auch wegen der dünnen Schichten sehr geringer Massenzuwachs festzustellen ist. Die Gewichtszunahmen an Platte und Antriebskugeln sind allerdings so gering, dass sie in den Bereich der Messungenauigkeit fallen. Kritisch bei Differenzwägungen sind die Einflüsse von Atmosphäre, Feuchte oder chemischen Reaktionen (z. B. Oxidation) vor und nach dem Versuch, die verschleißfremde Gewichtsveränderungen beim Ein- oder Ausbau hervorrufen. Bessere Ergebnisse erzielt man bei Weichmetallschichten, die allein schon durch ihr hohes spezifisches Gewicht verlässlichere Aussagen über das Verschleißvolumen liefern. Abbildung 4.33 zeigt das Ergebnis von Gewichtsmessungen an Probekörpern mit Silberbeschichtungen.

Optische Schichtdickenmessungen könnten diese Nachteile weitgehend vermeiden, sind jedoch gerade bei MoS_2-Schichten nur mit erheblichem apparativen Aufwand durchzuführen. Dabei müssen sehr dünne Schichten deutlich unter 0,1 µm gemessen werden, was bei den Halbleitereigenschaften und der Transparenz sehr dünner MoS_2-Schichten erhebliche Probleme verursacht.

Schichtdickenmessungen mittels elektrischem Widerstand bieten sich gerade bei MoS_2-Schichten mit ihrer Halbleitercharakteristik an, haben jedoch wegen der sehr großen Streuung der Ergebnisse und der starken Abhängigkeit der Messergebnisse vom Anpressdruck des Tastkopfes bisher zu keinen befriedigenden Ergebnissen geführt.

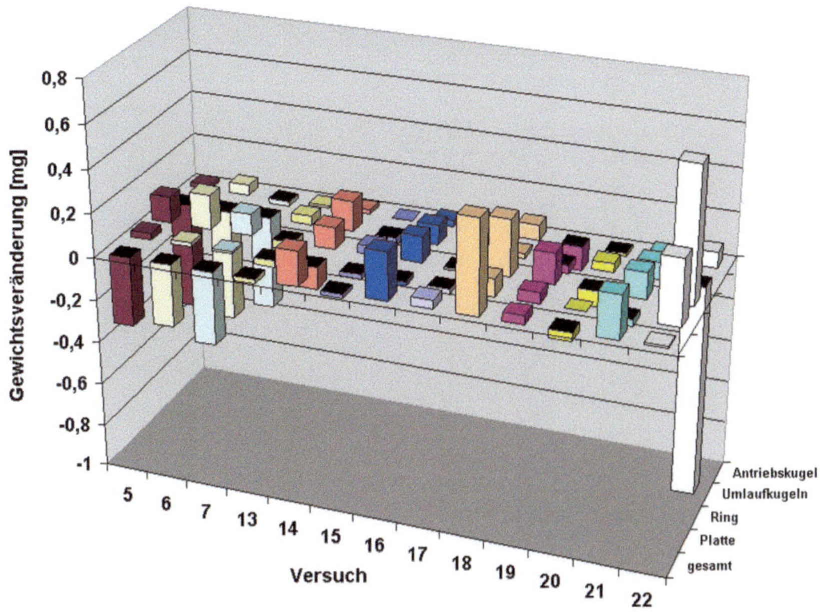

Abb. 4.33 Gewichtsveränderung von Probekörpern aus Versuchen im VKA mit Silberbeschichtungen. [9, S. 74]

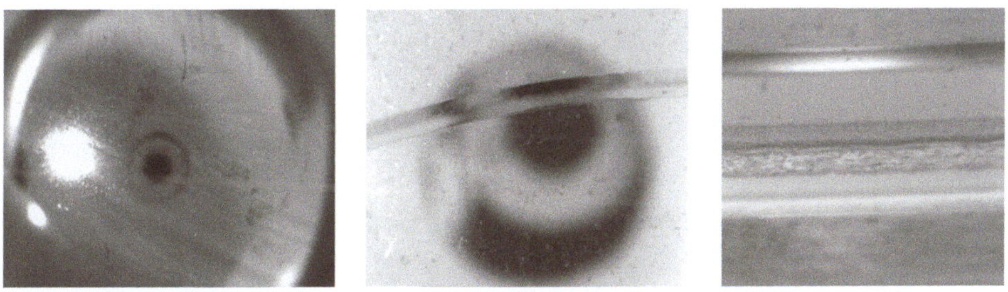

Abb. 4.34 Schichtverschleiß und Laufspuren auf VKA-Proben mit konkavem Ring-Grundkörper nach [2, S. 89], *links* Umlaufkugel, *Mitte* Antriebskugel, *rechts* Außenring

4.5.5 Mikroskopische Untersuchungen

Lichtmikroskopische Untersuchungen Eine lichtmikroskopische Untersuchung ist bei Gleit- und Wälzlagerschäden unerlässlich, schnell durchzuführen und im Vergleich zu REM-Aufnahmen die weitaus kostengünstigere Lösung. Abbildung 4.34 zeigt lichtmikroskopische Aufnahmen von VKA-Probekörpern mit deutlich sichtbaren Laufspuren, die bei der Umlaufkugel einen gleichmäßigen Schichtverschleiß, bei der Antriebskugel und beim Außenring klar erkennbare Laufspuren zeigen (Abb. 4.34).

Abb. 4.35 Oberflächenzerrüttung (Pittingbildung) in der Scheitellastzone eines Außenrings (138,4 h; 300 °C; 3000 min^{-1}; Last=20 % C_0). [2, S. 161]

Die Aufnahme der Umlaufkugel mit ihrem typischen Schädigungseffekt lässt eindeutig auf eine permanente Kugeldrehachsenänderung schließen, wobei das gesamte Schichtvolumen gleichmäßig beansprucht und abgetragen wurde.

Rasterelektronische (REM) Untersuchungen REM-Aufnahmen (Abb. 4.35) zeigen auch kleinste Schädigungen sehr viel detaillierter als Lichtmikroskop-Aufnahmen.

So ist deutlich eine Pittingbildung in der Scheitellastzone eines Außenrings zu erkennen, obwohl die MoS_2-Schicht noch weitgehend geschlossen die Oberfläche bedeckt. Deutlich wird damit eine außerordentliche Überbeanspruchung des Ringwerkstoffs durch Substratermüdung infolge Aufzehrung des Lagerspiels und Überrollung von Verschleißpartikeln.

Mittels energiedissipativer Röntgenanalyse neben dem Pitting von Abb. 4.35 konnte der Nachweis für eine noch intakte MoS_2-Schicht erbracht werden. Bei dieser Art der Röntgenanalyse liegen die Elemente Molybdän und Schwefel allerdings auf dem gleichen Energieniveau (Abb. 4.35) sodass das tatsächliche Verhältnis beider Elemente in der Schicht damit nicht beurteilt werden kann (Abb. 4.36).

4.6 Zusammenfassung

Die Gebrauchsdauer und die Lebensdauer feststoffgeschmierter Wälzkontakte muss grundsätzlich unterschieden werden. Während die Gebrauchsdauer die Zeitspanne eines ordnungsgemäßen Betriebs eines Wälzkontakts beschreibt, umfasst die Lebensdauer zusätzlich den Zeitbereich, in dem eine teilweise Schädigung der Festschmierstoffschicht und der Substratoberflächen auftritt, ohne jedoch ein katastrophales Versagen zu verursachen.

Beide Größen können durch unterschiedliche Prüfverfahren ermittelt werden, wobei sich Walze-Platte-Konfigurationen für Gleitreibungsprüfungen und ein modifizierter

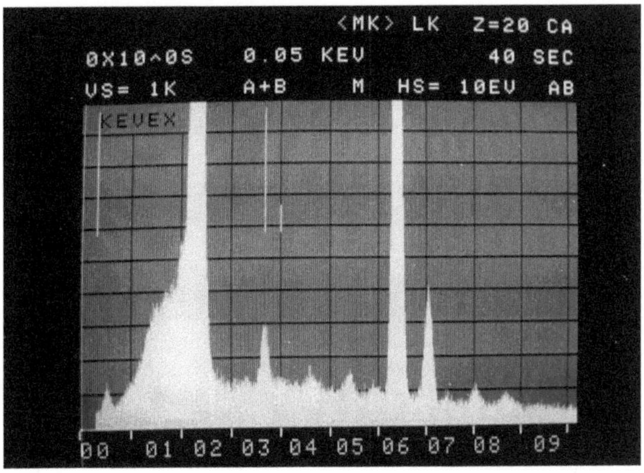

Abb. 4.36 Elementaranalyse der Laufbahnoberfläche neben der Versagensstelle. [2]

Vierkugelapparat für Wälzreibungsprüfungen vielfach bewährt haben. Im Unterschied zur vergleichsweise einfachen Schlupfberechnung bei Gleitreibungsversuchen ist die Schlupfberechnung bei Wälzreibungsversuchen deutlich aufwendiger. Sie hängt von der Geometrie der Proben, der Kinematik des gesamten Tribosystems und der Abplattung der Kontaktzonen durch die Hertz'sche Flächenpressung ab. Es ergeben sich in der Regel sehr ungleichförmige, räumlich gekrümmte Schlupf- und Reibenergieverteilungen mit oft hohem Bohrreibungsanteil. Keinesfalls können daher durch „einfache" Gleitreibungsversuche die komplexen tribologischen Verhältnisse in der Kontaktzone räumlich gekrümmter Wälzkörper abgebildet werden.

Zur Auswertung der Versuchsergebnisse stehen bewährte Verfahren der Statistik zur Verfügung, wobei sich die Weibullverteilung wegen ihrer einfachen grafischen Visualisierung, der Möglichkeit auch zeitveränderliche Ausfallraten abzubilden und der Eignung auch für kleine Versuchsumfänge außerordentlich bewährt hat.

Literatur

1. Kümmerle, T.: Theorie und Evaluierung eines universell anwendbaren Gebrauchsdauermodells für feststoffgeschmierte Wälzlager. Dissertation TU Darmstadt (2011)
2. Schul, C.: Einfluss der Baugröße auf die Lebensdauer feststoffgeschmierter Kugellager. Dissertation TH Darmstadt. VDI, Düsseldorf (1997)
3. Pahl, G., Beitz, W.: Konstruktionslehre. Springer, Berlin (2007)
4. Bowden, F.P., Tabor, D.: The friction and lubrication of solids, Part II. Clarendon, Oxford (1964)
5. Schröck, W., Stephan, J., Friedrich, K.: Tribologische Prüfverfahren – „Kennwertermittlung am Beispiel der Stift Scheibe Methode". Institut für Verbundwerkstoffe GmbH (IVW), Universität Kaiserslautern (2001)
6. Reinwald, E.: Optimierung von Käfigen aus Hochtemperaturthermoplasten für den Einsatz bei feststoffgeschmierten Wälzlagern. Dissertation TH Darmstadt. VDI, Düsseldorf (1992)
7. Bozkurt, H.: Lebensdauertheorie zur Transferschmierung von feststoffgeschmierten Wälzlagern. Dissertation TU Darmstadt. VDI, Düsseldorf (2010)
8. DIN 31680: Gleitlager; Prüfung des tribologischen Verhaltens von Kunststoffen. Beuth, Berlin (1985)

9. Heinz-Schwarzmaier, T.: Bestimmung der Lebensdauer feststoffgeschmierter Kugellager auf der Grundlage von Reibenergieberechnungen und Kurzzeitversuchen. Dissertation TU Darmstadt. VDI, Düsseldorf (2003)
10. DIN 50322: Verschleiß; Kategorien der Verschleißprüfung. Beuth, Berlin (1986)
11. DIN 51359: Prüfung von Schmierstoffen. Beuth, Berlin (1977)
12. VDI 3822: Schadensanalyse. VDI, Düsseldorf (2004)
13. Kahirdeh, A., Kohnsari, M.: Condition monitoring of molybdenum disulphide coated thrust ball bearings using time-frequency signal analysis. J. Tribol. **132** (2010)

5 Wälzlager und Lagerkomponenten

Nach einer kurzen Einführung in den Aufbau und die Bauformen von Wälzlagern geht dieses Kapitel zuerst auf die Normbezeichnungen und genormten Eigenschaften von Wälzlagern ein. Danach werden die einzelnen Wälzlagerkomponenten in ihren stofflichen und geometrischen Ausführungen beschrieben, um dann die unterschiedlichen Gleit- und Wälzkontakte in einem Wälzlager zu behandeln. Für das Verständnis der bei Feststoffschmierung auftretenden tribologischen Phänomene sind die verschiedenen Arten von Wälzkörper- und Käfigführungen maßgeblich. Die Kopplungen zwischen Wälzkörpern und Ringen wiederum bestimmen die Selbsthaltung der Lager und ihren Kippwinkel.

Feststoffgeschmierte Wälzlager werden in einer Vielzahl technischer Produkte zur Lagerung von Wellen und Achsen eingesetzt (s. auch Kap. 1).

▶ **Definition:** Feststoffgeschmierte Wälzlager sind Lager, bei denen die relative Drehung von Welle (oder Achse) und Gehäuse auf Wälzkörpern (z. B. Kugeln oder Rollen) erfolgt und in den Kontaktzonen Wälzkörper–Ringe ein fester Schmierstoff die Reibung und den Verschleiß der Reibpartner verringert. Der Schmierstoff wird üblicherweise als dünne Schicht auf einen oder mehrere Reibpartner aufgebracht, was vor dem Einsatz des Wälzlagers durch Beschichten (z. B. Gleitlacke, Einreibebeschichtung, PVD-Beschichtung) und/oder im Betrieb durch Transferschmierung (Verschleiß von schmiermittelhaltigem Käfigmaterial und Übertrag in die Kontaktzone) erfolgen kann.

Wälzlager sind im Unterschied zu Linearführungen „geschlossene" Systeme, bei denen die Wirkflächen unabhängig von der Relativbewegung von Welle und Gehäuse ihre axiale Position beibehalten.

H. Birkhofer, T. Kümmerle, *Feststoffgeschmierte Wälzlager*,
DOI 10.1007/978-3-642-16797-3_5, © Springer-Verlag Berlin Heidelberg 2012

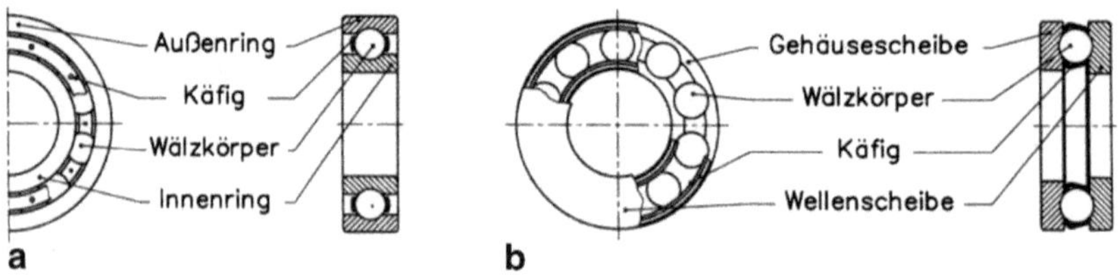

Abb. 5.1 Aufbau von Wälzlagern. **a** Radiallager, **b** Axiallager

5.1 Aufbau und Normung von Wälzlagern

5.1.1 Aufbau von Wälzlagern

Wälzlager bestehen in ihrer Standardform aus den beiden Lagerringen, den Wälzkörpern und dem Käfig (Abb. 5.1). Während die eigentliche Funktionen eines Wälzlagers (Lasten übertragen, Relativbewegung ermöglichen) von den Lagerringen und den Wälzkörpern erfüllt werden, stellt der Käfig die relative Position der Wälzkörper sicher und führt sie axial und tangential.

5.1.2 Bauformen von Wälzlagern

Ausführungsformen von Wälzlagern werden häufig nach der Form der Wälzkörper (Kugeln, Zylinder, Tonnen, Kegel, Nadeln), der Richtung der aufgenommenen Kräfte (radial, axial, kombiniert) und der Anzahl der Wälzkörperkränze (einreihig, doppelreihig) unterschieden. Im Folgenden werden vor allem Kugellager (Rillenkugellager, Schrägkugellager und Schrägschulterlager) behandelt, da diese

- wegen ihrer komplexen Kinematik und Dynamik den allgemeinsten Fall eines Wälzlagers repräsentieren,
- in der überwiegenden Anzahl aller Fälle für Feststoffschmierung eingesetzt werden,
- als preiswerte Massenprodukte in vielen Ausführungen lieferbar und daher für einen breiten Anwendungsbereich geeignet sind.

5.1.3 Normung von Wälzlagern

Die Normung wichtiger geometrischer Größen und Benennungen von Wälzlagern stellt eine unabdingbare Voraussetzung für Herstellung, Verwendung (Austauschbau) und Ersatzteilbeschaffung im internationalen Wirtschaftssystem dar.

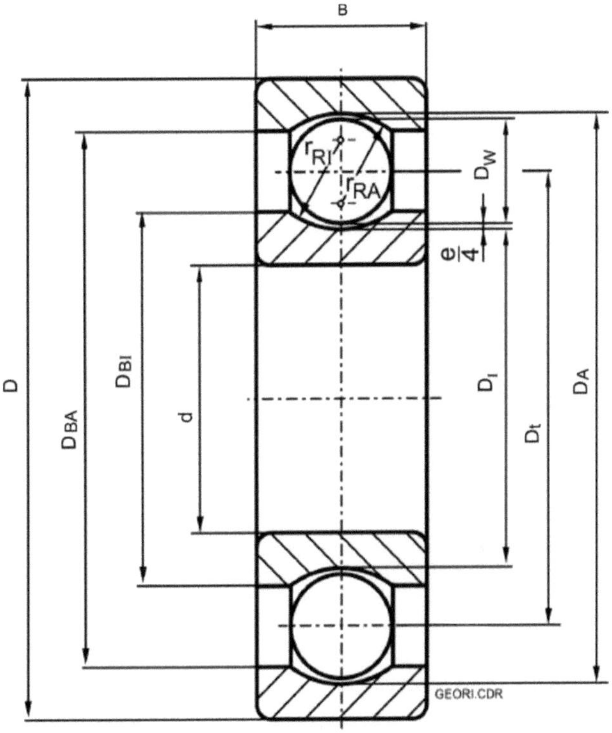

Abb. 5.2 Geometrie und Baumaße eines Rillenkugellagers

5.1.3.1 Geometrie und Maßnormen

Die Baumaße von Wälzlagern sind genormt, wobei nur die äußeren Abmessungen der Norm unterliegen. Nach DIN 616 [1] gibt es genormte Maßpläne für Radiallager (Abb. 5.2), Kegelrollenlager sowie einseitig und beidseitig wirkende Axiallager.

Die Innengeometrie von Wälzlagern unterliegt keiner Norm; hier haben die Lagerhersteller im Laufe der Lagerentwicklung eigene Geometrien festgelegt, die sich an Erfahrungen bezüglich Belastbarkeit und Geräuschentwicklung orientieren.

Bezüglich der unterschiedlichen Baugrößen von Wälzlagern wird auf die Normen DIN 616 [1] verwiesen. Darin werden in Maßplänen für Radiallager, Kegelrollenlager sowie einseitig und zweiseitig wirkende Axiallager mehrere Außendurchmesser und Breiten für denselben Wellendurchmesser festgelegt. Mit Ausnahme der Kegelrollenlager gelten die Maßpläne bauformübergreifend, sodass beispielsweise ein Rillenkugellager ohne Änderung der Einbaumaße durch ein gleich großes Zylinderrollenlager ersetzt werden kann.

5.1.3.2 Benennungen

Die Benennung von Wälzlagern ist nach DIN 623-1 [2] genormt. Eine vollständige Benennung, z. B. „Rillenkugellager DIN 625-6024" besteht aus

- der Bezeichnung des Wälzlagers entsprechend der Bauformen, z. B. Rillenkugellager,
- der zugehörigen Norm, z. B. DIN 625,

- einem Basiszeichen, das die Lagerausführung, Art und Größe des Lagers und weitere Eigenschaften kennzeichnet, z. B. 6024 (6=Rillenkugellager, 02=Maßreihe, 4=Lagerbohrung).

Näheres ist in DIN 616 [1] und DIN 623 [2] geregelt und wird in [3] ausführlich behandelt.

5.1.3.3 Toleranzklassen

Wälzlager weisen wie jedes Bauteil Maß-, Form- und Laufbahnabweichungen auf. Um eine wirtschaftliche Fertigung und anwendungsspezifische Auswahl zu ermöglichen, wurden dem entsprechend Maß-, Form- und Laufbahntoleranzen von Wälzlagern in *Toleranzklassen* standardisiert. So unterscheidet man Lager mit der Toleranzklasse *0* (normale Genauigkeit) und Lager mit erhöhter Genauigkeit der Toleranzklassen *P6*, *P5* und *P4*.

▶ **Definition:** Toleranzklassen legen bei Wälzlagern die Hauptabmessungen und die Laufgenauigkeit von Wälzlagern in internationalen Normen fest.

Mit fallender Toleranzklasse sind die Toleranzen gestuft eingeengt.

5.1.3.4 Lagerluft

Wälzlager müssen für einen leichtgängigen Lauf ein (sehr kleines) radiales und/oder axiales Spiel, die sogenannte *Lagerluft*, aufweisen.

▶ **Definition:** Unter Lagerluft versteht man nach [4] das Maß, um das sich ein Lagerring gegenüber dem anderen in radialer Richtung (Radialluft) oder in axialer Richtung (Axialluft) von einer Grenzstellung in die andere verschieben lässt.

Wird ein Wälzlager eingebaut, reduziert sich durch eine stramme Passung der Laufringe auf der Welle bzw. im Gehäuse die radiale Lagerluft. Eine weitere Reduktion tritt bei Erwärmung des Innenrings gegenüber dem Außenring z. B. infolge der schlechteren Abfuhr von Reibungswärme durch die Welle auf. Wälzlager werden deswegen in unterschiedlichen *Radialluftgruppen* C_i angeboten. Es gilt bezüglich der Radialluft:

$$C_1 < C_2 < \text{normale Lagerluft} < C_3 < C_4 \tag{5.1}$$

Die normale Lagerluft ergibt bei üblichen Passungen (z. B. *k5-J6* für Rillenkugellager oder *m5-K6* für Rollenlager) eine zweckmäßige Lagerluft im Betrieb. Wird keine explizite Lagerluftbezeichnung genannt, ist die „normale" Lagerluft gemeint.

Eine geringere Lagerluft C_2 wird für spielfreie Lagerungen bei nicht allzu festen Passungen gewählt. Lager mit vergrößerter Lagerluft werden bei sehr festen Passungen für hohe Belastungen, unbestimmten Lastrichtungen oder großen Temperaturdifferenzen zwischen Innen- und Außenring eingesetzt.

Bei Feststoffschmierung werden in der Regel Wälzlager mit erhöhter Lagerluft verwendet, da der feste Schmierstoff auf Wälzkörpern und Lagerringen eine Schicht bildet, deren Dicke die Lagerluft gegenüber dem unbeschichteten Wälzlager verringert. Zudem treten bei höheren Einsatztemperaturen temperaturbedingte Maßveränderungen der Lagerkomponenten und oft auch Temperaturgradienten innerhalb des Lagers auf. Schul [5] und Heinz-Schwarzmaier [6] beschreiben eindrucksvoll die Probleme bei feststoffgeschmierten Wälzlagern mit C_3/C_4 Lagerluft, bei denen Maßänderungen der Lagerringe durch temperaturbedingte Gefügeumwandlungen das Lagerspiel aufzehrten und zum völligen Blockieren des Wälzlagers führten.

Spielfreie Lagerung lassen sich auch durch radiales Vorspannen der Lager bei der Montage erzeugen. Durch entsprechende Passungen an Innen- und/oder Außenring oder durch axiale Einstellung einer konisch ausgeführten Paarung Innenring-Welle kann die Betriebslagerluft gezielt minimiert oder sogar eliminiert werden. Für feststoffgeschmierte Lager ist eine derartige Lösung höchst kritisch, da Wärmedehnungen oder temperaturbedingte Maßveränderungen der Ringe bei Aufzehrung des Lagerspiels zu einem schnellen Ausfall des Lagers durch Überbeanspruchung führen können.

Bei einigen Lagern (z. B. Schrägkugellager, Kegelrollenlager) muss der Zusammenhang zwischen radialer und axialer Lagerluft berücksichtigt werden (s. Kap. 5.4.2). Ebenso kann eine Verkippung des Lagers auftreten, wenn sich der Innenring gegenüber dem Außenring im Rahmen der Lagerluft verdreht (s. Kap. 5.4.3).

5.2 Wälzlagerkomponenten

Ein Wälzlager besteht üblicherweise aus zwei Wälzlagerringen (Innen-, Außenring), den Wälzkörpern und dem Käfig. Ringe und Käfig können in Sonderlagern entfallen, Deckscheiben, Dichtungen und besondere Montagehilfen (z. B. konische Spannhülsen) erweitern den Anwendungsbereich.

5.2.1 Wälzkörper

In Wälzlagern gebräuchliche Wälzkörper sind fast durchweg Regelkörper mit geraden oder kreisförmigen Konturlinien (s. Abb. 3.4 in Kap. 3.1.1). Diese Regelgeometrie ergibt sich aus den kinematischen Bedingungen beim Rollen und aus der Forderung nach einfacher Fertigung aus Halbzeugen mit bewährten Fertigungsverfahren.

5.2.2 Lagerringe

Wälzlager enthalten in der Standardlieferform zwei Lagerringe. Der Außenring wird in das Gehäuse eingepasst, der Innenring sitzt auf der Welle. Die Wälzkörper laufen auf hoch-

Tab. 5.1 Kennzeichnung wärmebehandelter, maßstabilisierter Lager

Kennzeichen	Innen und Außenring stabilisiert für Betriebstemperaturen
S0	Bis 150 °C
S1	Bis 200 °C
S2	Bis 250 °C
S3	Bis 300 °C
S4	Bis 350 °C

genau bearbeiteten Laufbahnen in den Lagerringen. Die Achse der Wälzkörperdrehbewegung kann dabei mit der Wellenachse fluchten oder diese schneiden.

Die Geometrie der Wälzkörper und der Laufbahnen der Lagerringe sowie die Relativlage Wälzkörperdrehachse–Wellenachse bestimmen entscheidend die Kinematik der Wälzbewegung.

Im Gegensatz zu den Wälzkörpern können bei Wälzlagerungen ein Lagerring oder beide Lagerringe entfallen. Die Wälzkörper laufen dann direkt auf der entsprechend geformten Welle bzw. in der Gehäusebohrung.

Diese Lagerkonfiguration, auch Direktlagerung genannt, wird insbesondere bei kostenoptimierten Massengütern (z. B. Vorderradlagerung von PKWs) oder bei sehr beengten Bauräumen (z. B. Röntgenröhren, Nadelkränzen) gewählt.

5.2.3 Werkstoffe für Wälzkörper und Lagerringe

In der Kontaktfläche Wälzkörper–Ring treten Hertz'sche Flächenpressungen bis zu 4600 N/mm^2 auf [7, S. 180]. Zusätzlich muss eine ausreichende Verschleißfestigkeit in den Kontaktzonen sichergestellt sein. Handelsübliche Wälzlager werden deshalb meist aus durchhärtbarem Chromstahl (100Cr6, W3, Werkstoff-Nr.: 1.3505) gefertigt. Alternativ finden mit zunehmender Lagergröße auch besser durchhärtbare, mit Mangan, Chrom und Molybdän legierte Stähle (100CrMn6 W4 (1.3520), 100CrMo6 W5 (1.3536), 100CrMnMo8 W7 (1.3539)) Verwendung.

Bei erhöhten Betriebstemperaturen $T > 120$ °C müssen wärmestabilisierende Maßnahmen (100Cr6 S0 bis 100Cr6 S4) angewendet werden, die unzulässige Maßänderungen infolge Gefügeumwandlungen verhindern. Lager werden dazu einer besonderen Wärmebehandlung (*Isotemperaturhärtung*) unterzogen. Man unterscheidet die Stabilisierungsstufen S0 bis S4 nach Tab. 5.1.

Mit dem speziellen Anlassvorgang der Isotemperaturhärtung für S3- und S4-Lager ist jedoch eine erhebliche Versprödung durch Restaustenitumwandlung verbunden, die insbesondere bei hohen Übermaßpassungen zwischen Ringen und Welle zur Rissbildung führen kann. Deshalb wird hier oft auf ein Zwischenstufenvergüten (Bainithärtung) ausgewichen oder es werden stattdessen warmharte Stähle verwendet. Beide Maßnahmen ergeben im o. a. Temperaturbereich sehr geringe Maßänderungen [7, S. 189].

Betriebstemperaturen $T > 300$ °C, beispielsweise in Strahltriebwerken, erfordern für die Lagerkomponenten warmfeste Stähle, die meist im Vakuum umgeschmolzen werden.

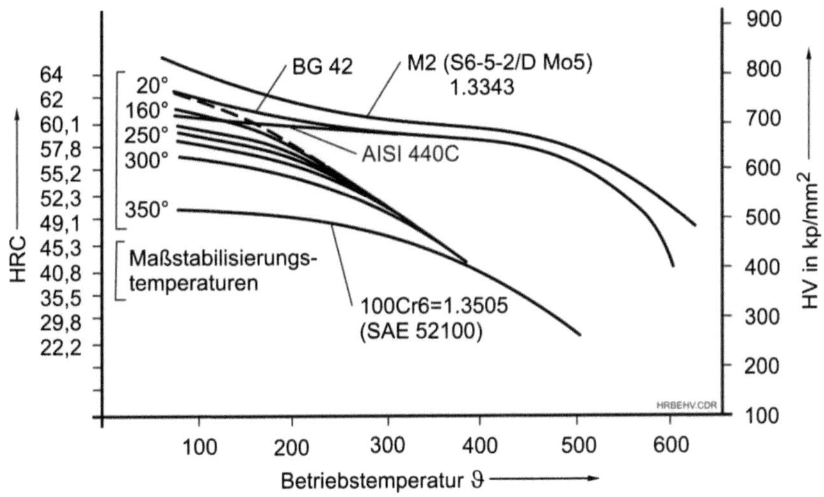

Abb. 5.3 Wälzlagerstähle und ihre Warmhärte. [8]

Hohe Legierungsanteile sorgen für eine Steigerung der Anlassbeständigkeit und die Bildung von feinen Karbidausscheidungen für die erforderliche Warmhärte. Typische Vertreter sind Schnellarbeitsstähle z. B. X82WMoCrV654, warmharte-korrosionsbeständige Stähle z. B. AISI 440 °C oder Schneidmetalle wie Stellit „6B" [7, S. 181].

Zu beachten ist, dass warmharte Stähle schon ab 300 °C eine geringere Härte als konventioneller Wälzlagerstahl 100Cr6 bei Raumtemperatur aufweisen können (Abb. 5.3).

Schon ein geringfügiger Härteabfall kann jedoch zu deutlichen Abnahmen der statischen und insbesondere der dynamischen Tragfähigkeit von Wälzlagern führen, sodass für den Einsatz warmfester Stähle bei hohen Temperaturen in jedem Fall eine eigene Lebensdauerbetrachtung erfolgen muss.

Für den Einsatz in korrosiven Medien werden Chrom- bzw. Chrom-Molybdänstähle verwendet. Für Sonderfälle werden auch spezielle Kunststoffe, Glas oder Keramik (Siliziumkarbid) eingesetzt. Insbesondere bei sehr hohen Drehzahlen finden zunehmend Keramikkugeln mit Stahlringen (sogenannte Hybridlager) Verwendung, da bei sehr hohen Drehzahlen die Zusatzbeanspruchung im Hertz'schen Kontakt durch die bei Keramikkugeln deutlich geringeren Fliehkräfte niedriger ist.

5.2.4 Käfige

Der Käfig soll eine gleichmäßige tangentiale Verteilung der Wälzkörper auf dem Umfang sicherstellen, ihre gegenseitige Berührung vermeiden, bei rollen-, kegel- und tonnenförmigen Wälzkörpern diese achsparallel führen und die einzelnen Wälzkörper zu einer Einheit verbinden.

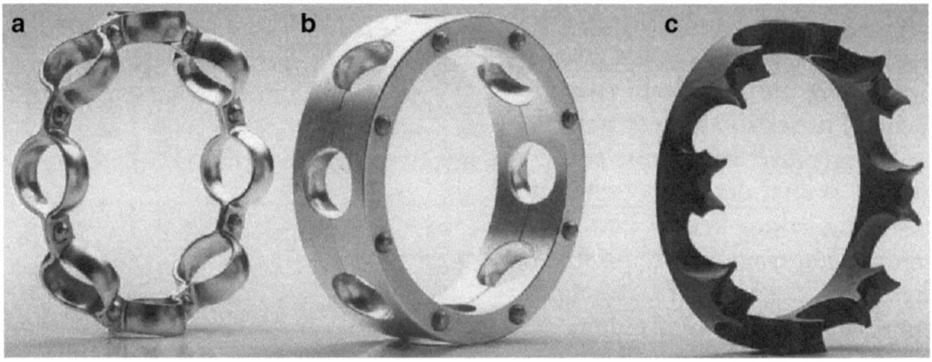

Abb. 5.4 Übliche Bauformen von Käfigen für feststoffgeschmierte Wälzlager **a** zweigeteilter, vernieteter Blechkäfig, **b** zweigeteilter verschraubter Metallmassivkäfig, **c** einteiliger Kunststoffschnappkäfig. [9, S. 27]

5.2.4.1 Käfigbauformen und Käfigwerkstoffe für Feststoffschmierung

Bei Feststoffschmierung werden entweder unbeschichtete oder mit Festschmierstoff beschichtete *Blechkäfige, Massivkäfige* oder *Kunststoffkäfige* in zweigeteilter Ausführung oder als einteilige Schnappkäfige eingesetzt (Abb. 5.4).

- Blechkäfige werden durch Vernieten aus je zwei Käfighälften hergestellt, die aus Stahlblech, seltener aus Messing, Leichtmetall oder warmfesten Legierungen (z. B. Berylliumlegierung) gepresst werden.
- Massivkäfige bestehen in der Regel aus Weichmetall (Bronzen), Sinterwerkstoffen oder Kunststoff (Polyamide, Polyimide, PTFE, PEEK…) und werden durch Vernieten oder Verschrauben montiert.
- Einteilige Schnappkäfige (Polyamide, Polyimide) werden spritzgegossen, die Montage des Käfigs erfolgt durch Einschnappen in den Kugelkranz.

Aufgrund seiner kostengünstigen Massenfertigung, seiner geringen Masse und damit Fliehkraftwirkung und seiner tangentialen Elastizität zum Ausgleich der Kugel-Käfig-Dynamik hat sich der Blechkäfig auch bei vielen feststoffgeschmierten Lagern bewährt. Für eine Transferschmierung (s. Kap. 7.5) bietet allerdings die Beschichtung der Kugeltaschen mit Festschmierstoff nur ein bescheidenes Schmierstoffvolumen. Hier haben sich Kunststoff-Massivkäfige mit implementiertem Festschmierstoff durchgesetzt.

5.2.4.2 Der Federsegmentkäfig

Die besonderen Verhältnisse bei feststoffgeschmierten Wälzlagern waren Anlass [10, 11] für die Entwicklung speziell angepasster Käfigbauformen (Abb. 5.5).

Der Käfig gleicht einem zweigeteilten Standardmassivkäfig mit zwei auf der Außenkontur umlaufenden Nuten. Im letzten Fertigungsschritt wird er in drei Segmente geteilt. Bei der Montage werden in die beiden Nuten umlaufende endlose Federn (sogenannte Wurm-

Abb. 5.5 Federsegmentkäfig für die Lagergröße 6205 aus Polyimid mit 30 % MoS_2-Anteil. [5, S. 63]

federn) eingelegt, die den Käfig auf dem Innenring anliegen lassen (Innenringführung). Durch die Spalte zwischen den Segmenten, die Wurmfeder und die Reibkraft zwischen Segmenten und Innenring wird eine tangentiale Elastizität und Dämpfung sichergestellt, die erheblich größer ist als beim Standardkäfig. Unterschiedliche Kugelgeschwindigkeiten in der Lastzone können so weitgehend ausgeglichen werden. Zudem kann die thermische Ausdehnung in Umfangsrichtung kompensiert werden. Durch Fertigung der Kugeltaschen mit einem Formstahl lassen sich auch kalottenförmige Kugeltaschen herstellen, die für die Transferschmierung besonders günstig sind.

Die hohe Nachgiebigkeit und der weitaus gleichmäßigere und höhere Schmierstofftransfer ergaben beim Federsegmentkäfig eine Erhöhung der mittleren Gebrauchsdauer auf 244 % des Standardkäfigs (Abb. 5.6).

5.2.4.3 Käfiglose Wälzlager

Bei sehr hohen Belastungen und geringen Drehzahlen werden auch *vollkugelige* bzw. *vollrollige Lager* ohne Käfig eingesetzt. Dem Vorteil der wesentlich größeren Belastbarkeit durch die größere Anzahl der an der Lastübertragung beteiligten Wälzkontakte stehen jedoch gravierende Nachteile gegenüber. Bei Drehung des Lagers reiben die Wälzkörper gegenseitig mit der doppelten Relativgeschwindigkeit im Vergleich zu der Relativgeschwindigkeit Wälzkörper–Käfig bei käfiggeführten Ausführungen aneinander. Dies macht sich in deutlich erhöhten Reibwerten und in einer entsprechenden Wärmeentwicklung bemerkbar.

5.3 Wälz- und Gleitkontakte im Wälzlager

Im Betrieb treten bei einem Wälzlager komplizierte mechanische, tribologische und thermische Wechselwirkungen zwischen den Lagerkomponenten auf. Diese Wechselwirkungen finden in den verschiedenen Wälz- und Gleitkontakten zwischen den Lagerkomponenten statt (s. Abb. 5.7).

- Im Kugel-Ring-Kontakt (Kontakt A und B) wälzen die Kugeln auf den Ringlaufbahnen mit einer Überlagerung aus roll- und schlupfbedingter Gleitbewegung.

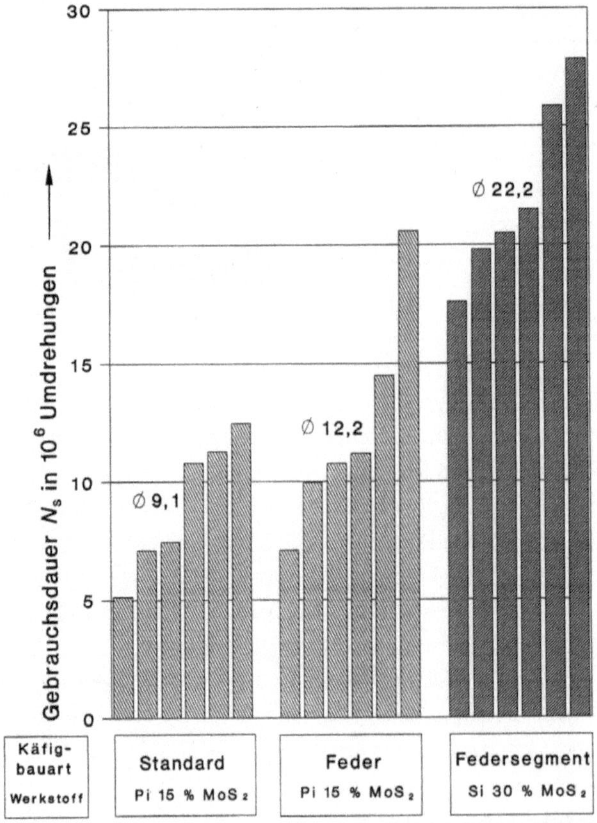

Abb. 5.6 Einfluss der Käfigausrüstung auf die Gebrauchsdauer (Standardkäfig vs. Feder- und Federsegmentkäfig). [11, S. 136]

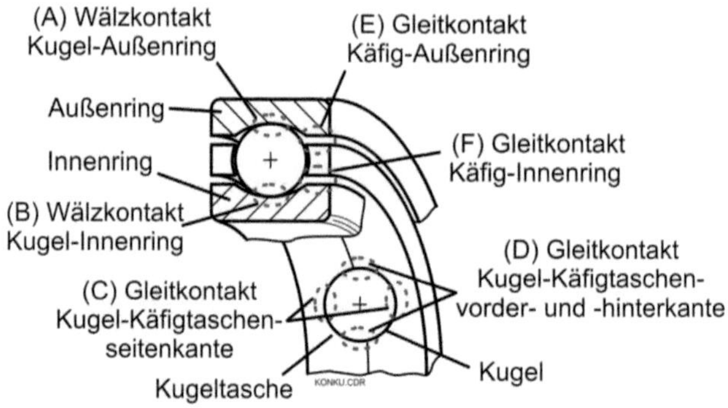

Abb. 5.7 Wälz- und Gleitkontakte im Rillenkugellager

- Im Kontakt C (Kugel-Käfigtaschenseitenkanten) liegt eine reine Bohrbewegung der rollenden Kugel relativ zu den Seitenwänden des mitlaufenden Käfigs vor.
- Im Kontakt D (Kugel-Käfigtaschenvorder- oder -hinterkante) tritt eine Gleitbewegung der auf den Ringlaufbahnen abrollenden Kugel auf. Die Kugel treibt damit den Käfig

Tab. 5.2 Funktionen der Wälz- und Gleitkontakte eines Rillenkugellagers

		Wälzlagerfunktionen		
Kontakt	Kontaktart	Lastübertragung	Wälzkörperführung	Käfigführung
A	Wälzkontakt Kugel-Innenring	Radial und/oder axial	Radial und axial (Laufbahnführung)	
B	Wälzkontakt Kugel-Außenring	Radial und/oder axial	Radial und axial (Laufbahnführung)	
C	Gleitkontakt Kugel-Käfigtaschen-seitenkante			Axial
D	Gleitkontakt Kugel-Käfigtaschen-vorder- (hinter-) kante		Tangential (Abstandssicherung)	Radial (bei Wälzkörperführung)
E	Gleitkontakt Käfig-Außenring			Radial (bei Außenbordführung)
F	Gleitkontakt Käfig-Innenring			Radial (bei Innenbordführung)

an (bei Kontakt an der Käfigtaschenvorderkante) bzw. wird von ihm angetrieben (bei Kontakt an der Käfigtaschenhinterkante).

- Bei bestimmten Führungsvarianten des Käfigs können zusätzlich Gleitbewegungen zwischen Käfig und Außenring (Außenbordführung im Gleitkontakt E) und Käfig und Innenring (Innenbordführung im Gleitkontakt F) auftreten.

Diese Gleit- und Wälzkontakte bestimmen die Funktionalität des Wälzlagers (Tab. 5.2).

Die drei Wälzlagerfunktionen werden im Folgenden detailliert behandelt. Für andere Lagerarten sind die Aussagen, wenn nicht extra angegeben, sinngemäß zu übertragen.

5.3.1 Lastübertragung

Den äußeren Lagerlasten halten (innere) Schnittkräfte in den Kontakten zwischen Wälzkörpern und Ringen das Gleichgewicht. In der Kontaktzone werden Wälzkörper und Ringlaufbahnen durch Flächenpressung beansprucht. Da Wälzkörperoberflächen und Laufbahnen der Lagerringe jeweils einfach oder zweifach gekrümmte Flächen sind, muss die Berechnung der jeweiligen Flächenpressungen nach der Theorie von Hertz vorgenommen werden (s. Kap. 3.1.3). Maßgebend für die Berechnung ist dabei die Kontaktgeometrie.

Bei Zylinderrollen- und Kegelrollenlagern berühren sich die unbelasteten Wälzkörper und Ringlaufbahnen im Axialschnitt in einer Berührlinie (Linienberührung). Bei Belastung stellt sich infolge der elastischen Verformung der Kontaktpartner eine rechteckige bzw. trapezförmige Abplattung der Kontur in der Kontaktfläche ein (s. Abb. 5.8).

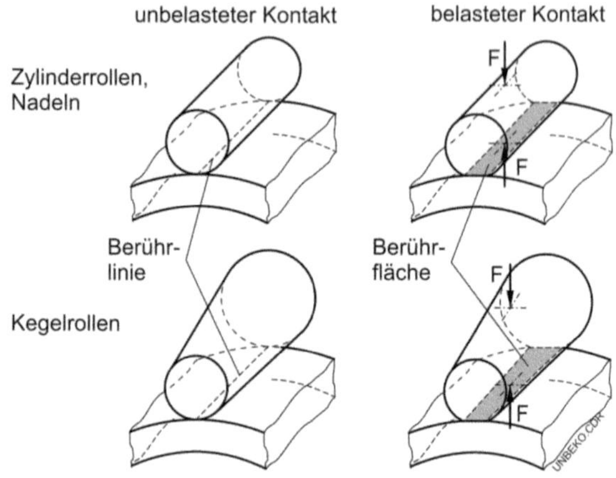

Abb. 5.8 Kontaktgeometrie bei Zylinderrollen- und Kegelrollenlagern; **a** Linienberührung im unbelasteten Zustand, **b** rechteck- bzw. trapezförmige Abplattung im belasteten Zustand

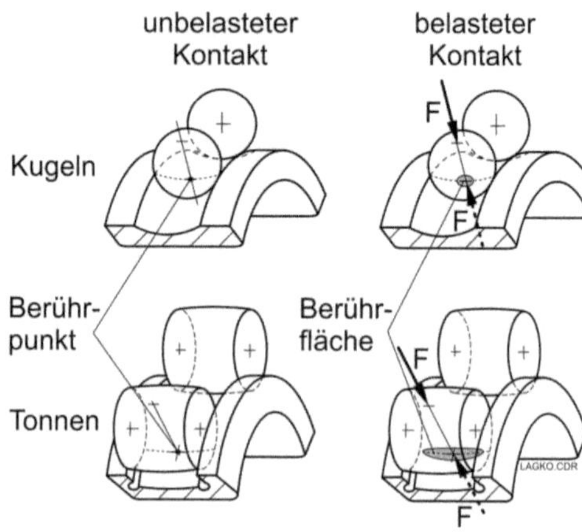

Abb. 5.9 Kontaktgeometrie bei Rillenkugellagern und Tonnenlagern; *links:* Punktberührung im unbelasteten Kontakt, *rechts:* Ellipsenfläche im belasteten Kontakt

Um Spannungsspitzen im scharfkantigen Endbereich der Rollen (sog. Kantenspannungen) zu vermeiden, werden die Rollenkanten leicht gerundet. Dadurch wird ein kantenloser Übergang von der belasteten in die unbelastete Laufzone erreicht.

Bei Rillenkugellagern und Tonnenlagern liegen dreidimensional gekrümmte Kontaktflächen vor. Im unbelasteten Zustand berühren sich die Kontaktpartner im Axialschnitt in einem Berührpunkt (Punktberührung). Bei Belastung verformt sich dieser infolge der elastischen Verformung der Kontaktpartner zu einer ellipsenförmigen Kontaktfläche (s. Abb. 5.9).

Die mit der Belastung zunehmende Abplattung in der Kontaktzone ergibt nach der Theorie von Hertz (s. Kap. 3.1.3.2) einen degressiv verlaufenden Spannungszuwachs in den beanspruchten Kontaktzonen.

Durch die abgeplatteten Kontaktflächen wird jedoch die ideale Kinematik des reinen Abrollens „gestört". Ebenso bewirken unterschiedliche Rollradien in der Kontaktzone von

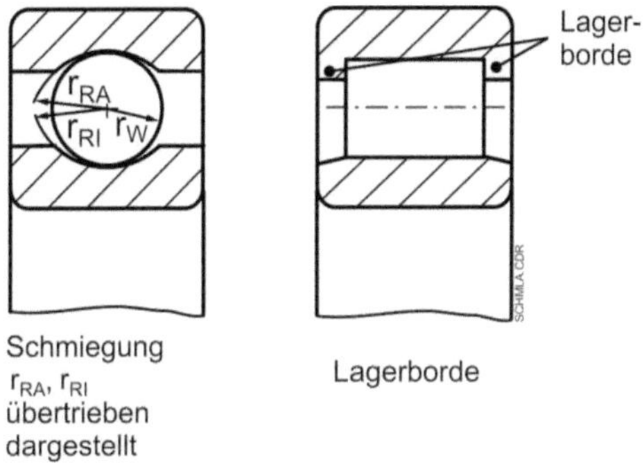

Abb. 5.10 Wälzkörperführung durch Schmiegung bzw. Borde

Kugel- oder Tonnenlagern einen Schlupf, der die Reibwerte erhöht. Gerade dieser Schlupf beeinflusst maßgeblich den Verschleiß von Festschmierstoffschichten und damit auch die Lebensdauer des feststoffgeschmierten Wälzlagers.

5.3.2 Wälzkörperführung

Wälzkörper müssen in den drei Raumrichtungen von Zylinderkoordinaten geführt werden. Bei kugelförmigen Wälzkörpern muss zusätzlich die *Kugeldrehachsenführung* berücksichtigt werden.

5.3.2.1 Radiale Wälzkörperführung

Die Laufbahnen der Lagerringe stellen gleichzeitig die radiale Führung der Wälzkörper sicher. Eine radiale Bewegung der Wälzkörper relativ zu den Lagerringen ist nur im Rahmen des Lagerspiels möglich.

5.3.2.2 Axiale Wälzkörperführung

Wälzkörper müssen durch einen oder beide Lagerringe axial geführt werden, wobei Schmiegungen oder Lagerborde eingesetzt werden (Abb. 5.10).

Wälzkörperführung durch Schmiegung Bei kugel- und tonnenförmigen Wälzkörpern (Rillenkugellager, Schrägkugellager, Schrägschulterlager und Tonnenlager) erfolgt die Wälzkörperführung durch die sogenannte *Schmiegung*, die ein axiales Verschieben der Wälzkörper relativ zu den Lagerringen verhindert (Abb. 5.11).

Dabei werden die Krümmungsradien der Wälzkörper und der Laufbahnen im Axialschnitt unterschiedlich groß ausgeführt.

▶ **Definition:** Der bezogene Unterschied der Krümmungsradien der Wälzkörper und Laufbahnen im Axialschnitt wird als Schmiegung κ bezeichnet.

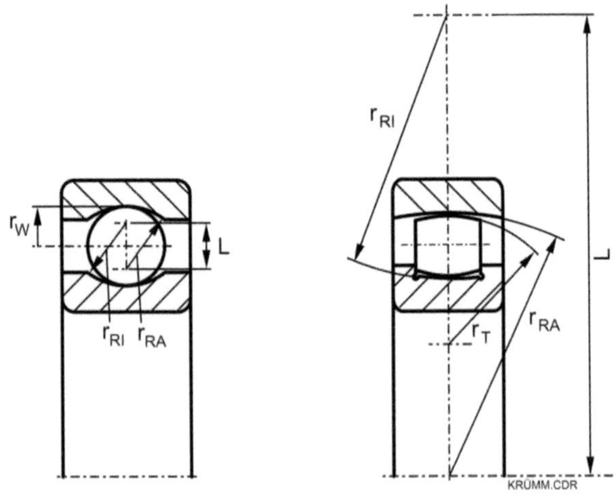

Abb. 5.11 Krümmungsradien im Axialschnitt eines Rillenkugellagers (**a**) und eines Tonnenlagers (**b**). [3, S. 78]

Die Schmiegung κ ist definiert als

$$\text{Schmiegung } \kappa = \frac{\text{Rillenradius} - \text{Rollkörperradius}}{\text{Rollkörperradius}} \tag{5.2}$$

Mit den Bezeichnungen aus Abb. 5.11

r_W = Wälzkörperradius (mm)
r_{RI} = Rillenradius der Innenringlaufbahn (mm)
r_{RA} = Rillenradius der Außenringlaufbahn (mm)
L = Abstand der Krümmungsmittelpunkte (mm)

ergeben sich für die Schmiegungen in Kugellagern

am Innenring:

$$\kappa_I = \frac{r_I - r_W}{r_W} = \frac{r_I}{r_W} - 1 \tag{5.3}$$

am Außenring:

$$\kappa_A = \frac{r_A - r_W}{r_W} = \frac{r_A}{r_W} - 1 \tag{5.4}$$

Die mittlere Schmiegung κ_m ist dann

$$\kappa_m = \frac{1}{2}(\kappa_I + \kappa_A) \tag{5.5}$$

Den Abstand L der Krümmungsmittelpunkte erhält man aus:

$$L = \frac{1}{2}(\kappa_I + \kappa_A)d_W \tag{5.6}$$

$$L = r_W(\kappa_I + \kappa_A) \tag{5.7}$$

$$L = r_W \cdot 2 \cdot \kappa_m \tag{5.8}$$

Bei Rillenkugellagern wird die Schmiegung vergleichsweise groß gewählt. Die Berührfläche wird mit zunehmender elastischer Verformung der Wälzkontakte bei Belastung größer, breitet sich jedoch nicht vollständig über die gesamte Rillenbreite aus. Bei Tonnenlager hingegen wird die Schmiegung sehr klein gehalten. Bei geringer Belastung weitet sich der Berührpunkt zu einer kleinen, geschlossenen Ellipsenfläche aus. Bei mittlerer bis großer Belastung nimmt die Berührfläche die gesamte Tonnenbreite ein und gleicht sich immer mehr einer rechteckförmigen Berührfläche an. Diese lastabhängige Vergrößerung der Berührfläche (selbsthelfende Lösung) ergibt sehr kleine Reibungszahlen bei niedrigen Belastungen, sichert gleichzeitig aber eine hohe Belastbarkeit.

Mit der Festlegung einer geeigneten Schmiegung können die Lagerhersteller die Beanspruchung in der Kontaktzone und das Geräuschverhalten des Wälzlagers beeinflussen.

Wälzkörperführung durch Borde Bei zylinder- und kegelförmigen Wälzkörpern werden ein- oder beidseitige *Lagerborde* zur axialen Führung der Wälzkörper verwendet. Dabei „umgreift" der Bord den Wälzkörper und verhindert eine Bewegung in axialer Richtung. Die dabei wirkende Bordreibung an den Stirnseiten der Wälzkörper ist eine Überlagerung von Gleit- und Bohrreibung und erhöht den Gesamtreibwert des Wälzlagers. Lagerborde können entweder in den Ring integriert ausgeführt werden (einteilige Ausführung) oder sie werden in der zweiteiligen Ausführung separat gefertigt und auf den Ring montiert, was die Montage der Wälzkörper und des Käfigs vereinfacht.

5.3.2.3 Tangentiale Wälzkörperführung (Abstandssicherung)

Ideale Ring- und Wälzkörpergeometrien vorausgesetzt ergeben sich bei spiel- und lastfreien Wälzlagern ideale Rollbewegungen und gleichmäßige Wälzkörperabstände in Umfangsrichtung. Fertigungsbedingte Geometrieabweichungen der Ringe und Wälzkörper und insbesondere die elastischen Verformungen der Wälzkörper in der Lastzone (Abplattung) führen jedoch zu Abweichungen von den idealen Umlaufbedingungen. Die Wälzkörper eilen mehr oder weniger unregelmäßig vor- bzw. nach, was ohne die Abstandssicherung durch Käfige zu Änderungen des Wälzkörperabstands und Schrägstellung von Nadeln, Zylindern und Kegeln führen würde. Die Gleitkontakte Wälzkörper–Käfigtaschenvorder- bzw. -hinterkante, verhindern das Vor- bzw. Nacheilen bzw. Schiefstellen der Wälzkörper.

5.3.2.4 Laufbahnführung

Kugelförmige Wälzkörper haben über die Möglichkeit der Verschiebung in den drei Raumrichtungen der Zylinderkoordinaten hinaus noch als weiteren Freiheitsgrad die Veränderung der Lage der Drehachse der Kugeln beim Umlauf.

Bei reinen Abwälzverhältnissen, wie sie auch bei Kegelrollen-, Zylinderrollenlagern und spielfreien Rillenkugellagern auftreten, schneiden sich die verlängerten Berührlinien der Wälzkörper in einem Punkt auf der Lagerachse oder im Unendlichen. Hier liegen *ein-*

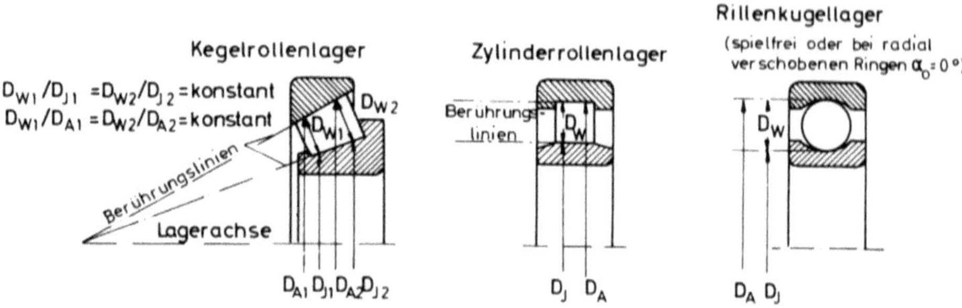

Abb. 5.12 Reine Abwälzverhältnisse mit eindeutig definierter Drehachse der Wälzkörper. (s. [7, S. 268])

Abb. 5.13 Gemischte Abwälzverhältnisse mit nicht definierter Drehachse der Kugeln. [7, S. 268]

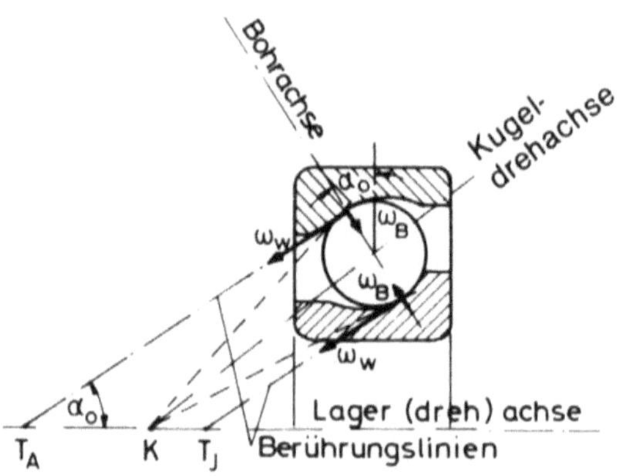

deutige kinematische Abwälzverhältnisse vor, die Wälzkörperdrehachse ist klar definiert (Abb. 5.12).

Bei *gemischten Abwälzverhältnissen*, z. B. im Schrägkugellager, schneiden sich die verlängerten Berührlinien der Kugeln in zwei Punkten mit der Wellendrehachse (Abb. 5.13).

Hierbei überlagert sich eine Bohrbewegung um die Bohrachse (Berührnormale) der Wälzbewegung in den Kontaktzonen. Je größer die Bohrreibung ist, umso größer sind Reibungsverluste und Verschleiß in der Kontaktfläche. Je nachdem, welche der Kontaktflächen das größere Reibmoment aufweist und damit eine Bohrbewegung verhindert, wird diese Fläche die Führung der Kugeldrehachse übernehmen. Da diese Flächen entweder am Innenring oder am Außenring liegen, spricht man von *innerer* oder *äußerer Laufbahnführung*.

Sind beide Bohrreibmomente am Innen- und Außenring annähernd gleich groß, ist die Lage der Kugeldrehachse nicht definiert, sie kann sich während des Umlaufs des Lagers unkontrolliert ändern.

Die Stabilität der Kugeldrehachse ist für feststoffgeschmierte Lager von besonderer Bedeutung. Bei mit Festschmierstoff beschichteten Kugeln und unbeschichteten Ringen z. B. besteht das gesamte Schmierstoffreservoir aus der Schichthülle der Kugeln. Drehachsenstabilität bedeutet dann, dass nur ein Bruchteil des gesamten Schmierstoffreservoirs in einer eng begrenzten Kugellaufspur zur Schmierung genutzt wird (s. Abb. 5.14 links).

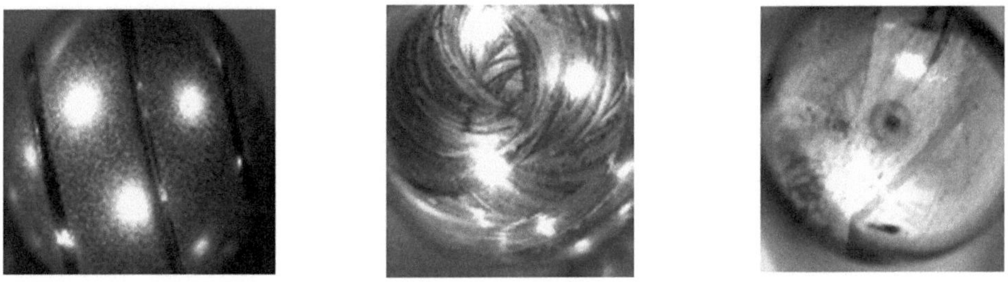

Abb. 5.14 Festschmierstoffbeschichtete Kugeln nach Versuchsende; (*links*) ohne Kugeldrehachsenänderung mit deutlich ausgeprägter Laufspur (*Mitte und rechts*) mit häufigerer Kugeldrehachsenänderung

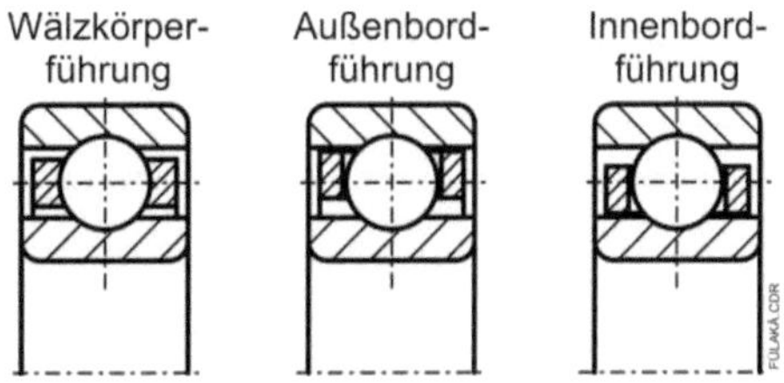

Abb. 5.15 Führungsarten von Lagerkäfigen. (Nach [9, S. 31])

Erheblich längere Lebensdauern feststoffgeschmierter Lager werden erreicht, wenn eine häufige oder gar permanente Kugeldrehachsenänderung die gesamte Schichtoberfläche in Kontakt bringt und für die Schmierung nutzt (s. Abb. 5.14 rechts).

5.3.3 Käfigführung

Um ihre eindeutige Relativlage zu Ringen und Wälzkörpern sicherzustellen, müssen Käfige radial und axial geführt werden.

5.3.3.1 Radiale Käfigführung

Die radiale Käfigführung kann durch die drei Führungsarten Wälzkörperführung, Außenbord- und Innenbordführung erfolgen (Abb. 5.15).

Wälzkörperführung: Hierbei übernehmen die Wälzkörper selbst die radiale Führung des Käfigs.

► **Definition:** Bei der Wälzkörperführung umschließen die Kugeltaschen die Wälzkörper kalottenförmig und positionieren den Käfig radial und axial.

Typische Vertreter dieser Führungsart sind Blechkäfige mit ihren kalottenförmigen Käfigtaschen. Den günstigen Schmiegungsverhältnissen und der einfachen Fertigung stehen jedoch gravierende Nachteile entgegen. Eine temperaturbedingte Ausdehnung des Käfigs, die auch bei gleichmäßiger Erwärmung des gesamten Lagers auftreten kann, wenn der Käfigwerkstoff einen zu den Ringwerkstoffen unterschiedlichen Ausdehnungskoeffizienten aufweist, kann zu einem Verspannen der Kugeltaschen führen. Zudem hat ein wälzkörpergeführter Käfig wegen des sowohl zum Außen- wie zum Innenring notwendigen Spiels eine geringere Querschnittdicke und damit eine geringere Steifigkeit. Für Transferschmierung (s. Kap. 6) kann nur ein geringes Schmierstoffvolumen in der Käfigtasche genutzt werden, da mit zunehmendem Verschleiß der Käfigtasche das Taschenspiel zunimmt und sich die Führungseigenschaften der Wälzkörperführung deutlich verschlechtern.

Außenbordführung: Hierbei wird der Käfig über den Außenring radial geführt.

► **Definition:** Bei der Außenbordführung gleitet der Käfig an der Innenkontur des Außenrings.

Diese bei Fluidschmierung bewährte Führungsart ist bei Feststoffschmierung höchst kritisch, da die Festkörperreibung zwischen Käfig und Außenring Wärme erzeugt, die den Käfig erhitzt, ihn radial ausdehnt und damit die Pressung und Reibkraft im Käfig-Ring-Kontakt weiter erhöht. Es kommt zu einem selbst-verstärkenden Schädigungsverlauf, der zusätzlich noch die Kugel-Käfig-Dynamik negativ beeinflusst, da das immer stärker werdende Bremsmoment im Käfig-Ring-Kontakt durch steigende Antriebskräfte in den Kugel-Käfig-Kontakten überwunden werden muss. Verschleißpartikel können sich durch Fliehkraftwirkung zusätzlich in der Kontaktzone Käfig–Außenring ansammeln und erhöhen das Reibmoment weiter. Auch aus Fertigungsgründen ist die Außenbordführung problematisch, da geschliffene Innenkonturen von Außenringen meist nur als Sonderanfertigungen lieferbar sind.

Innenbordführung: Hierbei wird der Käfig über den Innenring radial geführt.

► **Definition:** Bei der Innenbordführung gleitet der Käfig auf der Außenkontur des Innenrings.

Bei dem häufig anzutreffenden Fall des drehenden Innenrings treibt das Reibmoment im Käfig-Innenring-Kontakt den Käfig an und entlastet somit die Mitnahme des Käfigs über die Kugel-Käfig-Kontakte. Verschleißpartikel im Käfig-Ring-Kontakt können durch Fliehkräfte nach außen aus der Kontaktzone getragen werden. Eine Temperaturerhöhung des Käfigs vergrößert das Führungsspiel und verhindert ein Klemmen des Käfigs auf dem Innenring. Für Feststoffschmierung sind daher innenbordgeführte Käfige wegen ihres eindeutigen und selbsthelfenden Verhaltens zu bevorzugen.

5.3.3.2 Axiale Käfigführung

Die axiale Führung des Käfigs erfolgt nicht über die Ringe sondern über die Wälzkörper. Eine Führung über die Ringe würde die Lagerbreite vergrößern und Doppelpassungen durch die gleichzeitigen Kontakte Käfig–Ring und Käfig–Wälzkörper bedingen. In den

Kontaktflächen Wälzkörper–Kugeltaschenseitenkanten tritt reine Bohrbewegung auf. Da hierbei abgesehen von axial wirkenden Störkräften keine Nennbelastung wirkt, kann das entsprechende Bohrreibmoment für die Wirkungsgradbetrachtung von Wälzlagern vernachlässigt werden.

5.4 Kopplungen und Freiheitsgrade im Wälzlager

In konventionellen Wälzlagern sind die Lagerkomponenten Ringe, Wälzkörper und Käfig mit Spiel gekoppelt und können sich, wenn auch nur sehr geringfügig, gegeneinander bewegen. Verschiebt oder verkippt man die Komponenten gegeneinander bis zur Spielaufzehrung, treffen sie in entsprechenden Normalflächen aufeinander und bilden dort formschlüssige Kopplungen [12, S. 150]. Spiel und Formschluss zwischen Lagerkomponenten bestimmen weitere Eigenschaften von Wälzlagern.

5.4.1 Selbsthaltung

Die axiale Fixierung der Wälzkörper durch Schmiegungen oder Lagerborde bestimmt den Zusammenbau der Wälzlager, die Möglichkeiten ihrer Montage in Lagerungen und den Freiheitsgrad für axiale Verschiebungen zwischen Welle und Gehäuse bei Fest- und Loslagerungen. Werden beide Ringe mit Schmiegungen bzw. beidseitigen Bordführungen ausgerüstet, liegen selbsthaltende Lager vor.

▶ **Definition:** Selbsthaltende Wälzlager sind Lager, bei denen Außen- und Innenring axial nur im Rahmen des axialen Lagerspiels verschoben werden können. Ist das axiale Spiel aufgezehrt, liegt Formschluss vor und die Lager können Axialkräfte übertragen.

Bei selbsthaltenden Lagern mit Schmiegungen oder integrierten Borden ist die maximale Anzahl der Wälzkörper begrenzt, sie können nur in den durch radialen Versatz der beiden Ringe gebildeten, halbmondförmigen Leerraum eingefüllt und anschließend äquidistant auf dem Umfang verteilt werden. Diese Limitierung der Wälzkörperanzahl entfällt bei axialen Füllnuten bzw. demontierbaren Bordführungen.

Wird nur ein Ring mit Schmiegung oder beidseitigen Lagerborden ausgeführt, liegt ein nicht selbsthaltendes Lager vor, das im Lieferzustand durch eine Relativverschiebung der Ringe in axialer Richtung demontiert werden kann. Beispiele für selbsthaltende oder nicht selbsthaltende Wälzlager zeigt Abb. 5.16.

5.4.2 Zusammenhang Radialluft–Axialluft

Bei einreihigen Lagern (z. B. Radialrillen-, Schrägkugel-, Kegelrollenlager) besteht ein Zusammenhang zwischen radialer und axialer Lagerluft. Dieser Zusammenhang ist immer

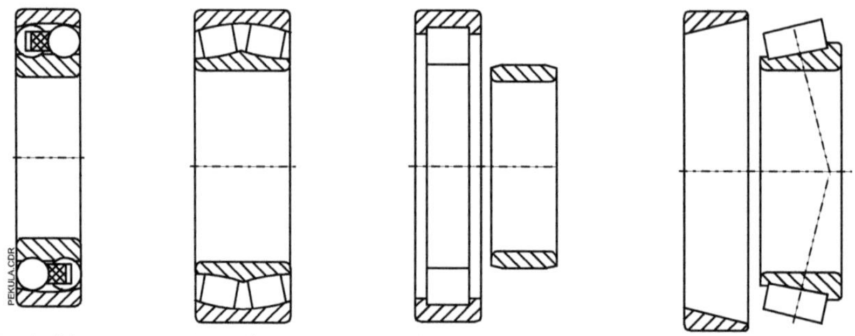

Abb. 5.16 Beispiele für selbsthaltende und nicht selbsthaltende Wälzlager. [12, S. 351]

Abb. 5.17 Zusammenhang zwischen radialem und axialem Lagerspiel am Beispiel eines Rillenkugellagers. [3, S. 83]

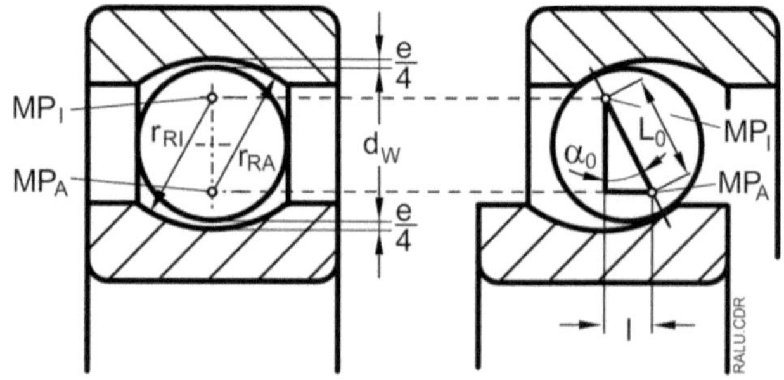

dann gegeben, wenn die Lagerlaufbahnen im Radialschnitt zur Wellenachse geneigt sind, also ein keilförmiger, axialer Spalt zwischen Wälzkörperkontur und Ringlaufbahn vorliegt (Abb. 5.17).

Bei symmetrischen Lagern ist die axiale Verschiebung l von der Mittellage in beiden Richtungssinnen gleich groß. Es folgt:

$$l = L_0 \cdot \sin \alpha_0 \tag{5.9}$$

Und mit

$$L_0 = d_\mathrm{W} \cdot \kappa_\mathrm{m} \tag{5.10}$$

und

$$\cos \alpha_0 = \frac{D_\mathrm{I} - D_\mathrm{A}}{2 \cdot L_0} \tag{5.11}$$

Tab. 5.3 Zusammenhang von radialer und axialer Lagerluft in Abhängigkeit des Axialfaktors Y_0. [3, S. 87]

Lagerbauform	l/e	Y_0-Wert
Pendelkugellager	$2{,}3 \cdot Y_0$	Aus Katalog
Pendelrollenlager	$2{,}3 \cdot Y_0$	Aus Katalog
Kegelrollenlager zweireihig	$2{,}3 \cdot Y_0$	Aus Katalog
Kegelrollenlager einreihig, paarweise angeordnet	$4{,}6 \cdot Y_0$	Des einreihigen Lagers
Schrägkugellager, zweireihig Reihe 32 und 33	1,4	–
Schrägkugellager, einreihig Reihe 72B und 71B, paarweise angeordnet	1,2	–
Vierpunktlager	1,4	–

$$= \frac{r_{\mathrm{RI}} + r_{\mathrm{RA}} - d_{\mathrm{W}} - 2 \cdot \frac{e}{4}}{L_0} \tag{5.12}$$

$$= \frac{L_0 - \frac{e}{2}}{L_0} = 1 - \frac{e}{2 \cdot L_0} \tag{5.13}$$

$$= 1 - \frac{e}{2 \cdot d_{\mathrm{W}} \cdot \kappa_{\mathrm{m}}} \tag{5.14}$$

folgt

$$l = d_{\mathrm{W}} \cdot \kappa_{\mathrm{m}} \sqrt{1 - \left(1 - \frac{e}{2 \cdot d_{\mathrm{W}} \cdot \kappa}\right)^2} \tag{5.15}$$

Das Verhältnis der axialen Verschiebung l zur Lagerluft e wird in Lagerkatalogen als Vielfaches des sogenannten Axialfaktors Y_0 angegeben (s. Tab. 5.3).

5.4.3 Kippwinkel

Wird bei Rillenkugellagern der Innenring gegenüber dem Außenring im Rahmen der axialen Lagerluft verdreht, bis die Scheitelkugeln spannungsfrei am Innen- bzw. Außenring anliegen, verkippt das Lagers um den Kippwinkel Θ_K.

▶ **Definition:** Der Kippwinkel eines Wälzlagers beschreibt den Winkel, um den der Innenring eines Wälzlagers gegenüber dem Außenring bis zur spannungsfreien Anlage verdreht werden kann.

Dabei können nach [3, S. 86 ff.] zwei Fälle unterschieden werden:

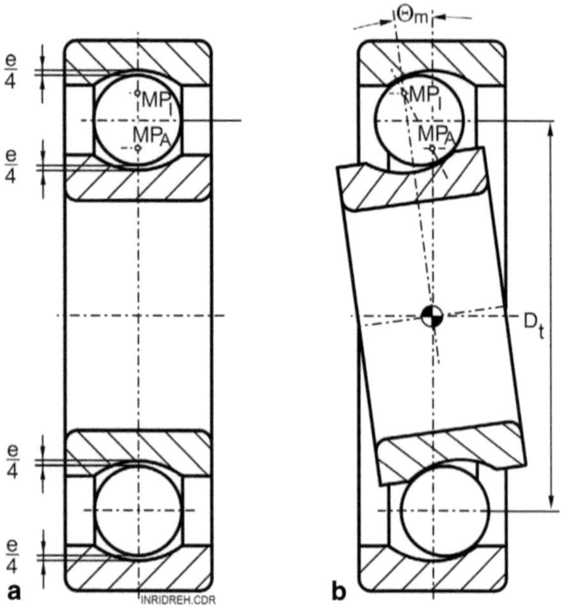

Abb. 5.18 Verkippung um den Lagermittelpunkt; **a** Lagerringe in Ausgangslage; **b** Lagerringe nach der Verkippung. [3, S. 87]

Fall 1: Bei der Verkippung um den Lagermittelpunkt (s. Abb. 5.18) verteilt sich die Radialluft gleichmäßig auf alle vier Kontaktpunkte.

Der Innenring kann daher an der obersten und untersten Kugel jeweils um die Axialluft l ausschwenken. Es stellt sich ein Kippwinkel Θ_m ein.

$$\Theta_{\mathrm{Km}} = \frac{l}{D_\mathrm{t}}(\mathrm{rad}) \tag{5.16}$$

mit Teilkreisdurchmesser

$$D_t = (D_I + D_A)/2 \tag{5.17}$$

Fall 2: Bei der Verkippung um die unterste Kugel (s. Abb. 5.19) verteilt sich die gesamte Radialluft gleichmäßig auf die beiden Kontaktpunkte an der obersten Kugel.

Die wirksame Radialluft $e/2$ an der obersten Kugel ist dabei doppelt so groß wie bei der Verkippung um den Lagermittelpunkt, was zu einer merklich größeren axialen Verschiebung l_u führt. Mit dem Teilkreisdurchmesser D_t als Abstand vom Schwenkmittelpunkt ergibt sich ein Kippwinkel Θ_u:

$$\Theta_\mathrm{u} = \frac{l_u}{D_\mathrm{t}}(\mathrm{rad}) \tag{5.18}$$

Die axiale Verschiebemöglichkeit l_u kann aus Gl. (5.15) berechnet werden, in dem man für das Radialspiel e den doppelten Wert (2e) einsetzt. Bei der Verkippung um die unterste Kugel ist der Kippwinkel also merklich kleiner als bei der Verkippung um den Lagermittelpunkt.

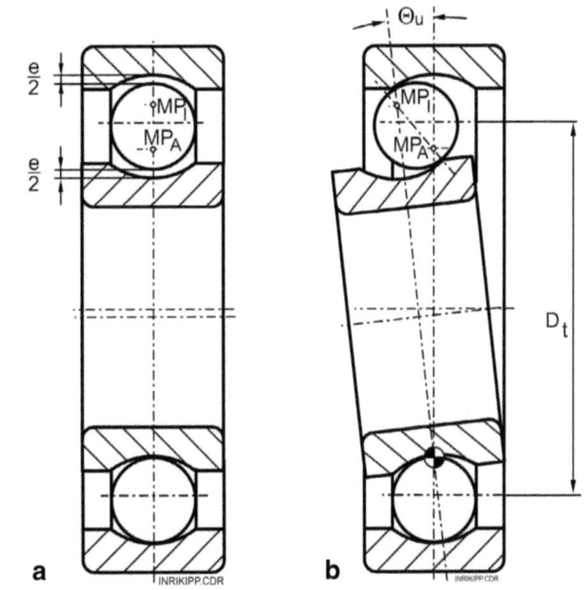

Abb. 5.19 Verkippung um die unterste Kugel; **a** Lagerringe in Ausgangslage; **b** Lagerringe nach der Verkippung. [3, S. 87]

5.5 Zusammenfassung

Wälzlager sind weitgehend genormte Maschinenelemente in einer Vielzahl an Ausführungsformen für unterschiedlichste Anwendungen. Die Vielfalt an Toleranzklassen, Lagerluftklassen, Ringwerkstoffe und Käfigausführungen sichern eine nahezu unbegrenzte Einsatzmöglichkeit auch bei schwierigen Lagerungsaufgaben. Für Feststoffschmierung werden insbesondere Rillenkugellager wegen ihres großen Anwendungsbereichs und ihrer niedrigen Lagerkosten eingesetzt. Die Beschichtung von Lagerkomponenten mit Festschmierstoff bedingt jedoch eine spezifische Lagerauslegung im Hinblick auf Wärmeeinwirkungen und Temperaturerhöhungen.

Literatur

1. DIN 616: Wälzlager-Maßpläne. Beuth, Berlin (2000)
2. DIN 623-1: Wälzlager; Grundlagen; Bezeichnung, Kennzeichnung. Beuth, Berlin (1993)
3. Brändlein, J., Eschmann, P., Hasbargen, L., Wiegand, K.: Die Wälzlagerpraxis – Handbuch für die Berechnung und Gestaltung von Lagerungern. Vereinigte Fachverlage, Mainz (1998)
4. SKF GmbH: Hauptkatalog, Katalog 4000/IV T. Gerber + Bruckmann (1994)
5. Schul, C.: Einfluss der Baugröße auf die Lebensdauer feststoffgeschmierter Kugellager. Dissertation TH Darmstadt. VDI, Düsseldorf (1997)
6. Heinz-Schwarzmaier, T.: Bestimmung der Lebensdauer feststoffgeschmierter Kugellager auf der Grundlage von Reibenergieberechnungen und Kurzzeitversuchen. Dissertation TU Darmstadt. VDI, Düsseldorf (2003)
7. Dahlke, H.: Handbuch Wälzlagerfestigkeit. Vieweg (1994)
8. Pittroff, H.E. Wälzlager für nicht atmosphärische Bedingungen. Konstruktion **24** (1972)

9. Bozkurt, H.: Lebensdauertheorie zur Transferschmierung von feststoffgeschmierten Wälzlagern. Dissertation TU Darmstadt. VDI, Düsseldorf (2010)
10. Rüblinger, W.: Optimierung feststoffgeschmierter, hochbelasteter Kugellager bei Temperaturen bis 300 °C. Dissertation TH Darmstadt (1984)
11. Reinwald, E.: Optimierung von Käfigen aus Hochtemperaturthermoplasten für den Einsatz bei feststoffgeschmierten Wälzlagern. Dissertation TH Darmstadt. VDI, Düsseldorf (1992)
12. Birkhofer, H., Nordmann, R.: Maschinenelemente und Mechatronik II Skript, 3. Aufl. Shaker, Aachen (2008)

Mechanik und Thermodynamik feststoffgeschmierter Wälzlager 6

Für das Verständnis der Theorie der Gebrauchsdauer feststoffgeschmierter Wälzlager ist es erforderlich, die in Kap. 5 beschriebenen Lagerkomponenten im Hinblick auf die tribologischen Effekte, die beim Einbau und Betrieb auftreten, umfassend zu beschreiben. Dazu werden die Mechanik und die Thermodynamik feststoffgeschmierter Wälzlager, die in enger Wechselbeziehung das Verhalten derartiger Lager beeinflussen, detailliert betrachtet. Ausführlich geht das Kapitel zuerst auf die statischen und elastomechanischen Eigenschaften von Wälzlagern ein, um danach ihre kinematischen Verhältnisse zu beschreiben. Besondere Beachtung findet die sogenannte Kugel-Käfig-Dynamik, die den Käfig durch die unterschiedlichen elastischen Verformungen der Wälzkörper innerhalb der Lastzone beansprucht. Abschließend werden die thermodynamischen Verhältnisse beim eingebauten, erwärmten und belasteten Lager behandelt.

6.1 Statik und Elastomechanik von Wälzlagern

In diesem Kapitel werden die Aufnahme von Kräften und ihre Leitung über die Wälzlagerkomponenten sowie die elastischen Eigenschaften eines Wälzlagers behandelt.

6.1.1 Druck- und Lastwinkel

Innerhalb des Wälzlagers werden die äußeren Belastungen durch Normalkräfte in der Kontaktfläche zwischen den Lagerringen und den Wälzkörpern übertragen. Da die Normalkräfte immer senkrecht auf den Kontaktflächen stehen, hängt die Richtung dieser Normalkräfte von der Lage der Kontaktflächen relativ zur Achsrichtung ab. Während die tatsächliche Lastrichtung durch den Lastwinkel β angegeben wird, wird die Lage der Kontaktflächen durch den Druckwinkel α beschrieben. Je nachdem, ob ein unbelastetes Lager oder ein belastetes Lager vorliegt, unterscheidet man den *Nenndruckwinkel* α_0 und den *Betriebsdruckwinkel* α.

H. Birkhofer, T. Kümmerle, *Feststoffgeschmierte Wälzlager*,
DOI 10.1007/978-3-642-16797-3_6, © Springer-Verlag Berlin Heidelberg 2012

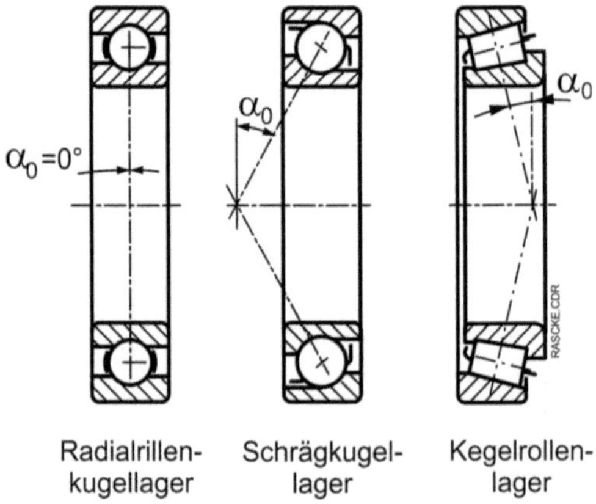

Abb. 6.1 Nenndruckwinkel α_0 bei unterschiedlichen Wälzlagern. [1, S. 358]

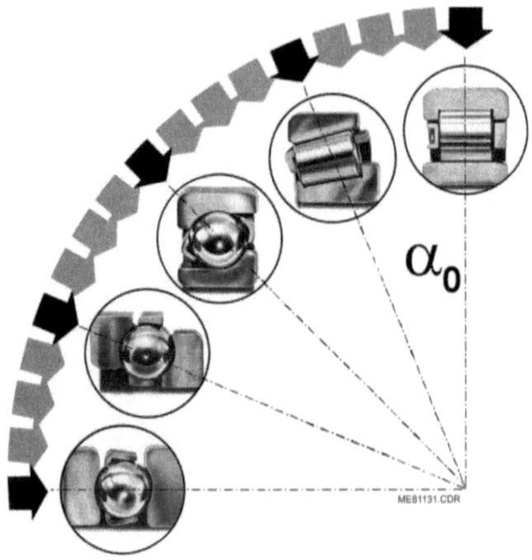

Abb. 6.2 Wälzlagerarten mit unterschiedlichen Nenndruckwinkeln α_0. [1, S. 358]

6.1.1.1 Nenndruckwinkel α_0

Der Nenndruckwinkel α_0 ist eine lagerspezifische Kenngröße.

▶ **Definition:** Der durch die Geometrie von Wälzkörpern und Lagerringen konstruktiv festgelegte Winkel zwischen dem Richtungsvektor der Normalkräfte (Drucklinien) und der Senkrechten auf die Wellenachse wird Nenndruckwinkel α_0 genannt. Er wird am unbelasteten Lager allein aufgrund der idealisierten Lagergeometrie ohne Berücksichtigung der Lagerluft im symmetrischen Zustand bestimmt (Abb. 6.1).

Durch Angabe des Nenndruckwinkels α_0 können Wälzlager hinsichtlich ihrer Belastbarkeit charakterisiert werden (Abb. 6.2).

Reine Radiallager haben einen Nenndruckwinkel $\alpha_0 = 0°$, reine Axiallager einen Nenndruckwinkel $\alpha_0 = 90°$. Kombinierte Radial-, Axiallager weisen einen Nenndruckwinkel $0° < \alpha_0 < 90°$ auf.

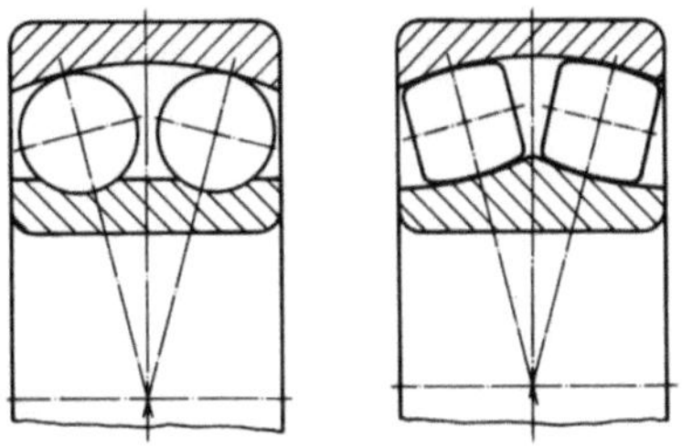

Abb. 6.3 Winkelbewegliche Pendelkugel- und Pendelrollenlager mit ihren Druckwinkeln. [1, S. 359]

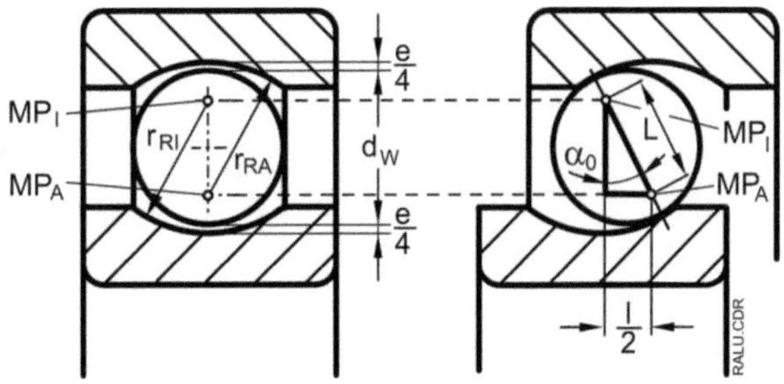

Abb. 6.4 Radialluft *e* und Nenndruckwinkel α eines axial verschobenen, unbelasteten Rillenkugellagers. [2]

Bei mehrreihigen winkelbeweglichen Lagern müssen sich die *Drucklinien* in der Wellenachse schneiden, um eine einwandfreie Winkelbeweglichkeit sicherzustellen (Abb. 6.3).

6.1.1.2 Betriebsdruckwinkel α

Da der tatsächlich bei Belastung sich einstellende Druckwinkel eines Lagers von der Lagerluft und von der Höhe der Belastung abhängt, wird zwischen dem Nenndruckwinkel α_0 und dem *Betriebsdruckwinkel* α unterschieden. Wird ein Lager belastet, können sich Lagerringe und Wälzkörper verschieben, wobei zwei Fälle zu unterscheiden sind:

Fall 1: Aufgrund der Lagerluft können sich bei Wälzlagern Lagerringe und Wälzkörper radial und/oder axial verschieben, bis sich die Kontaktflächen kraftfrei berühren (Abb. 6.4).

Fall 2: Wird zusätzlich eine Belastung aufgebracht, verformen sich die Kontaktflächen entsprechend der Hertz'schen Theorie, bis ein Gleichgewicht zwischen den äußeren Kräften und den dadurch induzierten Flächenpressungsvektoren in den Kontaktzonen erreicht ist. Diese Relativverschiebung führt zu einer weiteren Vergrößerung des Betriebsdruckwinkels α.

► **Definition:** Der Betriebsdruckwinkel α beschreibt den Druckwinkel, der sich in einem belasteten Lager aufgrund des Nenndruckwinkels α_0, der Lagerluft und der elastischen Verformungen der Lagerkomponenten infolge der Belastung einstellt.

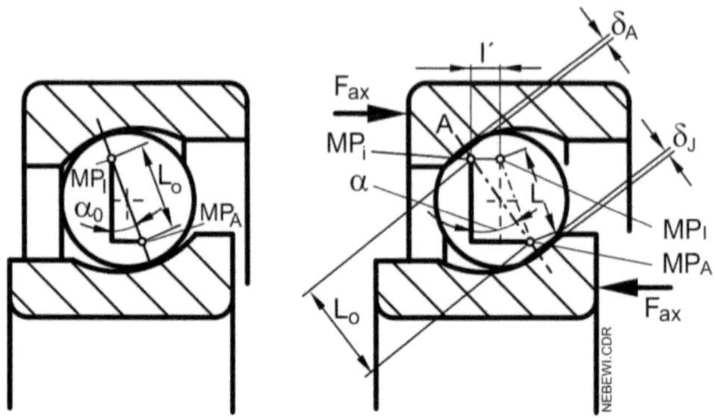

Abb. 6.5 Nenndruckwinkel α_0 und Betriebsdruckwinkel α eines Schrägkugellagers. [2]

Bei Zylinderrollen- und Kegelrollenlagern (in guter Näherung auch bei Pendelrollen- und Pendelkugellagern) sind Nenndruckwinkel α_0 und Betriebsdruckwinkel α gleich. Bei Lagern mit stärker gekrümmtem, rillenförmigen Laufbahnprofil können beide Winkel jedoch deutlich voneinander abweichen (Abb. 6.5).

Bei feststoffgeschmierten Lagern sind die Unterschiede zwischen Nenndruckwinkel α_0 und Betriebsdruckwinkel α im unbenutzten Zustand durch den Einfluss der Schichtdicke des Festschmierstoffs kleiner, nehmen jedoch mit zunehmendem Verschleiß der Festschmierstoffschicht zu bis sie bei voll verschlissener Schmierstoffschicht die Werte des unbeschichteten Lagers erreichen.

Für die weitere Modellbildung wird im Folgenden der Betriebsdruckwinkel α verwendet.

6.1.1.3 Lastwinkel β

Bei Belastung eines Wälzlagers stellt sich ein *Lastwinkel* β zwischen der Resultierenden aus der wirkenden Radial- und Axialkraft und der Senkrechten auf die Wellenmitte ein (Abb. 6.6).

► **Definition:** Der Lastwinkel β ist der Winkel zwischen der Resultierenden der Lagerlasten und der Senkrechten auf die Wellenmittellinie.

Eine reine Radiallast hat den Lastwinkel $\beta = 0°$, eine reine Axiallast den Lastwinkel $\beta = 90°$. Der Lastwinkel β kann, muss aber nicht mit dem Druckwinkel β übereinstimmen. Für eine optimale Ausnutzung des Wälzlagers ist es jedoch i. Allg. anzustreben, dass Druckwinkel α und Lastwinkel β annähernd gleich groß sind, weil dann das Lager hinsichtlich seiner Geometrie optimal beansprucht wird.

Lager mit Druckwinkeln $\alpha > 0°$ müssen angestellt werden, um ein „Abrutschen" der Welle im Gehäuse durch die im Wälzkontakt sich einstellende Axialkraftkomponente einer äußeren Radiallast zu vermeiden. Unter „Anstellen" versteht man das Einstellen der axialen Lagerluft oder das Aufbringen einer definierten axialen Vorspannkraft.

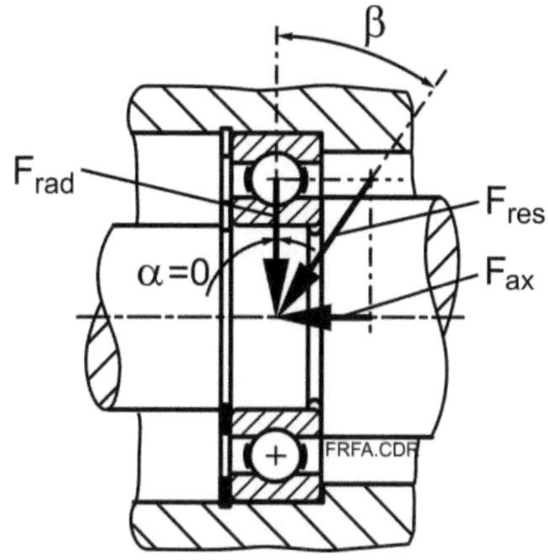

Abb. 6.6 Druckwinkel α und Lastwinkel β bei einem Rillenkugellager unter definierter Radial- und Axiallast. [1, S. 359]

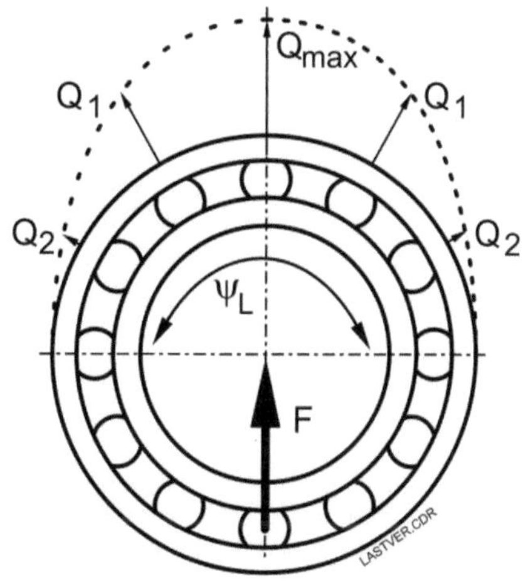

Abb. 6.7 Theoretische Lastverteilung in einem Rillenkugellager. [1, S. 361]

6.1.2 Lastverteilung

Bei rein axial belasteten Wälzlagern teilt sich die äußere Kraft F gleichmäßig auf die Kontaktkräfte $Q(\psi)$ in den Wälzkontakten auf. Wirken jedoch Radiallasten, so ergeben sich unterschiedliche Kontaktkräfte $Q(\psi)$.

6.1.2.1 Lastverteilung bei rein radialer Belastung

Hinsichtlich der Verteilung der Last F auf die Kugellasten $Q(\psi)$ eines rein radial belasteten Rillenkugellagers liegt ein statisch überbestimmter Zustand vor (Abb. 6.7).

Der Wälzkörper im Scheitelpunkt erhält die höchste Last, die seitlich davon liegenden übernehmen anteilig zunehmend weniger Last, während die in einem unteren Sektor liegenden Wälzkörper lastfrei sind. Grund dafür ist der Umstand, dass sich Welle und Gehäuse im Rahmen der Lagerluft und der elastischen Verformungen der Lagerkomponenten relativ zueinander radial verschieben und nur im Lastzonenwinkel ψ_L Kontaktkräfte übertragen werden.

▶ **Definition:** Als Lastzonenwinkel ψ_L wird der Teil des Lagerumfangs, in dem die äußere Kraft auf die Kugeln wirkt und in den Wälzkontakten eine Normalkraft hervorruft, bezeichnet. Der Lastzonenwinkel ψ_L reicht von Beginn der Lastzone über den Scheitelpunkt der höchsten Kugelbelastung (Angriffspunkt der äußeren Kraft F) bis zum Ende der Lastzone[1].

So ergibt eine sehr große radiale Lagerluft von S = 160 µm (bei einem Rillenkugellager 6205 unter Radiallast) nach [3, S. 49] eine Lastzone von lediglich ± 40°. Für das Referenzlager mit 9 Kugeln folgt daraus, dass die gesamte Radiallast nur noch von 2 bis 3 Kugeln übertragen wird! Für ein radial belastetes Rillenkugellager ergibt sich nach [4, S. 33 ff.] für den Lastzonenwinkel ψ_L:

$$\psi_L = 2 \cdot \arccos \left[\frac{\left(\frac{D_W}{2} + R_l\right) \cdot e - \delta_{max} \cdot (\delta_{max} + e)}{\left(\frac{D_W}{2} + R_l\right)(2\delta_{max} + e)} \right] \tag{6.1}$$

und für die Abplattung der Kugeln in Abhängigkeit ihrer Winkelstellung $\delta(\psi)$

$$\delta(\psi) = -\frac{e}{2} + \frac{1}{2} \cdot (2 \cdot \delta_{max} + e) \cdot \cos \frac{\psi}{2} \tag{6.2}$$

Die ausführliche Berechnung findet sich in der Dissertation von Heinz-Schwarzmaier [5, S. 23 ff.].

6.1.2.2 Lastverteilung bei kombiniert radialer und axialer Belastung

Auf der Grundlage der Theorie von Harris [6, S. 191–233] und unter Berücksichtigung der Vorarbeiten von Rüblinger [3, S. 48 ff.] entwickelte Heinz-Schwarzmaier [5, S. 23–32] ein Berechnungsprogramm, mit dem die Kugellastverteilung für Rillenkugellager unter beliebigen Kombinationen von Radial-, Axiallast und Kippmomenten ermittelt werden kann (Abb. 6.8).

Für die Berechnung des Lastzonenwinkels bei kombinierter Radial- und Axialbelastung eines Rillenkugellagers kann keine geschlossene Lösung angegeben werden. Ein detaillierter Berechnungsablauf ist in [5, S. 23–32] beschrieben.

Die Lastverteilung wird zusätzlich in erheblichem Umfang durch das Radialspiel im Betrieb (radiale Lagerluft + radiale Verformung der Kontaktzonen + radialer Verschleiß der Festschmierstoffschicht) beeinflusst. Je größer das Radialspiel wird umso kleiner wird der Lastzonenwinkel (Abb. 6.8), aber umso größer werden die Kontaktbeanspruchungen und damit die Abplattungen, wodurch der Lastzonenwinkel wieder zunimmt (Abb. 6.9).

[1] In der Literatur findet sich auch die Definition des Lastzonenwinkels ψ_L als der halbe Winkel zwischen Beginn und Ende der Lastzone

Abb. 6.8 Lastverteilung auf die Kugeln eines Rillenkugellagers 6001 Standard, radiale Lagerluft $\Delta r = 16$ µm, Gehäusesteifigkeit ∞, mittiger Kraftangriff über dem Lagerumfang für unterschiedliche Verhältnisse von Radial- zu Axiallast. [5, S. 23]

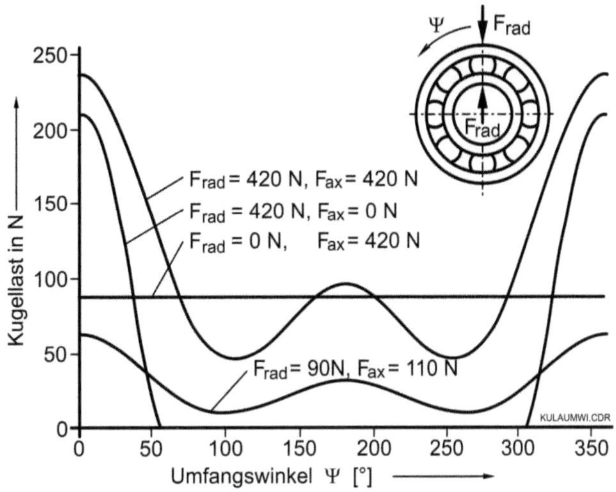

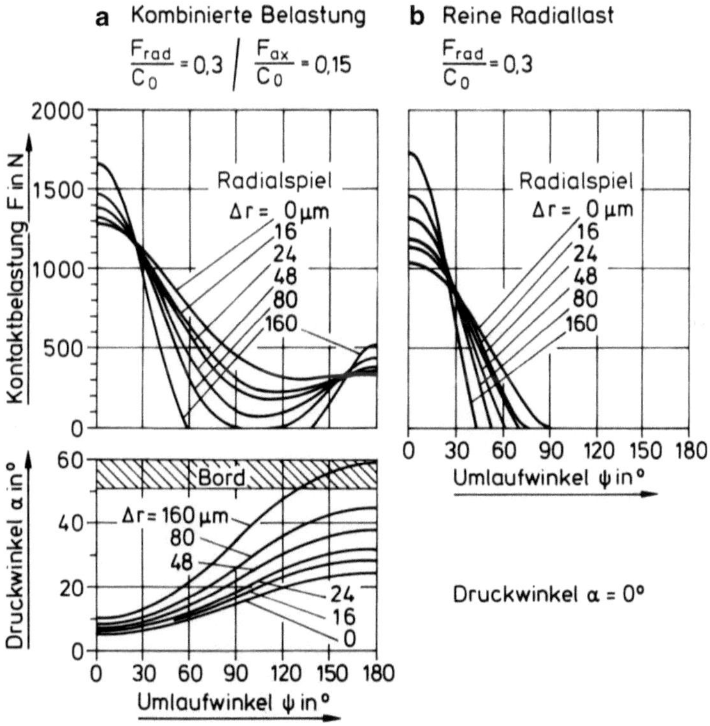

Abb. 6.9 Einfluss des Radialspiels auf die Lastverteilung bei rein radialer und kombiniert radial-axialer Belastung. (Nach [3, S. 50])

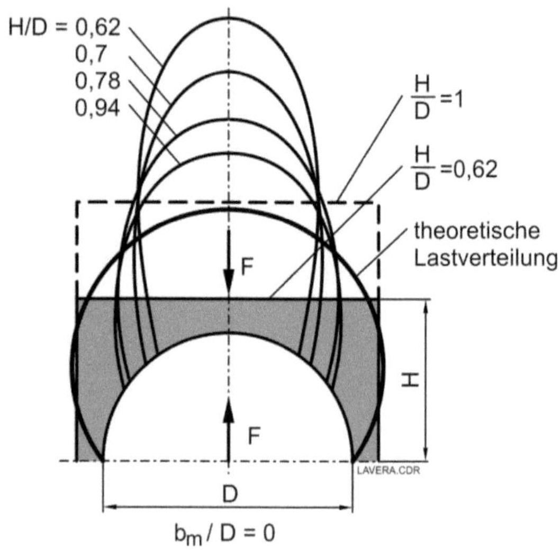

Abb. 6.10 Lastverteilung auf Radiallager bei unterschiedlichen Gehäusesteifigkeiten. [1, S. 361]

Für die endgültige Berechnung der Kugellastverteilung müssen auch die Steifigkeiten von Welle und Gehäuse berücksichtigt werden (Abb. 6.10).

Insbesondere letztere kann die Kugellastverteilung erheblich beeinflussen, wenn eine stark asymmetrische Gehäusegestaltung mit sehr ungleichen Gehäusesteifigkeiten in den beiden Koordinatenrichtungen vorliegt.

6.1.3 Steifigkeit von Wälzlagern

Die elastische Verformung eines Wälzlagers unter äußeren Lasten kann als *Federsteifigkeit des Wälzlagers* aufgefasst werden. Dabei werden hier allein die Steifigkeiten der Lagerkomponenten berücksichtigt, die Steifigkeiten von Welle und Gehäuse werden als unendlich groß angenommen. Sollen deren tatsächliche Steifigkeiten mitberücksichtigt werden, empfiehlt sich wegen der komplizierten Geometrie eine Finite-Element-Berechnung vorzunehmen.

Mit der Gl. (6.2) für die elastische Verformung eines Wälzkörpers und dem Zusammenhang zwischen Radialkraft F_{rad} und maximale Kugelkraft Q_0 im Scheitelpunkt der Lastverteilung

$$F_{\text{rad}} = \sum_{i=1}^{n} Q_0 \left(1 - \frac{1 - \cos\psi_i}{1 - \cos\psi_{\text{L}}}\right)^{\frac{3}{2}} \cdot \cos\psi_i \tag{6.3}$$

wird die *radiale Steifigkeit* eines Wälzlagers c_{rad} durch Summation der Steifigkeitsanteile aller lasttragenden Kugeln bestimmt.

$$c_{\mathrm{rad}} = F_{\mathrm{rad}}^{\frac{1}{3}} \cdot \sum_{i=1}^{n} \left[1 - \frac{1}{2 \cdot \varepsilon}(1 - \cos \psi_{\mathrm{i}}) \right] \cdot \cos \psi_{\mathrm{i}}^{\frac{2}{3}} \tag{6.4}$$

Die radiale Lagersteifigkeit ist demnach abhängig

- nichtlinear von $F_{rad}{}^{1/3}$, was den Einfluss der Hertz'schen Flächenpressung belegt,
- von der Breite der Lastzone.

Für die Berechnung bzw. Bestimmung der Steifigkeit eines Wälzlagers unter kombiniert radialer und axialer Belastung wird auf das Schrifttum [6, S. 235 ff.] und [1] verwiesen.

6.2 Kinematik von Wälzlagern

Hierbei wird nach [5, S. 32 ff.] die Kinematik des reinen Rollens eines idealen Wälzlagers (ideale Geometrie mit Nennmaßen ohne Toleranzen, kein Schlupf im Rollkontakt, keine last- oder temperaturbedingten Verformungen) betrachtet. Um den Unterschied zu den kinematischen Verhältnissen in realen, verformten Wälzlagerkomponenten deutlich zu machen, werden deshalb in diesem Abschnitt die Begriffe *Rollkörper* und *Rollgeschwindigkeit* verwendet.

6.2.1 Kinematik des idealen Wälzlagers

Im allgemeinen Fall drehen sich die beiden Lagerringe mit den Drehzahlen n_{I} (Innenring) und n_{A} (Außenring). Die Belastung wird unter dem Betriebsdruckwinkel α über die Kugeln von einem Ring auf den anderen übertragen. Betrachtet man den Berührungspunkt zwischen Innenring und Kugel in Abb. 6.11, ergibt sich dort die Geschwindigkeit des Innenrings zu:

$$v_{\mathrm{I}} = \omega_{\mathrm{I}} \cdot \left(\frac{D_{\mathrm{m}}}{2} - \frac{D_{\mathrm{W}}}{2} \cdot \cos \alpha \right) \tag{6.5}$$

Setzt man hier die Beziehung $\omega_{\mathrm{I}} = 2 \cdot \pi \cdot n_{\mathrm{I}}$ ein, so erhält man:

$$v_{\mathrm{I}} = \pi \cdot n_{\mathrm{I}} \cdot (D_{\mathrm{m}} - D_{\mathrm{W}} \cdot \cos \alpha) \tag{6.6}$$

Die Umfangsgeschwindigkeit des Kugelsatzes bzw. eines Käfigs berechnet sich aus:

$$v_{\mathrm{K}} = \frac{v_{\mathrm{I}} + v_{\mathrm{A}}}{2} \tag{6.7}$$

Setzt man die Geschwindigkeiten von Innen- und Außenring ein, folgt für die Geschwindigkeit des Kugelsatzes bzw. Käfigs:

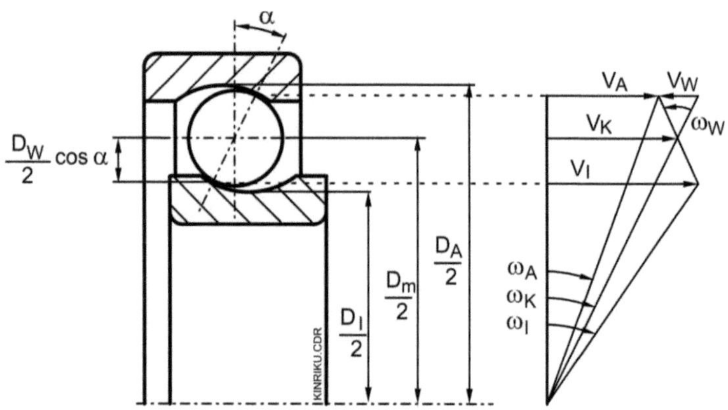

Abb. 6.11 Kinematik eines Rillenkugellagers bei rotierendem Innen- und Außenring. [2, S. 43]

$$v_K = \frac{\pi}{2} \cdot (D_m \cdot (n_I + n_A) + D_W \cdot \cos\alpha \cdot (n_A - n_I)) \tag{6.8}$$

Die *Kugelsatzdrehzahl* ergibt sich mit

$$n_K = \frac{v_K}{\pi \cdot D_m} \tag{6.9}$$

zu

$$n_K = \frac{1}{2} \cdot \left((n_I + n_A) + \frac{D_W}{D_m} \cdot \cos\alpha \cdot (n_A - n_I)\right) \tag{6.10}$$

Abbildung 6.11 zeigt den Geschwindigkeitsplan:

Aus Abb. 6.11 folgt die Bedingung:

$$(\omega_I - \omega_K) \cdot \left(\frac{D_m}{2} - \frac{D_W}{2} \cdot \cos\alpha\right) = \omega_W \cdot \frac{D_W}{2} \tag{6.11}$$

Damit lässt sich die Drehzahl der Wälzkörper n_W beschreiben.

$$n_W = (n_I - n_K) \cdot \left(\frac{D_m}{D_W} - \cos\alpha\right) \tag{6.12}$$

Durch Einsetzen der Kugelsatzdrehzahl n_K aus Gl. (6.10) und einigen Umformungen kann man die Wälzkörperdrehzahl n_W durch die Drehzahl von Innen- und Außenring ausdrücken.

$$n_W = \frac{1}{2} \cdot (n_I - n_A) \cdot \left(\frac{D_m}{D_W} - \frac{D_W}{D_m} \cdot \cos^2\alpha\right) \tag{6.13}$$

Die Umfangsgeschwindigkeit eines Wälzkörpers wird dann durch

$$v_W = \frac{\pi}{2} \cdot (n_I - n_A) \cdot \left(D_m - \frac{{D_W}^2}{D_m} \cdot \cos^2\alpha \right) \tag{6.14}$$

beschrieben.

6.2.2 Anzahl Überrollungen

Die Gebrauchsdauer eines Wälzlagers wird üblicherweise in Umdrehungen oder bei Rechnung mit einer konstanten Drehzahl in Stunden gemessen. Bei einer Umdrehung des rotierenden Rings eines Lagers werden definierte Punkte auf den Laufbahnen und auf den Kugeln unterschiedlich häufig überrollt. Die folgende Herleitung ist aus der Dissertation von Heinz-Schwarzmaier [5, S. 41 ff.] entnommen.

6.2.2.1 Überrollungen der Ringlaufbahnen

Lagerungsfälle, in denen beide Lagerringen umlaufen, treten in der Praxis nur selten auf. Nimmt man eine ortsfeste äußere Kraft an, so ergibt sich für den jeweils stehenden Ring Punktlast und für den drehenden Ring Umfangslast. Es werden also zwei Fälle unterschieden:

Fall 1: Außenring steht: Punktlast am Außenring, Umfangslast am Innenring (Bsp.: Wellenlagerung in einem Gehäuse).

Fall 2: Innenring steht: Punktlast am Innenring, Umfangslast am Außenring (Bsp.: Radlager).

Die Anzahl der Überrollungen eines Punktes N_P erhält man aus der Anzahl der Kugeln Z und der Relativbewegung des Kugelsatzes zu dem jeweiligen Lagerring. Betrachtet man zunächst die Ringe mit Punktlast (Index $_{PL}$), so wird jeder Punkt des stillstehenden Rings pro Lagerumdrehung mit der Häufigkeit

$$N_{P,PL} = Z \cdot \frac{n_K}{n_{I,A}} \tag{6.15}$$

überrollt. Setzt man die Gleichungen für die Drehzahlen von Käfig (3.43) und Ringen (3.38, 3.39) ein, so erhält man für den Außenring mit Punktlast

$$N_{P,PL,A} = Z \cdot \frac{n_K}{n_I} = \frac{Z}{2} \cdot \left(1 - \frac{D_W}{D_m} \cdot \cos\alpha \right) \tag{6.16}$$

und für den Innenring mit Punktlast entsprechend

$$N_{P,PL,I} = Z \cdot \frac{n_K}{n_A} = \frac{Z}{2} \cdot \left(1 + \frac{D_W}{D_m} \cdot \cos\alpha \right) \tag{6.17}$$

Bei den Ringen mit Umfangslast wird jeder Punkt der Laufspur zu einem festen Zeitpunkt mit einer örtlichen aber über den Umfang unterschiedlichen Belastung beansprucht. Nach

Abb. 6.12 Überrollungen am Ring mit Umfangslast. [5, S. 41]

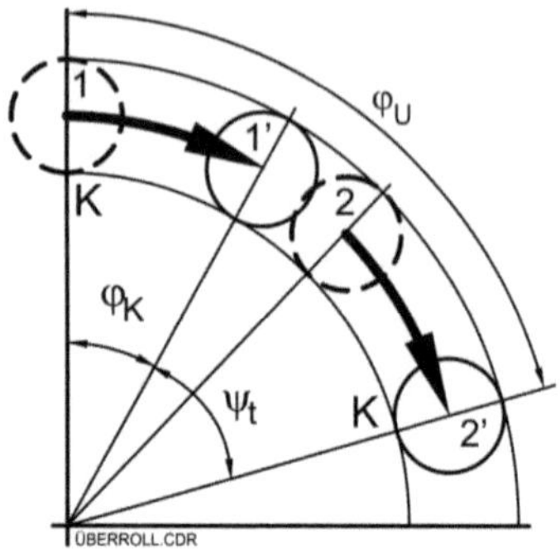

Abb. 6.12 wird jeder Punkt K der Laufspur, der mit der Kugel 1 Kontakt hat, nach einer Drehung um den Überrollwinkel φ_U von der Kugel 2 überrollt.

Der dabei zurückgelegte Verdrehwinkel ist

$$\varphi_{\mathrm{U}} = \varphi_{\mathrm{K}} + \psi_t \tag{6.18}$$

wobei

$$\psi_t = 2 \cdot \pi / Z \tag{6.19}$$

den Teilungswinkel beschreibt.

Durch Umformen von Gl. (6.18) erhält man

$$\varphi_{\mathrm{U}} = \frac{\psi_t}{1 - \dfrac{\varphi_{\mathrm{K}}}{\varphi_{\mathrm{U}}}} \tag{6.20}$$

Mit der Überrollzeit t_U wird der Winkel φ_K, den die Kugel zurücklegt, während sich der Ring um φ_U verdreht hat, zu

$$\varphi_{\mathrm{K}} = \omega_{\mathrm{K}} \cdot t_{\mathrm{U}} \tag{6.21}$$

und

$$\varphi_{\mathrm{U,\,I/A}} = \omega_{\mathrm{I/A}} \cdot t_{\mathrm{U}} \tag{6.22}$$

Damit und mit der allgemeinen Beziehung $\omega = 2 \cdot \pi \cdot n$ kann man für Gl. (6.20) auch schreiben

$$\varphi_{\mathrm{U,I/A}} = \frac{\psi_t}{1 - \dfrac{n_{\mathrm{K}}}{n_{\mathrm{I/A}}}} \tag{6.23}$$

Nach dem Einsetzen der Drehzahlen aus (6.18), (6.19) und mit Gl. (6.20) sowie nach einigen Umformungen erhält man für den Innenring mit $n_A = 0$:

$$\varphi_{\mathrm{U/I}} = \frac{4 \cdot \pi}{Z \cdot \left(1 + \dfrac{D_{\mathrm{W}}}{D_{\mathrm{m}}} \cdot \cos\alpha\right)} \tag{6.24}$$

6.2.2.2 Überrollungen der Kugel

Unter der Annahme, dass die Kugel um eine feste Drehachse rotiert, liegen alle Punkte, die mit Innen- und Außenring in Kontakt kommen, auf einer (gedachten) Linie. Diese Linie ist im Idealfall auch gleichzeitig die Verschleißspur, in der die Festschmierstoffschicht beansprucht wird.

Die Anzahl der Kontaktierungen, die ein Punkt in der Laufspur der Kugel erfährt, lässt sich in Analogie zu Rädergetrieben aus den Durchmesserverhältnissen der beteiligten Körper beschreiben. Bei stillstehenden Außen- und drehendem Innenring ist die Anzahl der Kontaktierungen

$$N_{\mathrm{P,W,I}} = \frac{D_{\mathrm{I}}}{D_{\mathrm{W}}} = \frac{D_{\mathrm{m}} - D_{\mathrm{W}} \cdot \cos\alpha}{D_{\mathrm{W}}} = \frac{D_{\mathrm{m}}}{D_{\mathrm{W}}} - \cos\alpha \tag{6.25}$$

und bei drehendem Außen- und stillstehendem Innenring

$$N_{\mathrm{P,W,A}} = \frac{D_{\mathrm{A}}}{D_{\mathrm{W}}} = \frac{D_{\mathrm{m}} + D_{\mathrm{W}} \cdot \cos\alpha}{D_{\mathrm{W}}} = \frac{D_{\mathrm{m}}}{D_{\mathrm{W}}} + \cos\alpha \tag{6.26}$$

Da ein Punkt auf der Kugel abwechselnd mit dem Innen- und dem Außenring in Kontakt kommt, beschreiben (6.25) und (6.26) nur die halbe Anzahl der Kontakte eines Punktes auf der Kugel mit beiden Ringen bei einer Umdrehung des jeweiligen Rings. Die Anzahl der Kontakte eines Punktes auf der Kugel bei einer Lagerumdrehung ist dann

$$N_{\mathrm{P,W}} = 2 \cdot N_{\mathrm{P,W,I/A}} \tag{6.27}$$

Im Falle der Lagergröße 6001 kommt demnach ein definierter Punkt auf der Kugel nach einer Lagerumdrehung 6,532mal mit einem der beiden Ringe in Kontakt.

6.2.3 Umfangsgeschwindigkeit und Drehzahl des Käfigs

Die Umfangsgeschwindigkeit des Käfigs v_{K} wird auf den Teilkreisdurchmesser T bezogen und entspricht damit dem der Geschwindigkeit der Rollkörpermittelpunkte. Bei konstantem Druckwinkel α errechnet sich nach [2, S. 90, 91] die Käfiggeschwindigkeit v_{K} nach Abb. 6.11 als arithmetisches Mittel der Umfangsgeschwindigkeiten der Kontakte am Innenring v_{I} und am Außenring v_{A}.

6.3 Dynamik feststoffgeschmierter Wälzlager

Die Beanspruchung im Kugel-Ring-Kontakt wurde in der Vergangenheit intensiv untersucht, der Beanspruchung im Kugel-Käfig-Kontakt wurde jedoch deutlich weniger Aufmerksamkeit geschenkt. Begründung dafür ist die im Vergleich zur maximalen Beanspruchung im Kugel-Ring-Kontakt um zwei bis drei Größenordnungen kleinere Beanspruchung des Kugel-Käfig-Kontakts. Erst wenn ein Wälzlagerkäfig durch Verschleiß oder gar

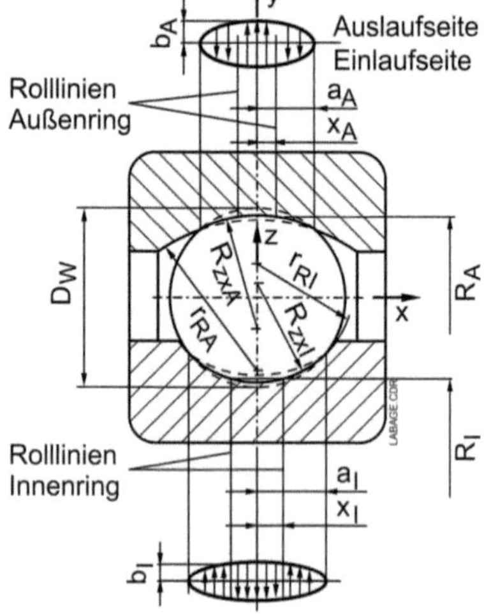

Abb. 6.13 Laufbahngeometrie eines radial belasteten Rillenkugellagers. (Nach [4, S. 37])

Bruch ausfällt und damit die komplette Lagerung versagt, kommt üblicherweise die Frage nach der Käfigbeanspruchung auf. Käfigversagen kann bei öl- und fettgeschmierten Wälzlagern nach [1, S. 27] insbesondere bei sehr hohen Drehzahlen und Beschleunigungen, bei großen, kombinierten Lasten, bei einer Verkippung von Innen- zu Außenring durch unsachgemäße Fertigung bzw. Montage oder bei unzulässiger Wellendurchbiegung auftreten.

Bei Feststoffschmierung liegen gegenüber der Fett- und Ölschmierung Verhältnisse vor, welche die Käfigbeanspruchung deutlich erhöhen. Das Fehlen von fluidischer Dämpfung im Kugel-Käfig-Kontakt, die Verspannungen zwischen Kugeln und Käfig in der Lastzone und die oft hohen Lagertemperaturen beanspruchen den Käfig erheblich. Besonders kritisch für die Käfigbeanspruchung ist die Änderung der Kugeldurchmesser in der Lastzone, die eine ungleichförmige Kugelorbitalgeschwindigkeit und dadurch die sogenannte *Kugel-Käfig-Dynamik* hervorruft.

6.3.1 Änderung der Wälzkörper-Wirkdurchmesser in der Lastzone

Bei einem Rillenkugellager unter reiner Radiallast verformen sich die Kontaktflächen wie in Kap. 3.1.3.2 beschrieben ellipsenförmig (Abb. 6.13).

Die Kontaktellipsen an Innen- und Außenring sind auch bei gleicher Schmiegung unterschiedlich, da die Krümmungsradien der Ringe in Äquatorialebene unterschiedlich sind. Die Kontaktfläche am Innenring ist in Umfangsrichtung schmäler und quer zur Laufrichtung breiter als die am Außenring, deshalb sind auch die Rolllinienabstände am Außen- und Innenring (x_A und x_I) unterschiedlich.

Theoretische und experimentelle Untersuchungen belegen, dass der Abstand der Rolllinien x_A und x_I direkt als konstantes Verhältnis von der großen Ellipsenhalbachse a der Kontaktfläche abhängt [4, S. 38]

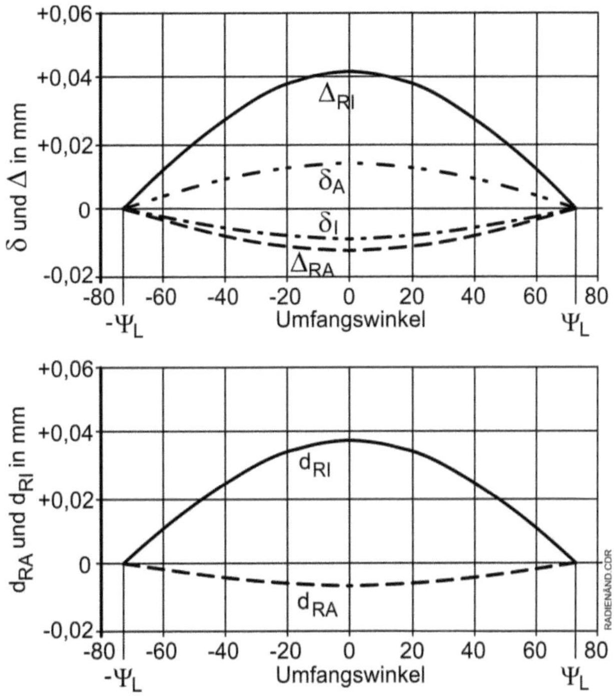

Abb. 6.14 Radienänderung Δ_{RI} und Δ_{RA}, gesamte Abplattung δ_I und δ_A und daraus resultierende gesamte Radienänderung d_{RI} und d_{RA} am Innen- und Außenring für Rillenkugellager 6205 mit 16 µm Lagerspiel, 0,2 F_{rad}/C_0 und Werkstoffkennwerte für 100 Cr6 bei 300 °C, Lastzonenwinkel $\psi_L = 147°$. [4, S. 38]

$$\gamma = \frac{x_{I/A}}{a_{I/A}} \approx 0{,}35 \tag{6.28}$$

Da sich die Kugellast und damit auch die Abplattung von Kugel und Ring in der Kontaktzone infolge der Hertz'schen Flächenpressung beim Durchlaufen der Lastzone verändern, verändern sich dabei auch die Kontaktellipsen (Abb. 6.14).

Beim Einlauf in die Lastzone nimmt die Kontaktnormalkraft zu und damit werden am Außenring die Fläche der Kontaktellipsen und der mittlere Laufbahnradius größer, am Innenring die Fläche der Kontaktellipsen größer und der mittlere Laufbahnradius kleiner. Damit einhergehend verlagern sich auch die Rolllinien auf beiden Ringen in axialer und radialer Richtung Die radiale Verlagerung der Rolllinien und damit der wirksame Rollradius hängen nun von der radialen Verlagerung der Druckellipse infolge Eindrückung bei höherer Last und dem axial-radialen Auswandern der Rolllinien auf der größer werdenden gekrümmten Kontaktellipse ab. Beim Referenzlager 6205 bewirkt die enge Schmiegung am Innenring eine deutliche Vergrößerung der Rollradien (Abb. 6.15) durch eine höhere Last (d_{RIL}>0, R_{IL}>R_{I0}).

Die Rollradien am Außenring werden kleiner ($R_{A,L}$<$R_{A,O}$), aber die geringere Schmiegung im Vergleich zum Innenring ergibt eine geringere radiale Verlagerung der Rollradien (Betrag $d_{RI,L}$> Betrag $d_{RA,L}$).

Abb. 6.15 Veränderungen der Rollradien und Geschwindigkeiten der Kugel ohne (Index$_0$) und mit Last (Index$_L$). (Nach [4, S. 39])

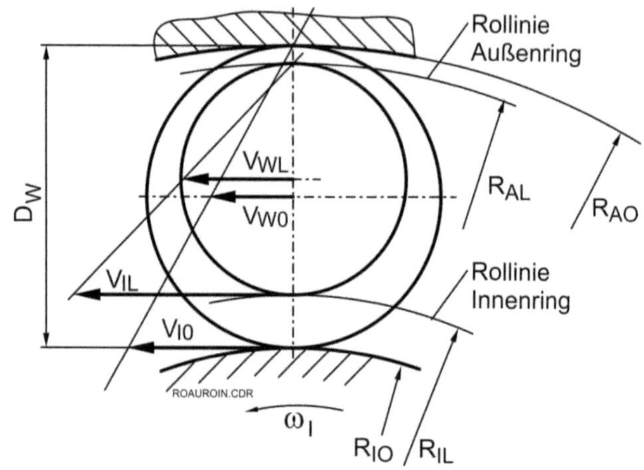

6.3.2 Änderung der Kugelorbitalgeschwindigkeit in der Lastzone

Mit der unterschiedlichen radialen Verlagerung der Rollradien am Innen und Außenring einher geht eine Veränderung der Orbitalgeschwindigkeiten ($v_{W,L} > v_{W,O}$).

$$\frac{v_{W,L}}{v_{I,L}} = \frac{\frac{D_{W,O}}{2} - \frac{\delta_A(\psi)}{2} - \Delta_{RI}}{D_{W,L}} \tag{6.29}$$

mit

$$v_{IL} = R_{IL} \cdot \omega = 2 \cdot \pi \cdot n_I \cdot R_{IL} \tag{6.30}$$

Berücksichtigt man nun die kontinuierliche Lastveränderung von 0 beim Eintritt in die Lastzone über F_{max} im Scheitelpunkt bis zu 0 beim Austritt aus der Lastzone, bedeutet dies eine kontinuierlich anwachsende und dann abnehmende Orbitalgeschwindigkeit v_W (ψ) der Kugel beim Durchlaufen der Lastzone. Die Kugel erfährt also eine positive Orbitalbeschleunigung beim Einlaufen in die Lastzone und eine negative Orbitalbeschleunigung (Verzögerung) beim Auslaufen.

Diese Änderung der Orbitalgeschwindigkeit betrifft alle Kugeln im Bereich der Lastzone [4, S. 36 ff.].

6.3.3 Kugel-Käfig-Dynamik

Die Änderung der Kugelorbitalgeschwindigkeit in der Lastzone ruft Wechselwirkungen zwischen dem Kugelsatz und dem Käfig hervor, die als Kugel-Käfig-Dynamik [7] bezeichnet werden. Die Kugel-Käfig-Dynamik hat drei charakteristische Phasen. In Abb. 6.16 sind diese Phasen anhand eines abgewickelten Käfigs dargestellt.

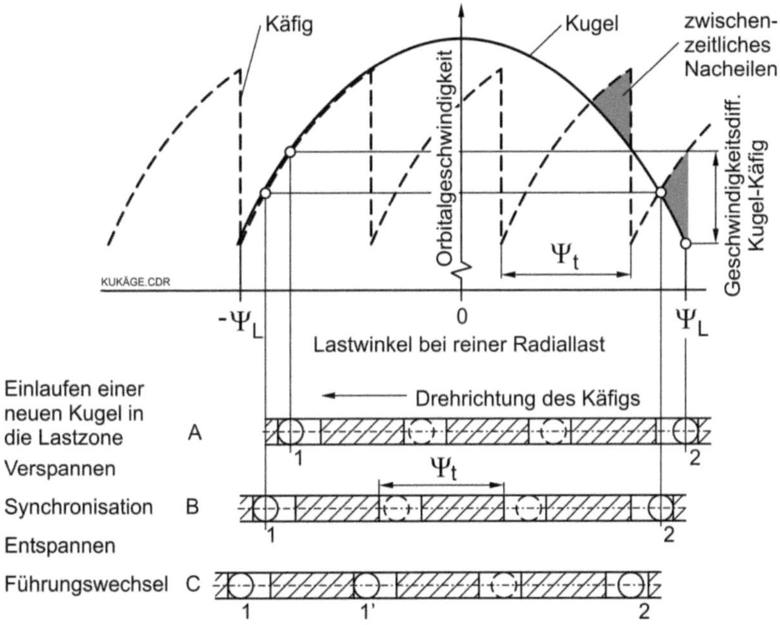

Abb. 6.16 Kugelorbitalgeschwindigkeit in der Lastzone und relative Lage der Kugel zur Käfigtasche als Modellvorstellung. [8, S. 62]

In der ersten Phase (A) gegen Ende der Lastzone treibt eine Kugel (1) den Käfig an, da sie an der Vorderwand der Kugelkalotte des Käfigs anliegt und ihre Bewegung formschlüssig auf die Käfigbewegung überträgt. Am Beginn der Lastzone tritt eine andere Kugel (2) in die Lastzone ein. Sie liegt aufgrund der Schwerkraft an der hinteren, weiter unten liegenden Käfigwand an. Die Geschwindigkeit des schnelleren Käfigs überträgt sich auf die Kugel (2). Die Geschwindigkeitsdifferenz zwischen dem von Kugel angetriebenen Käfig und der langsameren Kugel (2) führt bei einteiligen, geschlossenen Käfigen zu einer Verspannung des Käfigs.

In der zweiten Phase (B) gleichen sich die Geschwindigkeiten beider Kugeln (1) und (2) an und der Käfig entspannt sich.

Die dritte Phase (C) ist die Phase des *Führungswechsels*. Die nachfolgende Kugel (1) eilt in der Käfigtasche vorwärts, stößt an die vordere Käfigtaschenwand und übernimmt nun ihrerseits die Führung.

Innerhalb des betrachteten Käfigsektors lösen sich somit Verspannungs- und Entspannungszustände ab, die den Käfig mit einer tangential wirkenden, wechselnden Zug-Druck-Spannung dauerbeanspruchen. Dieser permanent stattfindende Führungswechsel mit der dadurch bedingten Schwingbeanspruchung des Käfigs wird als Kugel-Käfig-Dynamik bezeichnet.

▶ **Definition:** Unter Kugel-Käfig-Dynamik wird die Wechselwirkung zwischen dem Kugelsatz und dem Käfig beim Durchlauf der Kugeln durch die Lastzone verstanden.

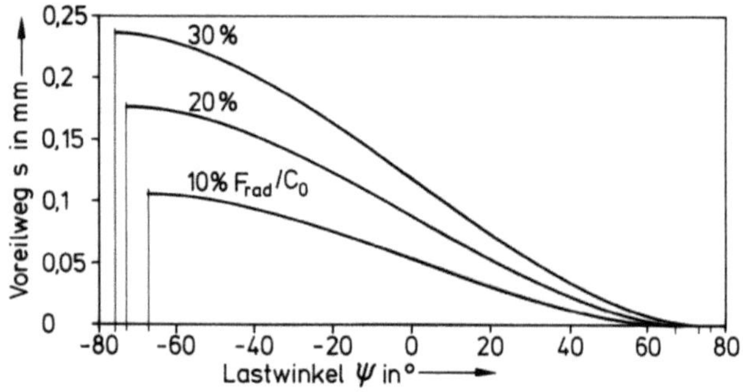

Abb. 6.17 Voreilweg der Kugeln beim Durchlaufen der Lastzone (Referenzlager 6205, 1500 U/min, $F_{rad}/C_0 = 0{,}2$). (Nach [4, S. 41])

Ursache dafür sind die Änderungen der Kugelorbitalgeschwindigkeit in der Lastzone infolge der lastabhängigen Verformungen der Kontaktpartner.

Könnte sich die Kugel ungehindert von der Käfigtasche frei bewegen, würde sie beim Einlaufen in die Lastzone gegenüber dem Käfig voreilen und beim Auslaufen aus der Lastzone um den gleichen Betrag nachlaufen. Den entsprechenden Voreilweg der Kugeln zeigt Abb. 6.17.

Der Voreilweg übersteigt z. B. bei der Lagergröße 6205 bei größeren Belastungen durchaus 0,2 mm und ist damit größer, als das herstellungsbedingte Kugeltaschenspiel.

Die Käfigbeanspruchung durch die Kugel-Käfig-Dynamik nimmt zu:

- mit der Zunahme der radialen Lagerlast,
- mit der Zunahme des Lastzonenwinkels,
- mit der Abnahme der Kugelzahl in der Lastzone,
- mit der Verringerung des Käfigtaschenspiels.

Schon aus letzterem Grund ist bei feststoffgeschmierten Wälzlagern eine Wälzkörperführung des Kugelkranzes mit ihren engen Toleranzen problematisch.

Die Kugel-Käfig-Dynamik ist auch maßgeblich für das Zustandekommen einer Transferschmierung durch Verschleiß des Käfigwerkstoffs im Kugel-Käfig-Kontakt und den Eintrag von Festschmierstoffpartikeln in den Kugel-Ring-Kontakt verantwortlich. Ein großes Käfigtaschenspiel würde die Käfigbeanspruchung zwar reduzieren, wäre allerdings kontraproduktiv für eine Transferschmierung.

6.3.4 Modellierung und Simulation der Kugel-Käfig-Dynamik

Im tribologischen Kontakt zwischen Kugel und Käfig findet eine reine Gleitreibung unter Flächenpressung statt. Deshalb liegt es nahe, diesen Kontakt auch mit einem reibenergetischen Ansatz zu beschreiben. Das entwickelte Reibenergiemodell für den Kugel-Käfig-Kontakt ermöglicht auch den Lebensdauer verlängernden Transfer durch freigesetztes MoS_2 aus dem Käfigverschleiß theoretisch zu erfassen.

Abb. 6.18 Taschensegment und Taschenkoordinatensystem. [10]

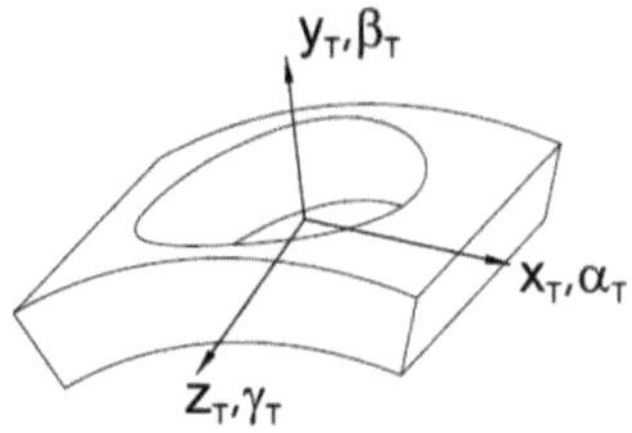

Die nötigen Eingangsdaten für die Reibenergieberechnung wie Kontaktkräfte und Gleitgeschwindigkeiten können mit vertretbarem Aufwand experimentell nicht erfasst werden. Die Daten wurden deshalb durch die Modellierung des Wälzlagers mit den Kugel-Käfig-Kontakten und die Simulation der Bewegungsdynamik der betreffenden Wälzlager am Lehrstuhl für Maschinenelemente und Getriebetechnik der TU Kaiserslautern [4, 9, 10] gewonnen. Im Rahmen des DFG-Verbundvorhabens BI 517/8/ und SA 898/4-1, 6-2 wurden sie für die Berechnung der Reibenergie genutzt. Dazu wurde ein Kugel-Käfig-Reibenergiemodell entwickelt und in die vorhandene Theorie zur Lebensdauerberechnung integriert. Die Berechnungsmodelle und -methoden wurden mit experimentellen Untersuchungen validiert.

6.3.4.1 Modellierung des Wälzlagers

Die physikalischen Vorgänge im Inneren eines Lagers können nicht einfach gemessen und nachvollzogen werden. Durch den Einsatz der *Dynamik-Simulation* ist es möglich, die Effekte im Inneren des Kugellagers zu untersuchen. Dazu sind eine Reihe von Arbeiten zur Simulation von Wälzlagern durchgeführt worden [4, 9, 10]. Eingesetzt wird eine kommerzielle *Mehrkörpersimulations*-Software (MKS), mit der die Lagermodelle in einer Zeitschrittintegration berechnet und anschließend ausgewertet werden können [11]. Die Eignung kommerzieller MKS-Software zur Simulation von Maschinenelementen mit Gleit-Wälzkontakten und die damit verbundenen umfangreichen Vorteile werden in [9] vorgestellt.

Um die komplexen Belastungs- und Beanspruchungssituationen im Lagerkäfig bestimmen zu können, muss dieser realitätsnah, d. h. als elastische Struktur in der MKS-Software abgebildet werden. Nur unter bestimmten Voraussetzungen, wenn z. B. keine großen Verformungen auftreten, ist es sinnvoll starre Käfigmodelle zu verwenden [4].

Zur elastischen Strukturmodellierung werden die Struktureigenschaften durch direkte Reduktion der physikalischen Freiheitsgrade abgebildet. Dazu wird der gesamte Käfig in i einzelne Käfigtaschensegmente T_i unterteilt. Jedem Segment werden eine Masse m_{Ti} sowie ein Massenträgheitsmoment ITi, die auf das Koordinatensystem der Tasche bezogen werden, zugeordnet (Abb. 6.18).

Die einzelnen Segmente sind mittels Feder-Dämpfer-Elementen miteinander verbunden. In Abb. 6.19 ist ein Ausschnitt des so entstehenden Polygons dargestellt. Des Weiteren ist zu erkennen, dass sich die Knoten im jeweiligen Taschenmittelpunkt des

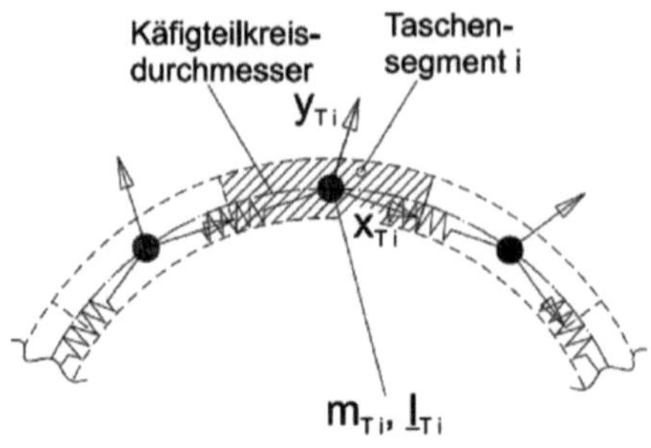

Abb. 6.19 Diskretisierter Käfigring. [10]

Abb. 6.20 Netzstruktur des Finite-Elemente-Käfigmodells. [4]

Käfigs befinden. So ergibt sich auch die Knotenanzahl gleich der Anzahl an Kugeln im Lager [11]

Eine weitere Möglichkeit ist es, die mikroskopischen Elastizitäten des Käfigs mit Hilfe der FE-Methode abzubilden (Abb. 6.19), daraus eine makroskopische Elastizität zu bestimmen und diese in die MKS-Umgebung einzubinden [4] (Abb. 6.20).

6.3.4.2 Simulation der Kugel-Käfig-Dynamik

Exemplarisch werden in Abb. 6.21 und 6.22 die Ergebnisse einer Simulation aufgezeigt. Dabei ist der Käfig makroskopisch als starre Struktur ausgebildet und hat vier Freiheitsgrade. Das Lager (6205) wurde mit einer Radiallast von 888 N und einer Axialkraft von 0 N belastet. Die Drehzahl wurde auf 1500 min^{-1} und die Temperatur auf 300 °C eingestellt.

In Abb. 6.21 ist das Durchlaufen der Kugel durch die Lastzone (III) dargestellt. Die Kontaktnormalkräfte zwischen Innenring und Außenring sind gleich groß. Aus diesem Grund ist nur ein Kraftverlauf zu sehen.

In Abb. 6.22 ist die Verlagerung einer Kugel in der Käfigtasche tangential und axial dargestellt. Des Weiteren ist die Kontaktnormalkraft zwischen Wälzkörper und Käfigtasche aufgezeichnet.

Deutlich erkennbar sind die beim Führungswechsel auftretenden Kontaktnormalkräfte zwischen Kugel und Käfig.

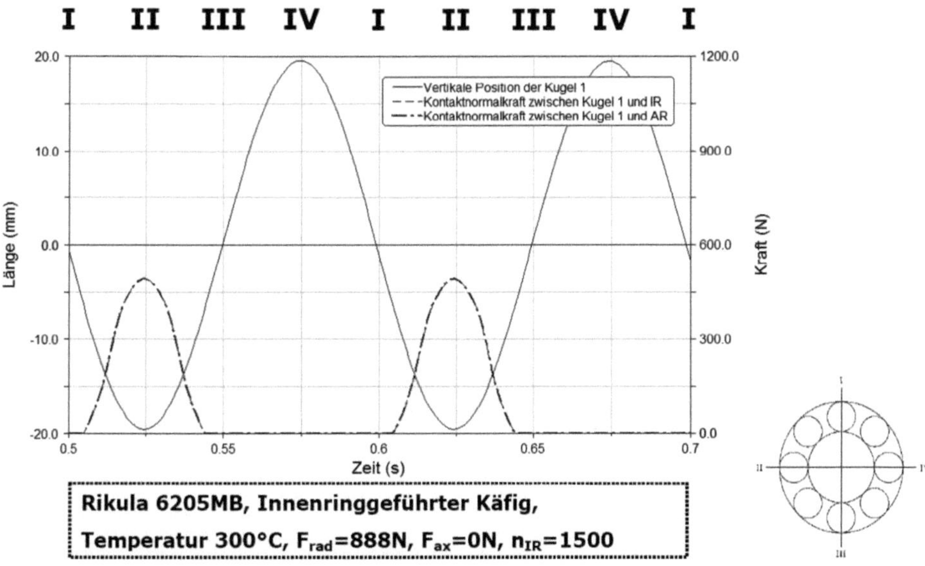

Abb. 6.21 Simulationsergebnisse der Kugelposition und der Kontaktnormalkraft. [11]

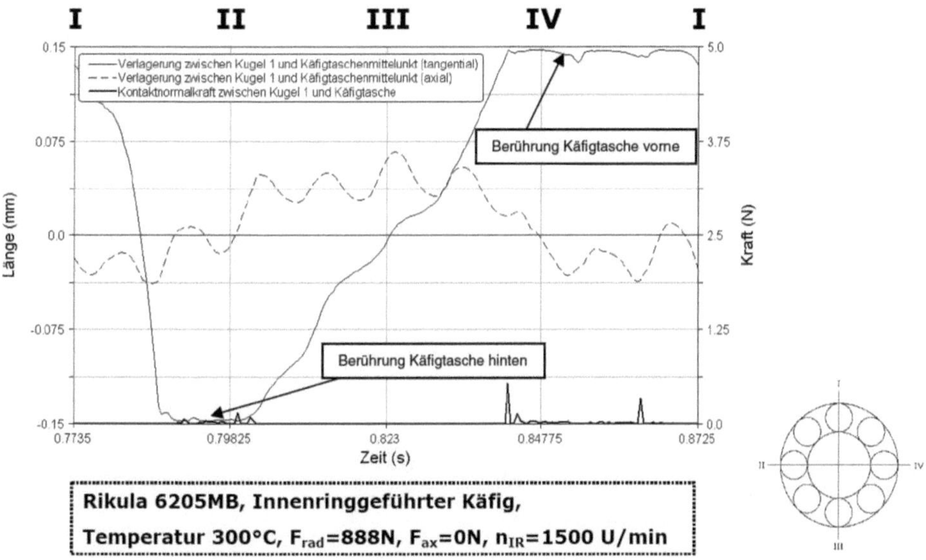

Abb. 6.22 Ergebnisse der Kontaktnormalkraft und der Lage der Kugel in der Käfigtasche. [11]

6.3.5 Reibenergiemodell für den Kugel-Käfig-Kontakt

Der Ansatz zur Berechnung der im Kugel-Käfig-Kontakt wirkenden Reibarbeit errechnet sich analog zur Berechnung der Reibenergie nach Holland [12] entsprechend Gl. (6.31)

$$W_R = \int_{t_e}^{t_a} \iint_A \mu \cdot p(x,y) \cdot v(x,y) dx\, dy\, dt \tag{6.31}$$

Der Schmierstofftransfer aus dem Käfig wird maßgebend von dem Zusammenspiel von Kugeln und Käfig bestimmt. Dabei beeinflussen die Reibkraft und die Gleitgeschwindigkeit zwischen Kugel und Käfig besonders stark den MoS_2-Transfer vom Käfig auf die Kugellaufbahn. Beide Größen fließen in das entwickelte Kugel-Käfig-Reibenergiemodell ein. Dabei ist zu beachten, dass im Rahmen dieser Arbeit keine Berechnungsmethoden für die Bestimmung der Kontaktkräfte und der Winkelgeschwindigkeiten der Kugel entwickelt wurden. Diese Werte werden vielmehr aus Simulationen ermittelt und sind Eingangsdaten für die Reibenergieberechnung. Im Rahmen der Reibenergiemodellbildung werden die Häufigkeit und Höhe der Kontaktkraft, die Geometrie zwischen Kugel und Käfigtasche und die Geschwindigkeitsverteilung ermittelt. Damit wird die Transfersituation im Reibenergiemodell mit den abhängigen Größen beschrieben.

Die Dynamik der einzelnen Kugel in der Käfigtasche und die Dynamik des Kugelsatzes auf den Käfig rufen im Wesentlichen die Käfigbeanspruchungen hervor. Da zur Validierung der entwickelten Theorien Wälzlager mit innenbordgeführten Käfigen eingesetzt werden (s. Kap. 5.3.3), entsteht eine zusätzliche Beanspruchung durch die Käfigabstützung am Innenringbord. Außerdem verlagert sich der Außenring gegenüber dem Innenring infolge der radialen Lagerluft. Dieser exzentrische Ringspalt beeinflusst zusätzlich die Kugel-Käfig-Dynamik.

Diese Effekte werden in der Simulation berücksichtigt. Nicht berücksichtigt werden jedoch die evtl. auftretenden Käfigbelastungen aufgrund von Störungen der Lagerkinematik durch losgelöste Festschmierstoffpartikel.

Für die Berechnung der Reibenergie müssen die Flächenpressungsverteilung und die Relativgeschwindigkeit über die Kontaktfläche ermittelt werden. Diese Berechnungen können bei Bozkurt [13] detailliert nachvollzogen werden.

6.4 Umgesetzte Reibenergie im Kugel-Käfig-Kontakt

Die Einflüsse des Nachschmierens durch einen MoS_2-dotierten Käfig können nun mit Hilfe des Modells für den Kugel-Käfig-Kontakt beschrieben und in das bestehende Reibenergiemodell im Wälzkontakt integriert werden.

Abb. 6.23 Zunahme der Reibenergie am Kugel-Käfig-Kontakt (Radialkraft 1000 N, Drehzahl 3000 min^{-1})

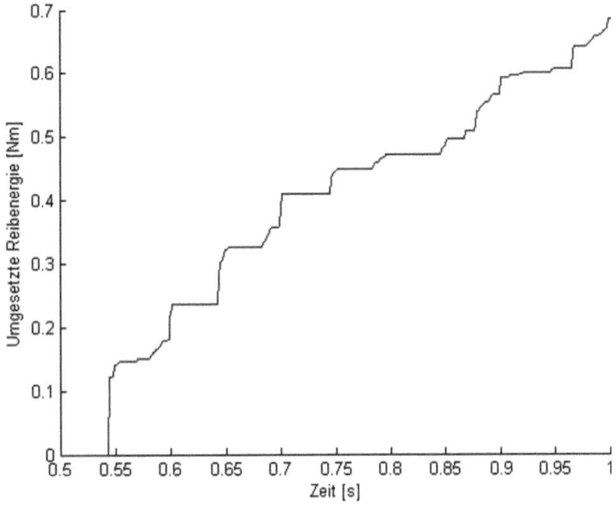

6.4.1 Reibenergieansatz

Nach mathematischen Transformationen und Anwendung verschiedener physikalischer Ansätze kann die im Kugel-Ring-Kontakt umgesetzte Reibenergie nach Gl. (6.32) berechnet werden.

$$W_R = \int_{t_e}^{t_a}\iint_A \frac{1{,}5}{\pi \cdot a^* \cdot b^*} \cdot \sqrt[3]{\left(\frac{2 \cdot \sum\rho}{3} \cdot \left(\frac{E_{Kg}}{1-\nu^2} + \frac{E_K}{1-\nu^2}\right)\right)^2 \cdot Q} \cdot \sqrt{1 - \frac{x^2}{a^2} - \frac{y^2}{b^2}} \cdot \omega \cdot \sqrt{R_{vy}^2 + e^2 - 2 \cdot R_{vy} \cdot e \cdot y^2 \cdot \cos(\alpha)}\, dx\, dy\, dt \tag{6.32}$$

Für jede Kontaktierung der Käfigtasche wird die Reibenergie mit einer Schrittweite von 5×10^{-5} *s* berechnet. Nach jedem Schritt wird die umgesetzte Reibenergie mit der vorherigen aufaddiert. Die Zunahme der Reibenergie mit jeder Kontaktierung zwischen Kugel und Käfig ist in Abb. 6.23 dargestellt. Die abschnittsweise konstante Reibenergieumsetzung (siehe horizontale Verläufe in Abb. 6.23) sind die Momente, in denen Kugel und Käfig keinen Kontakt haben.

Mit Hilfe eines Matlab-Programms ist eine Simulation der umgesetzten Reibenergie im Kugel-Käfig-Kontakt möglich. Diese Simulation ermöglicht es, je nach Position des Kugel-Käfig-Kontakts, die Wirkung der Käfigdynamik am Umfang des Lagers auf die Reibenergie in einem dreidimensionalen Verlauf darzustellen.

Der Reibenergieansatz nach Holland [12] wurde so weiterentwickelt, dass auf jedem Punkt der Kontaktellipse die unterschiedliche Pressung und Gleitgeschwindigkeit im Reibenergiemodell für den Kugel-Käfig-Kontakt berücksichtigt wurden [11]. Weiterhin

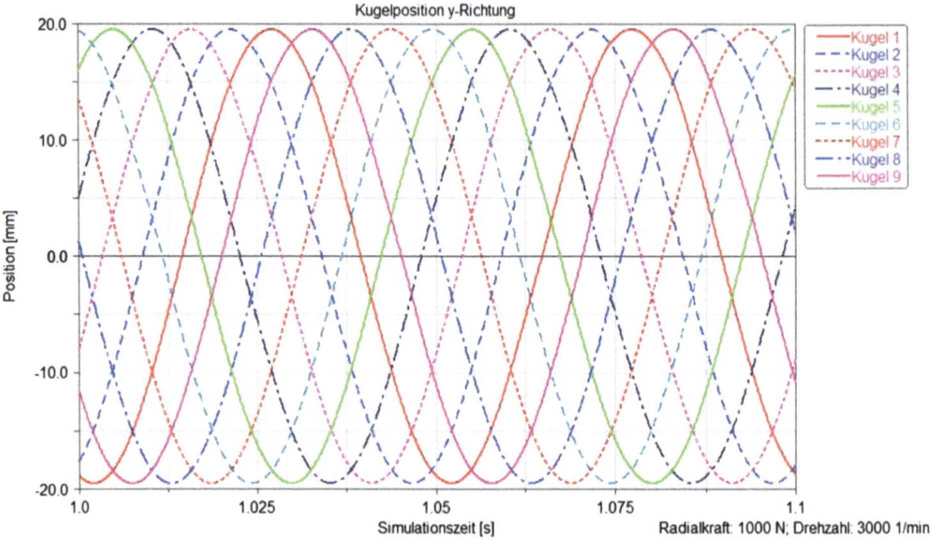

Abb. 6.24 Kugelposition bei 1000 N Radiallast und 3000 min^{-1}. [4]

wurde das Reibenergiemodell dahingehend verfeinert, dass durch die Abplattung von Kugel und Käfig der sich ändernde, kinematisch wirksame Abstand bei der Relativgeschwindigkeitsverteilung berücksichtigt wird. Alle physikalischen Ansätze zur Berechnung der Reibenergie im Wälzreibungsprüfapparat und im Kugel-Käfig-Kontakt wurden in Matlab Programme implementiert, um so die Grundlage eines Lebensdauerberechnungsprogramms zu schaffen.

6.4.2 Kontaktkräfte und Kugelposition

Die Simulationsergebnisse bestätigen die Erwartungen. Sowohl die Taschenabstände als auch die Mitte der Laufbahn stimmen mit den Geometriedaten des Käfigherstellers überein (Abb. 6.24).

Auch die Käfigbewegung geht nach dem Anfahren in einen stabilen Beharrungszustand über (Abb. 6.25) [4].

Der Verlauf der Kontaktkräfte zwischen Kugel und Käfig (Abb. 6.26) hat einen direkten Einfluss auf den Verlauf der Reibenergie. In der Simulation sind nur die Kräfte in x-Richtung des Taschenkoordinatensystems berücksichtigt.

Die Kräfte zwischen Wälzkörper und Käfig bei 1000 N Radiallast und 3000 min^{-1} nehmen im Laufe der Simulation unterschiedliche Spitzenwerte mit unterschiedlichen Zeitabständen an (Abb. 6.26). Da die Kugel-Käfig Kontaktkraft direkt in die Reibenergieberechnung eingesetzt wird, beeinflusst dieses Phänomen auch direkt den Reibenergieverlauf.

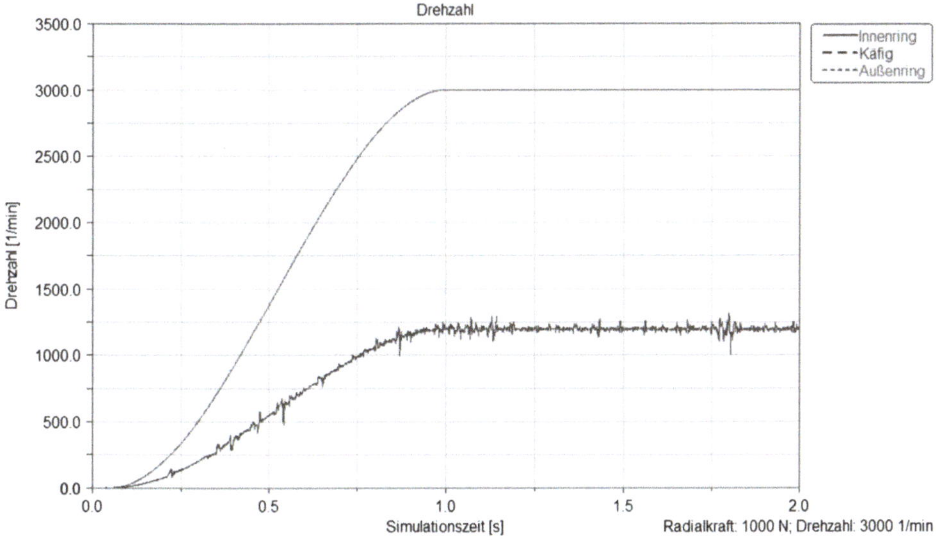

Abb. 6.25 Drehzahl bei 1000 N Radiallast und 3000 min^{-1}. [4]

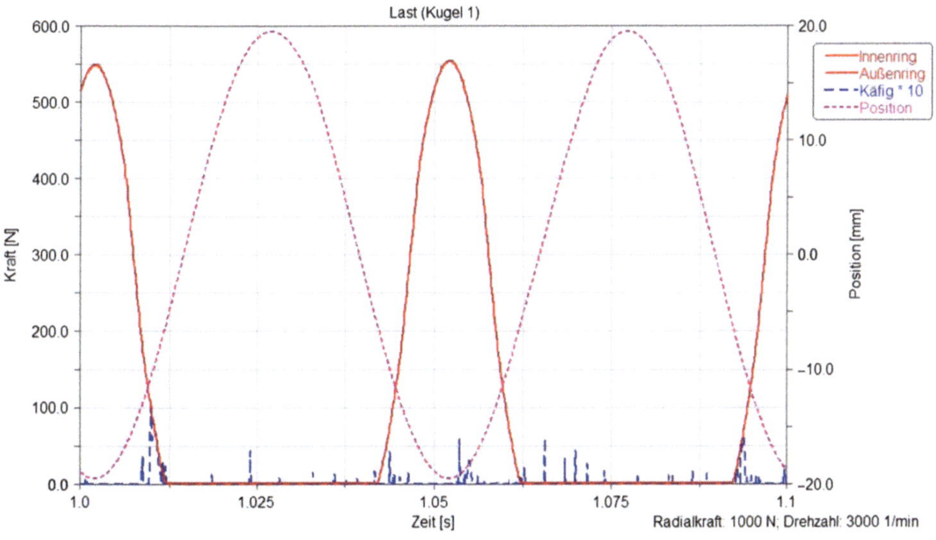

Abb. 6.26 Kräfte vom Wälzkörper bei 1000 N Radiallast und 3000 min^{-1}. [4]

Mit der Simulation der Kugel-Käfig-Dynamik und der Berechnung der Reibenergie im Kugel-Käfig-Kontakt sind nun die Grundlagen geschaffen, um den Schmierstofftransfer zu ermitteln.

Abb. 6.27 Radiale Verformungen in einem Rillenkugellager; **a** ungefügter Zustand „0“; **b** gefügter Zustand „1“

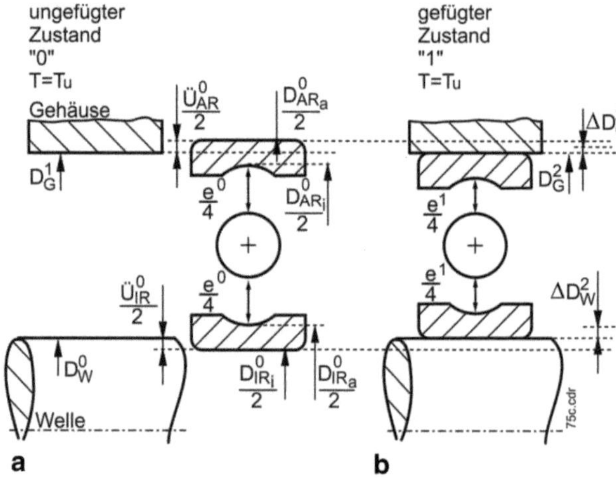

6.5 Thermodynamik feststoffgeschmierter Wälzlager

Ein Hauptanwendungsgebiet für feststoffgeschmierte Wälzlager ist der Einsatz bei Temperaturen deutlich oberhalb der Raumtemperatur ($T > 200$ °C), wenn die Schmierung mit Fetten und Ölen problematisch oder gar unmöglich wird. Im Folgenden werden die Verformungen der Lagerkomponenten vom Einbau (mechanische Verformung) bis zum unter Last rotierenden Lager (thermische Verformungen) betrachtet.

6.5.1 Verformungen beim Einbau des Lagers

Nach Abb. 6.27 ändert sich die Geometrie der Lagerringe beim Einbau eines unbelasteten Lagers (Zustand „0“) durch die Passungen im Wellen- und Lagersitz.

Der Innenring wird aufgeweitet, der Außenring eingeengt (Zustand „1“). In erster Näherung kann man eine dazu entgegen gerichtete Aufweitung der Lagerbohrung und Einengung des Wellendurchmessers vernachlässigen, weil die radialen Steifigkeiten von Gehäuse und Wellen üblicherweise weit größer sind als die der Lagerringe.[2]

Mit Hilfe gängiger Berechnungen ermittelt man das Istspiel. Um die zu erwartenden Grenzspiele im Betriebszustand zu ermitteln, führt man die Berechnung mit dem Mindestspiel und dem Höchstspiel unter Zuhilfenahme der oberen und unteren Grenzmaße von Welle und Gehäusebohrung durch.

[2] Bei sehr dünnwandigen, rohrförmigen Gehäusen und Hohlwellen muss diese Annahme korrigiert werden. Hierzu kann die Verformung von Gehäuse und Welle mittels der Theorie der gelochten Scheibe berechnet werden.

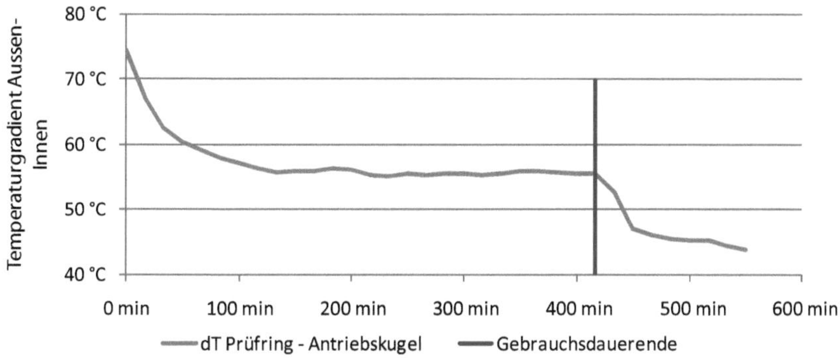

Abb. 6.28 Veränderung des Temperaturgradient zwischen Außenring und Antriebskugel über der Versuchsdauer (VKA, KKR. 250 °C)

6.5.2 Wärmedehnungen im Lager

Extern zugeführte und intern erzeugte Reibwärme heizen die Lagerkomponenten und ihre umgebenden Komponenten auf, wobei *Wärmedehnungen* entstehen können.

6.5.2.1 Aufheizen des ruhenden Lagers durch Fremdwärme

Die Betriebstemperatur hat eine Wirkung auf den Druckwinkel, d. h. die Temperaturdehnung beeinflusst den Druckwinkel. Durch den Temperatureinfluss dehnen sich die Probekörper aus. Diese Dehnung ist abhängig von der Höhe der Temperatur und der Materialdehnungskonstante α_T.

$$\Delta l = \alpha_\mathrm{T} \cdot l \cdot \Delta T \tag{6.33}$$

Bei homogener Temperaturverteilung dehnen sich die Körper gleichmäßig in alle Dimensionen aus. Dies gilt näherungsweise für einen Lageraußenring:

$$r_{\mathrm{RA},\Delta T} = \alpha_\mathrm{T} \cdot r_{\mathrm{RA}} \cdot \Delta T \tag{6.34}$$

Aufgrund der einseitigen Heizungsanordnung der Prüftopfheizung im VKA entsteht ein Temperaturgradient innerhalb der Versuchsprobe mit sinkender Temperatur vom Außenring zur Antriebskugel. In Abb. 6.28 ist beispielhaft die Temperaturdifferenz für einen 250 °C Versuch mit der Konfiguration KKR im VKA zu sehen.

Während des gesamten Versuchsablaufs wird die Außenringtemperatur durch die Heizungsregelung bei konstant 250 °C gehalten. Unmittelbar vor Versuchsbeginn hat die Antriebskugel in der Regel eine konstante Temperatur von 175 °C. Nach dem Versuchsstart erhöht sich die Temperatur der Antriebskugel um ca. 20 °C auf eine neue Gleichgewichtstemperatur. Die Temperaturdifferenz ΔT zwischen Außenring und Antriebskugel sinkt von etwa 75°C auf 55°C ab. Die Gleichgewichtstemperatur wird in der Regel nach einer Stunde erreicht und liegt bis zum Ende der Gebrauchsdauer bei ca. 195 °C. Nach Erreichen der Lebensdauer steigt die Antriebskugeltemperatur auf ca. 205 °C, die Temperaturdiffe-

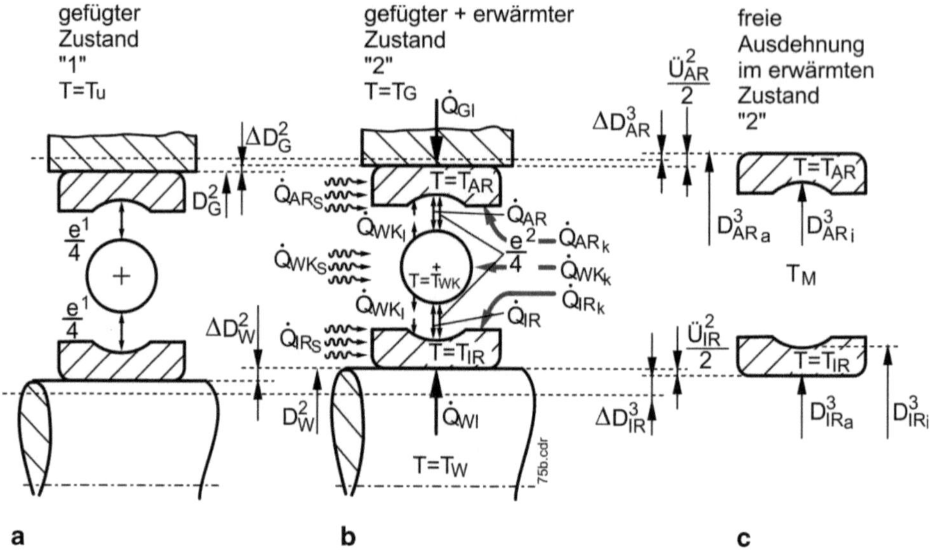

Abb. 6.29 Abmessungen, Wärmeströme und Temperaturen in einem ruhenden Rillenkugellager; **a** gefügter Zustand; **b** gefügter und erwärmter Zustand; **c** freie Ausdehnung der Lagerringe im erwärmten Zustand

renz ΔT geht auf 45 °C zurück. Die Antriebskugeltemperatur steigt dann mit zunehmender Zerstörung der Prüfoberflächen und dem damit verbundenen Reibmomentanstieg.

Bei vielen thermischen Anwendungen wie Autoklaven oder Beschichtungsanlagen werden das Lager und seine Umgebung vor Betriebsbeginn auf eine Betriebstemperatur aufgeheizt.

Bei langsamer, gleichmäßiger Erwärmung dehnt sich ein nicht eingebautes Wälzlager, dessen Komponenten aus dem gleichen Werkstoff bestehen, nach allen Richtungen gleichmäßig aus. Es entstehen keinerlei Zwangskräfte, die Lagerluft erhöht sich ebenfalls, aber meist in einem vernachlässigbaren Maß. Dieser isotrope Dehnungszustand wird gestört, wenn

- die Lagerkomponenten unterschiedliche Temperaturen haben und sich dadurch unterschiedlich ausdehnen, z. B. bei einem Temperaturgradienten in radialer Richtung,
- die Lagerkomponenten aus unterschiedlichen Werkstoffen bestehen (z. B. Hybridlager mit Stahlringen und Keramikkugeln) und damit unterschiedliche Wärmeausdehnungskoeffizienten aufweisen,
- Welle und/oder Gehäuse an den Lagersitzen andere Wärmedehnungen infolge unterschiedlicher Ausdehnungskoeffizienten des Wellen- bzw. Gehäusewerkstoffs gegenüber dem Lagerwerkstoff aufweisen oder durch zusätzliche Einleitung oder Abgabe von Wärme andere Temperaturen einnehmen.

Wird ein derartiger Verband nun erwärmt, dehnen sich die Komponenten wiederum aus. Abb. 6.29c zeigt die freie Ausdehnung der Lagerringe in radialer Richtung.

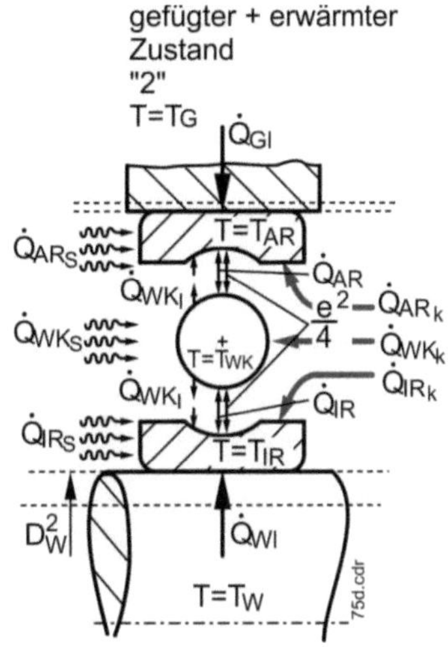

Abb. 6.30 Abmessungen, Wärmeströme und Temperaturen in einem drehenden Rillenkugellager im gefügten und erwärmten Zustand

Da die Ausdehnung von Welle, Gehäuse und Lagerkomponenten von den linearen Ausdehnungskoeffizienten λ_i und von der Temperatur T_i der jeweiligen Bauteile abhängen, sind die radialen Ausdehnungen von Gehäusebohrung, Wellendurchmesser und Lagerringdurchmessern im ungefügten Zustand im allgemeinen Fall unterschiedlich. Im gefügten und erwärmten Zustand b können sich dadurch auch geänderte Passungen im Gehäuse- und Wellensitz ergeben.

6.5.2.2 Aufheizen des drehenden Lagers durch Reibwärme

Ein weiterer Wärmeeintrag ins Lager erfolgt durch die bei der Drehung entstehende Reibungsenergie.

- Zum einen erzeugt Sie einen Temperaturgradienten und dadurch einen Wärmestrom im Lager von den wärmeren Reibkontakten in Richtung Welle bzw. Gehäuse.
- Zum anderen wird jeder Wälzkörper durch die Reibenergie an Innen- und Außenring von beiden Wälzkontakten her erwärmt. Setzt man einen stationären thermischen Zustand voraus, kann die in jedem Wälzkörper zugeführte Wärme nur durch Konvektion oder Strahlung an die Umgebung abgeführt werden, was nur bei einer weiteren Temperaturerhöhung der Wälzkörper gegenüber der umgebenden Atmosphäre möglich ist.

Den allgemeinsten Fall eines stationär thermisch belasteten Wälzlagers zeigt Abb. 6.30.

Die Temperatur der Lagerkomponenten ergibt sich dabei aus der Bilanz der *zu- und abgeführten Wärmeströmen* $\dot{Q}_i$ und der in den Lagerkomponenten *gespeicherten Wärme* Q_{Spi}.

Kritisch kann der thermische Zustand der Wälzkörper insbesondere bei Anwendungen im Hochvakuum werden, wenn die von den Wälzkörpern aufgenommene Reibwärme nicht durch Konvektion an ein umgebendes Gas, sondern abgesehen von einem meist vernachlässigbaren Strahlungsanteil nur durch Wärmeleitung über die sehr kleinen Zonen der Wälzkontakte an Außen- und Innenring abgegeben werden kann. Das ist nur möglich, wenn sich die Wälzkörper gegenüber den Ringen deutlich erwärmen und der durch die Reibwärme erzeugte Wärmestrom aufgrund des Temperaturgradienten zwischen Wälzkörpern und Ringen vollständig durch die Kontaktflächen an die Ringe abgegeben wird. Nach ersten, überschlägigen Berechnungen kann daraus eine Temperaturerhöhung des Wälzkörpers gegenüber den Lagerringen von über 100 °C resultieren!

Kritisch können auch die mit dieser Temperaturerhöhung verbundene abnehmende Härte und Wälzfestigkeit des Wälzkörperwerkstoffs sein. Eine besondere Aufgabe für den Einsatz feststoffgeschmierter Wälzlager bei hohen Temperaturen ist daher eine thermische Auslegung der gesamten Lagerung, welche die für eine betriebssichere Lagerung notwendigen Passungen der Lagersitze und die erforderliche Lagerluft über alle Betriebszustände sicherstellt.

6.5.2.3 Maßänderungen durch temperaturbedingte Gefügeumwandlungen

Die bisherige Betrachtung ging von homogenen Lagerwerkstoffen aus. Die Lagerluft im Betrieb ermittelt sich dann aus der Überlagerung der Lagerverformungen durch die Passungen auf der Welle und im Gehäuse und die radialen Ausdehnungen der Lagerungskomponenten infolge der Betriebstemperatur. Unberücksichtigt blieben dabei Verformungen, die sich aufgrund von *temperaturbedingten Gefügeumwandlungen im Wälzlagerwerkstoff* ergeben.

Der handelsübliche Werkstoff für Wälzlager ist in der Regel der durchhärtbare Chromstahl 100 Cr6 (Werkstoff-Nr.: 1.3505). Dieser und andere gebräuchliche Wälzlagerwerkstoffe gehören zu den schwach übereutektoidischen Werkstoffen und weisen einen durchschnittlichen Kohlenstoffgehalt von 1 % auf [2, S. 24]. Der Kohlenstoff sorgt beim Härten zu ca. 60 % für die erforderliche Martensithärtung und zu ca. 30 % für eine Karbidbildung, die eine ausreichende Verschleißwiderstandsfähigkeit sicherstellt. Der Chromgehalt dient überwiegend zur Härtbarkeit, weniger als 1/3 davon tragen zur Bildung von $FeCr_3$-Karbiden bei.

Gehärteter Stahl mit martensitischer Struktur weist immer einen Anteil von Restaustenit auf. Je nach Temperatur überlagern sich die Umwandlung des Restaustenits in sekundären Martensit und die Reduzierung des Martensits durch Freisetzung von Kohlenstoff. Da beide Vorgänge zeitabhängig und irreversibel sind und beide zu Maßveränderungen der Lagerkomponenten führen, ergeben sich je nach Betriebstemperatur unterschiedlich verlaufende Maßänderungen der Lagerkomponenten.

Bereits ab 80 °C scheidet der Wälzlagerstahl 100 Cr6 Kohlenstoff aus dem Martensit ab ($\alpha \rightarrow \acute{\alpha} + \varepsilon$), wobei die Abscheidung umso schneller erfolgt, je höher die Betriebstemperatur ist. Die damit verbundene Volumenreduzierung (Abb. 6.31 Kurven 2 und 4) verringert den Durchmesser von Wälzlagerkomponenten im Bereich zwischen 80 und 120 °C, was zu einem festeren Lagersitz auf der Welle und einem loseren Lagersitz im Gehäuse führt [3, S. 188].

Ab etwa 120 °C überlagert sich dieser Kohlenstoffausscheidung die Umwandlung des beim Anlassen verbliebenen Restaustenits in Martensit ($\gamma \rightarrow \alpha$). Auch diese Volumenvergrößerung (Abb. 6.31 Kurven 1 und 3) ist temperaturabhängig. Der Lagersitz im Gehäuse

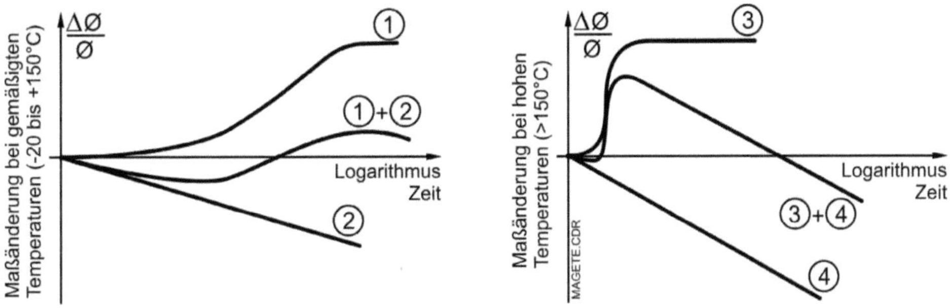

Abb. 6.31 Qualitative Maßänderungen infolge Gefügeumwandlungen für unterschiedliche Betriebstemperaturen (1/3) $\gamma \rightarrow \alpha$ Umwandlung des Anteils Restaustenit in Martensit, (2/4) $\alpha \rightarrow \acute{\alpha} + \varepsilon$ Freisetzung von Kohlenstoff (ε)) in Anlehnung an. [14]

wird fester, der Lagersitz auf der Welle loser. Nach Dahlke [15] muss man pro umgewandelten 1 % Restaustenit mit einer Durchmesservergrößerung von ca. 0,08 ‰ rechnen. Damit würden bei der Umwandlung von größeren Restaustenitanteilen bereits Durchmesseränderungen erreicht, die dem Passungsübermaß entsprechen oder es gar übersteigen! In der Überlagerung (Abb. 6.31 Kurven 1 + 2 und 3 + 4) führen beide Effekte (Restaustenitumwandlung und Kohlenstofffreisetzung) bei höheren Betriebstemperaturen zu einer relative schnellen Maßzunahme, die sich jedoch dann kontinuierlich abbaut und nach entsprechend langer Zeit sogar zu einer Maßabnahme gegenüber dem Zustand vor dem Einbau führt. Bei niedrigen Betriebstemperaturen < 150 °C verläuft die Maßänderung genau umgekehrt. Zuerst zeigt sich eine (moderate) Maßabnahme die nach längerer Einsatzzeit in eine Maßzunahme umschlägt.

Diese Maßänderungen von nicht wärmestabilisiertem Wälzlagerstahl und ihrer Auswirkungen auf Lagerluft und Passungen der Lagersitze in Abhängigkeit von der Betriebstemperatur sind wegen ihrer Zeitabhängigkeit schwierig zu berücksichtigen. Bei erhöhten Betriebstemperaturen $T > 120$ °C empfiehlt es sich daher unbedingt, wärmestabilisierte Vergütungsstähle (100Cr6 S0 bis 100 Cr6 S4), die keine unzulässigen Maßänderungen infolge Gefügeumwandlungen aufweisen, zu verwenden. Lager werden dazu einer besonderen Wärmebehandlung (Isotemperaturhärtung) unterzogen (s. Kap. 5.2.3).

6.5.3 Veränderungen der radialen Lagerluft

Mechanische und thermische Dehnungen im Lager können zu einer Veränderung der radialen Lagerluft führen.

6.5.3.1 Einfluss auf die radiale Lagerluft

Die Veränderung der Istübermaße im gefügten und erwärmten Zustand „2" beeinflusst auch die Lagerluft e (s. Abb. 6.32)

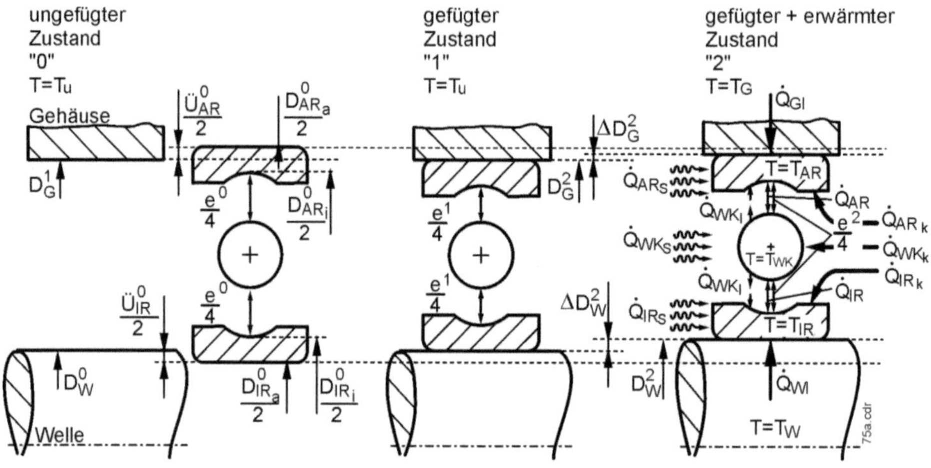

Abb. 6.32 Abmessungen, Lagerluft und Wärmeströme in einem Rillenkugellager; **a** ungefügter Zustand; **b** gefügter Zustand; **c** gefügter und erwärmter Zustand im Betrieb

Es gelten die folgenden Bezeichnungen:

$\dot{Q}_{r_{AR}}$ Wärmestrom durch Reibenergie im Kontakt Wälzkörper-Außenring
$\dot{Q}_{r_{IR}}$ Reibwärme im Kontakt Wälzkörper-Innenring
$\dot{Q}_{l_G}$ Wärmeleitung vom Gehäuse
$\dot{Q}_{l_W}$ Wärmeleitung von der Welle
$\dot{Q}_{\ddot{u}_{WKAR}}$ Wärmeübertragung zwischen Wälzkörper und Außenring in der Kontaktzone
$\dot{Q}_{\ddot{u}_{WKIR}}$ Wärmeübertragung zwischen Wälzkörper und Innenring in der Kontaktzone
$\dot{Q}_{k_{AR}}$ Wärmekonvektion auf den Außenring
$\dot{Q}_{k_{WK}}$ Wärmekonvektion auf den Wälzkörper
$\dot{Q}_{k_{IR}}$ Wärmekonvektion auf den Innenring
$\dot{Q}_{s_{AR}}$ Wärmestrahlung auf den Außenring
$\dot{Q}_{s_{WK}}$ Wärmestrahlung auf den Wälzkörper
$\dot{Q}_{s_{IR}}$ Wärmestrahlung auf den Innenring

Liegt im ungefügten Lager das Lagerluft e_0 vor, verringert es sich beim Fügen im kalten Zustand in Gehäuse und Welle durch die Aufweitung des Innenrings und die Einengung des Außenrings zum Lagerluft e_1. Wird der gefügte Verband nun erwärmt, ergeben die dann sich einstellenden Istübermaße das Lagerluft e_2. Dreht das Lager, stellt sich durch die Reibwärme in den Wälzkontakten bedingt ein Betriebslagerluft e_3 ein.

Die Differenz der Lagerluft Δe zwischen ungefügtem und gefügtem, erwärmtem Zustand im Betrieb hängt von den geometrischen und thermischen Eigenschaften von Welle

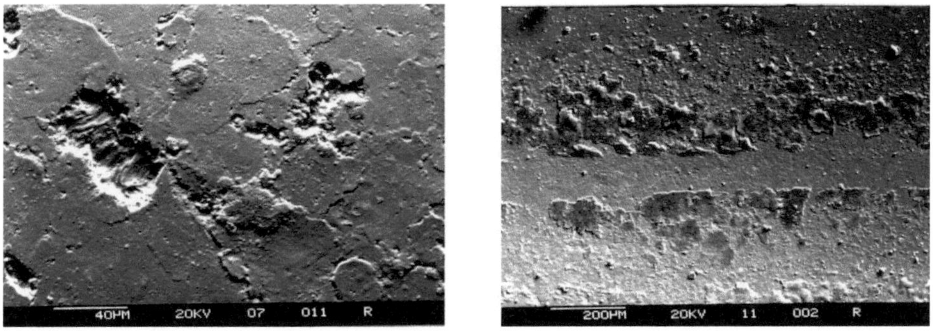

Abb. 6.33 Folgen der Spielaufzehrung bei feststoffgeschmierten Kugellagern. [8 S. 161, 163]

und Gehäuse, den Istübermaßen im ungefügten Zustand und den radialen Ausdehnungen der Lagerkomponenten bei Erwärmung ab. Diesen Wärmedehnungen überlagern sich die thermisch bedingten Dehnungen durch Gefügeumwandlungen, wenn keine wärmestabilisierten Wälzlagerstähle verwendet werden. Vollends komplex werden die Zusammenhänge bei instationär betriebenen Wälzlagern, die durch permanente Aufheiz- und Abkühlvorgänge gekennzeichnet sind.

Hier sei nochmals darauf hingewiesen, dass insbesondere die Wälzkörper infolge der schlechten Wärmeabfuhr (sehr kleine Kontaktflächen zu den Ringen, keine Konvektion im Hochvakuum) deutlich überhöhte Temperaturen im Vergleich zu den Lagerringen annehmen können. Eine Temperaturerhöhung von 100 °C bedingt z. B. bei der Lagerbaugröße 6205 eine Durchmesservergrößerung des Wälzkörpers um ca. 8 µm, was die radiale Lagerluft weiter verringert.

Je nach Größe dieser Einflussfaktoren tritt im gefügten und erwärmten Zustand „2" eine andere, meist deutlich kleinere Lagerluft im Vergleich zum kalten Zustand auf, weil üblicherweise die Welle eine höhere Temperatur hat als das von der Umgebung gekühlte Gehäuse. Durch Abschätzungen oder Berechnungen und die Wahl einer ausreichenden Lagerluft ist daher gerade bei hohen Temperaturen sicherzustellen, dass auch im Betriebszustand die erforderliche Lagerluft eingehalten wird.

6.5.3.2 Aufzehrung der Lagerluft

Wird durch Wärmedehnung und temperaturbedingte Gefügeumwandlung des Lagerwerkstoffs die Lagerluft vollständig aufgezehrt, tritt Klemmen und sogar Blockieren des Lagers ein. Schul [8, S. 161–166] beschreibt die zerstörerischen Folgen dieser *Spielaufzehrung* bei Lagern mit Federsegmentkäfig (Abb. 6.33).

Die Befundung lässt auf eine massive Schädigung der Laufflächen durch Werkstoffermüdung und Pittingbildung schließen. Diese Schädigung ist völlig untypisch für feststoffgeschmierte Wälzlager, die deutlich unterhalb der Ermüdungsgrenze der Lagerwerkstoffe betrieben werden. Eine temperaturbedingte Zwängung der Wälzkörper zwischen Innen- und Außenring verursachte hier eine erhebliche Zusatzbeanspruchung im Hertz'schen Kontakt mit Ermüdungsschäden.

Im Übrigen ist auch zu beachten, dass der Verschleiß der Festschmierstoffschicht die Lagerluft wieder leicht vergrößert. Bei einer vollständigen Beschichtung aller Oberflächen in der Wälzkontaktzone und einer Schichtdicke von 1 µm ergibt ein vollständiger Schichtverschleiß eine Lagerluftvergrößerung von 8 µm.

6.6 Zusammenfassung

Um feststoffgeschmierte Wälzlager bewusst auslegen zu können, müssen die Eigenschaften aller Lagerkomponenten, die durchaus komplexen Abhängigkeiten zwischen den Eigenschaften und ihr Einfluss auf die physikalischen und tribologischen Effekte verstanden werden. Basierend auf den grundsätzlichen Ergebnissen und Erkenntnissen der Lebensdauertheorie von feststoffgeschmierten Wälzkontakten in Kap. 3 präzisiert und erweitert das Kap. 6 diese Theorie für die Anwendung in Wälzlagern. Die mechanischen, tribologischen und thermischen Zusammenhänge werden dabei aus theoretischen Betrachtungen, Simulationen und Experimenten schrittweise abgeleitet und im Hinblick auf ihre Auswirkungen auf die Gebrauchs- und Lebensdauer von feststoffgeschmierten Wälzlagern gezielt untersucht. Wesentliche Erkenntnisse sind dabei vor allem die bedeutende Rolle der im Wälzkontakt wirkenden Reibenergie, der Beanspruchung des Käfigs durch die Kugel-Käfig-Dynamik und der komplizierten Maßänderungen von Wälzlagerkomponenten durch thermische Effekte im Betrieb.

Literatur

1. Birkhofer, H., Nordmann, R.: Maschinenelemente und Mechatronik II Skript, 3. Aufl. Shaker, Aachen (2008)
2. Brändlein, J., Eschmann, P., Hasbargen, L., Wiegand, K.: Die Wälzlagerpraxis – Handbuch für die Berechnung und Gestaltung von Lagerungen. Vereinigte Fachverlage, Mainz (1998)
3. Rüblinger, W.: Optimierung feststoffgeschmierter, hochbelasteter Kugellager bei Temperaturen bis 300 °C. Dissertation TH Darmstadt (1984)
4. Wohlgemuth, M., Sauer, B.: Strategien zur Simulation von Wälzlagekäfigen in feststoffgeschmierten Rillenkugellagern. Tribol Schmierungstechnik **54**(4) (2007) (Expert-Verlag)
5. Heinz-Schwarzmaier, T.: Bestimmung der Lebensdauer feststoffgeschmierter Kugellager auf der Grundlage von Reibenergieberechnungen und Kurzzeitversuchen. Dissertation TU Darmstadt. VDI, Düsseldorf (2003)
6. Harris, T.: Rolling bearing analysis. Wiley, New York (1991)
7. Reinwald, E.: Optimierung von Käfigen aus Hochtemperaturthermoplasten für den Einsatz bei feststoffgeschmierten Wälzlagern. Dissertation TH Darmstadt. VDI, Düsseldorf (1992)
8. Schul, C.: Einfluss der Baugröße auf die Lebensdauer feststoffgeschmierter Kugellager. Dissertation TH Darmstadt. VDI, Düsseldorf (1997)
9. Sauer, B., Hahn, K., Teutsch, R.: Dynamik Simulation von Maschinenelementen mit Gleit-Wälz-Kontakten (Teil 1: 07/08-2005, Teil: 2 09-2005). Springer (Z Konstruktion) (2005)
10. Hahn, K.: Dynamik-Simulation von Wälzlagerkäfigen. Dissertation, Lehrstuhl für Maschinenelemente und Getriebetechnik, Technische Universität Kaiserslautern, Shaker (2004)

11. Bozkurt, H., Li, X., Madan, I., Birkhofer, H.: Rechnerische Ermittlung der Wirkung der Käfigtransferschmierung auf die Lebensdauer feststoffgeschmierter Kugellager. GfT-Tribologie-Fachtagung, Göttingen (2005)
12. Holland, H.-J.: Einflussgrößen auf die Gebrauchsdauer feststoffgeschmierter Wälzlager. Dissertation, TH Darmstadt (1978)
13. Bozkurt, H.: Lebensdauertheorie zur Transferschmierung von feststoffgeschmierten Wälzlagern. Dissertation TU Darmstadt. VDI, Düsseldorf (2010)
14. SNR Werkskatalog (2001)
15. Dahlke, H.: Handbuch Wälzlagerfestigkeit. Vieweg (1994)

Theorie der Gebrauchsdauer feststoffgeschmierter Wälzlager **7**

Dieses Kapitel geht von der Lebensdauertheorie für Gleit- und Wälzkontakte nach Kap. 3 aus und präzisiert die Gebrauchsdauer feststoffgeschmierter Wälzlager entsprechend dem in Kap. 4 eingeführten Gebrauchsdauerbegriff. Dazu wird zuerst begründet, warum nur die Berechnung der Summenreibenergie eine universell anwendbare und verlässliche Prognose der Gebrauchsdauer ergibt. Die Berechnung wird danach für unterschiedliche Beschichtungs- und Lagerkonfigurationen dargelegt. Besondere Berücksichtigung findet die Ermittlung des nutzbaren Schmierstoffvolumens ohne und mit Transferschmierung und die Ermittlung eines schmierstoffspezifischen Reibenergie-Verschleiß-Faktors. Beide ermöglichen eine verlässliche Prognose der Gebrauchsdauer. Das somit beschriebene Gebrauchsdauermodell wird anschließend anhand unterschiedlicher Lagerkonfigurationen evaluiert, wobei die gute Übereinstimmung der Versuchsergebnisse und Prognosewerte die Gültigkeit und Anwendbarkeit des Gebrauchsdauermodells bestätigt.

7.1 Begründung des Reibenergiemodells als Grundlage einer Gebrauchsdauerprognose

Im Folgenden soll geklärt werden, ob die Pressung alleine eine hinreichende Beschreibung der Gebrauchsdauer feststoffgeschmierter Rillenkugellager ermöglicht oder ob eine reibenergiebasierende Erklärung bessere Ergebnisse liefert.

Für eine Prognose der Lebensdauer der Prüfkonfiguration bietet sich als Bezugswert aufgrund der hohen Korrelationswerte und in Anlehnung an die statische Tragzahl konventionell geschmierter Wälzlager die maximale Flächenpressung der Laufbahnkontakte an. Mit den Gebrauchsdauerwerten und Flächenpressungen der KKR-Konfiguration wurde deshalb eine Regression berechnet und damit eine RKR*-Gebrauchsdauerprognose erstellt. Im Falle, dass die Pressung im Innenringkontakt eine hinreichende Grundlage für die Gebrauchsdauerprognose ist, sollten experimentell ermittelte Lebensdauern auf der in Abb. 7.1 dargestellten RKR*-Kurve liegen. Nach Abb. 7.1 ergibt sich jedoch für die Innenringkonfiguration (RKR*) eine Lebensdauerprognose, die zwischen dem zwei- bis sechs-

H. Birkhofer, T. Kümmerle, *Feststoffgeschmierte Wälzlager*,
DOI 10.1007/978-3-642-16797-3_7, © Springer-Verlag Berlin Heidelberg 2012

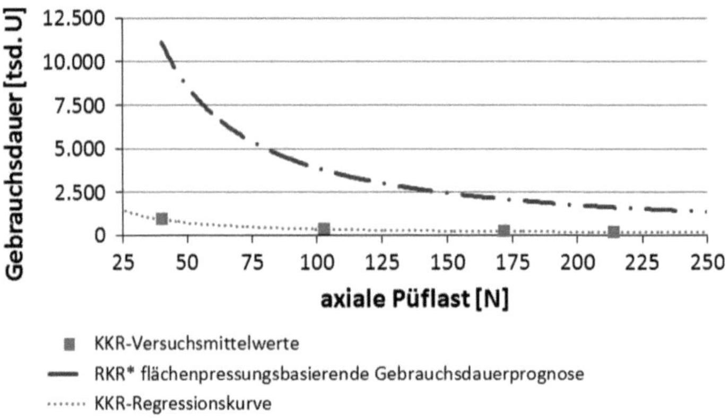

Abb. 7.1 Lebensdauerprognose RKR* basierend auf der Flächenpressung im Innenringkontakt

fachen über der Lebensdauer der Antriebskugelkonfiguration (KKR) liegt. Gegenüber der reinen Betrachtung der Flächenpressung berücksichtigt die Summenreibenergie auch die Relativbewegung in der Kontaktzone.

Zur Verdeutlichung der Reibenergiebilanz wird in Abb. 7.2 die experimentell ermittelte Summenreibenergie getrennt nach Innen- und Außenring für KKR und RKR dargestellt.

In Abb. 7.2 ist deutlich zu erkennen, dass die reibenergetische Beanspruchung am Außenring der RKR-Konfiguration deutlich höher ist als am Innenring und insgesamt höher als die Beanspruchungen der KKR-Konfiguration. Dies steht im Gegensatz zu den Ergebnissen der Gebrauchsdauerberechnung mittels Flächenpressung. Daraus wird deutlich, dass der Schlupf im Wälzkontakt einen stärkeren Einfluss auf die Reibenergie hat als die Pressung!

Analog zu Abb. 7.1 lässt sich aus den Daten der umgesetzten Reibenergie eine reibenergiebasierende Gebrauchsdauerprognose ermitteln. In Abb. 7.3 sind die Versuchsergebnisse der KKR-Versuche als Vierecke und die darauf basierende Regressionskurve als gepunktete Linie dargestellt. Die Kurve RKR** ist die reibenergiebasierende Prognose für die Versuchsergebnisse der RKR-608-Versuche.

Im Vergleich zur pressungsbezogenen Gebrauchsdauerprognose ergibt eine reibenergiebezogene Prognose deutlich kürzere Gebrauchsdauern. Die Prognose wurde experimentell mit Versuchen an sogenannten BHT-Spindellagern der Firma GMN[1] evaluiert. Bei dieser Lagerbauart wird ein Bord des Innenrings abgeschliffen, was ein Zusammenführen von Außenring mit Kugeln und Innenring im Prüftopf des VKA ermöglicht. Somit kann ein Spindellager als Probe für die RKR-Konfiguration verwendet werden.

[1] GMN Paul Müller Industrie GmbH & Co. KG Nürnberg.

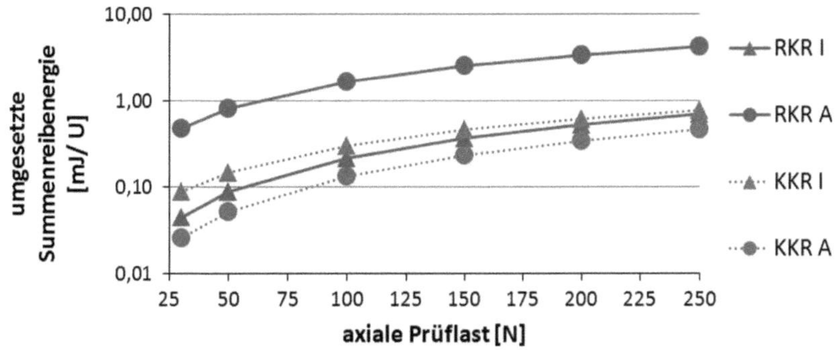

Abb. 7.2 Umgesetzte Summenreibenergie einer Umdrehung für KKR und RKR

Abb. 7.3 Reibenergiebezogene Gebrauchsdauerprognose für RKR-608

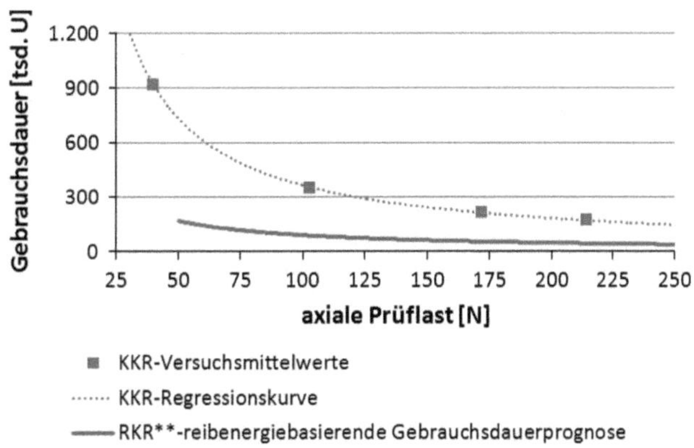

In Abb. 7.4 sind beide Prognosen (pressungsbezogen GD ~ PI, reibenergiebezogen GD ~ W_{SR}) aus Abb. 7.1 und 7.3 dargestellt[2]. Weiterhin sind die arithmetischen Mittelwerte der Versuchsergebnisse beider Konfigurationen abgebildet.

Eindeutig ist erkennbar, dass die pressungsbezogene Lebensdauerprognose nicht mit den Versuchsergebnissen übereinstimmt und somit keine geeignete Grundlage für die Beschreibung der Gebrauchsdauer feststoffgeschmierter Wälzlager darstellt. Eine pressungsbezogene Prognose ist lediglich zulässig, wenn sich die Schlupfverteilung nicht ändert. So hat z. B. eine axiale Prüflast im Vergleich zur Geometrie nur einen geringen Einfluss auf den Schlupf. Daher lässt sich zwar für reine Axiallast und einen Lagertyp die Lebensdauer mit Hilfe der Flächenpressung beschreiben. Bei Variationen in der Lagergeometrie oder der Schlupfverteilung gilt diese Prognose nicht mehr. Die Summenreibenergie berücksichtigt beide Faktoren und stimmt sowohl bei wechselnder Axiallast/Flächenpressung als auch bei veränderter Lagergeometrie gut mit den Versuchsergebnissen überein.

[2] Zur besseren Darstellung wurde für die Ordinate eine logarithmische Skalierung gewählt.

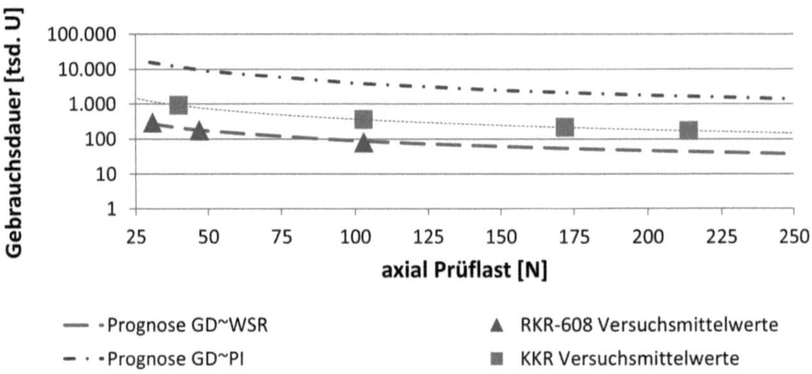

Abb. 7.4 Vergleich der Prognose mit den Versuchsergebnissen (KKR, RKR-608)

7.2 Berechnung der Reibenergiebeanspruchung

Die hier vorgestellte Berechnung der Reibenergie ist der Dissertation von Kümmerle [1] entnommen und geht von der Berechnung der „Einzel-Reibenergien" an Ringen und an Wälzkörpern aus. Sie rechnet diese Ergebnisse aufgrund der geometrisch-kinematischen Beziehungen des Wälzlagers auf die Summenreibenergie, die bei einer vollständigen Ringumdrehung erzeugt wird, hoch.

7.2.1 Berechnung der Reibenergie für beschichtete Ringe

Die Reibenergie wird dabei für jeden Punkt des Umfangs für Innen- und Außenring in einer diskreten Stufung (1°) über den Laufbahnumfang berechnet (Abb. 7.5).

Die Reibenergieverteilung wurde hier jeweils für einen stehenden Ring dargestellt, da sich die Reibenergie des drehenden Rings gleichmäßig über den Umfang verteilt. Mit diesen Daten lässt sich die Beanspruchung der Festschmierstoffschicht ableiten.

Bei der Betrachtung eines Punktes auf der Laufbahn wird der Punkt berücksichtigt, an dem die höchste Reibenergiebelastung stattfindet, also der Ort auf dem Ring, auf dem das Reibenergiemaximum auftritt. An diesem Punkt wird auch der Schichtverschleiß am größten sein. Dieses Reibenergiemaximum wird mit der Überrollungsanzahl je Umdrehung multipliziert.

7.2.2 Berechnung der Reibenergie für beschichtete Wälzkörper

Für beschichtete Wälzkörper sind die für beschichtete Ringe getroffenen Annahmen nicht gültig, wie folgende Überlegung verdeutlicht. Unter reiner Axiallast wird in jedem Punkt

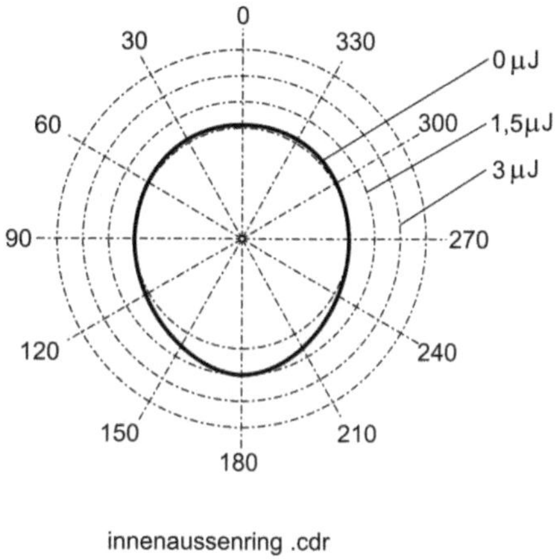

Abb. 7.5 Verteilung der Reibenergie auf Außenring (*links*) und Innenring (*rechts*) für kombinierte Last (Lager 6205, $F_a = F_r = 100$ N)

des Innen- oder Außenrings die gleiche Reibenergie umgesetzt. Durch eine kombinierte Last ließe sich auf dem Umfang ein Punkt maximaler Reibenergie in gleicher Höhe erzeugen. Aus der Berechnung würde für beide Fälle die gleiche Reibenergie ermittelt werden, die gesamte umgesetzt Reibenergie ist jedoch bei rein axialer Last höher, da sie auf dem gesamten Umfang auftritt. Die auf den Wälzkörpern aufgebrachte Schicht würde im Falle reiner Axiallast also deutlich vor dem Fall der kombinierten Last ausfallen.

Bei beschichteten Wälzkörpern findet der Kontakt zwischen der Schmierstoffschicht und den Laufbahnen mit unterschiedlichen Reibenergien über dem Umfang statt. Um dafür die Reibenergie berechnen zu können, wird die Reibenergie auf einen Punkt der Wälzkörperoberfläche bezogen. Dazu werden der Ort und die Häufigkeit der Kontaktierung des Punktes mit den Laufbahnen von Innen- und Außenring ermittelt. Mit den Daten der Reibenergieverteilung über den Lagerumfang kann dann die durchschnittlich umgesetzte Reibenergie eines Punktes der Wälzkörperoberfläche ermittelt werden.

Diese Berechnung ist aber wiederum nur unter der Annahme gültig, dass der betrachtete Punkt bei jeder Wälzkörperdrehung die Laufbahnen kontaktiert, also für den Fall, dass keine Drehachsenänderung des Wälzkörpers (vergleiche Kap. 6.3.3) stattfindet. Diese Annahme geht demnach vom ungünstigsten Fall aus, dass immer der gleiche Punkt der Kugeloberfläche in Kontakt mit den Laufbahnen kommt. Untersuchungen der Probekörper aus vielen Versuchen zeigen jedoch, dass deutlich mehr beschichtete Kugelfläche bis hin zur gesamten Kugeloberfläche in Kontakt mit den Gegenkörpern kommen kann (s. Abb. 7.6).

Bei Versuchen mit der KRP-Konfiguration kamen Drehachsenänderungen weniger häufig vor als in den beiden anderen Konfigurationen. Durch die drei Kontaktpunkte kam es regelmäßig zu einer festen Orientierung der Drehachse mit ausgeprägten Laufspuren und damit zu deutlich geringeren Gebrauchsdauern [vgl. 1] Die Konfigurationen mit nur

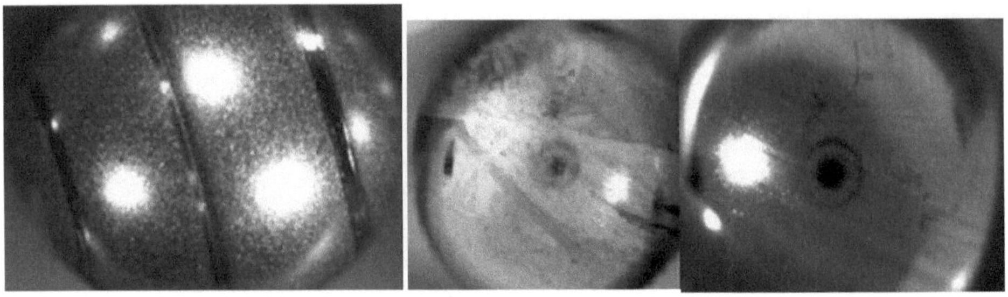

Abb. 7.6 Beschichtete Kugeln nach dem Versuch; *links:* keine Drehachsenänderung, eindeutige Laufspuren; *Mitte:* geringe Drehachsenänderung, mehrfache Laufspuren; *rechts:* permanente Drehachsenänderung mit vollständiger Entschichtung der Kugel

Abb. 7.7 Reibenergieverteilung auf dem Umfang für Innenlaufbahnführung (Lager 6205, $F_{ax} = F_{rad} = 100$ N)

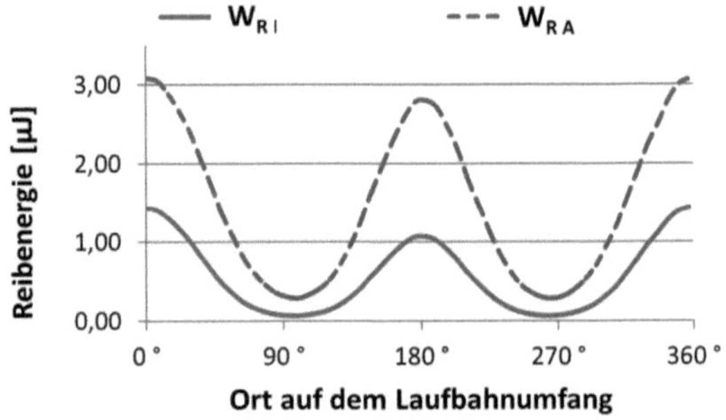

zwei Kontaktpunkten (KKR, RKR) hingegen zeigen keine Anzeichen einer Orientierung, die Kugeln sind nach dem Versuchsende gleichmäßig entschichtet [2].

Ebenfalls bleibt bei beiden Berechnungsmethoden die Möglichkeit der Transferschmierung von MoS_2 unberücksichtigt, bei der sich die Schmierstoffschicht regeneriert. Sie wird dabei durch den Transfer und Rücktransfer vom Gegenkörper gleichmäßig auf dem Wälzkörper verteilt. Unter Berücksichtigung dieses Effekts steht nicht nur bei axialer Last das gesamte Schmierstoffvolumen (= Kugeloberfläche) zur Verfügung, sondern auch bei kombinierter Last.

Um die Effekte der Reibenergieverteilung und den Schmierstofftransfer zu berücksichtigen ist daher die Berechnung der gesamten im System umgesetzten Reibenergie, die im Folgenden als Summenreibenergie W_{SR} bezeichnet wird, erforderlich.

7.2.3 Berechnung der Summenreibenergie

Grundlage der Berechnung sind die Reibenergieverteilungen am Innen- und Außenring wie sie in Abb. 7.7 dargestellt sind. Um die Beträge der Reibenergie am stehenden Ring ablesen zu können, ist die Reibenergieverteilung in Abb. 7.7 in einer linearen Abwicklung

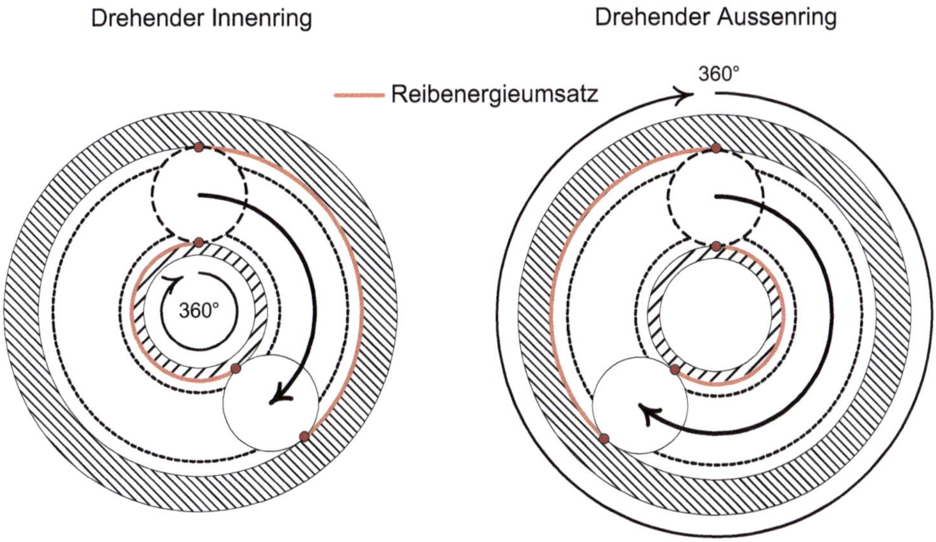

Abb. 7.8 Weg des Reibenergieumsatzes einer Kugel (*links:* drehender Innenring, *rechts:* drehender Außenring). [3, S. 47]

dargestellt. Dabei ist zu beachten, dass der drehende Ring eine gleichmäßige Reibenergiebelastung über den gesamten Umfang erfährt.

Da die Reibenergie nur für eine Kontaktellipse berechnet wird, ist für die Ermittlung der gesamten umgesetzten Reibenergie eine streckenbezogene Reibenergie zu berechnen. Die Kugeln wälzen kontinuierlich auf dem Umfang der Laufbahn ab und setzten dabei aufgrund des Schlupfs in den Kontaktzonen (Roll-, Bohrreibung) und der Flächenpressung eine Reibenergie um. Diese Reibenergie wird zur Vereinfachung der Berechnung zwischen zwei Stützstellen (Differenzwinkel = 1°) als konstant angenommen und über den jeweiligen Umfang aufsummiert.

Diese Summe stellt die umgesetzte Reibenergie für einen vollständigen Umlauf eines Wälzkörpers dar. Jedoch legt ein Wälzkörpermittelpunkt bei einer Innenringumdrehung deutlich weniger als 360° zurück. Der berechnete Wert ist also zu hoch, mit Hilfe der Geometrie- und Geschwindigkeitsverhältnisse lassen sich die tatsächlich zurückgelegte Strecke des Wälzkörpers und die dabei umgesetzten Reibenergien berechnen.

In Abb. 7.8 ist der Weg, auf dem eine Kugel Reibenergie umsetzt, erkennbar. Der Mittelpunkt der Umlaufkugel bewegt sich mit halber Umfangsgeschwindigkeit des Innenrings, der Kugelumfang legt dabei die rot markierten Strecken am Innen- und Außenring zurück. Diese Strecke ist unabhängig davon, welcher Ring angetrieben wird, sie ist aber nicht gleich für Innen- und Außenring.

Bei einer Drehung des Innenrings bewegt sich der Kugelsatz auf einer Kreisbahn mit dem Radius R_M (s. Abb. 7.9). Der Weg des Kugelsatzes auf der durch R_M bezeichneten Bahn beträgt genau die Hälfte des Weges eines Punktes auf der Innenringlaufbahn (Radius

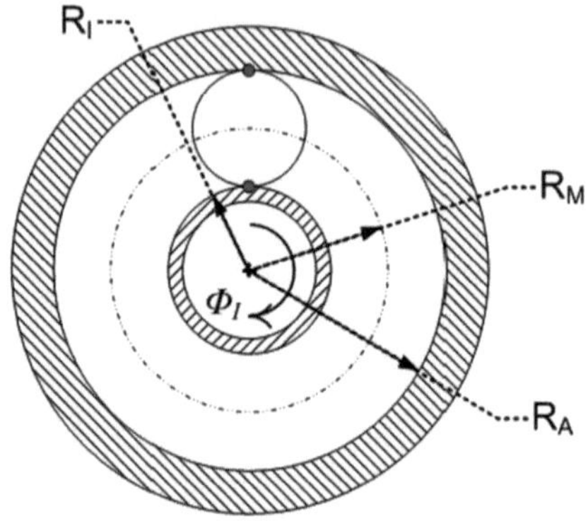

Abb. 7.9 Radienverhältnisse im Rillenkugellager

R_I). Die Reibenergie wird nur auf der zurückgelegten Strecke der jeweiligen Laufbahnen umgesetzt. Um die tatsächlich umgesetzte Reibenergie zu ermitteln, wird die Summe der Reibenergie für den gesamten Umlauf mit dem Verhältnis „vom Kugelsatz zurückgelegte Strecke/Laufbahnumfang" multipliziert. Bei Betrachtung einer einzelnen Kugel ist die resultierende Reibenergiesumme vom Startpunkt der Strecke abhängig. Unter Berücksichtigung des gesamten, gleichmäßig verteilten Kugelsatzes und der Tatsache, dass der Kugelsatzweg pro Innenringumdrehung größer ist als der Kugelabstand, wird daher bei jeder Umdrehung die gleiche Reibenergie umgesetzt.

Das Verhältnis zwischen Laufbahnumfang und Kugelsatzweg kann mit Hilfe von Abb. 7.9 ermittelt werden. Die jeweilige Umfangsstrecke U_j eines Radius R_j (mit j = I, A, M) über 360° (2π) entspricht

$$U_{\mathrm{j}} = 2\pi R_{\mathrm{j}} \tag{7.1}$$

Um die tatsächlich umgesetzte Reibenergie bei einer Innenringumdrehung $\phi_I = 2\pi$ zu erhalten, wird das Streckenverhältnis Vl_j benötigt

$$Vl_{\mathrm{j}} = \frac{S_{\mathrm{j}}}{U_{\mathrm{j}}} \tag{7.2}$$

Wobei S_j die bei einer Drehung des Innenrings um ϕ_I, tatsächlich am Kontakt j bestrichene Strecke ist.

$$S_{\mathrm{M}} = \frac{1}{2} \cdot R_{\mathrm{I}} \cdot \phi_{\mathrm{I}} \tag{7.3}$$

Der Winkel ϕ_M, den der Kugelsatz dabei überstreicht

$$\phi_{\mathrm{M}} = \frac{S_{\mathrm{M}}}{R_{\mathrm{M}}} = \frac{1}{2} \cdot \phi_{\mathrm{I}} \frac{R_{\mathrm{I}}}{R_{\mathrm{M}}} \tag{7.4}$$

Damit ergibt sich für die am Außenkontakt überstrichene Strecke

$$S_{\mathrm{A}} = \phi_{\mathrm{M}} \cdot R_{\mathrm{A}} \tag{7.5}$$

Und das Streckenverhältnis Vl_A am Außenkontakt

$$Vl_A = \frac{S_A}{U_A} = \frac{\frac{1}{2}\phi_I \cdot \frac{R_I}{R_M} \cdot R_A}{2\pi R_A} = \frac{1}{2} \cdot \frac{R_I}{R_M} = \frac{1}{2} \cdot \frac{D_I}{D_M} \tag{7.6}$$

mit $\phi_I = 2\pi$.

Um die Reibenergie pro Innenringdrehung für den Außenring zu erhalten, multipliziert man die für den gesamten Außenringumfang berechnete Reibenergie mit dem Streckenverhältnis Vl_A

$$W_{SRA} = W_{ARA} \cdot Vl_A \tag{7.7}$$

Für den Radius R_M ergibt sich

$$Vl_M = \frac{S_M}{U_M} = \frac{\frac{1}{2}\phi_I \cdot R_I}{2\pi R_M} = \frac{1}{2}\frac{R_I}{R_M} = \frac{D_I}{2D_M} \tag{7.8}$$

Ein Punkt auf dem Innenring bewegt sich bei Drehung um ϕ_I um

$$S_{\text{Punkt,Spindel}} = \phi_I \cdot R_I \tag{7.9}$$

Der Punkt auf der Kugel, an dem sie den Innenring berührt, bewegt sich aber nur wie folgt

$$S_{\text{Punkt,Kugel}} = \phi_M \cdot R_I \tag{7.10}$$

D. h. relativ zueinander bewegen sich diese beiden Punkte um

$$\begin{aligned} S_I &= S_{\text{Punkt,Spindel}} - S_{\text{Punkt,Kugel}} = R_I \cdot (\phi_I - \phi_M) \\ &= R_I \cdot \phi_I \cdot \left(1 - \frac{1}{2} \cdot \frac{R_I}{R_M}\right) \end{aligned} \tag{7.11}$$

Damit gilt

$$\begin{aligned} Vl_I &= \frac{S_I}{U_I} = \frac{R_I \cdot \phi_I \cdot \left(1 - \frac{1}{2} \cdot \frac{R_I}{R_M}\right)}{2\pi R_I} \\ &= 1 - \frac{1}{2} \cdot \frac{R_I}{R_M} = \frac{D_A}{2D_M} \end{aligned} \tag{7.12}$$

Die ausführliche Berechnung ergibt die Summenreibenergie

$$W_{SR} = (W_{AR\,I} \cdot Vl_I + W_{ARA} \cdot Vl_A) \cdot Z \tag{7.13}$$

Die auf dem Weg umgesetzte Reibenergie an Innenring und Außenring wird aufsummiert und mit der Anzahl der Kugeln multipliziert. Als Ergebnis folgt dann die die Summenreibenergie als die für eine komplette Innenring- oder Außenringumdrehung umgesetzte Reib-

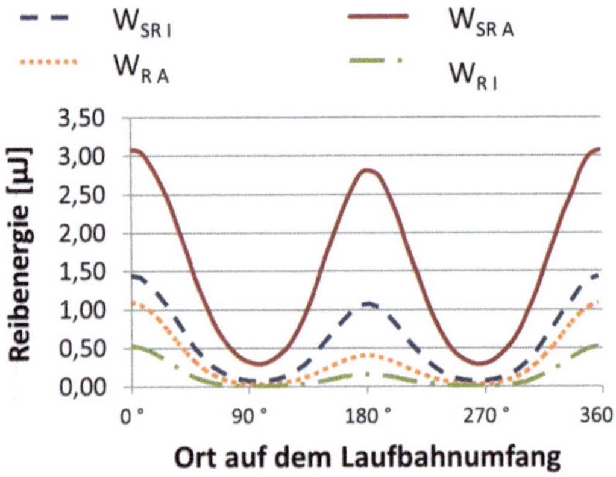

Abb. 7.10 Vergleich zwischen Reibenergie und Summenreibenergie am Außen- und Innenring

energie. Abbildung 7.10 zeigt die Verläufe der „Einzel-Reibenergien“ W_{RI} und W_{RA} zu den Summenreibenergien W_{SRA} und W_{SRI} jeweils separat für Innen- und Außenring dargestellt.

Die Summenreibenergien in Abb. 7.10 sind deutlich größer als die „Einzelreibenergien“. Dies ist zwangsläufig so, da die Reibenergie nur mit einer diskreten Anzahl von Stützstellen berechnet wird, die Summenreibenergie integriert diese einzelnen Stützstellen jedoch über den Umfang auf.

Die Reibenergie wird mit einer Auflösung von einem Grad berechnet, also 360 Werte über den jeweiligen Laufbahnumfang. Detaillierte Berechnungen [3] haben ergeben, dass eine Erhöhung der Genauigkeit nur die Berechnungszeit erheblich verlängert, die Genauigkeit des Endergebnisses aber nicht signifikant verbessert. So ergibt die Auflösung von 1° im Vergleich zu 0,1° (360 zu 3.600 Datenpunkten) lediglich einen Summenfehler von 0,012 %. Dieser Fehler spielt für die Gebrauchsdauerprognose keine Rolle und liegt weit unter der Signifikanzschwelle.

Durch die Berechnungsmethode der Summenreibenergie kann nun die Reibenergiebelastung für beliebige Lastkombinationen ermittelt werden. Da die gesamt umgesetzte Reibenergie berücksichtigt wird, ist es möglich, die Summenreibenergie in Bezug zur nutzbaren Schmierstoffmenge zu setzen und den für das Gebrauchsdauermodell notwendigen Reibenergie-Verschleißkoeffizienten zu ermitteln.

7.3 Berechnung des nutzbaren Schmierstoffvolumens

Mit der Geometrie der Kontaktpartner, der Schichtdicke h_s und den beanspruchten Flächen der beschichteten Wälzkörperkomponenten, kann das nutzbare Schmierstoffvolumen V_P bestimmt werden. Dabei sind 4 prinzipielle Fälle zu unterscheiden (Abb. 7.11).

Die Fallunterscheidungen beziehen sich auf unterschiedliche Prüfkonfigurationen. Je nach Ausprägung der Schmiegungen Antriebskörper-Umlaufkugeln und Umlaufkugeln-Gegenkörper (Ringe) sind die Berechnungen des nutzbaren Schmierstoffvolumens mit oder ohne Kugeldrehachsenänderung durchzuführen.

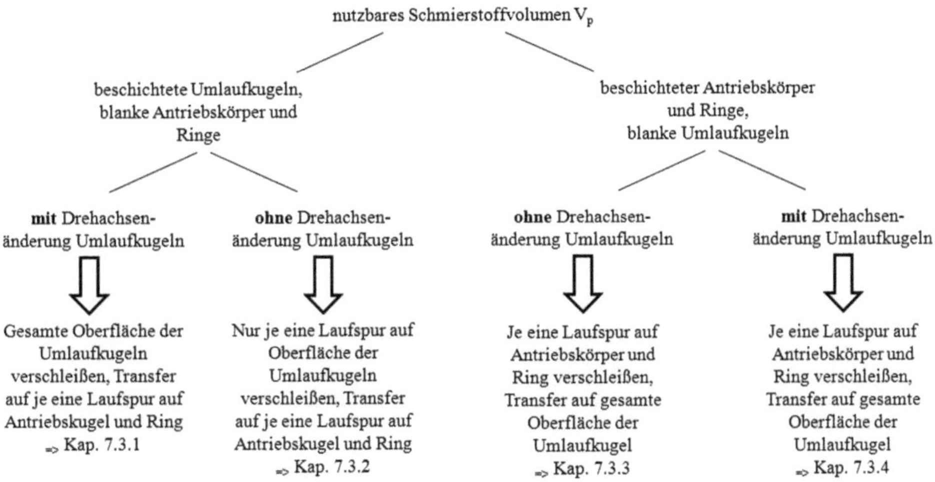

Abb. 7.11 Fallunterscheidung für die Ermittlung des nutzbaren Schmierstoffvolumens V_p

Abb. 7.12 Nutzbares Schmierstoffvolumen bei RKR-Konfiguration mit beschichteten Umlaufkugeln und Drehachsenänderung

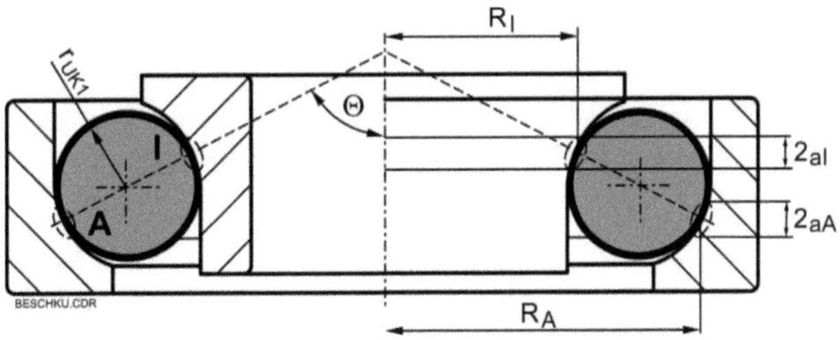

7.3.1 Nutzbares Schmierstoffvolumen bei beschichteten Umlaufkugeln mit Kugeldrehachsenänderung

Diese Konfiguration weist einen gleichmäßigen Schichtverschleiß über die gesamte Oberfläche der beschichteten Umlaufkugeln auf. Das gesamte Schmierstoffvolumen auf den Wälzkörpern wird innerhalb der Gebrauchsdauer verschlissen. Dieser Fall ist typisch für die RKR-Konfiguration, in der annähernd gleich große Schmiegungen an Antriebskörper (Innenring) und Gegenkörper (Außenring) vorliegen und damit keine eindeutige Drehachsenführung der Umlaufkugeln vorliegt (Abb. 7.12).

Das nutzbare Schmierstoffvolumen V_p ergibt sich aus der Summe der Volumina der Kugelschalen mit dem Radius r_{UK1} der Umlaufkugel und der Schichtdicke h_s:

$$V_p = Z \cdot V_{UK} = Z \cdot 4\pi \cdot r_{UK}^2 \cdot h_s \tag{7.14}$$

mit $h_s << r_{UK}$ und Z = Anzahl der Umlaufkugeln.

Abb. 7.13 Nutzbares Schmierstoffvolumen bei KKR-Konfiguration mit beschichteten Umlaufkugeln ohne Drehachsenänderung

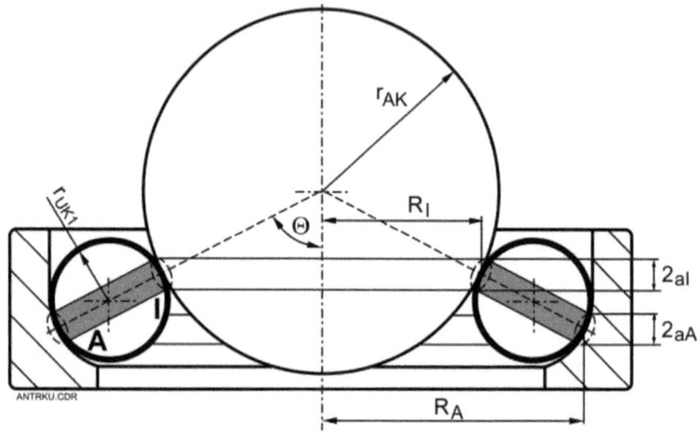

Bei einem Kugelsatz mit zehn Umlaufkugeln (D_{UK}=3,969 mm) und einer Schichtdicke von h_s=0,75 µm ergibt sich ein nutzbares Schmierstoffvolumen

$$V_p = \sum V_{UK} = 0{,}371\ \text{mm}^3 \tag{7.15}$$

7.3.2 Nutzbares Schmierstoffvolumen bei beschichteten Umlaufkugeln ohne Kugeldrehachsenänderung

Hier wird auf den Umlaufkugeln nur eine Laufspur verschlissen, der größte Teil der aufgebrachten Festschmierstoffbeschichtung bleibt ungenutzt (Abb. 7.13). Der Schmierstoff wird dabei auf je eine Laufspur auf Antriebs- und Gegenkörper transferiert.

Das nutzbare Schmierstoffvolumen V_P ist nur durch eine Laufspur auf den Umlaufkugeln, die unter dem Winkel Θ gegen die Hochachse geneigt ist, gegeben. Es berechnet sich aus der Summe der Laufspurlängen aller Umlaufkugeln, der Laufspurbreite $2a_A$ (ist hier größer als $2a_I$), der Schmierstoffschichtdicke h_s und beträgt:

$$V_p = Z \cdot 2\pi \cdot r_{UK} \cdot \alpha_A \cdot h_s \tag{7.16}$$

Das nutzbare Schmierstoffvolumen auf Ring- und Antriebskugellaufbahn wird dann bei einer maximalen Flächenpressung im Kontakt A von 2.750 MPa zu Vp=0,032 mm³. Im Verhältnis steht bei Umlaufkugeln mit Drehachsenänderung demnach die fast 12-fache Menge an Schmierstoff zur Verfügung.

7.3.3 Nutzbares Schmierstoffvolumen bei beschichteten Antriebs- und Gegenkörpern und unbeschichteten Umlaufkugeln ohne Kugeldrehachsenänderung

Werden statt der Umlaufkugeln, die Antriebs- und Gegenkörper (in Abb. 7.13) beschichtet, ist die zur Schmierung genutzte Menge an Schmierstoff nur auf die Kontaktzonen I

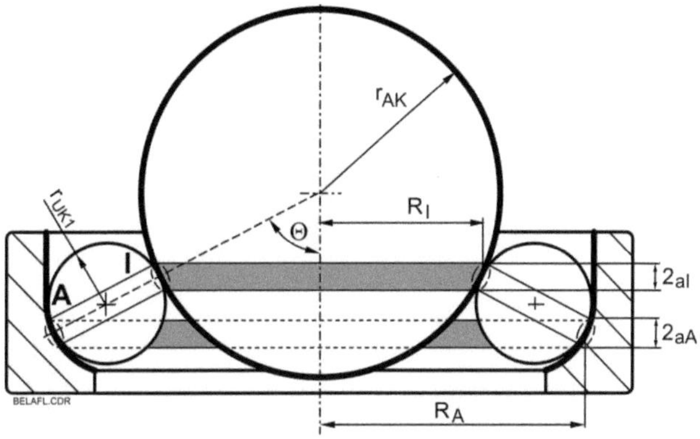

Abb. 7.14 Nutzbares Schmierstoffvolumen bei KKR-Konfiguration mit Beschichtung von Antriebskugel und Außenring, Umlaufkugeln ohne Drehachsenänderung

und A (s. Abb. 7.12) begrenzt. Schmierstoff, der sich dauerhaft außerhalb der Kontaktellipsen befindet, wird nicht zur Schmierung der Kontaktpartner herangezogen und hat demnach keinen Einfluss auf die Gebrauchsdauer.

Das Schmierstoffvolumen beschichteter Gegenkörper (Ringlaufbahnen, Antriebskugel) wird durch die Schichtdicke, die Größe der Kontaktzonen und die Länge der jeweiligen Laufspur bestimmt. Für die KKR-Konfiguration sind diese Laufspuren an der Antriebskugel und auf dem Außenring in Abb. 7.14 dargestellt.

Im Kontaktpunkt I ist die Laufspur auf der Antriebskugel eine Orbitalbahn mit dem Radius R_I. Die Laufspurlänge wird nach Formel (7.17) bestimmt.

$$R_{\mathrm{I}} = \sin\theta \cdot r_{\mathrm{AK}} \tag{7.17}$$

Das nutzbare Schmierstoffvolumen $V_{\mathrm{P,I}}$ wird näherungsweise durch die maximale Laufspurbreite $2a_{\mathrm{I}}$ und die Schmierstoffschichtdicke h_s bestimmt:

$$V_{\mathrm{p,I}} \cong 2 \cdot R_{\mathrm{I}} \cdot \pi \cdot a_{\mathrm{I}} \cdot h_{\mathrm{s}} \tag{7.18}$$

Die Berechnung des Volumens V_{pA} für den Außenkontakt erfolgt analog dazu mit dem Außenlaufbahnradius R_{A}.

$$V_{\mathrm{p,A}} = 2 \cdot R_{\mathrm{A}} \cdot \pi \cdot a_{\mathrm{A}} \cdot h_{\mathrm{s}} \tag{7.19}$$

Der Fehler, der durch die Vernachlässigung der Oberflächenkrümmung entsteht, ist zu vernachlässigen. Das gesamte Schmierstoffvolumen der beschichteten Körper setzt sich dann aus der Summe dieser beiden Volumina zusammen.

$$V_{\mathrm{p}} = V_{\mathrm{p,I}} + V_{\mathrm{p,A}} = 2 \cdot \pi \cdot h_{\mathrm{s}}(R_{\mathrm{I}} \cdot a_{\mathrm{I}} + R_{\mathrm{A}} \cdot a_{\mathrm{A}}) \tag{7.20}$$

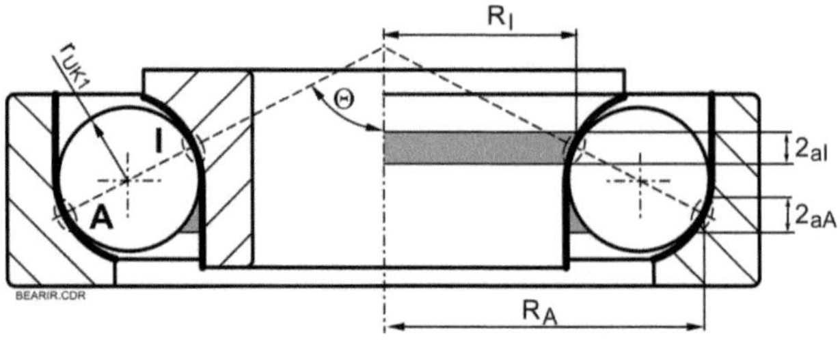

Abb. 7.15 Nutzbares Schmierstoffvolumen bei RKR-Konfiguration mit beschichteten Ringen und Drehachsenänderung der Umlaufkugeln

Aufgrund der geringen Laufspurbreite ist die zur Verfügung stehende Schmierstoffmenge in der Regel deutlich kleiner als bei beschichteten Umlaufkugeln. Sie ist aufgrund der Druckellipsengröße auch von der Normalkraft abhängig.

Das nutzbare Schmierstoffvolumen auf Ring- und Antriebskugellaufbahn in der KKR-Konfiguration bei einer maximalen Flächenpressung im Kontakt I von 2.750 MPa beträgt $Vp = 0{,}032\ mm^3$. Bei beschichteten Umlaufkugeln mit Kugeldrehachsenänderung steht demgegenüber fast das 10-fache an Schmierstoffmenge zur Verfügung. Bei einer Axiallast in Höhe der dynamischen Tragzahl (F_{rad} = 14 kN) ergibt sich für die RKR-Konfiguration nur ein nutzbares Schmierstoffvolumen von $Vp = 0{,}116\ mm^3$.

7.3.4 Nutzbares Schmierstoffvolumen bei beschichteten Antriebs- und Gegenkörpern und unbeschichteten Umlaufkugeln mit Kugeldrehachsenänderung

Dieser Fall wird in Abb. 7.15 am Beispiel der RKR-Konfiguration vorgestellt.

Die Berechnung des nutzbaren Schmierstoffvolumens erfolgt identisch zum vorgenannten Fall, bei dem keine Kugeldrehachsenänderung auftritt. Allerdings müssen die unbeschichteten Umlaufkugeln bei Betriebsbeginn erst durch Schmierstofftransfer aus den Ringlaufbahnen vollständig beschichtet werden, was sich in einem erhöhten Anfangsverschleiß der Ringbeschichtungen auswirkt. Die Gebrauchsdauer wird dadurch reduziert, da die Schichtdicke auf den Ringlaufbahnen anfänglich schneller abnimmt. Durch die Drehachsenänderung muss die Oberfläche der Umlaufkugeln ständig neu beschichtet werden, was eine weitere Verkürzung der Gebrauchsdauer nach sich zieht.

7.3.5 Erkenntnisse zum nutzbaren Schmierstoffvolumen

Eine experimentelle Untersuchung der Gebrauchsdauer von Konfigurationen, bei denen nur die Gegenkörper beschichtet sind, war nicht möglich, da es bei einer Berührung von unbeschichteten Umlaufkugeln im gegenseitigen Kontakt zu starkem Verschleiß kommt und ein Käfig weitere Störgrößen in das System eingebracht hätte. Die unten angegebenen Hinweise basieren daher auf Berechnungen.

Es wurden jedoch Versuche durchgeführt, bei denen alle Probekörper beschichtet wurden. Dabei zeigte sich, dass MoS_2 im zweiseitig beschichteten Kontakt verklumpt und das Drehmoment über die Prüfstandgrenzwerte ansteigen lässt. Wenn der Versuch trotz Überschreiten der Grenzwerte fortgesetzt wurde, zeigte sich ein stark erhöhter Verschleiß. Die gesamte Versuchslebensdauer (die Gebrauchsdauer dieser Versuche wurde aufgrund des Reibmomentanstiegs schon sehr früh erreicht) betrug dabei trotz größerer Schmierstoffmenge weniger als 50 % der Gebrauchsdauer von vergleichbaren Versuchen mit beschichteten Umlaufkugeln. Verschleißpartikel im Versuchsraum deuten darauf hin, dass aufgrund der Verklumpung von MoS_2–Partikeln größere Verschleißpartikel aus dem Kontakt ausgetragen werden als dies beim einseitig beschichteten Kontakt der Fall ist.

Als Fazit zur Erzielung einer möglichst hohen Gebrauchsdauer gilt daher:

- Für Rillenkugellager ist die zur Verfügung stehende Schmierstoffmenge auf den Kugeln größer als die auf den Ringlaufbahnen.
- Die höchsten Gebrauchsdauern mit dem größten Schmierstoffreservoir bieten Konfigurationen mit beschichteten Umlaufkugeln, die ihre Drehachse permanent ändern. Hier wird der gesamte vorhandene Schmierstoff auch für die Schmierung genutzt.
- Liegen Konfigurationen mit beschichteten Umlaufkugeln, aber ohne Drehachsenänderung vor, wird nur ein Bruchteil des aufgebrachten Schmierstoffs (etwa 10 % oder noch weniger) in den Laufbahnen genutzt. Die Gebrauchsdauern reduzieren sich dementsprechend um etwa den gleichen Faktor!
- Noch ungünstiger im Hinblick auf hohe Gebrauchsdauern sind beschichtete Antriebs- und Gegenkörper (Ringe). Wenn schon keine Kugeldrehachsenänderung realisiert werden kann, sollten wenigstens die Umlaufkugeln beschichtet werden, da dann etwa das doppelte nutzbare Schmierstoffvolumen im Vergleich zu beschichteten Ringen vorliegt.
- Ungeeignet hingegen ist eine Beschichtung aller Wälzpartner, da damit keine Gebrauchsdauersteigerung erzielt werden kann, vielmehr wird dadurch sogar die Verschleißrate erhöht und die Gebrauchsdauer gegenüber einer alleinigen Beschichtung von Umlaufkugeln oder Antriebs- und Gegenkörpern erheblich reduziert.

7.3.6 Berechnung des nutzbaren Schmierstoffvolumens bei Transferschmierung

Die Aufgaben eines Käfigs bei feststoffgeschmierten Wälzlagern sind vergleichbar mit denen bei konventioneller Schmierung. Die Hauptaufgabe besteht darin, die Wälzkörper voneinander zu trennen. Durch die hohen Relativgeschwindigkeiten kann es bei einer Kontaktierung zweier Wälzkörper zu Oberflächenschädigung kommen. Darüber hinaus können Käfige mit spezieller Schmierstoffbeimischung die Lebensdauer feststoffgeschmierter Wälzlager durch eine Transferschmierung verlängern. In Abb. 7.16 sind die drei Kontaktstellen der Wälzkörper dargestellt.

Durch den im Kontakt zwischen Wälzkörper und Käfigtasche entstehendem Käfigverschleiß kann Schmierstoff in den Kontakt von Wälzkörpern und Laufbahn gelangen.

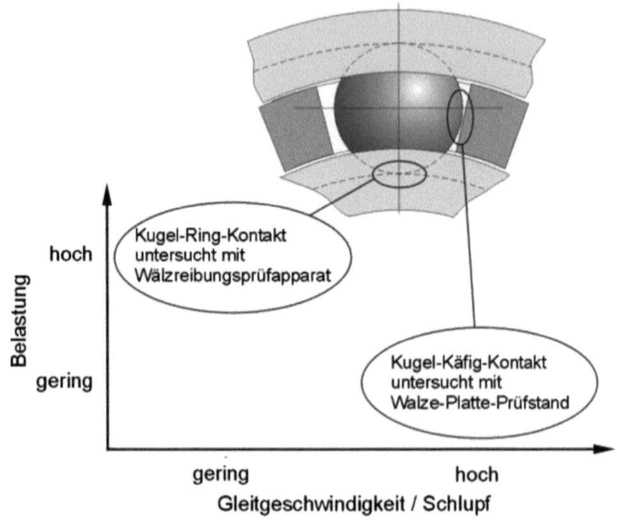

Abb. 7.16 Kraft-Geschwindigkeits-Verhältnis an Kontaktstellen. [4]

Dadurch wird die nutzbare Schmierstoffmenge erhöht und daraus wiederum resultiert eine Gebrauchsdauersteigerung. Die Kontaktkraft im Wälzkörper-Käfig-Kontakt resultiert aus der Kugel-Käfig-Dynamik. Die Zusammenhänge lassen sich nach Abb. 7.17 darstellen.

Dreht ein Lager mit einer Winkelgeschwindigkeit unter einer Belastung (1), wird durch die Wälzbewegung im Rollkontakt (Wälzkörper-Ring-Kontakt) eine definierte Reibenergie umgesetzt (2). Die Beanspruchung des Lagers erzeugt ebenso Wechselwirkungen zwischen Wälzkörper und Käfig (Wälzkörper-Käfig-Dynamik) (3). Diese verursachen eine Gleitbewegung im Wälzkörper-Käfig-Kontakt und eine Flächenpressung, sodass auch in diesem Kontakt eine definierte Reibenergie umgesetzt wird (4). Die Reibenergien in beiden Kontakten verursachen einen Materialabtrag aus der Oberfläche an den jeweiligen Kontaktstellen (Käfigverschleiß (6–7), Ringverschleiß (5–8)). Ist die Schmierstoffschicht des Lagerrings völlig verschlissen, endet die Lebensdauer des Lagers. Ein Teil des aus dem Käfigmaterial abgetragenen Schmierstoffs wirkt als Schmierstoffzufuhr für das Lager (7–8), ein Teil des Schmierstoffs aus dem Käfig wird ausgetragen (7–9). Mit fortschreitendem Verschleiß im Käfig ändert sich auch die Wälzkörper-Käfig-Dynamik.

Der Effekt der Transferschmierung ist von der Zusammensetzung des Käfigmaterials, dem Verschleißvolumen des Käfigs und der Wechselwirkung zwischen Wälzkörper und Käfigkalotte (siehe auch die Simulationen der Kugel-Käfig-Dynamik nach Kap. 6.3) abhängig [2]. Damit wurde der theoretische Nachweis geführt, warum ein Schmierstofftransfer stattfindet (Reibenergiebetrachtung) und auf welchen Ursachen (Kugel-Käfig-Dynamik, Käfigverschleiß) er basiert. Diese Untersuchungen bestätigen das experimentell seit langem bekannte Phänomen des Schmierstofftransfers.

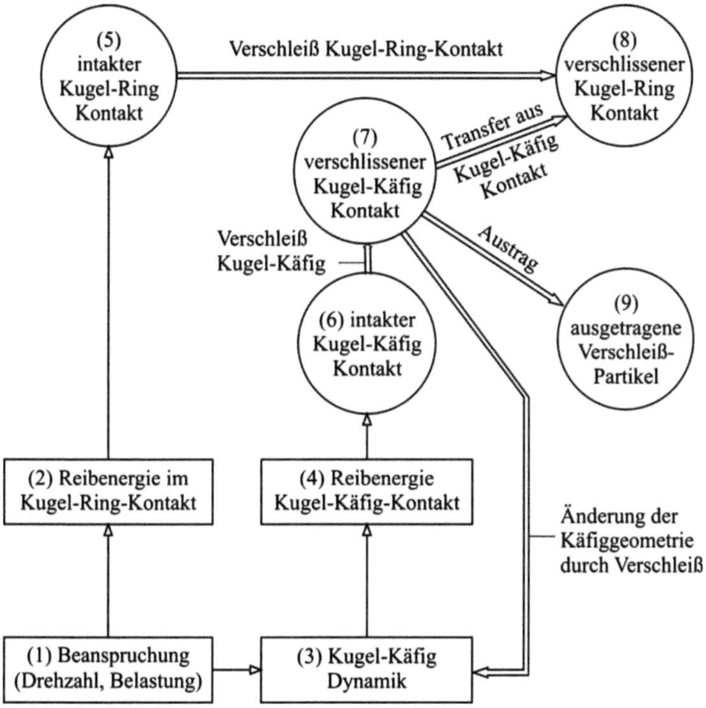

Abb. 7.17 Wirkmechanismen der Transferschmierung eines Käfigs zur Lebensdauerverlängerung feststoffgeschmierter Wälzlager. [5]

Andererseits habe die Simulationen gezeigt, wie komplex die Kugel-Käfig-Dynamik ist und dass sie sich wegen des zunehmend größeren Käfigtaschenspiels über die Versuchszeit hinweg auch permanent ändert. Eine physikalische Modellierung und mathematische Beschreibung aller Transferphänomene kann derzeit und wohl auf lange Sicht nicht geleistet werden. So ist derzeit theoretisch nicht beschreibbar

- welcher Anteil an Schmierstoff, der durch den Käfigverschleiß freigesetzt wird, tatsächlich in die Laufspur übertragen wird und dort auch schmierwirksam ist,
- Welche Verschleißrate dieser Schmierstoffanteil aufweist, der ja eine ganz andere Haftung und einen anderen Schichtaufbau im Vergleich zu der originalen PVD-Schicht hat,
- Wie sich die Einbaulage des Lagers (stehend, liegend…) auf den Ein-, bzw. Austrag von Schmierstoffpartikeln in die Laufspur aus wirkt.

Als praktikable Lösung für den konkreten Schmierstofftransfer kann dieser experimentell bestimmt werden, um dann in der Größe des „nutzbaren Schmierstoffvolumens" in die Lebensdauerberechnung einzufließen.

Tab. 7.1 Berechnung der Verschleißraten der KKR-Konfiguration (Antriebskugel 12,7 mm, MoS_2-Beschichtung der Kugeln, Prüftemperatur 250 °C)

Axiale Prüflast (N)	Gebrauchsdauer (U)	Verfügbares Schmierstoffvolumen (mm³)	Verschleißrate (mm³/U)
40	917.000		4,05E-07
103	353.000	0,371	1,05E-06
172	214.000		1,74E-06
214	172.000		2,16E-06

7.4 Ermittlung des Reibenergie-Verschleiß-Faktors

Der Verschleiß einer Festschmierstoffschicht hängt von der wirkenden Beanspruchung (Summenreibenergie), vom Festschmierstoff und vom Beschichtungsverfahren ab und wird durch die Verschleißrate ΔV beschrieben. Will man jedoch allein die Abhängigkeit von Festschmierstoff und Beschichtungsverfahren darstellen, ist es sinnvoll, einen schmierstoffspezifischen Reibenergie-Verschleiß-Faktor K_V zu definieren. Der Faktor K_V ergibt sich aus dem Quotienten von Verschleißrate ΔV und umgesetzter Summenreibenergie W_{SR}:

$$K_V = \frac{\Delta V}{W_{SR}} \tag{7.21}$$

► **Definition:** Der Reibenergie-Verschleiß-Faktor K_V ist die auf die Summenreibenergie W_{SR} bezogene Verschleißrate ΔV und beschreibt das schmierstoff- und beschichtungsspezifische Verschleißverhalten eines Festschmierstoffs. Der tatsächlich auftretende Verschleiß (ausgedrückt durch die Verschleißrate ΔV) hängt dann außer von dem Reibenergie-Verschleiß-Faktor K_V nur noch linear von der im Kontakt wirkenden Summenreibenergie W_{SR} ab.

Um den Reibenergie-Verschleiß-Faktor K_V aus den empirischen Daten zu berechnen, müssen die Verschleißrate ΔV und die Summenreibenergie W_{SR} bestimmt werden. Da eine direkte Messung der Verschleißrate nicht möglich war, wird von einer konstanten Verschleißrate während eines jeden Versuchs und innerhalb der Versuchsreihe ausgegangen. Diese Annahme ist plausibel, da die untersuchten Beschichtungen aus einer Charge stammen und die Oberflächen unabhängig von den Versuchsbedingungen einen identischen Endzustand aufwiesen. Demnach kann angenommen werden, dass der Verschleißabtrag konstant über alle Versuche ist.

Die Verschleißrate ΔV [mm³/U] ergibt sich dann aus dem analytisch zu ermittelnden, nutzbaren Beschichtungsvolumen V_p [mm³] geteilt durch die experimentell zu ermittelnde Gebrauchsdauer GD[U]

$$\Delta V = \frac{V_p}{GD} \tag{7.22}$$

Aus ΔV ergeben sich die in Tab. 7.1 angegebenen Verschleißraten.

Mit den Verschleißraten und der Summenreibenergie kann nun nach Formel (7.21) der Reibenergie-Verschleiß-Faktor (Tab. 7.2) berechnet werden.

Tab. 7.2 Berechnung des Reibenergie-Verschleiß-Faktors der KKR-Konfiguration (Antriebskugel 12,7 mm, Prüftemperatur 250 °C)

Axiale Prüflast (N)	Verschleißrate (mm^3/U)	Summenreibe-nergie (mJ/U)	Reibenergie-Verschleiß-Faktor (mm^3/mJ)		
			Einzelwerte	Arithmetisches Mittel	95% Konfidenzintervall
40	4,05E-07	0,1568	2,58E-06		
103	1,05E-06	0,4513	2,33E-06	2,2864E-06	±9,56 %
172	1,74E-06	0,8071	2,15E-06		
214	2,16E-06	1.0364	2.08E-06		

Der Reibenergie-Verschleiß-Faktor nach Tab. 7.2 ist nun als Proportionalitätsfaktor zwischen Summenreibenergie und Verschleißrate quantitativ angegeben. Dieser Wert gibt an, dass unabhängig von der jeweiligen Reibenergiebeanspruchung ein Schichtabtrag von $9{,}15 \times 10^{-6}$ mm^3 pro Millijoule Reibenergie stattfindet. Auf das nutzbare Schmierstoffvolumen der KKR-Konfiguration bezogen ergibt sich damit eine maximal ertragbare Reibenergiebelastung der gesamten Schicht von:

$$W_{\mathrm{SR,max}} = \frac{V_{\mathrm{p}}}{K_{\mathrm{V}}} = \frac{0{,}371}{9{,}15 \times 10^{-6}} = 40{,}5\ \mathrm{J} \tag{7.23}$$

Für ein Schmierstoffvolumen von 0,371 mm^3 MoS_2 bedeutet das Ergebnis von Formel (7.23), dass diese Schicht unabhängig von der jeweiligen Prüfkonfiguration im Mittel einer reibenergetischen Beanspruchung von ca. 40 J standhält. Die Gebrauchsdauer wird demnach allein durch das nutzbare Schmierstoffvolumen V_p, den Reibenergie-Verschleiß-Faktor K_V und die Summenreibenergie W_{SR} bestimmt!

Damit liegen die gebrauchsdauerbestimmenden Größen feststoffgeschmierter Wälzlager fest und können für die Auslegung und Optimierung genutzt werden.

7.5 Berechnung der Gebrauchsdauer

Mit dem nutzbare Schmierstoffvolumen V_p kann die Gebrauchsdauer GD[U] berechnet werden.

Liegt die Verschleißrate ΔV vor, erfolgt die Berechnung mit der Gleichung:

$$GD[\mathrm{U}] = \frac{V_{\mathrm{p}}}{\Delta V} \tag{7.24}$$

In den meisten Fällen liegen jedoch die berechnete Summenreibenergie W_{SR} und der empirisch ermittelte Reibenergie-Verschleiß-Faktor K_V vor. Dann erfolgt die Berechnung mit Gleichung:

$$GD[\mathrm{U}] = \frac{V_{\mathrm{p}}}{(W_{\mathrm{SR}} \cdot K_{\mathrm{V}})} \tag{7.25}$$

Schließlich ergibt sich die Gebrauchsdauer in Stunden $GD[\mathrm{h}]$ zu:

$$GD[\mathrm{h}] = \frac{GD[\mathrm{U}]}{(n \cdot 60)} \tag{7.26}$$

mit der Drehzahl n in U/min.

Die Zusammenhänge zwischen den Lagereigenschaften, den Betriebsbedingungen und der Gebrauchsdauer insgesamt sind in Abb. 7.18 dargestellt.

7.6 Evaluation des Gebrauchsdauermodells

Um die Güte des summenreibenergiebasierenden Gebrauchsdauermodells zu prüfen, werden im Kap. 7.6 die berechneten den empirischen Gebrauchsdauern gegenübergestellt. Die im Folgenden gezeigte Evaluation des Gebrauchsdauermodells wurde ausschließlich an MoS_2-Schichten durchgeführt.

7.6.1 Evaluation des Gebrauchsdauermodells durch Variation der Geometrie der Antriebskugel

Um das Gebrauchsdauermodell in einem ersten Schritt zu evaluieren, wurde die KKR-Konfiguration variiert. Als Variation wird statt der Antriebskugel mit einem Durchmesser von 12,7 mm eine kleinere Kugel mit 11,905 mm Durchmesser eingesetzt. Dabei vergrößert sich der Kontaktwinkel θ und damit auch die Normalkraft. Durch die höheren Kräfte und den kleineren Radius der Antriebskugel erhöht sich die Flächenpressung in den Kontaktzonen (Tab. 7.3).

Die Beanspruchungen erhöhen sich bei der kleineren Kugel um ca. 8–9 %, die Normalkraft steigt um ca. 25 %. Durch die abweichenden Beanspruchungen kommt es zu unterschiedlichen Reibenergien und Gebrauchsdauern.

Die in Abb. 7.19 dargestellten Mittelwerte für die Gebrauchsdauern der Antriebskugelvariationen zeigen keine Signifikanz einer Abweichung der Mittelwerte im 95 % Konfidenzintervall. Dies ist in dem Verhältnis der Mittelwertabweichung und der Versuchsstreuung begründet. Die Wirkung der veränderten Bedingungen ist demnach kleiner als die Streuung der Versuche.

Jedoch lassen sich bei einem Vergleich der Mittelwerte Erkenntnisse über die Abhängigkeit der Gebrauchsdauer ziehen (s. Tab. 7.4). Zum einen zeigt sich, dass sich der Mittelwert der Gebrauchsdauer umgekehrt proportional zur Summenreibenergie verkürzt, zum anderen vergrößert sich die Normalkraft stärker als sich die Gebrauchsdauern verkürzen.

Aus den Daten lässt sich erkennen, dass hier sowohl die Flächenpressung als auch die Reibenergie eine gute Prognose der Gebrauchsdauer erlauben.

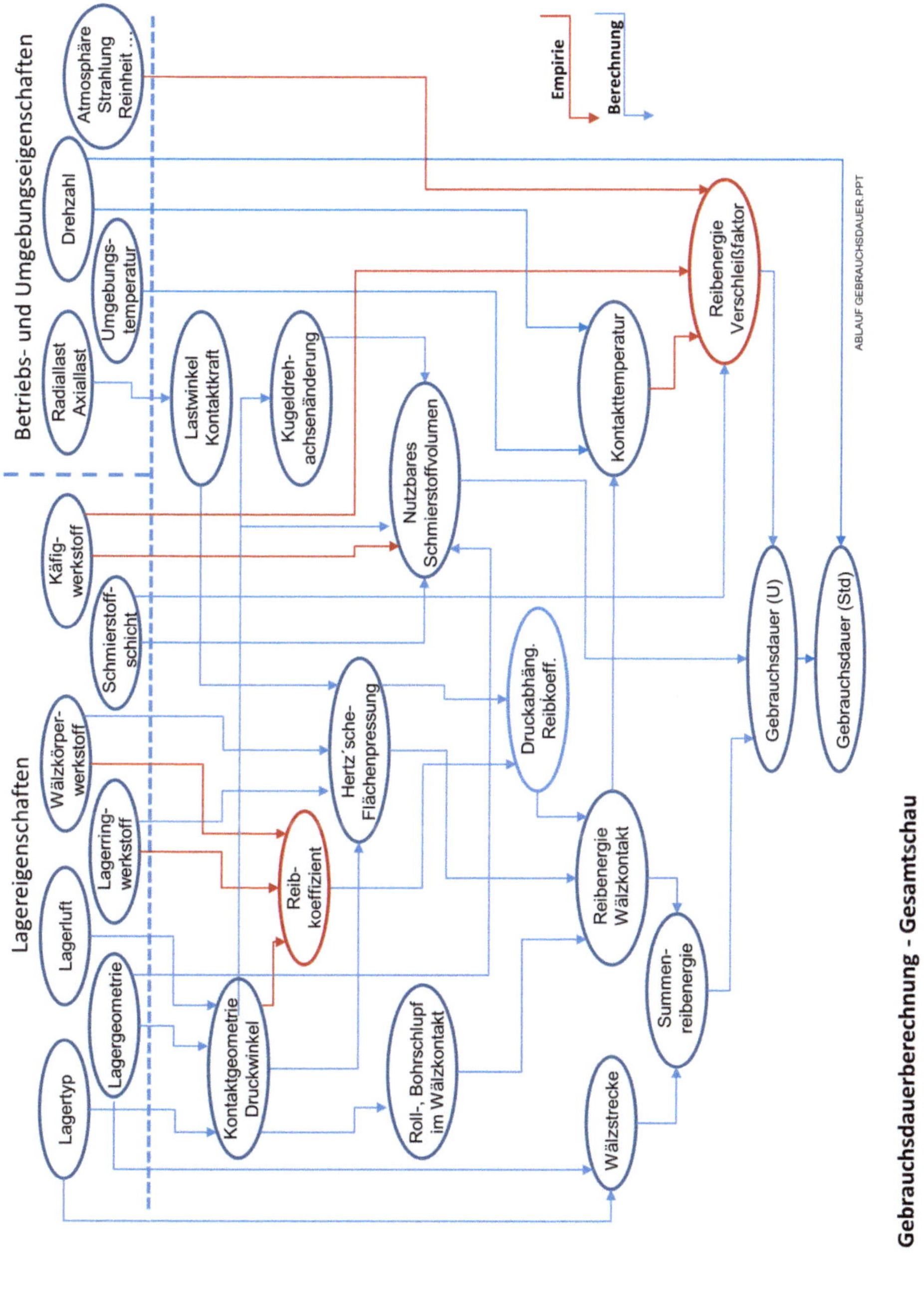

Abb. 7.18 Ermittlung der Gebrauchsdauer feststoffgeschmierter Wälzlager

Tab. 7.3 Beanspruchung der KKR-Konfiguration bei 250 °C und Antriebskugeln mit Durchmesser 11,906 und 12,7 mm

Prüflast	Pressung in I (N/mm²)		Pressung in A (N/mm²)		Normalkraft (N)		Lastwinkel (°)	
(N)	$PI_{11.906}$	$PI_{12.7}$	$PA_{11.906}$	$PA_{12.7}$	$FN_{11.906}$	$FN_{12.7}$	$\theta_{11.906}$	$\theta_{12.7}$
40	2.191	2.012	828	768	10,5	8,4	68	62
103	3.003	2.758	1.134	1.053	27,1	21,7	68	62
214	3.832	3.519	1.447	1.343	56,4	45,1	68	62

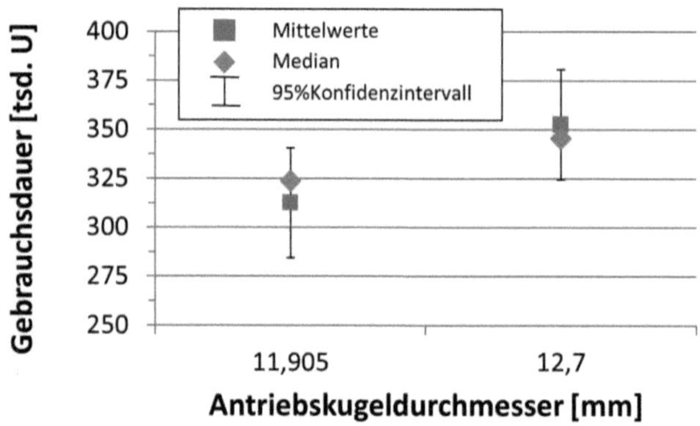

Abb. 7.19 Vertrauensbereich der Versuchsergebnisse der zwei Antriebskugelvarianten für KKR. [3]

7.6.2 Evaluation des Gebrauchsdauermodells für die Ausgangskonfiguration

In Abb. 7.20 sind die interpolierten Werte der Reibenergie-Verschleiß-Faktoren dargestellt. Die Übereinstimmung ist erwartungsgemäß hoch, da für die Berechnung der Faktoren das arithmetische Mittel der Reibenergie-Verschleißwerte der einzelnen Versuche verwendet wurde (s. Abb. 7.20). Dennoch deuten diese Ergebnisse darauf hin, dass die Reibenergie eine starke Korrelation zur Verschleißrate aufweist.

Um die Versuchsergebnisse besser zuordnen zu können, wurde als Abszisse in Abb. 7.20 die axiale Prüflast gewählt. Innerhalb des Gebrauchsdauermodells wird die Prüflast jedoch nur in der Reibenergie berücksichtigt. Das Konfidenzintervall wurde aus der Standardabweichung der dem Modell zugrundeliegenden Werte gebildet (s. Tab. 7.1) und stellt die

Tab. 7.4 Vergleich der Veränderungen durch abweichende Antriebskugeldurchmesser

Antriebskugel	Gebrauchsdauer	Summenreibenergie	Pressung in I	Normalkraft
12,7 mm	353 tsd. U	0,451 mJ	2.750 N/mm²	21,7 N
11,9 mm	312 tsd. U	0,497 mJ	3.000 N/mm²	27,1 N
Änderung	− 113 %	+ 110 %	+ 109 %	+ 125 %

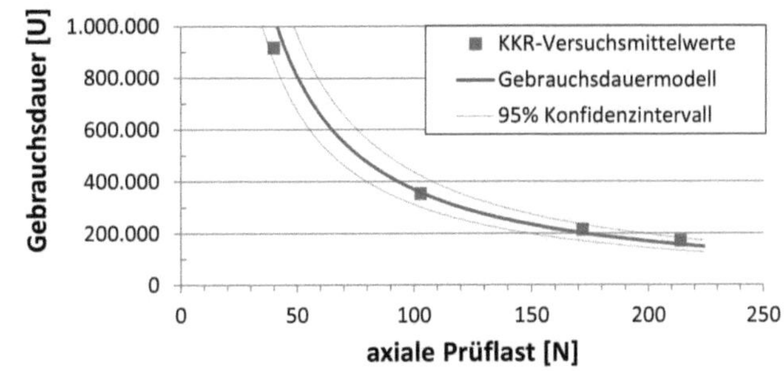

Abb. 7.20 Vergleich der Gebrauchsdauern aus Berechnung und Versuch der KKR-Versuche (Antriebskugel 12,7 mm, Prüftemperatur 250 °C)

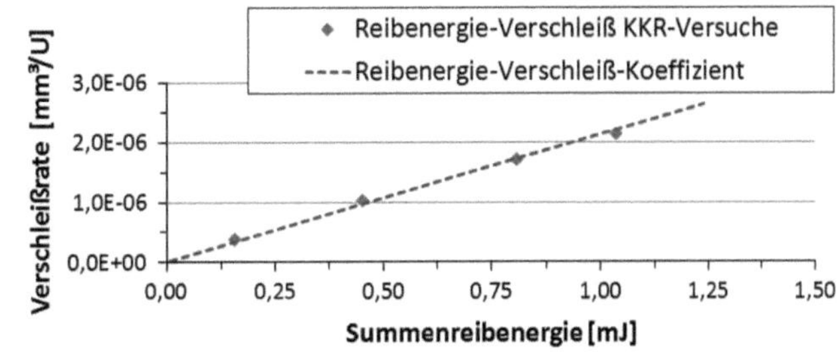

Abb. 7.21 Darstellung der empirisch ermittelten Reibenergie-Verschleiß-Werte und der gemittelte Faktor K_v

Unsicherheit der Reibenergie-Verschleiß-Faktoren dar. Die Ergebnisse zeigen eine gute Korrelation von berechneten und experimentell ermittelten Werten, was für diese Versuchsreihe die Annahme einer proportionalen Abhängigkeit der Gebrauchsdauer von der Reibenergie bestätigt.

Im Gegensatz zum Vorgehen in Kap. 7.5 wurde für das Gebrauchsdauermodell keine Regression gebildet sondern ein Mittelwert über den Zusammenhang zwischen Reibenergie und Verschleißrate der Referenzversuche gebildet (s. Tab. 7.1). In Abb. 7.21 ist das Ergebnis als Ursprungsgrade mit der Steigung $K_v = 2{,}29 \times 10^{-6}$ mm³/mJ dargestellt.

Das Ergebnis bestätigt eindrucksvoll die Annahme eines konstanten Reibenergie-Verschleiß-Faktors.

7.6.3 Evaluation des Gebrauchsdauermodells für eine Alternativkonfiguration

Um die Gültigkeit des Modells über die KKR-Konfiguration hinaus zu überprüfen, wird das Gebrauchsdauermodell auf die gänzlich andere RKR-Konfiguration der Baugröße 608 angewendet. In Tab. 7.5 sind die Gebrauchsdauerergebnisse der RKR-Versuche mit den nach Formel (7.25) berechneten Verschleißraten dargestellt. Da die gleichen Umlaufku-

Tab. 7.5 Berechnung der Verschleißrate der RKR-Konfiguration (Baugröße 608, Prüftemperatur 250 °C)

Axiale Prüflast (N)	Gebrauchsdauer (U)	Schmierstoffvolumen (mm^3)	Verschleißrate (mm^3/U)	Summenreibenergie (mJ/U)
30	296.000		1,25E-06	0,519
43	174.000	0,371	2,13E-06	0,763
103	80.000		4,64E-06	1,936

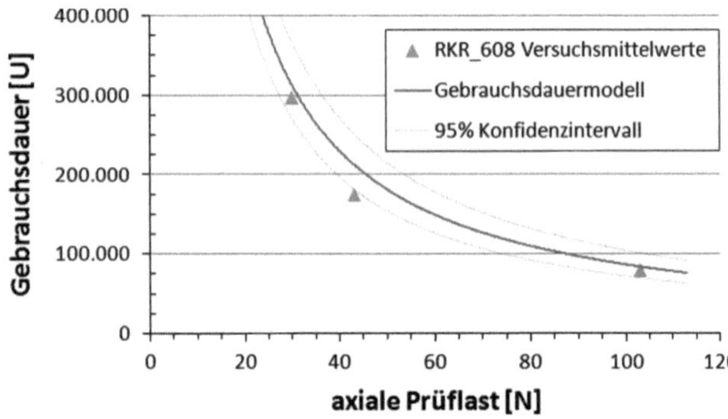

Abb. 7.22 Vergleich der Gebrauchsdauern aus Berechnung und Versuchsergebnissen der RKR-608 Versuche (Baugröße 608, Prüftemperatur 250 °C)

geln wie für die KKR-Konfiguration verwendet werden konnten, ist das nutzbare Schmierstoffvolumen identisch.

Wie bereits in Kap. 7.1 gezeigt, sind die Gebrauchsdauern bei RKR-Versuchen niedriger und damit die Verschleißraten höher als bei vergleichbaren KKR-Versuchen (s. Tab. 7.1). Dieser Effekt zeigt sich unabhängig von der Gebrauchsdauer in der erhöhten Summenreibenergie. Wird der Reibenergie-Verschleiß-Faktor mit den Reibenergiewerten aus Tab. 7.5 multipliziert und mit dem nutzbaren Schmierstoffvolumen ins Verhältnis gesetzt, ergeben sich die prognostizierten Gebrauchsdauern in Abb. 7.22

Auch die Anwendung des Gebrauchsdauermodells auf die neue RKR-Konfiguration zeigt eine für tribologische Versuche sehr gute Übereinstimmung der Versuchsergebnisse mit den Gebrauchsdauerprognosen. Die mittlere Laststufe weist eine etwas geringere Gebrauchsdauer auf als im Modell vorhergesagt, jedoch gilt es hier zu berücksichtigen, dass eine exakte Prognose aufgrund der Versuchsstreuung nicht möglich ist. Obwohl die KKR-608 und die RKR-608 Konfigurationen aus 2/3 Gleichteilen (Außenring und Umlaufkugeln sind gleich) bestehen, unterscheiden sie sich in ihren mechanischen und kinematischen Verhältnisse doch sehr stark. Die sehr gute Übereinstimmung Berechnung – Experiment belegt auch hier die Plausibilität des Gebrauchsdauermodells.

Tab. 7.6 Vergleich der äußeren Abmessungen der RKR-Konfigurationen

Lagergröße	Außendurchmesser (mm)	Bohrung (mm)	Wälzkörpergröße (mm)
608	22	7	3,969
6001	28	8	4,762

7.6.4 Evaluation des Gebrauchsdauermodells für eine andere Baugröße

Um das Gebrauchsdauermodell auch mit einer anderen Lagerbaugröße zu testen wurden RKR-Versuche mit der Lagerbaugröße 6001 durchgeführt (Tab. 7.6)

Bei der RKR-6001-Konfiguration werden nicht nur andere Ringe verwendet, sondern aufgrund der Baugröße mussten auch Umlaufkugeln mit einem größeren Durchmesser verwendet werden. Dies bietet die Möglichkeit das Gebrauchsdauermodell auch im Hinblick auf eine Veränderung des nutzbaren Schmierstoffvolumens zu untersuchen (Tab. 7.7).

Das Schmierstoffvolumen der Baugröße 6001 ist um 43 % größer als das der Baugröße 608. Dementsprechend erhöht sich die theoretisch ertragbare Reibenergiebelastung nach Formel (7.27) auf 234 J.

$$W_{\mathrm{SR,max}} = \frac{V_{\mathrm{P}}}{K_{\mathrm{V}}} = \frac{0{,}534}{2{,}29 \times 10^{-6}} = 233{,}5\ \mathrm{J} \tag{7.27}$$

Da der Reibenergie-Verschleiß-Faktor per Definition nur vom Schmierstoff und den schichtspezifischen Eigenschaften abhängt, muss er unabhängig von der untersuchten Konfiguration konstant bleiben. Dadurch ergibt sich bei gleicher Reibenergiebeanspruchung, aber größerem nutzbaren Schmierstoffvolumen auch eine größere Gebrauchsdauer der Konfiguration.

Die Gebrauchsdauerprognose nach Abb. 7.23 zeigt auch hier eine gute Übereinstimmung zwischen den empirisch ermittelten und den auf Basis der KKR-Versuchen prognostizierten Gebrauchsdauern. Die Erhöhung der Gebrauchsdauer ist eindeutig auf das größere nutzbare Schmierstoffvolumen V_p der RKR-6001-Konfiguration zurückzuführen und unabhängig von den kinematischen und mechanischen Veränderungen der Lagerkonfiguration und -baugröße!

Die dargestellten Ergebnisse führen zu zwei Erkenntnissen:

1. Zum einen ist die Gebrauchsdauer der untersuchten Prüfkonfigurationen im VKA linear von der nutzbaren Schmierstoffmenge abhängig, was die Bedeutung eines möglichst großen nutzbaren Schmierstoffvolumens für praktische Anwendungen hervor hebt.

Tab. 7.7 Berechnung der Verschleißraten der RKR-Konfiguration (Baugröße 6001, Prüftemperatur 250 °C)

Axiale Prüflast (N)	Gebrauchsdauer (U)	Schmierstoffvolumen (mm^3)	Verschleißrate (mm^3/U)	Summenreibenergie (mJ/U)
50	237.000		2,25E-06	0,9170
103	136.000	0,534	3,93E-06	1,9890
150	78.000		6,85E-06	2,8150

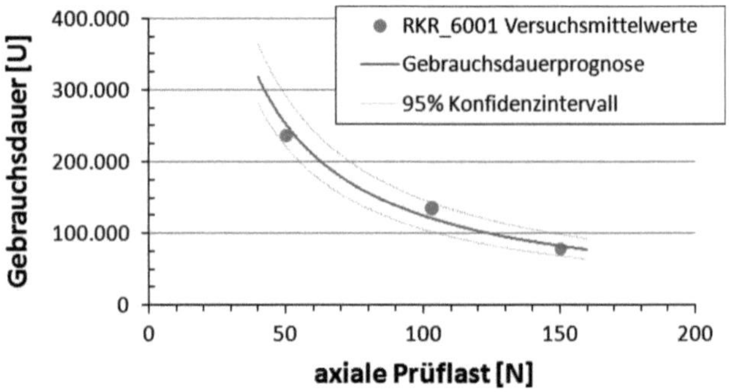

Abb. 7.23 Vergleich der Gebrauchsdauern aus Berechnung und Versuchsergebnissen der RKR-6001 Versuche (Baugröße 6001, Prüftemperatur 250 °C)

2. Zum zweiten lässt sich für die durchgeführte Untersuchung eine proportionale Abhängigkeit der Gebrauchsdauer von der Reibenergiebeanspruchung nachweisen. Auch dieser Zusammenhang ist für die Praxis der Feststoffschmierung grundlegend, weil nun alle Einflussparameter mit ihren Einflüssen auf die Gebrauchsdauer formelmäßig bekannt sind und gezielt für eine Lageroptimierung genutzt werden können.

7.6.5 Einführung eines temperaturabhängigen Reibenergie-Verschleiß-Faktors

Wie in Kap. 2 bereits gezeigt, ist das tribologische Verhalten von Festschmierstoffen meist stark von der Einsatztemperatur abhängig. Um den Einfluss der Temperatur als Umgebungsbedingung im Gebrauchsdauermodell zu berücksichtigen, bestehen zwei Möglichkeiten:

1. Bei der Ermittlung der Reibenergie beeinflusst die Temperatur nur den E-Modul. Wenn Lagerwerkstoffe für den Temperaturbereich richtig ausgewählt werden, sind die Auswirkungen der Temperatur auf die Summenreibenergie nur sehr gering und spiegeln keinesfalls die reale, deutlich erkennbare Temperaturabhängigkeit des Verschleißes wider.
2. Es liegt daher nahe, den Temperatureinfluss auf die Verschleißrate über einen temperaturabhängigen Reibenergie-Verschleiß-Faktor $K_v(T)$ zu berücksichtigen.

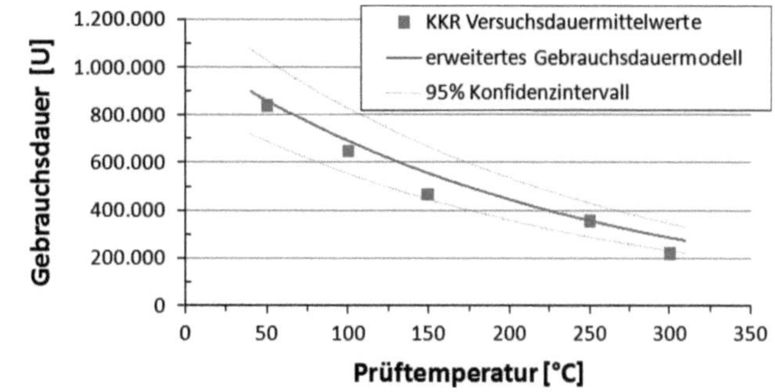

Abb. 7.24 Darstellung des um den Temperatureinfluss erweiterten Gebrauchsdauermodells (KKR, AK = 12,7 mm, F_{ax} = 103 N, T = +50 bis +300 °C)

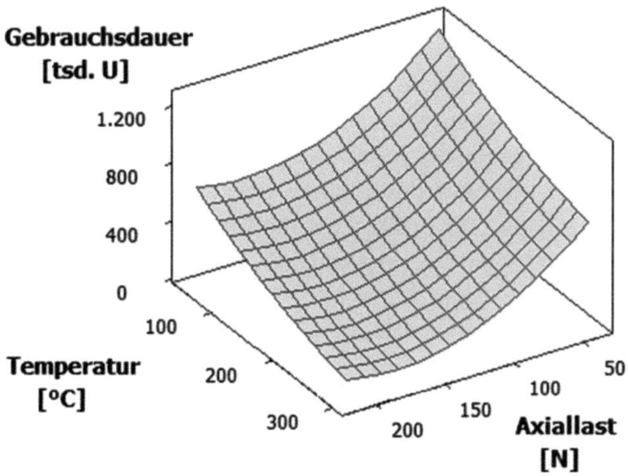

Abb. 7.25 Ergebnisse der Regressionsgleichung für KKR-Versuche

Um den Temperatureinfluss auf den Reibenergie-Verschleiß-Faktor $K_v(T)$ zu erfassen wurde eine exponentielle Regression aus 25 Versuchen erstellt:

$$GD = \frac{V_P}{\Delta V} = \frac{V_P}{K_V(T) \cdot W_{SR}} = \frac{V_P}{(8{,}411 \times 10^{-7} \cdot e^{0{,}004 \cdot T}) \cdot W_{SR}} \tag{7.28}$$

Das erweiterte Gebrauchsdauermodell ist im Temperaturbereich von +50 bis +300 °C für die KKR-Konfiguration dargestellt Abb. 7.24.

Die relativ großen Streuungen der Temperaturversuche insbesondere für die niedrigeren Temperaturen führen in Abb. 7.24 zu einem breiten Konfidenzintervall, was analog zu einer niedrigeren Signifikanz der Gebrauchsdauerwerte führt.

Um die Wirkungen der Temperatur und der Last gemeinsam zu visualisieren, wurden beide in eine dreidimensionale Darstellung überführt (Abb. 7.25).

Man erkennt deutlich, den starken Abfall der Gebrauchsdauer bei hohen Lasten und gleichzeitig hohen Temperaturen. Andererseits ist der Einfluss der Temperatur erkennbar geringer ausgeprägt als der Einfluss der Belastung.

7.7 Zusammenfassung

In diesem Kapitel wurden systematisch alle Einflussgrößen auf die Gebrauchsdauer feststoffgeschmierter Wälzlager und ihr Zusammenwirken in einem Gebrauchsdauermodell beschrieben. Das Gebrauchsdauermodell wurde für die Feststoffschmierung mit MoS_2 evaluiert und zeigt sehr gute Übereinstimmungen mit den Versuchen. Kernaussagen des Modells sind die Proportionalität zwischen der Gebrauchsdauer und dem schichtspezifischen Reibenergie-Verschleiß-Faktor sowie die lineare Abhängigkeit der Gebrauchsdauer von dem nutzbaren Schmierstoffvolumen. Dieses darf keinesfalls mit dem aufgebrachten Schmierstoffvolumen gleich gesetzt werden und muss für jeden Einsatzfall unter Berücksichtigung von temperaturbedingten Abmessungsänderungen der Lagerkomponenten ermittelt werden. Nachgewiesen wurde auch die Bedeutung der Summenreibenergie als das Maß an Beanspruchung, das umgekehrt proportional zur Gebrauchsdauer ist. Für eine Auslegung MoS_2-geschmierter Wälzlager ist es entscheidend, dass eine MoS_2-Schicht mit ihrem nutzbaren Schmierstoffvolumen ein definiertes Potential an ertragbarer Schichtbeanspruchung durch Reibenergie aufweist. Mit dieser Erkenntnis kann zukünftig ein Anwender nicht nur eine einfache Gebrauchsdauerbestimmung vornehmen. Vielmehr bieten sich auch für Beschichter und Lagerhersteller neue und verlässliche Perspektiven zur Schichtcharakterisierung und zur Qualitätssicherung.

Literatur

1. Heinz-Schwarzmaier, T.: Bestimmung der Lebensdauer feststoffgeschmierter Kugellager auf der Grundlage von Reibenergieberechnungen und Kurzzeitversuchen. Dissertation TU Darmstadt. VDI, Düsseldorf (2003)
2. Bozkurt, H.: Lebensdauertheorie zur Transferschmierung von feststoffgeschmierten Wälzlagern. Dissertation TU Darmstadt. VDI, Düsseldorf (2010)
3. Kümmerle, T.: Theorie und Evaluierung eines universell anwendbaren Gebrauchsdauermodells für feststoffgeschmierte Wälzlager. Dissertation TU Darmstadt (2011)
4. Bozkurt, H., Wohlgemuth, M., Birkhofer, H., Sauer, B.: Systematik zur Entwicklung und Validierung einer erweiterten Lebensdauertheorie für feststoffgeschmierte Rillenkugellager. GfT-Tribologie-Fachtagung, Göttingen (2006)
5. Bozkurt, H., Li, X., Madan, I., Birkhofer, H.: Rechnerische Ermittlung der Wirkung der Käfigtransferschmierung auf die Lebensdauer feststoffgeschmierter Kugellager. GfT-Tribologie-Fachtagung, Göttingen (2005)

8 Lebensdauerprüfverfahren für feststoffgeschmierte Wälzlager

Für die Lebensdauerprüfung von Wälzlagern werden Prüfstände eingesetzt, die in kontrollierten Laborversuchen unter realitätsnahen Betriebsbedingungen (Belastung, Drehzahl, Temperatur, Druck) die Beanspruchung von Wälzlagern prüfen. Dieses Kapitel beschreibt ausführlich den so genannten Vier-Lager-Prüfstand, der sich für realitätsnahe Gebrauchs- und Lebensdauerversuche von Wälzlagern bewährt hat. Nach einer Beschreibung seines Aufbaus und der Versuchsdurchführung geht das Kapitel auf die Auswertung der Versuche ein. Einen Schwerpunkt stellt die danach folgende Erörterung typischer Lagerschäden dar, wie sie aus regulären, aber auch irregulären Schädigungsmechanismen resultieren. Das Kapitel schließt mit einem Beispiel einer tribologischen Schadensanalyse, in der systematisch aus den Befunden nach Versuchsende auf den dominierenden Schädigungsmechanismus geschlossen wird.

8.1 Lagerversuche und Prüfstände

Im Folgenden werden Lebensdauerversuche an Wälzlagern der Baugrößen 6205 und 6001 mit sogenannten Vierlagerprüfständen beschrieben. Entsprechend der Klassifikation von Versuchen nach [1] handelt es sich hierbei um Bauteilversuche der Kategorie IV.

8.1.1 Prinzip einer Lagerprüfung im Vier-Lager-Prüfstand

Im Vier-Lager-Prüfstand werden vier Kugellager auf einer gemeinsamen Welle gleichzeitig getestet (Abb. 8.1).

Die beiden inneren Lager II und III werden über die Lagergehäuse durch eine vertikale Radialkraft F_{rad} belastet, die sich über die Welle, die beiden äußeren Lager I und IV und deren Lagergehäuse auf der Stützlast F_S abstützt. Jeweils zwei Lager (I und II sowie III und IV) sind mit ihren Außenringen in gemeinsamen Hülsen fixiert um Fluchtungsfehler zu vermeiden. Welle, Gehäuse und Hülsen sind aus dem Wälzlagerstahl 100 Cr6 gefertigt, um ein Verspannen der Lager durch ungleiche Wärmedehnungen zu vermeiden. Über

H. Birkhofer, T. Kümmerle, *Feststoffgeschmierte Wälzlager*,
DOI 10.1007/978-3-642-16797-3_8, © Springer-Verlag Berlin Heidelberg 2012

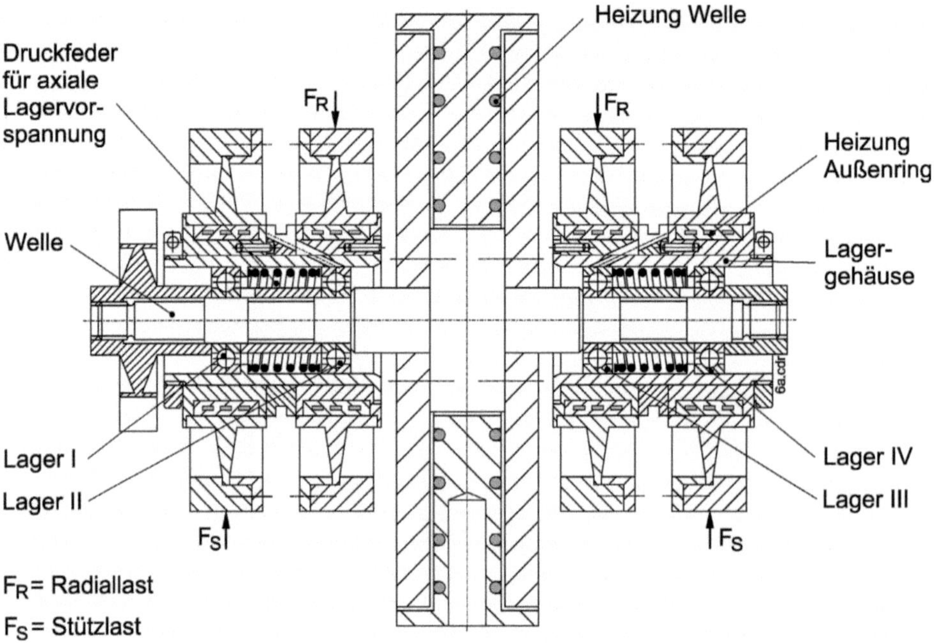

Abb. 8.1 Prüfsatz mit 4 Radialrillenkugellagern radial und axial belastet im Vier-Lager-Prüfstand. [2, S. 86]

vorgespannte Druckfedern, die auf die Außenringe von je zwei Lagern wirken und diese axial gegen die feststehenden Innenringe verspannen, können auch axiale Lagerbelastungen aufgebracht werden.

Die Lagertemperatur kann durch zwei Heizungen eingestellt werden:

- Die Außenringtemperatur eines jeden Lagers kann über Widerstandsheizungen, die im Lagergehäuse eingebaut sind, reguliert werden. Die Heizelemente sind für eine Maximaltemperatur von 400 °C ausgelegt.
- Die Wellentemperatur wird über eine Widerstandsheizung (maximal 440 °C) in der mittig angeordneten, ortsfesten Heizscheibe erzeugt. Sie gibt ihre Wärme über Strahlung an die auf der Welle befestigten, umlaufenden Heizscheiben ab, die sie durch Wärmeleitung auf die Welle übertragen.

Die Lager werden nach dem Einbau und dem Herstellen der gewünschten Versuchsbedingungen (Atmosphäre/Vakuum, Druck, Temperatur) unter konstanter Drehzahl getestet bis das erste Lager ausfällt.

Diese Versuchsanordnung mit vier Kugellagern hat eine Reihe von Vorteilen:

- Es werden bei jedem Versuch vier Lager getestet, was die Versuchsdauer gegenüber der Prüfung von vier Einzellagern erheblich verkürzt.

- Für geschlossene Prüfräume (z. B. bei Inertgas- oder Vakuumtests) stellt diese Anordnung die einfachste Möglichkeit der Lastaufbringung dar.
- Die symmetrische Lastaufbringung ergibt gleich große Radialkräfte F_{rad} an allen vier Lagern, was die Reproduzierbarkeit der Versuche unterstützt.
- Die axiale Lagerbelastung durch Druckfedern ist unabhängig von der radialen Belastung, kann in weiten Bereichen eingestellt werden und erlaubt dadurch den Test mit kombinierter Belastung auch von Schrägkugel- und Schrägschulterlagern (Spindellager).
- Da Welle bzw. Innenringe und Lagergehäuse bzw. Außenringe der Lager getrennt beheizt werden können, lässt sich die Lagertemperatur in den Lagern vor Versuchsbeginn gezielt einstellen und im Verlauf des Versuchs auch regeln. Zudem ist es auch möglich, einen radialen Temperaturgradienten im Lager einzustellen.
- Nach Versuchsende (Ausfall des ersten Lagers) können die Schädigungsmechanismen der anderen Lager begutachtet und wertvolle Erkenntnisse auf den Schädigungsverlauf gewonnen werden.
- Die Prüfung von Gruppen von gleichen Wälzlagern ermöglicht eine genauere statistische Absicherung der Ergebnisse etwa nach der Sudden-Death-Methode [3].

Nachteilig an der Vierlageranordnung ist der Umstand, dass keine vollständige Gebrauchs- oder Lebensdauerbestimmung für alle vier Lager erfolgen kann, da nach dem Ausfall des ersten Lagers der Versuch abgebrochen und die Lager ausgebaut werden müssen.

8.1.2 Aufbau eines Vier-Lager-Prüfstands

Ein Vier-Lager-Prüfstand besteht aus einem vakuumdichten Prüftopf, in den die Prüfwelle mit den Prüflagern, die Belastungseinheit und die Messeinrichtungen eingebaut sind (Abb. 8.2).

Die *Belastungseinheit* besteht aus einem Membranbalg, der am Topfdeckel befestigt ist und sich im Vakuum ausdehnt. Er belastet über zwei Stempel mit Kugelkontakten die innen liegenden Gehäuse der Wälzlager II und III. Die Kugeln übertragen die Radialkraft und verhindern ein Mitdrehen der innen liegenden Lagergehäuse beim Drehen der Welle. Die Lagerlast stützt sich über die Welle und die beiden außen liegenden Wälzlager I und IV sowie deren Gehäuse auf zwei Lagerböcken ab. Im Lagerbock des Lagers I (Festlager) ist das Lagergehäuse axial fixiert, aber drehbar in Wälzlagern aufgehängt (Schnitt B-B in Abb. 8.2), um eine Verkippung und Zwängung der Prüflager bei Durchbiegen der Prüfwelle zu vermeiden. Die Abstützung des Gehäuses des Lagers IV auf den Lagerbock (Schnitt A-A in Abb. 8.2) erfolgt über Kugelauflagen (Loslager), damit sich die Welle ebenfalls ohne Verkippung der Lager durchbiegen sowie ohne axiale Zwangskräfte thermisch ausdehnen kann.

Der Antrieb der Prüfwelle erfolgt über einen stufenlos regelbaren Gleichstrommotor, der unter dem Prüfstandtisch angebracht ist. Ein Flachriementrieb überträgt die Motorleistung auf die Antriebswelle, auf der eine Drehmomentnabe das gesamte Antriebsmoment erfasst. Antriebswelle und Prüfwelle sind über eine schaltbare Klauenkupplung verbunden, sodass der Antriebsstrang manuell verbunden oder unterbrochen werden kann. Eine

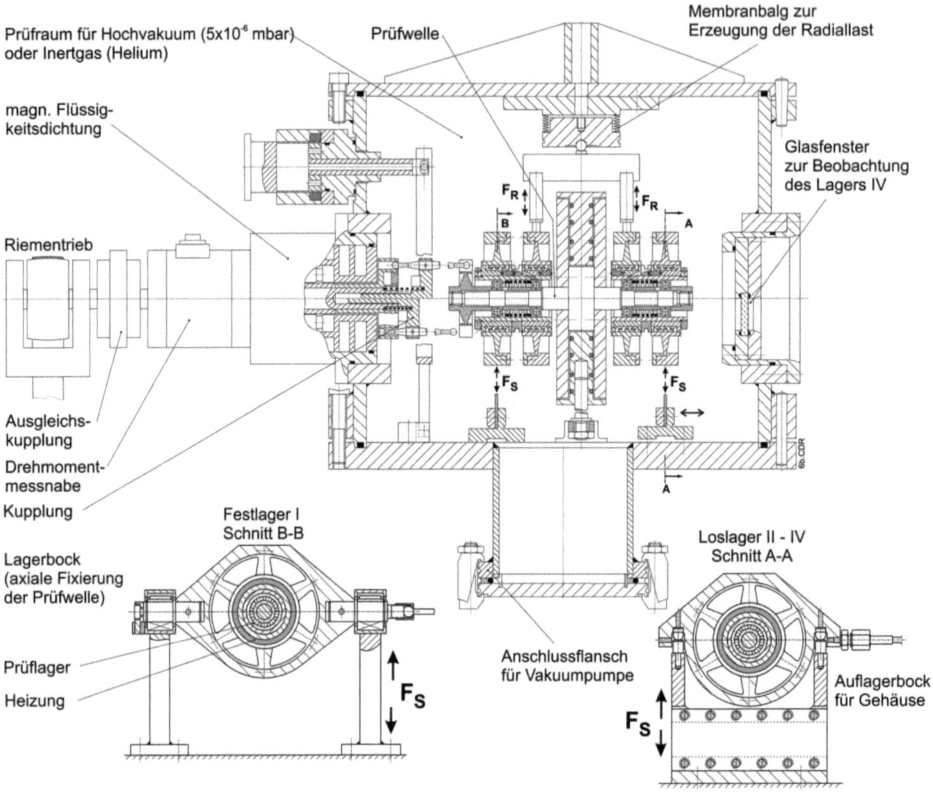

Abb. 8.2 Hauptschnitt Vier-Lager-Prüfstand. [2, S. 87]

Magnetflüssigkeits-Dichtung dichtet die Antriebswelle zwischen Drehmomentenmessnabe und Klauenkupplung ab und trennt die Prüfstandsumgebung vom Prüfraum. Die Dichtung ist vakuumdicht, wirkt berührungslos und weist ein sehr niedriges und konstantes Reibmoment auf. Eine Wasserkühlung stellt eine gleichbleibende Dichtungstemperatur deutlich unterhalb der zulässigen Grenztemperatur der Magnetflüssigkeit sicher.

Der *Prüftopf* ist vakuumdicht ausgeführt. Der Zugang zum Prüftopf wird über einen mit dem Prüftopf verschraubten Topfdeckel mit Viton-Dichtung sichergestellt. Die Prüfung der Lager kann unter Normal-, Schutzgasatmosphäre oder Hochvakuum (Druck $< 5 \times 10^{-6}$ mbar) erfolgen. Bei Vakuumprüfungen wird ein Grobvakuum durch eine Flügelzellenpumpe und danach das Hochvakuum durch eine Turbomolekularpumpe erzeugt. Der Anschlussflansch für die Vakuumpumpen bzw. für das Einleiten von Schutzgas befindet sich im Topfboden.

8.1.3 Messdatenerfassung und Regelung

Das Lagerreibmoment wird als *Summenreibmoment* der vier Lager erfasst. Über die Drehmomentenmessnabe wird das gesamte Antriebsmoment gemessen. Vor jedem Versuch

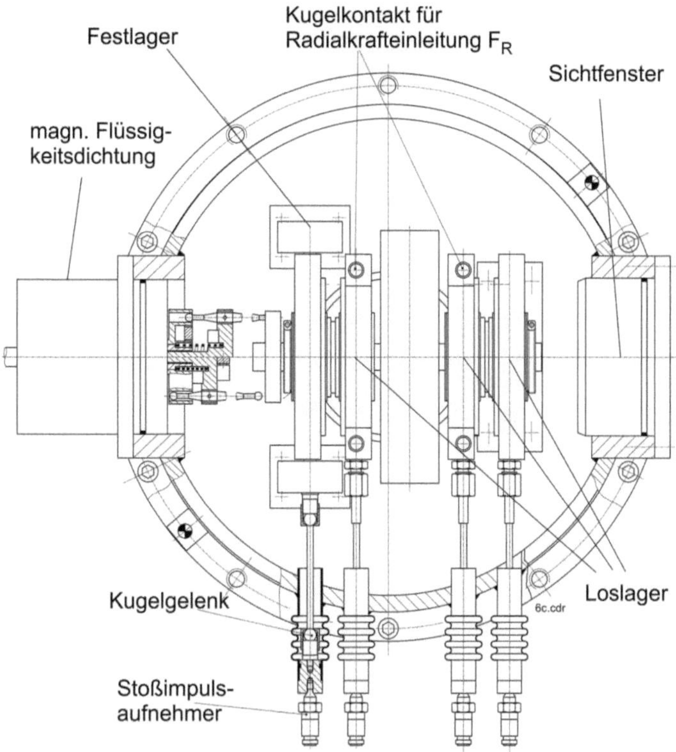

Abb. 8.3 Draufsicht Vier-Lager-Prüfstand (Topfdeckel entfernt). [2, S. 88]

wird das Leerlauf-Drehmoment erfasst, das nach Versuchsende von dem Antriebsmoment subtrahiert wird, sodass sich rechnerisch das Summenreibmoment der vier Lager ergibt. Ein Drehgeber misst die Wellendrehzahl.

Die Ist-Temperatur der vier Lager wird über Thermoelemente, die an den Außenringen angebracht sind, erfasst. Vier zusätzliche Thermoelemente messen direkt die Temperatur der Heizelemente und verhindern ein Überhitzen. An der abtriebsseitigen Stirnfläche der Prüfwelle erfasst eine Infrarotmessung die Prüftemperatur der Welle durch ein Glasfenster im Prüftopf. Eine direkte Messung der Temperaturen der Lagerinnenringe ist mangels Drehdurchführungen nicht möglich. Die während des Versuchs sich einstellenden Innenringtemperaturen werden errechnet, indem man die Innenringtemperaturen und die stirnseitige Wellentemperatur im Stillstand misst und mit Kenntnis dieser Temperaturdifferenz aus der Infrarot-Messung der Wellen-Stirntemperatur im Versuch auf die Innenringtemperaturen schließt. Alle gemessenen bzw. errechneten Temperaturen werden während des Versuchs kontinuierlich gespeichert und aufgezeichnet.

Durch das Glasfenster kann auch das Prüftopfinnere und das dynamische Verhalten des Prüflagers IV beobachtet werden. Jedes der vier Lagergehäuse ist seitlich mit einem Stößel verschraubt (Abb. 8.3), der Schwingungen des jeweiligen Lagergehäuses an den entsprechenden *Piezoaufnehmer* außerhalb des Prüftopfs überträgt.

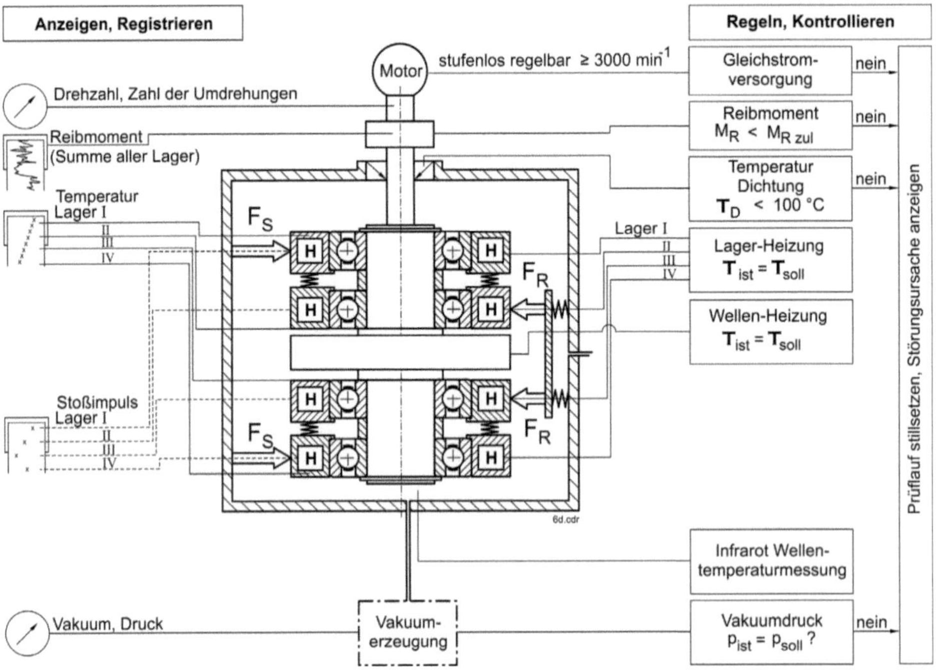

Abb. 8.4 Mess- und Regeleinrichtung am Vier-Lager-Prüfstand. [2, S. 89]

Die Schwingungsübertragung erfolgt querkraftfrei über Kugel-Kegel-Verbindungen. Damit lassen sich Schwingungen, die durch Verschleiß von Lagerkomponenten im Betrieb entstehen, reproduzierbar erfassen.

Eine *Druckmesseinheit* misst den Gas- oder Vakuumdruck. Drehzahl und Prüfraumdruck werden manuell voreingestellt, die Temperaturen der Lager- und Heizelemente werden kontinuierlich überwacht und nach einem vorgegebenen Sollwert geregelt (Abb. 8.4). Die Regelung erfolgt durch eine Speicherprogrammierbare Steuerung (SPS).

Als Messdaten werden die Lagertemperaturen an Innen- und Außenring, das Antriebsreibmoment sowie die Schwingungen der vier Piezoaufnehmer aufgezeichnet. Die Versuchsparameter des Vier-Lager-Prüfstands zeigt Tab. 8.1.

8.1.4 Vierlagerprüfstände 6001 und 6205

Für Lagerversuche stehen zwei Vier-Lager-Prüfstände zur Verfügung, von denen einer für die Prüfung der Lagergröße 6001 und der andere für die Prüfung der Lagergröße 6205 ausgestattet sind. Beide Prüfstände sind baugleich und unterscheiden sich im Wesentlichen in den Geometrien der Bauteile, welche die Lager aufnehmen.

Tab. 8.1 Versuchsparameter des Vier-Lager-Prüfstands

Drehzahl der Lagerwelle	Max. 3000 U/min
Hochlaufzeit bis Maximaldrehzahl	ca. 60s
Vakuumdruck	$<5\times10^{-6}$ mbar
Radialkraft	Max. $F_{rad}=2.500$ N
Axialkraft	Max. $F_{ax}=200$ N
Temperatur Widerstandsheizung für Außenringe	Max. 350 °C
Temperatur Außenringe Versuchsbeginn	Max. 350 °C
Temperatur Wellenheizung	Max. 500 °C

8.1.5 Vorbereitung und Inbetriebnahme des Vier-Lager-Prüfstands

Die experimentelle Untersuchung von Kugellagern im Vier-Lager-Prüfstand unter erhöhten Temperaturen und im Vakuum erfordert eine gezielte Auswahl und sorgfältige Montage der Lager und Inbetriebnahme des Prüfstands.

8.1.5.1 Lagerauswahl und Lagerluft

Bei der Auswahl des *Lagerwerkstoffs* und des *Lagerspiels* sind Wärmedehnungen und Gefügeumwandlungen infolge erhöhter Temperaturen zu beachten (s. auch Kap. 5.2.3). Andernfalls kann bereits bei Versuchsbeginn oder während des Versuchs eine Spielaufzehrung des Lagerspiels mit den katastrophalen Folgen des Lagerausfalls infolge erhöhter Pressung im Wälzkontakt und starker Schädigung der Schmierstoffschicht auftreten (s. auch[4, S. 115 ff.] und [5, S. 159 ff.]). Abbildung 8.5 zeigt die Durchmesserabnahme von Innen- und Außenringen von 6205-Lagern aus dem Lagerwerkstoff S1 unter Temperatureinfluss.

Auffallend sind die starke Schrumpfung in den ersten 48 Stunden und die kontinuierliche Zunahme der Schrumpfung auch noch bei längerer Temperatureinwirkung. Obwohl S1-Werkstoffe wärmestabilisierte 100 Cr6-Werkstoffe sind, weisen sie ein beachtliches Schrumpfmaß auf. Deutlich größer fällt dieses bei nicht-wärmestabilisierten 100 Cr6-Werkstoffen aus, was ihre Verwendung als Lagerwerkstoff bei höheren Temperaturen ($T>180$ °C) praktisch ausschließt.

Hohe Maßstabilität der Lagerwerkstoffe führt auch zu einem definierten Lagerspiel bei höheren Temperaturen und damit zu einer definierten Lastverteilung im Lager. Ein Klemmen der Wälzkörper kann damit vermieden werden. Dabei muss zwischen der Lagerluft im Anlieferungszustand (s. auch Kap. 5.1.3.4) und der Lagerluft im eingebauten und erwärmten Zustand (auch Betriebsspiel genannt) unterschieden werden. Das Betriebsspiel wird durch Wärmedehnungen und temperaturbedingte Schrumpfung der Lagerungskomponenten (Welle, Lagerkomponenten, Gehäuse) sowie die Passungen des Lagers auf der Welle und im Gehäuse beeinflusst (s. auch Kap. 6.5). Abbildung 8.6 zeigt Betriebsspiele wärmestabilisierter Lager der Lagerluftklasse C_3 bei unterschiedlichen Temperaturen.

Die Lagerluftklasse C_3 hat bei 250 °C ein Lagerluftintervall von 15 μm mit den Grenzwerten +10 bis +28 μm. Legt man eine Beschichtung von Ringen und Kugeln mit 1 μm

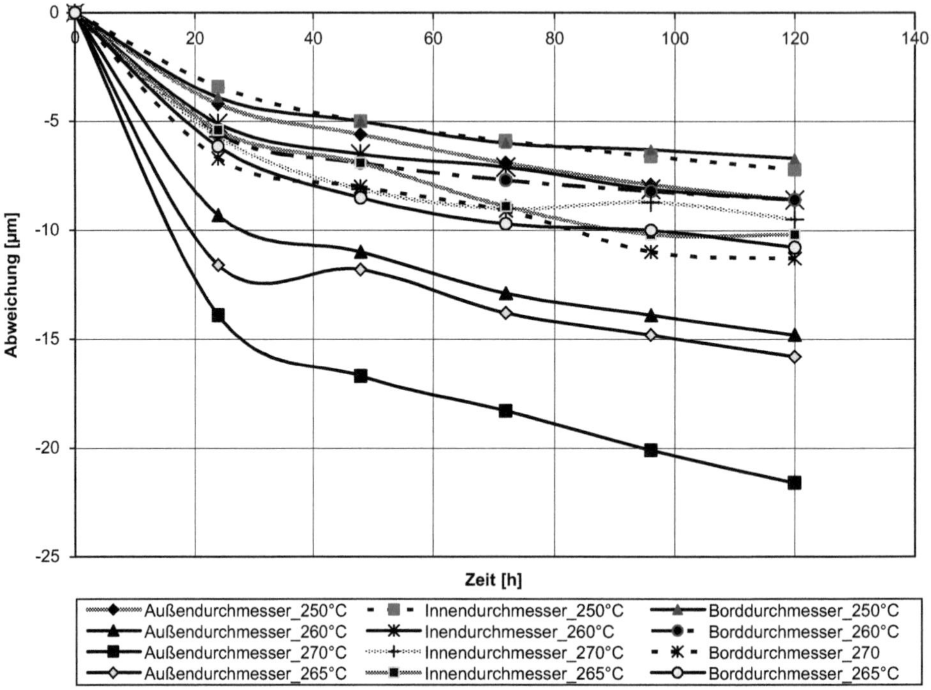

Abb. 8.5 Abnahme des Durchmessers von Innen- und Außenringen bei unterschiedlichen Temperaturen und Verweilzeiten. (Nach [4] (Lagergröße 6205, Lagerwerkstoff S1))

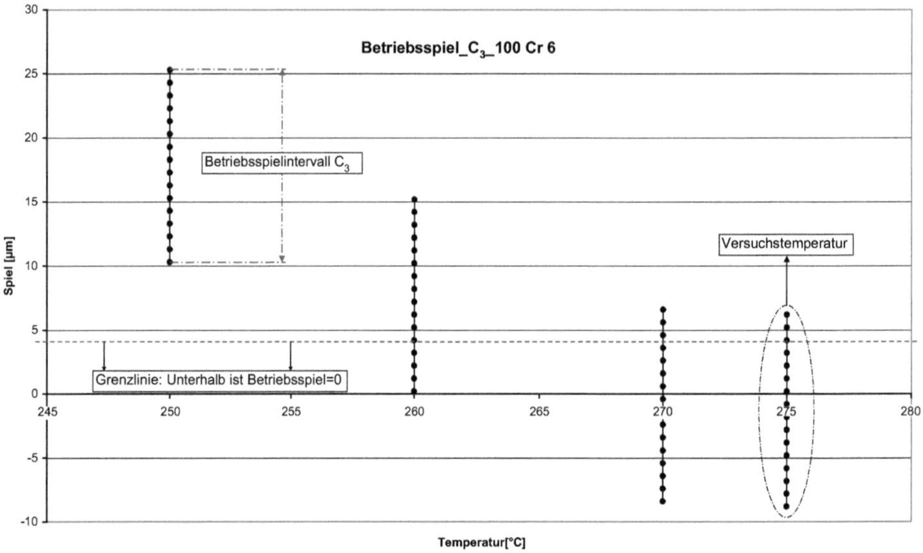

Abb. 8.6 Betriebsspiele wärmestabilisierter Lager 6205 der Lagerluftklasse C_3 bei unterschiedlichen Temperaturen. (Nach [4])

Schichtdicke zugrunde, ergibt sich in Abb. 8.6 eine Grenzgerade von + 4 µm, die von der Lagerluft nicht unterschritten werden darf, wenn noch ein positives Betriebsspiel und damit kein Zwängen erreicht werden soll. Abbildung 8.6 zeigt aber bereits bei 260 °C ein Unterschreiten dieses Grenzwertes und bei Versuchstemperatur von 275 °C eine fast vollständige Überlappung. Hier liegt also eine nahezu komplette Spielaufzehrung vor, was zum Klemmen des Lagers infolge erheblich erhöhter Flächenpressung und damit zum schnellen Lagerausfall führt. Abhilfe kann hier die Wahl einer höheren Lagerluftklasse C_4 schaffen, die für die vorliegende Einbau- und Betriebssituation ein Betriebsspiel von mindestens 16 µm ergibt. Den Einfluss der temperaturbedingten Maßänderungen auf Lastwinkel und Scheitelkugellast beschreibt Bozkurt in [4, S. 120 ff.].

8.1.5.2 Lagereinbau

Im Anlieferungszustand sind entweder die Wälzlager komplett montiert mit beschichteten Komponenten oder die Kugeln und Ringe werden separat angeliefert und müssen noch beschichtet werden. In diesem Fall wird vor einem Versuch das Gewicht der beschichteten Lagerkomponenten (Ringe und/oder Kugeln) mittels einer Präzisionswaage bestimmt, um aus der Gewichtsdifferenz vor/nach dem Versuch auf den Verschleiß der Schmierstoffschicht schließen zu können. Werden beschichtete Kugeln eingesetzt, wird deren Gesamtgewicht bestimmt, da die einzelnen Kugeln nicht markiert werden können. Nicht beschichtete Komponenten werden im Ultraschallbad gereinigt.

Die Lager werden mit den üblichen Passungen (k5 für den Wellensitz und M7 für den Gehäusesitz) eingebaut. Die Verwendung maßstabilisierter Lager ist auch erforderlich, um eine temperaturbedingte Änderung der Passungen zwischen Innenring und Welle und zwischen Außenring und Gehäuse zu vermeiden. Bei nicht-maßstabilisierten Lagern aus 100 Cr6 schrumpfen die Lagerringe durch Gefügeumwandlungen. Dies bedingt

- losere Passungen zwischen Außenring und Gehäuse mit der Gefahr des Wanderns des Rings bei Umfangslast,
- sehr stramme Passungen zwischen Innenring und Welle mit der Gefahr der Beschädigung der Wellenoberfläche bei Demontage.

Die Montage der Lager in die Lagereinheit erfolgt nach den für die Wälzlagermontage üblichen Vorschriften.

Der Einbau der Lager in die Lagereinheit und eine eventuelle axiale Lagervorspannung mittels Druckfedern erfolgt außerhalb des Prüftopfs. Die komplette Lagereinheit wird in den Prüftopf eingebaut, der Topfdeckel aufgesetzt und vakuumdicht verschraubt, der Prüftopf wird evakuiert und die Lagereinheit bis zur Solltemperatur aufgeheizt.

8.1.6 Inbetriebnahme des Prüfstands und Versuchsdurchführung

Um den Einfluss temperaturbedingter Maßänderungen so klein wie möglich zu halten, soll nach dem Aufheizen des Prüfstands eine gewisse Zeit gewartet werden, bis der Ver-

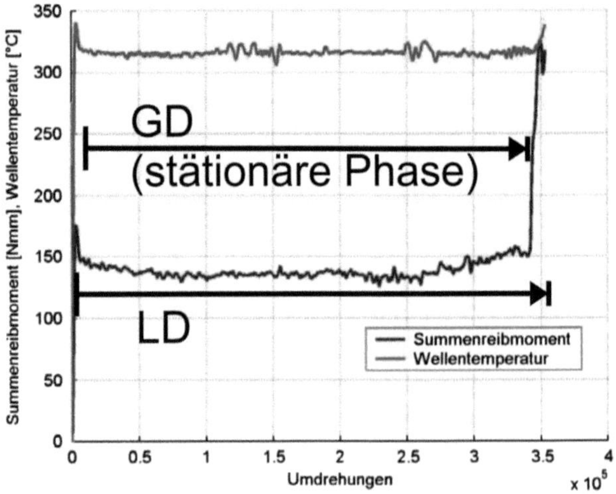

Abb. 8.7 Summenreibmoment und Lagertemperatur im Vier-Lager-Prüfstand. (Nach [2, S. 97])

such gestartet wird. Diese „Vorheizzeit" von einigen Stunden soll temperaturbedingte Maß- und Gefügeänderungen auf ein vertretbares Maß abklingen lassen und damit die Reproduzierbarkeit der Versuchsergebnisse sicherstellen.

Nach Einschalten des Motors wird die Drehzahl des Antriebsstrangs gemessen und – sobald sie sich stabilisiert hat – das Leerlauf-Reibmoment ermittelt. Je nach Solltemperatur der Lagerinnen- und Außenringe werden die Außenringgehäuse und/oder die Welle beheizt.

Der Versuch wird automatisch bei Überschreiten von vorgegebenen Grenzwerten abgeschaltet oder kann manuell bei offensichtlich erkennbaren, unzulässigen Betriebszuständen beendet werden. Die Versuchsdauer hängt stark von der Lagergröße und der mechanischen und thermischen Belastung der Lager ab und kann Zeiträume von weniger als einem Tag bis zu mehreren Wochen umfassen.

8.2 Indikatoren für Erreichen der Lebensdauer

Als *Abschaltkriterium* dienen das Überschreiten von vorgegebenen Grenzwerten des Summenreibmoments im Antriebsstrang oder von Grenztemperaturen der Lager und Heizungen sowie eine erhöhte Geräuschentwicklung bzw. anormale Vibrationen.

8.2.1 Summenreibmoment

Das Summenreibmoment feststoffgeschmierter Wälzlager zeigt einen typischen Verlauf (Abb. 8.7).

Das Summenreibmoment steigt nach Versuchsbeginn sehr schnell auf einen Maximalwert an, um dann auf einen stationären Wert abzufallen. In dieser Einlaufphase werden alle noch metallisch blanken Kontaktflächen zunehmend mit Schmierstoff beschichtet und die Gleitebenen in den MoS_2-Schmierstoffschichten ausgerichtet. Auch die Lagertemperatur zeigt einen vergleichbaren Verlauf.

Es folgt eine stationäre Phase mit nahezu konstantem Reibmoment und gleich bleibender Lagertemperatur. Die stationäre Phase ist meist sehr viel länger als die Einlaufphase und kennzeichnet den regulären Betriebszustand der Lager.

Deutlich abgegrenzt steigen in der Ausfallphase das Summenreibmoment und abgeschwächt auch die Lagertemperatur rapide an, was durch Aufzehren und Durchbruch der Schmierstoffschicht und beginnende Kaltverschweißung der metallischen Kontaktpartner im Hochvakuum bedingt wird. Der Lauf der Lager wird deutlich unruhiger und lauter, die Vibrationen nehmen zumindest zeitweise erkennbar zu. Teilweise kann auch eine gewisse Erholung beobachtet werden, wenn blanke Kontaktstellen beim Überrollen nochmals mit Schmierstoff beschichtet werden. Summenreibmoment und Lagertemperatur bleiben dann aber auf einem gegenüber der stationären Phase deutlich erhöhten Niveau und das Lager läuft erkennbar unruhiger. Das Erreichen eines der Abschaltkriterien beendet die Ausfallphase.

Abbildung 8.7 lässt auch den Unterschied zwischen Gebrauchs- und Lebensdauer feststoffgeschmierter Wälzlager gut erkennen. Die Gebrauchsdauer umfasst die Einlauf- und stationäre Phase, also die Zustände, in denen das Lager bestimmungsgemäß seine Funktion erfüllt und keine anormalen Betriebszustände aufweist. Die Lebensdauer eines feststoffgeschmierten Wälzlagers umfasst den gesamten Bereich von Versuchs- oder Betriebsbeginn bis zum Abbruch des Versuchs oder Ausfall des Lagers durch Versagen. Es gilt:

$$\text{Lebensdauer } LD \geq \text{Gebrauchsdauer } GD$$

Auch wenn die Lebensdauer u. U. deutlich länger als die Gebrauchsdauer sein kann, so sind feststoffgeschmierte Lager auf die Gebrauchsdauer auszulegen, da keine Prognosen über die Dauer der Ausfallphase gemacht werden und ein Versagen des Lagers in dieser Phase jederzeit eintreten kann.

8.2.2 Temperaturentwicklung im Lager

Die Verläufe der *Lagertemperaturen* feststoffgeschmierter Wälzlager sind meist mit den Verläufen der Summenreibmomente korreliert (Abb. 8.8). Auch bei der Lagertemperatur erkennt man den Anstieg analog zum Summenreibmoment in der Einlaufphase, der nach dem Ausrichten der Gleitebenen auf einen stationären Wert (Lager III ca. 240 °C, Lager IV ca. 230 °C) abfällt. In der stationären Phase herrscht eine weitgehend gleich bleibende Lagertemperatur. Sie steigt aber mit Beginn der Ausfallphase rapide an, bis beim Erreichen des Temperatur-Abschaltkriteriums (ca. 380 °C) der Versuch endet.

Einen deutlich langsameren Temperaturanstieg in der Einlaufphase zeigt Abb. 8.9.

Die Lager haben anfangs ein erstaunlich niedriges Temperaturniveau von ca. 190 °C, das aber im Versuchsverlauf kontinuierlich ansteigt und kurz vor dem Ausfall 350 °C er-

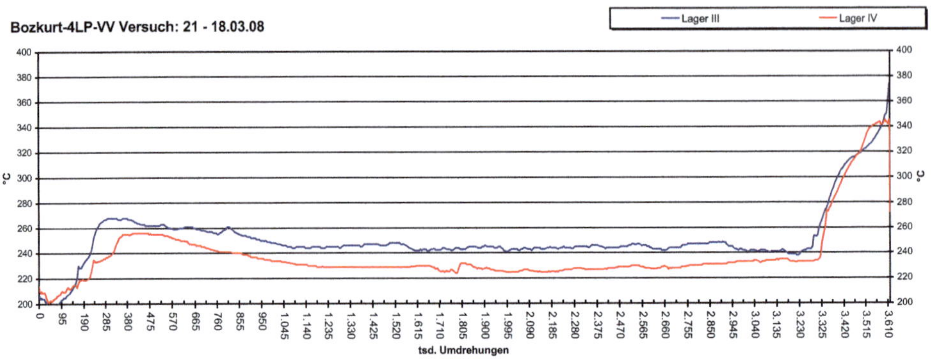

Abb. 8.8 Lagertemperatur im Vier-Lager-Prüfstand nach [4, S. 128] Lagergröße 6205, Ringe und Kugeln MoS_2 beschichtet, Käfigmaterial Sintimid nicht mit MoS_2 dotiert

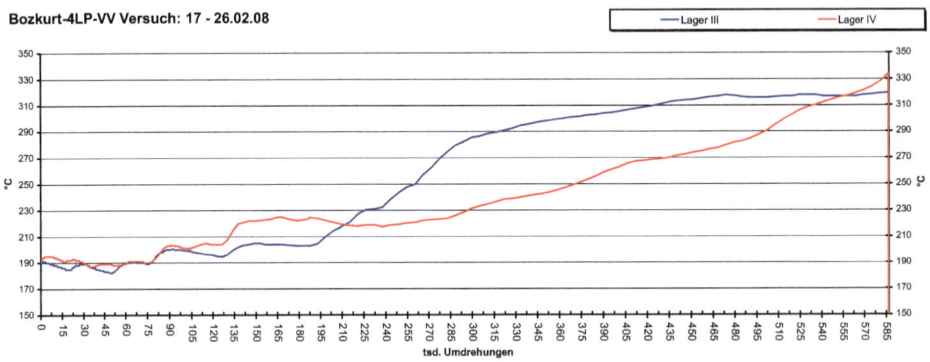

Abb. 8.9 Lagertemperatur im Vier-Lager-Prüfstand nach [4, S. 128] Lagergröße 6205, Ringe und Kugeln MoS_2 beschichtet, Käfigmaterial Sintimid nicht mit MoS_2 dotiert

reicht, was auf eine, schon in einem frühen Stadium des Versuchs, unzureichende Schmierung der Lagerkomponenten schließen lässt.

8.2.3 Vibrationen und Geräuschentwicklung

Neben einer qualitativen, akustischen Überprüfung der Lagergeräusche findet eine quantitative Erfassung und Aufzeichnung durch die an jedem Lagergehäuse angebrachten *Stoßimpulsaufnehmer* statt. Die Amplitudensumme wird durch die Summe des Frequenzspektrums von 2.000 bis 3.500 Hz gebildet, was sich durchgehend bewährt hat (s. auch [6]). In diesem Frequenzbereich sind Schadensfälle am deutlichsten zu erkennen (Abb. 8.10).

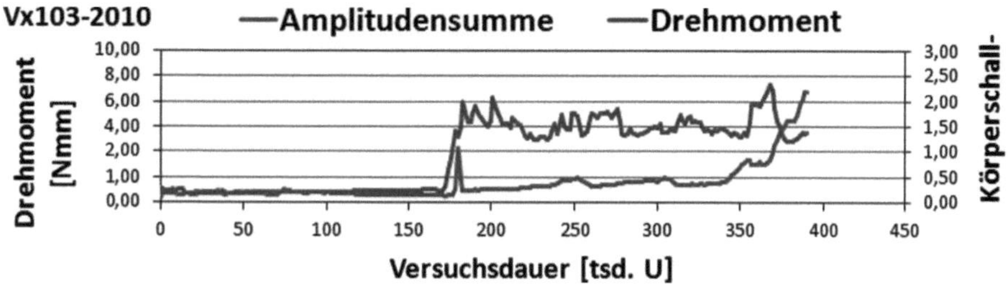

Abb. 8.10 Drehmoment und Amplitudensumme des Frequenzspektrums in Anhängigkeit von der Drehzahl

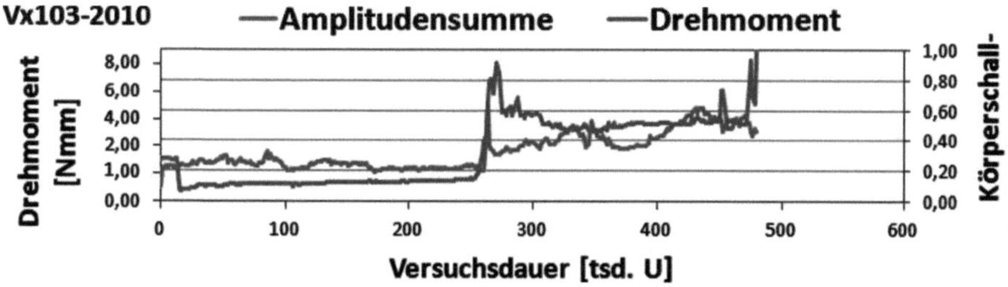

Abb. 8.11 Drehmoment und Amplitudensumme des Frequenzspektrums in Anhängigkeit von der Drehzahl

Man erkennt den gleichartigen Verlauf von Drehmoment und Amplitudensumme in der Einlauf- und stationären Phase. Der kräftige Drehmomentanstieg mit Beginn der Ausfallphase bei etwa 170 tsd. Umdrehungen korreliert mit einem ebenso kräftigen Anstieg der Amplitudensumme an dem Piezoaufnehmer des betroffenen Lagers und kennzeichnet das Ende der Gebrauchsdauer. Im Unterschied zum Drehmoment fällt der Wert der Amplitudensumme jedoch schnell wieder ab, verbleibt aber auf einem etwas höheren und ungleichmäßig ausgeprägten Niveau. Gegen Ende der Ausfallphase steigt die Amplitudensumme stark an bis zum Ausfall des Lagers.

Befundungen von vorzeitig zu Beginn der Ausfallphase abgebrochenen Versuchen lassen vermuten, dass zum Zeitpunkt des plötzlichen Anstiegs von Reibmoment und Amplitudensumme ein erster Schichtdurchbruch stattfindet und dieser zu einer erhöhten Anzahl von Kugelaufläufen auf die Kalotten des Lagerkäfigs führt. Es bildet sich dadurch eine Art Kettenreaktion aus, welche die verbliebene Schicht schnell verschleißt. Wenn die Schichtdicke einen kritischen Wert unterschritten hat, kommt es zu vermehrten Kontakten im Substrat, was sich wiederum in der Zunahme der Amplitudensumme der Körperschallemissionen äußert. Das Überschreiten der zulässigen Stoßimpulswerte der Piezoaufnehmer am Ende der Ausfallphase weist meist auf gravierende Versagensursachen z. B. Lagerfressen oder Käfigbruch hin (Abb. 8.11).

Abb. 8.12 Beschichtete Kugeln im Originalzustand (*links*) und nach fast vollständigem Abtragen der Schmierstoffschicht durch Verschleiß (*rechts*)

Teilweise wird ein Anstieg der Amplitudensumme der Stoßimpulsmessung auch zu Beginn der Versuche beobachtet. Dieser Effekt kann auf eine Umorientierung und Ausrichtung der Gleitebenen in der MoS_2-Schicht durch mechanisches Überrollen im Kugel-Ring-Kontakt zurückgeführt werden. Sind die Gleitebenen ausgerichtet, stellen sich die gewohnt niedrigen Reibmomente und Amplitudensummen ein.

8.3 Lagerschäden

Lagerschäden treten in vielfältiger Form und hinsichtlich unterschiedlichster Ursachen auf. Eine detaillierte Zusammenstellung von Wälzlagerschäden findet sich in Schul [5, S. 174]. Eine für die Lebens- und Gebrauchsdauer relevante Einteilung unterscheidet Lagerschäden danach, ob ein regulärer Verschleiß der Schmierstoffschicht mit nachfolgender Schädigung des Substrats vorliegt oder irreguläre Schädigungen infolge Überbeanspruchung, Fertigungs- oder Montagefehlern aufgetreten sind.

8.3.1 Lagerschäden mit regulärer Schädigung

Bei Versuchen mit Inertatmosphäre und Vakuum können Abrasionsverschleiß und Adhäsionsverschleiß auftreten.

8.3.1.1 Abrasionsverschleiß in der Schmierstoffschicht

Durch Mikroschlupf in der Kontaktzone werden Schmierstoffpartikel aus der Schicht abgetrennt und aus der Kontaktzone ausgetragen. Erfolgt dieser Abtrag z. B. auf einer Kugel vollflächig, wird die Schmierstoffschicht immer dünner, was sich an einer zunehmend helleren Färbung der Kugeloberfläche zeigt (Abb. 8.12).

Erstaunlich ist dabei die Tatsache, dass selbst Schmierstoffschichten, die nur einige Ångström dick sind, noch schmierwirksam sind. Die Schichtdickenmessung ist hierbei jedoch aufwendig und erfordert in der Regel REM-Aufnahmen.

Einen wesentlichen Einfluss auf Gebrauchs- und Lebensdauer hat die Kugeldrehachsenänderung (s. Kap. 5.3.2.4). Ändert sich die Kugeldrehachse während des Versuchs nicht,

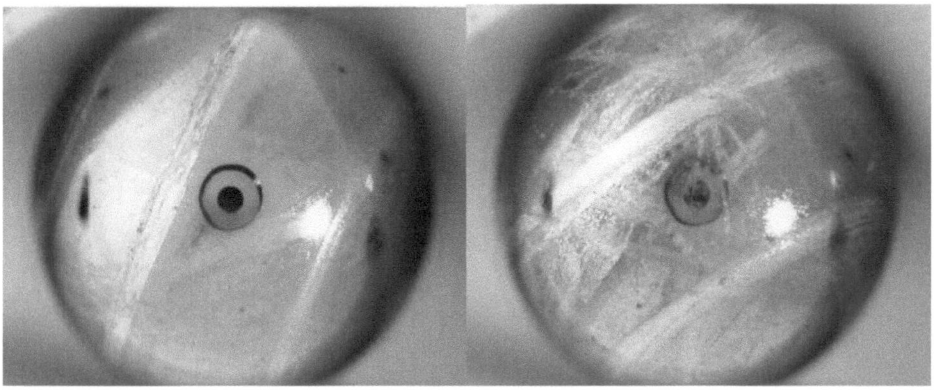

Abb. 8.13 *Links:* Kugeldrehachsenänderung selten, *Rechts:* Kugeldrehachsenänderung häufig. (Nach [4, S. 106])

bilden sich schmale, deutlich erkennbare Verschleißspuren aus Adhäsionsverschleiß in der Schmierstoffschicht aus (Abb. 8.13 links).

Im Gegensatz zu Kugeln mit Drehachsenänderung wird nur ein kleiner Anteil des gesamten Schmierstoffvolumens für die Feststoffschmierung genutzt. Findet eine Drehachsenänderung statt, sind Gebrauchs- und Lebensdauer deutlich länger, da ein wesentlich größeres Schmierstoffvolumen zur Schmierung genutzt wird.

8.3.1.2 Adhäsionsverschleiß zwischen Wälzkörper und Substrat

Ist die Schmierstoffschicht punktuell oder vollflächig verschlissen, findet ein Schichtdurchbruch statt. In Hochvakuumanwendungen kann dabei keine trennende Oxidschicht aufgebaut werden. Die Substrate von Ring und Wälzkörper verschweißen kurzzeitig punktuell und werden durch die weitere Relativbewegung wieder auseinander gerissen. Ergebnis sind punktuelle Ausbrüche auf den Substratoberflächen, die sich nach [7, S. 139] als Aufrauhungen der Oberfläche bemerkbar machen. Eine weitere Schädigung der Kontaktzonen kann durch die ausgerissenen Mikropartikel erfolgen, wenn sie in der Laufspur verbleiben und überwalzt werden (s. Kap. 6.4.1.4).

8.3.2 Lagerschäden mit irregulärer Schädigung

Irreguläre Schäden lassen sich auf Überbeanspruchung, falsche Auswahl von Lagerkomponenten und Fehler in Fertigung und Montage der Lager zurückführen.

8.3.2.1 Oberflächenzerrüttung der Substrate

Werden die für das Substrat zulässigen Hertz'schen Flächenpressungen überschritten, erfolgt eine Oberflächenzerrüttung durch Pittingbildung (Abb. 8.14).

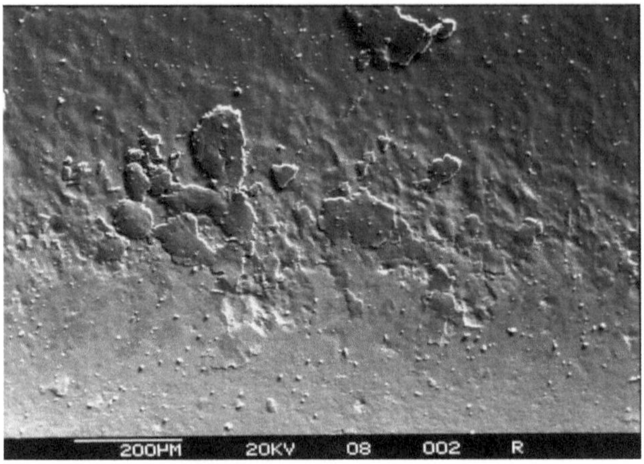

Abb. 8.14 Oberflächenzerrüttung in Form von Mikropittings auf Kugel. [8, S. 165]

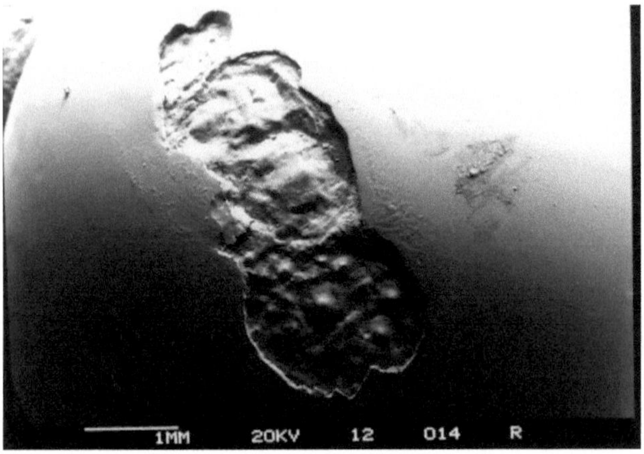

Abb. 8.15 Großflächiger Ermüdungsschaden auf einer Kugeloberfläche bei Versuchen mit Federkäfig und Raumtemperatur nach [7, S. 139]. (Nach 10×10^6 Umdrehungen und Frad/C0 = 0,3)

Ein extremes Beispiel einer Oberflächenzerrüttung zeigt Abb. 8.15.

Mikropitting tritt insbesondere dann auf, wenn eine Aufzehrung des Lagerspiels durch thermische Ausdehnung bzw. thermisch bedingte Gefügeumwandlungen stattfindet. Dabei können hohe Hertz'sche Flächenpressungen weit über der Beanspruchbarkeit von Schmierstoffschicht und Substrat auftreten.

Durch Überrollen von harten Partikeln können sich örtliche Mikropittings infolge Oberflächenzerrüttung ausbilden und die Bildung weiterer loser Substratpartikel verursachen (Abb. 8.16).

Die Mikropittingbildung nach Abb. 8.16 auf einer Kugel wurde durch ein Glasfaserpartikel, das durch Verschleiß eines faserverstärkten PTFE-Käfigs aus dem Käfig aus- und in die Laufspur eingetragen wurde, hervorgerufen. Die Schädigung nimmt progressiv zu, was sich auch durch erhöhtes Laufgeräusch und Vibrationen bemerkbar macht. Ein derartiges Lager ist irreversibel geschädigt und wird in Kürze ausfallen.

Abb. 8.16 Mikropitting auf einer Kugeloberfläche bei Verwendung eines glasfaserverstärkten PTFE-Käfigs. (Nach [8])

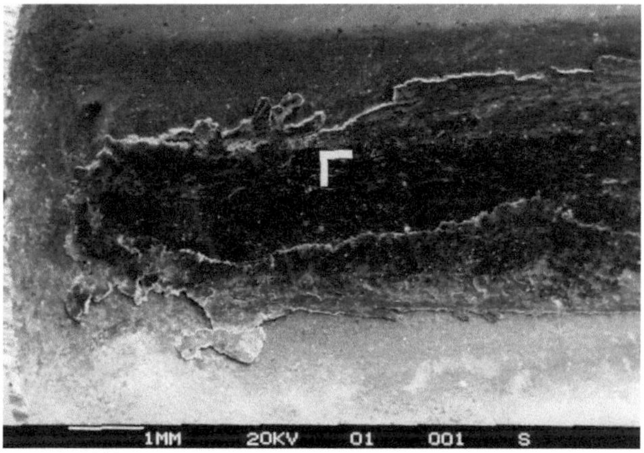

Abb. 8.17 MoS_2-Aufplattierungen im Lastzonenbereich der Außenringlaufbahn. (Nach [7, S. 140] (300 °C, Frad/C_0=0,2, Standardkäfig))

8.3.2.2 Aufplattierungen von Verschleißpartikeln

Verbleiben Verschleißpartikel in der Laufspur, werden sie überrollt und in die Laufspur eingewalzt (Abb. 8.17).

Aufplattierungen lassen sich neben einer visuellen Befundung auch durch Oberflächenmessungen nachweisen (Abb. 8.18).

Aufplattierungen mit weichen Partikeln ergeben zwar keine Substratschädigung, führen aber zu unruhigerem Lauf und können sogar das Lager blockieren.

8.3.3 Käfigschäden

Eine besondere Schwachstelle bei feststoffgeschmierten Wälzlagern bildet der Käfig. Da kaum Dämpfung im Lager vorhanden ist, bedingt der Festkörperkontakt Stöße, erhöhte Reibarbeit und Verschleiß (Abb. 8.19) in den Käfigtaschen.

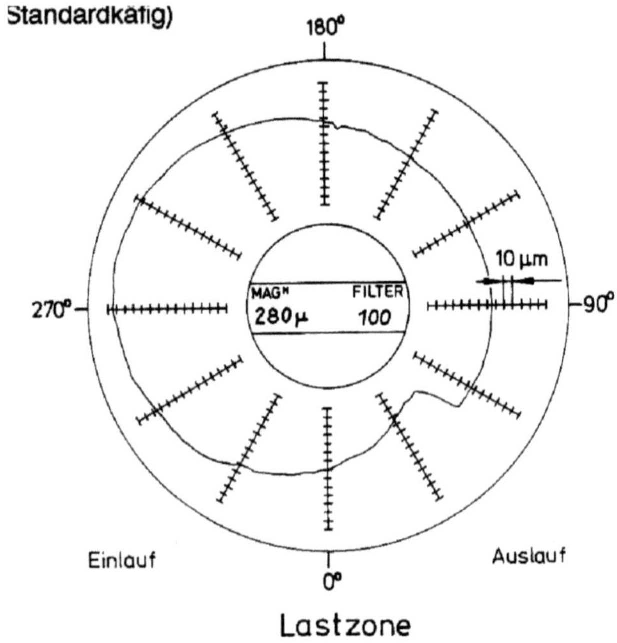

Abb. 8.18 Rundheitsmessung der Aufplattierung in Abb. 8.17. (Nach [7, S. 140])

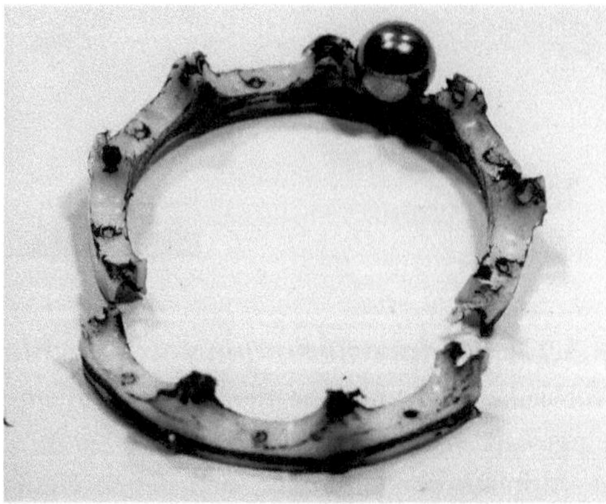

Abb. 8.19 Zerstörung eines Käfigs aus ungefülltem PTFE durch Kugeltaschenverschleiß bis an die Niete und schließlich Bruch des Käfigs. (Nach [8, S. 163])

Die hohe Reibleistung im Kugel-Käfig-Kontakt bei nicht mit Schmierstoff dotiertem Käfigmaterial kann auch ein Erweichen oder gar Schmelzen der beanspruchten Käfigzonen bewirken (Abb. 8.20)

8.3.4 Tribologische Schadensanalyse der Versuchslager

Um unterschiedliche Schädigungsmechanismen zu klären, müssen die einzelnen Komponenten der getesteten Lager genauer untersucht werden. Hierzu bietet sich die in Kap. 4.4

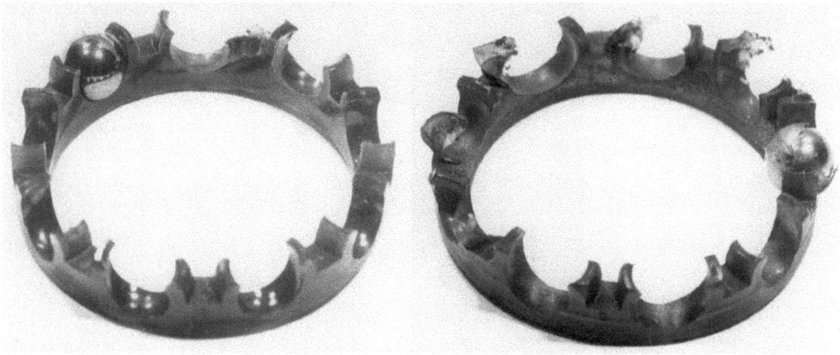

Abb. 8.20 Infolge reibungsbedingtem Erweichen (*links*) oder sogar Schmelzen (*rechts*) der Haltelippen aus dem Lager herausgesprungener Polyamid-Schnappkäfig. (Nach [8, S. 155] (Raumtemperatur; kombinierte Belastung $F_{rad}/C_0=0{,}3$, $Fax/C_0=0{,}15$; Standardkäfig))

Tab. 8.2 Schrumpfungen am Innen- und Außenring der Lagergröße 6001 und 6205 im Vergleich zur mittleren Lagerluft. [5, S. 159]

Schrumpfungen an Innen- und Außenring						
	AR		IR		AR–IR (µm)	C_m (µm)
6001	−0,09 %	−22 µm	−0,05 %	−7,5 µm	−14,5	18,0
6205	−0,10 %	−47 µm	−0,06 %	−17 µm	−30,0	25,5

vorgestellte, systematische Schadensanalyse nach [5, S. 158 ff.] an. Die Schadensanalyse soll hier anhand des dort publizierten Beispiels (Lagerbaugröße 6205 und 6001, MoS_2-Beschichtung) exemplarisch gezeigt werden.

8.3.4.1 Schadensanalyse der Prüfstandskomponenten

Eine systematische Schadensanalyse war bei einigen Lagern angebracht, da die Versuchsdauern insbesondere bei der Lagergröße 6205 ungewöhnlich kurz waren. Zunächst erfolgt die Schadensanalyse an den Komponenten des Prüfstandes. An den Welle-Gehäuse-Einheiten 6001 und 6205 waren keine Veränderungen oder Schäden zu erkennen. Auf dem Boden der Prüfkammer befanden sich jedoch nach fast allen Versuchen Abriebpartikel aus den Lagern, vornehmlich aus dem Käfig, zum Teil aber auch metallischer Abrieb, der mit einem Magneten nachgewiesen wurde.

8.3.4.2 Schrumpfung der Lagerringe

Beim Ausbau der Versuchslager war auffällig, dass die Innenringe trotz der Übergangspassung sehr fest auf der Welle saßen und die Außenringe sich relativ leicht aus dem Gehäuse schieben ließen. Bei vielen Lagern war nach dem Versuch keine Lagerluft mehr messbar, wobei natürlich auch eine Spieleinengung durch Verschleißpartikel zu berücksichtigen war.

Daraufhin wurden bei den folgenden Versuchen der Lageraußendurchmesser und der Borddurchmesser am Innenring vor und nach jedem Versuch gemessen, um die absolute Schrumpfung im Verlauf des Versuchs zu bestimmen (Tab. 8.2). Eine Messung des Lagerinnendurchmessers war in der geforderten Genauigkeit nicht möglich.

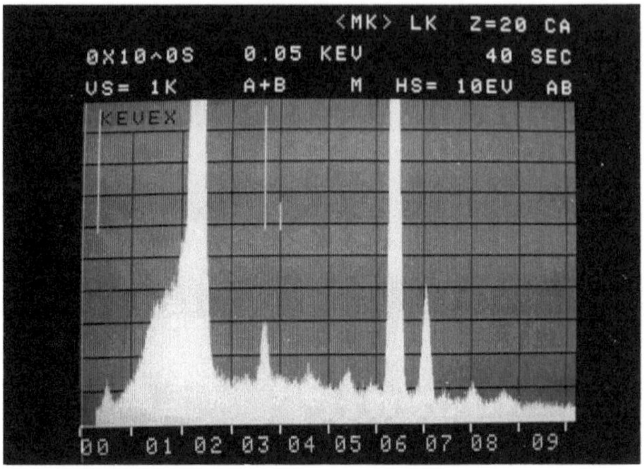

Abb. 8.21 Elementaranalyse neben dem Pitting in Abb. 8.16, die einen noch sehr hohen MoS_2-Anteil anzeigt

Bei erneuten Versuchen ergaben die Messungen an Lagern der Größe 6001 und 6205 im Mittel eine Maßänderung, die am Außendurchmesser des Außenrings von – 0,09 bis – 0,1 % variierte. Die Innenringe schrumpften nur um – 0,05 bis – 0,06 %. In Tab. 8.2 sind die absoluten Schrumpfungen der mittleren Lagerluft C_m gegenübergestellt.

Bei der Lagergröße 6001 liegt die Schrumpfung unter der mittleren Lagerluft von C_3, bei der Lagergröße 6205 erreicht sie schon fast das Lagerluft-Maximum von 33 μm. Da die Lagerluft aller Versuchslager im mittleren Bereich lag, sind die Spielaufzehrungen und die kurzen Laufdauern durch eine Zwängung der Kugeln zwischen den Ringen erklärbar, die zu einer sehr viel höheren Beanspruchung im Kugel-Ring-Kontakt führt.

Die geringere Schrumpfung bei der Lagergröße 6001 führt zwar zu längeren Lebensdauern, erklärt aber den schon aus dem hohen Weibullexponenten $\beta = 4{,}46$ erkannten dominierenden Schädigungsmechanismus durch Überschreiten der zulässigen Flächenpressung.

8.3.4.3 Analyse der Lagerschäden

Eine Analyse von geschädigten Lagern soll die zusätzlichen Beanspruchung durch die Einengung des Lagerspiels klären helfen. Dazu wurden einzelne Lagerkomponenten genauer unter dem Lichtmikroskop und mittels REM untersucht.

Analyse der Ringe Die REM-Aufnahme der Scheitellastzone am Außenring (Abb. 8.16) zeigt eindeutig eine Oberflächenzerrüttung durch Pittingbildung. Eine Elementanalyse mittels energiedispersiver Röntgenanalyse neben dem Pitting (s. Abb. 8.21) registriert aber einen sehr hohen MoS_2-Anteil, der auf eine noch geschlossene MoS_2-Schicht hinweist. Bei der energiedispersiven Röntgenanalyse liegen die Elemente Molybdän und Schwefel allerdings auf gleichem Energiespektrum, wodurch das Verhältnis von Molybdän- zu Schwefelatomen nicht beurteilt werden kann.

An der durch die Reibenergie am stärksten beanspruchten Stelle im Lager tritt demnach Ermüden auf, bevor die MoS_2-Schicht verschlissen ist. Allein durch die geringe Be-

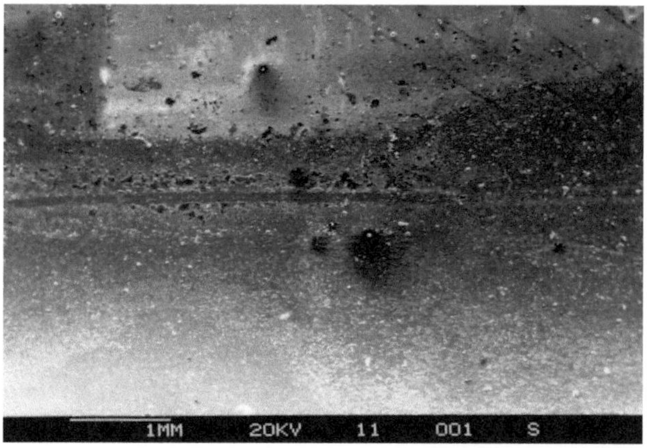

Abb. 8.22 Mikropittings in der Laufspur eines Innenrings (97,6 h, 300 °C, 3000 min^{-1}, 20 % Last)

Abb. 8.23 Eindrückungen an einer Kugel durch Überrollen von Verschleißpartikeln (97,6 h, 300 °C, 3000 min^{-1}, 20 % Last)

lastung mit 20 % der dynamischen Tragzahl bei 300 °C können keine Ermüdungserscheinungen in einem so starken Maße auftreten. Es müssen demzufolge andere Ursachen dazu führen.

Auch an Innenringen, wo durch die Umlauflast eine gleichmäßigere Beanspruchung stattfindet, sind zum Teil Oberflächenzerrüttungen festzustellen, wie Abb. 8.22 zeigt. Die vielen Mikropittings in der Laufspur des Innenrings weisen auf eine überhöhte Beanspruchung durch überrollte Verschleißpartikel hin.

Analyse der Kugeln Ein weiteres Indiz für Schäden durch Überrollungen von Verschleißpartikeln liefern Eindrücke an Kugeln (Abb. 8.23), die aus demselben Lager stammen wie der Innenring in Abb. 8.22. Zudem ist die Kugel schon stark durch eine flächendeckende Delamination geschädigt. Eine Elementanalyse an einem abblätternden Partikel zeigt, dass es sich um Substratmaterial handeln muss, da nur noch geringe Mengen von MoS_2 registriert wurden.

Analyse der Käfige Sehr häufig ist auch ein überhöhter Käfigtaschenverschleiß zu registrieren. Bei Federsegmentkäfigen kann er nur durch Zwängungen der Kugeln auftreten. Im Vergleich zu den anderen zwei Segmenten wird der hohe Verschleiß der Stege, der sogar die Verschraubung betrifft, deutlich. Typisch ist dabei die matte Oberfläche der Verschleißkalotten. In einem Segment mit zwei oder drei Kugeln können bei ungestörtem Abwälzen die Geschwindigkeitsunterschiede nicht so groß sein, um einen derart starken Verschleiß zu verursachen. Die Gleitgeschwindigkeit im Kugel-Käfig-Kontakt kommt als Ursache ebenfalls nicht in Frage. Sie ist bei gleicher Drehzahl bei der Lagergröße 6001 nur noch halb so hoch wie bei der Größe 6205 (s. Tab. 8.2).

Die anfallenden Verschleißpartikel können nur schwer aus den Laufrillen der Lager abtransportiert werden, da der Federsegmentkäfig auf dem Innenbord geführt wird und fast den gesamten Bauraum zwischen Innen- und Außenring einnimmt. Ein vorzeitiges Auftreten von Ermüdungsschäden durch lokale Spannungsüberhöhungen beim Überrollen von Verschleißpartikeln ist daher plausibel.

Schlussfolgerungen Aus der tribologischen Schadensanalyse können folgende Schlüsse gezogen werden:

- Das mit der Weibullauswertung ermittelte Verhältnis der Lebensdauern von 1,09 liegt deutlich unter dem aus der Reibenergieberechnung prognostizierten Verhältnis von 2,5.
- Für die Abweichung wird die Schrumpfung der Lagerringe als die dominierende Schädigungsursache analysiert. Sie ist bei den durchgeführten Versuchen mit den Lagergrößen 6001 und 6205 etwa 2,5 bis 3-mal so hoch wie bei früheren Versuchen. Die gewählte Lagerluft reicht daher nicht aus, um die Schrumpfung vollständig aufzunehmen.
- Durch die Aufzehrung des Betriebsspiels steigt die Beanspruchung im Lager. Durch die teilweisen Zwängungen der Kugeln wird ihr einwandfreies Abwälzen behindert. Dies führt zu erhöhter Wälzbeanspruchung, Ermüdungsschäden und zu erhöhtem Käfigverschleiß.
- Der dadurch erzeugte übermäßige Verschleiß sammelt sich in der Laufspur an und führt beim Überrollen neben der Spielaufzehrung zu zusätzlichen punktuellen Spannungsüberhöhungen im Wälzkontakt. Es findet eine Schadensakkumulation statt, die den dominierenden Schädigungsmechanismus bei den Lagergrößen 6205 und 6001 erklärt.
- Der höhere Weibullexponent bei der Lagergröße 6001 wird folglich durch die übermäßige Schrumpfung verursacht und nicht durch Verschleiß, wie zunächst vermutet. Bei annähernd gleicher Lagerluft und konstanter Prüftemperatur ist die Zeit bis zur Spielaufzehrung ungefähr gleich, was zu fast identischen Lebensdauern führt.

Eine sinnvolle Maßnahme zur Vermeidung der beschriebenen Schäden ist es, bei zukünftigen Versuchen auf warmfeste Stähle zurückzugreifen, die bei einer Wärmestabilisierung für 300 °C noch eine ausreichende Oberflächenhärte aufweisen.

8.4 Zusammenfassung

Für Bauteilversuche mit feststoffgeschmierten Wälzlagern bietet sich die Konzeption des Vier-Lager-Prüfstands an, der eine Lebensdauerprüfung unter realistischen Bedingungen ermöglicht. Besondere Sorgfalt bei derartigen Versuchen ist dem Lagereinbau und der Berücksichtigung von Maßänderungen der Lagerkomponenten durch thermische Einflüsse zu widmen. Nach Versuchsende kann eine systematische Schadensanalyse helfen, vorschnelle Schadenszuweisungen zu vermeiden und gezielt die eigentlichen Ursachen für Lagerschäden zu ermitteln.

Literatur

1. DIN 50322: Verschleiß; Kategorien der Verschleißprüfung. Beuth, Berlin (1986)
2. Heinz-Schwarzmaier, T.: Bestimmung der Lebensdauer feststoffgeschmierter Kugellager auf der Grundlage von Reibenergieberechnungen und Kurzzeitversuchen. Dissertation TU Darmstadt. VDI, Düsseldorf (2003)
3. Deutsche Gesellschaft für Qualität E.V. DGQ: Das Lebensdauernetz. Beuth, Berlin (1995)
4. Bozkurt, H.: Lebensdauertheorie zur Transferschmierung von feststoffgeschmierten Wälzlagern. Dissertation TU Darmstadt. VDI, Düsseldorf (2010)
5. Schul, C.: Einfluss der Baugröße auf die Lebensdauer feststoffgeschmierter Kugellager. Dissertation TH Darmstadt. VDI, Düsseldorf (1997)
6. Kahirdeh, A., Khonsari, M.M.: Condition monitoring of molybdenum disulphide coated thrust ball bearings using time-frequency signal analysis. J Tribol **132** (2010)
7. Reinwald, E.: Optimierung von Käfigen aus Hochtemperaturthermoplasten für den Einsatz bei feststoffgeschmierten Wälzlagern. Dissertation TH Darmstadt. VDI, Düsseldorf (1992)
8. Rüblinger, W.: Optimierung feststoffgeschmierter, hochbelasteter Kugellager bei Temperaturen bis 300 °C. Dissertation TH Darmstadt (1984)

9 Lebensdauerauslegung und Gebrauchsdauerbestimmung für feststoffgeschmierte Wälzlager

Dieses Kapitel formuliert Empfehlungen und Methoden zur Lebens- und Gebrauchsdauerauslegung feststoffgeschmierter Wälzlager. Zu Beginn werden qualitative Hinweise zur Lebensdauerauslegung für feststoffgeschmierte Wälzlager generell gegeben, wobei alle bei Wälzlager üblichen Festschmierstoffe betrachtet werden. Danach stellt das Kapitel ein quantitatives Vorgehen zur Gebrauchsdauerbestimmung von MoS_2-geschmierten Wälzlagern auf der Grundlage des in Kap. 7 präsentierten Gebrauchsdauermodells vor. Beide Abschnitte sind für den Anwender gedacht, der den Einsatz feststoffgeschmierter Wälzlager erwägt. Sie sollen ihn bei der Wahl eines geeigneten Schmierstoffkonzepts unterstützen und die Auslegung erleichtern. Der letzte Abschnitt wendet sich an die Wälzlagerhersteller. Es gibt ihnen aufgrund der in diesem Buch vorgestellten theoretischen Überlegungen und experimentellen Befunde erste Hinweise auf die zweckmäßige Gestaltung von Wälzlagern im Hinblick auf die spezifischen Anforderungen einer Feststoffschmierung.

9.1 Hinweise für Anwender zur Lebensdauerauslegung für feststoffgeschmierte Wälzlager generell

Wegen der Vielfalt und der sehr unterschiedlichen Eigenschaften von Festschmierstoffen muss ein möglicher Einsatz immer im Hinblick auf den jeweiligen Einsatzfall und die dabei herrschenden Betriebsbedingungen abgewogen werden. Dabei ist das Schmierkonzept zu bevorzugen, das die größten Potenziale im Hinblick auf die Lebens- bzw. Gebrauchsdauer bietet und keine unzulässigen Grenzen (z. B. Temperaturgrenzen oder Geräuschpegel) überschreitet.

Grundsätzlich gilt, dass Feststoffschmierung bei Wälzlagern keinesfalls die Lebensdauer und Laufruhe von fett- und ölgeschmierten Lagern erreichen wird. Feststoffschmierung kann also keine Substitution von Öl- und Fettschmierung darstellen, sondern ist auf diejenigen Anwendungen beschränkt, in denen Öle und Fette versagen oder nicht verwendet werden können. Durch die kontinuierliche Erweiterung der Anwendungsbereiche und Betriebsgrenzen von Wälzlagerungen wird jedoch auch der Anwendungsbereich der Feststoffschmierung zunehmen.

H. Birkhofer, T. Kümmerle, *Feststoffgeschmierte Wälzlager*,
DOI 10.1007/978-3-642-16797-3_9, © Springer-Verlag Berlin Heidelberg 2012

Tab. 9.1 Checkliste zum Einsatz feststoffgeschmierter Wälzlager

Suchbegriffe	Beispiele
Anwendungsbereich	Branche, Einsatzgebiet...
Lagertyp	Rillenkugellager, Rollen-, Kegel- oder Tonnenlager...
Lagerbaugröße	Nach Lagerhersteller
Belastung	Radiallast, Axiallast
Drehzahl	U/min; kontinuierlich, oszillierend, absatzweise...
Temperaturbereich	Minimal-, Maximaltemperatur im Dauer- und Kurzzeitbetrieb
Atmosphäre	Raumluft, Außenluft, Gase, Inertgas, Vakuum...
Umgebungsbedingungen	Feuchte, Strahlung, aggressive Chemikalien, Verschmutzung...
Besondere Betriebsbedingungen	Aussetzbetrieb, Notlaufschmierung, Fanglager...

Die folgenden Empfehlungen sollen die Auswahl und Präzisierung eines geeigneten Festschmierstoffkonzepts unter Verwendung handelsüblicher Wälzlager erleichtern. Sie stellen eine für den Anwender aufbereitete, qualitative Zusammenfassung der Erkenntnisse aus den vorangegangenen Kapiteln dar. Eine quantitative Prognose der Lebens- oder Gebrauchsdauer für beliebige Festschmierstoffe und Anwendungen auf der Grundlage einer universell einsetzbaren und evaluierten Theorie kann hier jedoch im Unterschied zu Abschn. 9.2 (MoS_2-Schmierung) nicht geleistet werden.

9.1.1 Klären der Aufgabe und Ermitteln der Anforderungen

Wie in jeder Entwicklungsaufgabe sollte der Einsatz feststoffgeschmierter Wälzlager vor der endgültigen Entscheidung gründlich abgewogen werden. Da Feststoffschmierung in der Regel keine Substitution für Öl- oder Fettschmierung darstellt empfiehlt es sich, zuerst die grundsätzlichen Fragen zu klären:

- Warum muss die Lagerungsaufgabe mit Wälzlagern ausgeführt werden? Ist der Einsatz von Gleitlagern denkbar?
- Ist eine Fett-, Öl- oder Gasschmierung definitiv nicht möglich (kann z. B. bei hohen Temperaturen die Schmierung mit Hochtemperaturfetten erfolgen)?
- Kann man bei Lagerungsaufgaben, in denen nur eine Oszillationsbewegung auftritt, eventuell ganz auf Wälzlager verzichten und stattdessen elastische Gelenke (Federgelenke) verwenden?

Erst wenn diese Fragen verneint werden, sollten die Anforderungen an die feststoffgeschmierte Wälzlagerung ermittelt werden. Hilfreich ist hierzu eine Checkliste (Tab. 9.1).

Schon diese wenigen Suchbegriffe führen rasch auf die wesentlichen Anforderungen an eine Feststoffschmierung.

9.1.2 Ermittlung aussichtsreicher Lagerungs- und Schmierungskonzepte

Der Einsatz feststoffgeschmierter Wälzlager unter unterschiedlichen Betriebs- und Umgebungsbedingungen hängt von sehr vielen Faktoren in komplexer Weise ab. Es empfiehlt sich deshalb unbedingt, zuerst Erfahrungen von Anwendern und Lagerherstellern zu nutzen.

Neben der Beratung durch Fachkräfte können erste Hinweise für mögliche Lagerungskonzepte den Beispielen in Kap. 1 entnommen werden, in denen gebräuchliche Anwendungen beschrieben und dafür geeignete Festschmierstoffe benannt sind. Im Einzelnen werden dort Anwendungen behandelt in

- Öfen und Autoklaven,
- Luft- und Raumfahrt,
- Vakuumröhren,
- Kryoanwendung,
- Medizintechnik und in Analysegeräten,
- Lebensmitteltechnik,
- Pharmaindustrie,
- Instrumentenlager,
- Beschichtungsanlagen,
- Kernreaktoren,
- Chemische Anlagen,
- Reinraumanwendungen.

Wichtige Festforderungen für die Eignung von Festschmierstoffen lassen sich aus den Betriebsbedingungen ableiten. In der Literatur (s. vor allem Kap. 2) wird dafür eine Fülle von Hinweisen gegeben. Diese sind allerdings nicht immer eindeutig und teilweise lückenhaft hinsichtlich der Angabe der konkreten Versuchs- bzw. Betriebsbedingungen, unter denen die Ergebnisse erzielt wurden, sind. Tabelle 9.2 ist ein Versuch, diese Ergebnisse zusammenzufassen und damit eine erste Auswahl eines geeigneten Festschmierstoffs zu unterstützen.

Das Lösungsfeld für geeignete Festschmierstoffe kann oft weiter eingeschränkt werden, wenn die konkreten Betriebsbedingungen spezifiziert werden. Abbildung 9.1 zeigt eine Übersicht über die zulässigen Temperaturbereiche beim Einsatz von typischen Festschmierstoffen in Wälzlagern.

Auch diese Darstellung kann nur globale Hinweise zum Temperaturbereich geben, da im Einzelfall unter ganz spezifischen Randbedingungen durchaus tiefere bzw. höhere Betriebstemperaturen erreicht werden können. Dennoch sollten der Einsatz bei den unteren und oberen Grenzbereiche der angegebenen Betriebstemperaturen möglichst vermieden werden, da hier der Festschmierstoff an seine Beanspruchungsgrenzen kommt und die Wahl eines anderen Festschmierstoffs, bei dem die betreffende Betriebstemperatur im Mittelbereich liegt, wahrscheinlich die bessere Alternative darstellt. Dennoch können mit

Tab. 9.2 Auswahltabelle für Festschmierstoffe im Hinblick auf Atmosphären und Umgebungsbedingungen

Einsatzbedingungen	Eignung von Festschmierstoffen		
	Sehr gut – gut geeignet	Bedingt geeignet	Ungeeignet
Hochvakuum	MoS_2, Silber	Grafit, Blei	PA, PTFE, PI, PEEK
Inertgas-Atmosphäre	PA, PTFE, PI, PEEK, MoS_2, Blei, Silber	Blei	
Feuchte Umgebungsluft	PA, PTFE, PI, PEEK, Grafit	MoS_2	Blei, Silber
Korrosionsbeständigkeit	PA, PTFE, PI, PEEK, Grafit		MoS_2, Blei, Silber
Strahlungsbeständigkeit	PI, MoS_2, Grafit, Blei, Silber	PA	PTFE, PEEK
Chemikalienbeständigkeit	PA, PTFE, PI, PEEK, MoS_2, Grafit		Blei, Silber

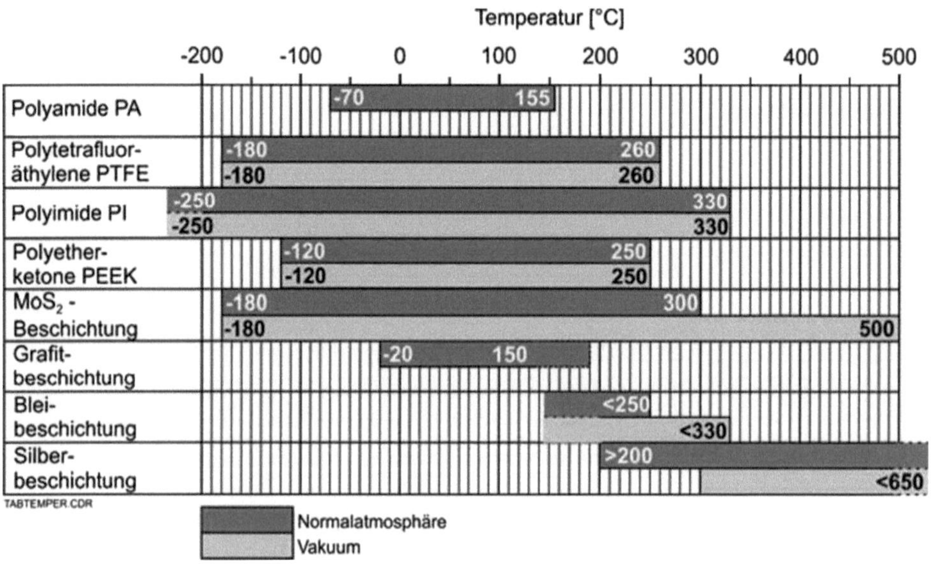

Abb. 9.1 Temperatureinsatzgrenzen für Festschmierstoffe im Dauerbetrieb

Abb. 9.1 und den Ausführungen im Kap. 2 erste Erkenntnisse über das Schmierkonzept, den Aufwand für die Beschichtung und die Betriebseigenschaften des so geschmierten Wälzlagers getroffen werden.

In vergleichbarer Weise kann auch Abb. 9.2 mit ihren Reibwertangaben eine Hilfe zur Auswahl von Festschmierstoffen darstellen bzw. die Konsequenzen aus der Wahl eines Festschmierstoffs im Hinblick auf den Reibwert verdeutlichen.

Grundsätzlich sollten bei der Auswahl eines Feststoffschmierkonzepts immer alle wesentlichen Anforderungen in einer Gesamtschau berücksichtigt werden, um eine sachgerechte

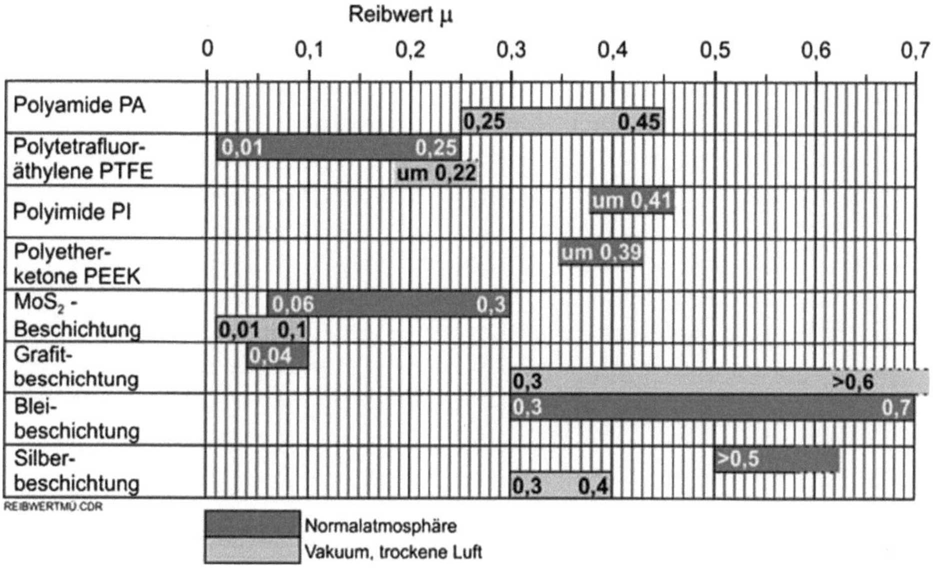

Abb. 9.2 Reibwertangaben für Festschmierstoffe

Entscheidung treffen zu können. So ist z. B. PTFE im Dauerbetrieb bei 200 °C noch durchaus einsetzbar und weist auch vergleichsweise niedrige Reibwerte von 0,1 bis 0,2 auf, liegt dabei aber auch noch Hochvakuum oder radioaktive Strahlung vor, ist es gänzlich ungeeignet.

9.2 Gebrauchsdauerprognose für Wälzlager mit MoS_2-Schmierung

Der Einsatz von MoS_2 als Festschmierstoff deckt einen weiten Anwendungs- und Temperaturbereich (s. auch Abb. 9.1, 9.2 und Tab. 9.1) ab. MoS_2 hat wegen seiner ausgezeichneten Schmierwirkung auch eine besondere praktische Relevanz. Zudem liegt mit dem in diesem Buch vorgestellten Gebrauchsdauermodell für MoS_2-geschmierte Wälzlager (s. Kap. 7) eine evaluierte Theorie für die quantitative Bestimmung der Gebrauchsdauer vor.

9.2.1 Argumentationslinie des Gebrauchsdauermodells

Das Gebrauchsdauermodell geht von mehreren empirisch belegten Zusammenhängen aus:

1. Für jedes Wälzlager lässt sich in Abhängigkeit seiner Geometrie und Kinematik ein nutzbares Festschmierstoffvolumen V_p berechnen, das während des Betriebs beansprucht wird.
2. Dieses nutzbare Schmierstoffvolumen V_p wird im Betrieb durch die Summenreibenergie W_{RS} beansprucht und dabei abgetragen.

3. Die Verschleißrate ΔV (das pro Innenringumdrehung abgetragene Schmierstoffvolumen) wird über den gesamten Gebrauchsdauerzustand hin als konstant angenommen, wenn sämtliche Betriebsbedingungen unverändert beibehalten werden. Daraus folgt ein, über der gesamten Gebrauchsdauer konstanter Reibenergie-Verschleiß-Faktor K_V.
4. Versuche belegen, dass dieser Reibenergie-Verschleiß-Faktor bei MoS_2 von der Betriebstemperatur abhängt ($K_V=K_V(T)$). Die entsprechenden temperaturabhängigen Effekte in den Verschleißmechanismen von MoS_2, die bisher theoretisch nicht vollständig geklärt sind, werden mit einer empirisch durch Regression ermittelten Gleichung abgebildet.
5. Ist das nutzbare Schmierstoffvolumen V_P abgetragen, ist das Ende der Gebrauchsdauer *GD* erreicht. Wird das Lager weiter betrieben, berühren sich zunehmend die Rauigkeitsspitzen des Substrats, die Schmierwirkung ist nicht mehr voll gewährleistet. Das Reibmoment des Lagers steigt schlagartig an und nimmt einen deutlich unregelmäßigeren Verlauf. Dabei lösen sich weitergehende Schädigungen mit Selbstheilungseffekten durch Übertrag von Restschmierstoffen auf die Schadstellen in stochastischer Weise ab.
6. Das nutzbare Schmierstoffvolumen V_P und der temperaturabhängige Reibenergie-Verschleiß-Faktor $K_V(T)$ definieren ein Reibenergiepotenzial *RP*, das ein Maß für die gesamte Beanspruchbarkeit einer MoS_2-Schicht durch die Summenreibenergie W_{RS} darstellt.

$$RP = W_{RS} \cdot GD = \frac{V_P}{K_V(T)} \tag{9.1}$$

Daraus folgt: Ein MoS_2-geschmiertes Wälzlager mit definierter Schichtdicke hat ein bestimmtes Beanspruchungs- bzw. Verschleißpotenzial. Die Gebrauchsdauer dieses Lagers ergibt sich demnach aus dem nutzbaren Schmierstoffvolumen V_p, dem schichtspezifischen Verschleißfaktor $K_V(T)$ und der Schichtbeanspruchung. Die mechanische Schichtbeanspruchung wird durch die Summenreibenergie W_{RS}, die thermische Schichtbeanspruchung durch die Betriebstemperatur T repräsentiert.

9.2.2 Gültigkeitsbereich der Gebrauchsdauerprognose

Die Gebrauchsdauerprognose wurde bisher weitgehend durch VKA-Versuche mit standardisierten Probekörpern, aber auch mit handelsüblichen Wälzlagern (Spindellager) evaluiert. Dabei gelten naturgemäß deutliche Einschränkungen im Vergleich zu einem praxisüblichen Betrieb. Das hier vorgestellte Gebrauchsdauermodell berücksichtigt:

- Rillenkugellager als Spindellager (Schrägschulterlager) und handelsübliche Wälzlagerkomponenten (Kugeln, Ringe),
- MoS_2-Beschichtungen, die mit einem speziellen PVD-Beschichtungsverfahren (MOVIC-Beschichtung der Fa. VILAB) aufgebracht wurden,
- Die Schmierung durch beschichtete Kugeln, bei denen ein vollständiger Verschleiß der Feststoffschicht infolge einer permanenten Kugeldrehachsenänderung auftritt,

- Keine Transferschmierung,
- Konstante Betriebsbedingungen (Last, Geschwindigkeit, Temperatur, Atmosphäre) während des gesamten Versuchszeitraums,
- Reine Axiallasten,
- Genaue Montage und exaktes Ausrichten der Wälzlagerkomponenten nach einer Einbauvorschrift durch geschulte Mitarbeiter.

Gegenüber realen Einbau- und Betriebsbedingungen stellen diese Voraussetzungen natürlich erhebliche Vereinfachungen bzw. Vernachlässigungen dar. So kann z. B. der in Kap. 8 angegebene Wert des Reibenergie-Verschleiß-Faktors $K_V(T)$ keinesfalls für beliebige MoS_2-Beschichtungen und Betriebsbedingungen übernommen werden. Um dem Anwender hierbei jedoch ebenfalls Hilfestellung zu geben, werden im Kap. 9.2.3.5 konkrete Hinweise für Anwender gegeben, wie man das Gebrauchsdauermodell auch für andere Wälzlager und andere Beschichtungen nutzen kann.

9.2.3 Anleitung zur Auslegung MoS_2 geschmierter Wälzlager

Die folgende Anleitung geht schrittweise vor, klärt zuerst die Anforderungen an die Lagerung, um dann über die Festlegung des Wälzlagers und des Schmierstoffkonzepts die zu erwartende Gebrauchsdauer zu bestimmen. Dabei wird vorausgesetzt, dass eine Schmierung mit MoS_2 alle Anforderungen des Wälzlagerbetriebs und der dabei herrschenden Umgebungsbedingungen erfüllt (s. auch Abschn. 9.1).

9.2.3.1 Klären der Anforderungen

Zur Klärung der Anforderungen an MoS_2-geschmierte Wälzlager ist die gegenüber Tab. 9.1 erweiterte Checkliste (Tab. 9.3) hilfreich.

Mit dieser Checkliste lässt sich schnell und gezielt eine Anforderungsliste (auch Spezifikation oder Pflichtenheft genannt) erstellen, die dann Grundlage für die weitere Detaillierung ist.

9.2.3.2 Auswahl des Wälzlagers

Die Auswahl eines geeigneten Wälzlagers wird derzeit weitgehend nach den Überlegungen getroffen, die auch bei Fett- oder Ölschmierung gelten. Insbesondere sind dies die Belastungen und Drehzahlen. Bezüglich der Belastungen werden Lager in erster Näherung so gewählt, dass die äquivalente Lagerlast P höchstens 20 % der statischen Tragzahl C_0 erreicht.

Bei höheren Betriebstemperaturen >120 °C muss auch eine Anpassung des Werkstoffs (z. B. wärmestabilisierte oder hochtemperaturbeständige Stähle, keramische Wälzkörper) berücksichtigt werden. Generell gilt, dass die Werkstoffhärte keinen ausgeprägten Einfluss auf die Gebrauchsdauer hat, da der limitierende Faktor der Verschleiß der MoS_2-Schicht ist und nicht wie bei öl- und fettgeschmierten Wälzlagern die Ermüdung des Substratwerkstoffs.

Tab. 9.3 Checkliste für den Einsatz MoS_2-geschmierter Wälzlager

Suchbegriffe	Beispiele
Anwendungsbereich	Öfen und Autoklaven, Luft- und Raumfahrt, Vakuumröhren, Kryoanwendung, Medizintechnik, Analysegeräte, Lebensmitteltechnik, Pharmaindustrie, Instrumentenlager, Beschichtungsanlagen, Kernreaktoren, chemische Anlagen, Reinraumanwendungen...
Gebrauchsdauer (gewünscht)	U/min angeben
Lagertyp	Rillenkugellager, Rollen-, Kegel- oder Tonnenlager...
Lagerbaugröße	Nach Lagerhersteller
Radiallast	In N angeben; kontinuierlich, abschnittsweise konstant, veränderlich, stoßartig...
Axiallast	In N angeben; kontinuierlich, abschnittsweise konstant, veränderlich, stoßartig...
Drehzahl	In U/min angeben kontinuierlich, abschnittsweise konstant, veränderlich...
Temperaturbereich	Untere und obere Grenztemperatur, Temperaturverläufe...
Atmosphäre	Raumluft, Außenluft, Gase, Inertgas, Vakuum (in mbar angeben)...
Umgebungsbedingungen	Feuchte, Strahlung, aggressive Chemikalien, Verschmutzung...
Besondere Bedingungen	Aussetzbetrieb, Notlaufschmierung, Fanglager...

In den meisten Anwendungen wird auf handelsübliche Rillenkugellager zurückgegriffen, die in ihren Bauformen (Radialrillenkugellager, Schrägkugellager, Schrägschulterlager, Axialrillenkugellager) und in ihrer Käfigausrüstung (Blechkäfig, Kunststoffkäfig, Massivkäfig, Compoundkäfig) eine große Varianz aufweisen und daher auch den größten Freiraum für eine Anpassung an eine Feststoffschmierung bieten.

Entsprechend Kap. 7.6.4 muss nochmals darauf hingewiesen werden, dass die Baugröße weit weniger Einfluss auf die Gebrauchsdauer hat, als dies bei Fett- und Ölschmierung der Fall ist. Größere Lager haben bei gleicher Belastung einen weitaus geringeren Anstieg der Gebrauchsdauer als dies bei der statischen Tragzahl der Fall ist. Der Einsatz von Feststoffschmierung ist demnach vor allem bei kleinen Lagergrößen aussichtsreich.

9.2.3.3 Auswahl des Schmierstoffkonzepts

Bevorzugte Anwendungsbereiche von MoS_2: Die Eignung von MoS_2 als Festschmierstoff in unterschiedlichen Beanspruchungsszenarien wurde ausführlich in Kap. 2.2.4.2 beschrieben. Ebenso werden dort die unterschiedlichen Beschichtungsverfahren, die maßgeblich Einfluss auf die Gebrauchsdauer haben, behandelt. Typische Anwendungsbereiche von MoS_2 sind demnach Anwendungen:

- in Vakuum oder Inertgasatmosphäre,
- im Temperaturbereich zwischen +150 und 450 °C,

- bei relativ hoher Hertz'scher Flächenpressung und gleichzeitig bei möglichst geringem Schlupf in der Kontaktzone Wälzkörper-Ringe.

Weniger geeignet ist eine MoS_2-Schmierung bei Raumtemperatur und feuchter Umgebung wegen der Verschlechterung der Reibeigenschaften durch Einlagerung von Wasseratomen in das Schichtgitter oder bei sehr hohen Temperaturen >500 °C, bei denen sich MoS_2 zersetzen kann.

Bevorzugte Beschichtungstechnologien: Die besten Ergebnisse zeigen gesputterte (PVD-) Beschichtungen. Diese ergeben wegen des homogenen und in seiner Schichtstruktur einheitlich orientierten Schichtaufbaus die längsten Gebrauchsdauern.

Wie teilweise bereits in Kap. 2.2.4.2 aufgeführt, können folgende Empfehlungen für die MoS_2-Beschichtung der Wälzlagerkomponenten getroffen werden:

- Die Beschichtung der Kugeln bietet das größte nutzbare Schmierstoffvolumen. Voraussetzung für eine Nutzung des gesamten Schmierstoffvolumens ist jedoch eine permanente Kugeldrehachsenänderung im Betrieb, bei der die gesamte Kugeloberfläche beansprucht wird. Dies wird am besten durch eine Wälzlagerkonfiguration realisiert, bei der keine eindeutige Kugelführung an Innen- oder Außenring vorliegt. In guter Näherung ist dies bei allen Rillenkugellagern mit etwa gleich großen Schmiegungen an Innen- und Außenring gegeben.
- Eine Beschichtung der Ringe bzw. Ringlaufbahnen ist üblicherweise einfacher und damit kostengünstiger, reduziert aber das nutzbare Schmierstoffvolumen gegenüber der Kugelbeschichtung deutlich und ist daher nur für geringere Gebrauchsdauern zu empfehlen.
- Von einer Beschichtung sowohl der Ringe als auch der Wälzkörper muss abgeraten werden, da überschüssiger Festschmierstoff schnell aus den Kontaktzonen ausgetragen wird und die Gefahr besteht, dass sich Schmierstoffpartikel verklumpen und die freie Bewegung der Kugeln be- oder sogar verhindern (blockieren).

Andere Lagerbauformen, insbesondere Zylinder-, Kegel- und Tonnenlager bieten bei gleicher Lagerbaugröße im Vergleich zu Kugeln ein weitaus größeres Schmierstoffreservoir infolge der größeren Oberfläche der Wälzkörper. Zudem ist der die MoS_2-Schicht besonders beanspruchende Schlupf vergleichsweise klein, was hohe Gebrauchsdauern verspricht. Weiter entfällt auch die Problematik der Kugel-Drehachsen-Änderung, wodurch bei einer Beschichtung der Wälzkörper das gesamte vorhandene Schmierstoffvolumen für die Schmierung genutzt wird. Derartige Lager sind jedoch in den wenigsten Fällen mit Festschmierstoffbeschichtung erhältlich.

Bevorzugte Transferschmierungskonzepte: Um möglichst lange Gebrauchsdauern zu erreichen, kann Transferschmierung eingesetzt werden (s. Kap. 7.6.3). Für Transferschmierung geeignet sind insbesondere folgende Käfigkonfigurationen:

- Blechkäfige, deren Kugelkalotten mit MoS_2 beschichtet sind: Das zusätzliche Schmierstoffvolumen ist jedoch durch die Kalottenfläche und die Dicke der Schicht in den Kalotten limitiert. Dennoch ist diese Variante ein preiswertes und auch bis an die thermischen Einsatzgrenzen von MoS_2 verwendbares Transferschmierungskonzept.
- Kunststoffmassivkäfige aus thermisch beständigem, mit MoS_2 inkorporierten Kunststoff: Beim Gleitkontakt Kugel-Käfig infolge der Kugel-Käfig-Dynamik werden MoS_2-Verschleißpartikel aus der Käfigtasche aus- und in die Ringlaufbahn eingetragen. Dieser Nachschmiereffekt ist bei ca. 30 % MoS_2-Anteil im Kunststoff am effizientesten. Mit diesem Schmierstoffkonzept lassen sich die höchsten Gebrauchsdauersteigerungen (Faktor 3–10) gegenüber Lagern ohne Transferschmierung erzielen! Allerdings begrenzen die Temperaturbeständigkeit der Kunststoffkäfige die Einsatztemperaturen. Zudem sind derartige Käfige durchweg Sonderanfertigungen und wegen der Werkstoffkosten und der schwierigen Bearbeitung von hochtemperaturbeständigen Kunststoffen entsprechend teuer.
- Compound-Käfige aus einer aushärtenden, im Füllzustand pastösen Mischung aus MoS_2-Pulver, Binder und Füllstoffen zur Steigerung der Käfigfestigkeit: Diese einfache Käfigausrüstung zeigt sehr gute Transferschmierungseigenschaften, ist vergleichsweise preiswert und handelsüblich erhältlich.

9.2.3.4 Gebrauchsdauerabschätzung

Um Gebrauchsdauer *GD* zu bestimmen, müssen das nutzbare Schmierstoffvolumen V_p, die Summenreibenergie W_{RS} und der Reibenergie-Verschleiß-Faktor $K_V(T)$ bekannt sein.

Berechnung des nutzbaren Schmierstoffvolumens Das nutzbare Schmierstoffvolumen V_p kann nach Kap. 7.3 aus der Lagerart und -baugröße, der Schichtdicke und den Laufspuren bestimmt werden (Abb. 9.3)

Bei der Bestimmung der Laufspuren sind insbesondere bei Schrägkugel- und Schrägschulterlagern auch Änderungen der Laufspur durch die von der Belastung abhängige Größe der Abplattung im Hertz'schen Kontakt und Verlagerungen infolge thermischer Ausdehnung der Lagerkomponenten zu berücksichtigen. Liegt ein Transferschmierungskonzept vor, ist das nutzbare Schmierstoffvolumen um das zu verschleißende Schmierstoffvolumen im Transferprozess zu ergänzen. Bei MoS_2-inkorporierten Kunststoff- und bei Compoundkäfigen kann als Transfervolumen ein Mehrfaches des Beschichtungsvolumens angenommen werden. Für die Bestimmung der jeweiligen Transferschmierstoffmenge sind experimentelle Untersuchungen notwendig.

Berechnung der Summenreibenergie Die Summenreibenergie W_{RS} kann entsprechend Kap. 7.2 aus der Hertz'schen Flächenpressung, dem Makroschlupf im Wälzkontakt sowie der Abrollstrecke auf Wälzkörper und Ringen bei einer Innenringumdrehung berechnet werden (Abb. 9.4).

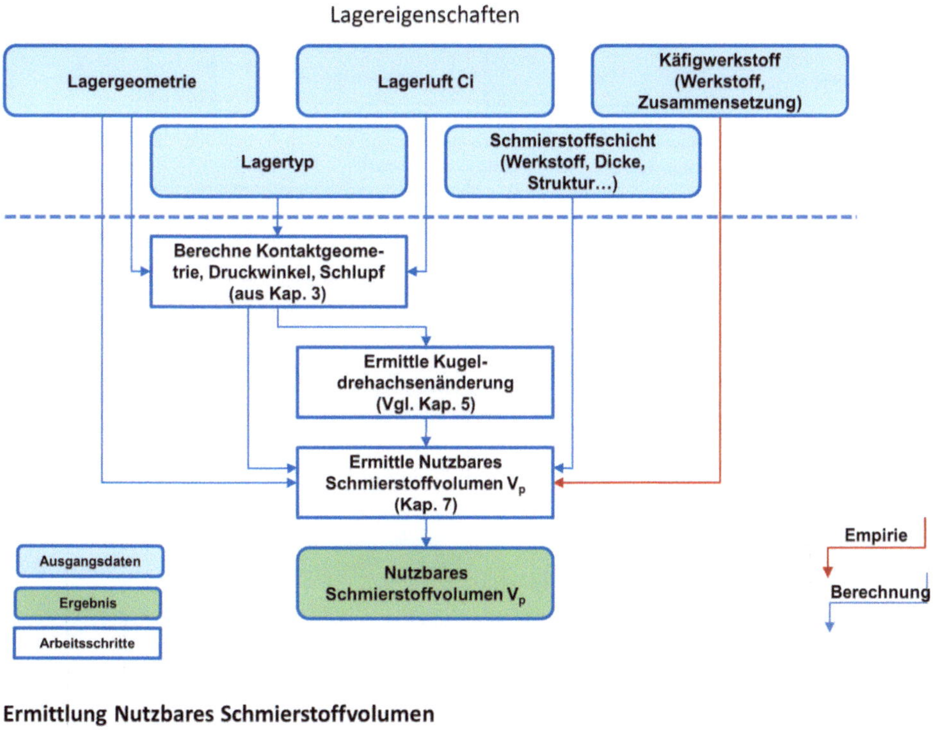

Abb. 9.3 Flussdiagramm zur Berechnung des nutzbaren Schmierstoffvolumens V_p

Die Summenreibenergie W_{RS} hängt von der Geometrie des Wälzkontakts, der Belastung und ihrer Richtung (axial, radial, kombiniert) und dem Reibwert ab. Hier muss nochmals betont werden, dass eine radiale Last oder Lastkomponente bei Wälzlagern zu einer ungleich über den Ringumfang verteilten Beanspruchung führt und keinesfalls eine konstante Reibenergie auf dem ganzen Umfang angenommen werden darf.

Ermittlung des Reibenergie-Verschleiß-Faktors Der Reibenergie-Verschleiß-Faktor $K_V(T)$ ist eine schmierstoffspezifische Größe, die von der Schmierstoffstruktur und damit auch von der Beschichtungstechnologie und von der Temperatur abhängt (Abb. 9.5).

Bei der Ermittlung sind folgende Hinweise zu beachten:

- Der in Kap. 7.6.2 in Abb. 7.22 gezeigte Zusammenhang zwischen der Verschleißrate ΔV und der Summenreibenergie W_{RS} gilt nur für eine MOVIC-Schicht. Die Geradensteigung entspricht dem dafür zutreffenden Reibenergie-Verschleiß-Faktor $K_V(T)$. Für andere Schichtstrukturen und Beschichtungstechnologien müssen eigene Versuche zur Bestimmung von $K_V(T)$ durchgeführt werden.
- Die Anhängigkeit des Reibenergie-Verschleiß-Faktors $K_V(T)$ von der Betriebstemperatur T wiederum für eine MOVIC-Schicht ist durch die Regression in Gl. 7.28 in

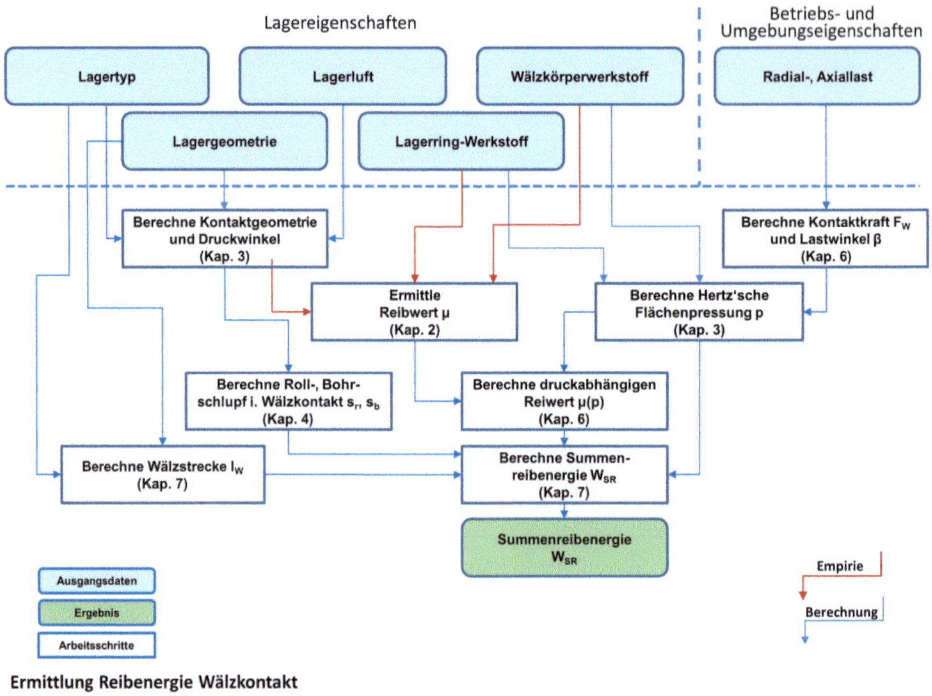

Abb. 9.4 Flussdiagramm zur Berechnung der Summenreibenergie

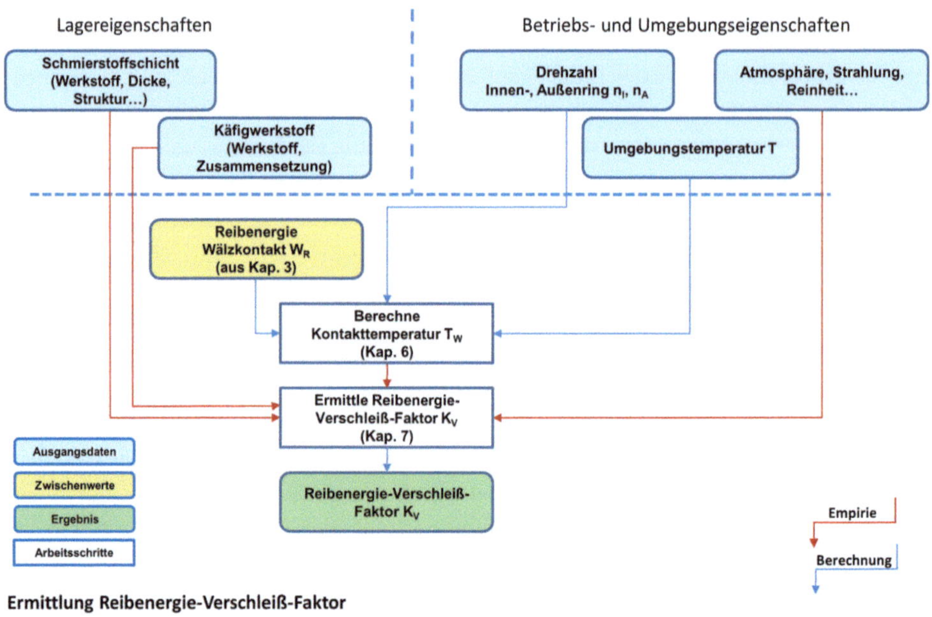

Abb. 9.5 Flussdiagramm zur Berechnung des Reibenergie-Verschleiß-Faktors

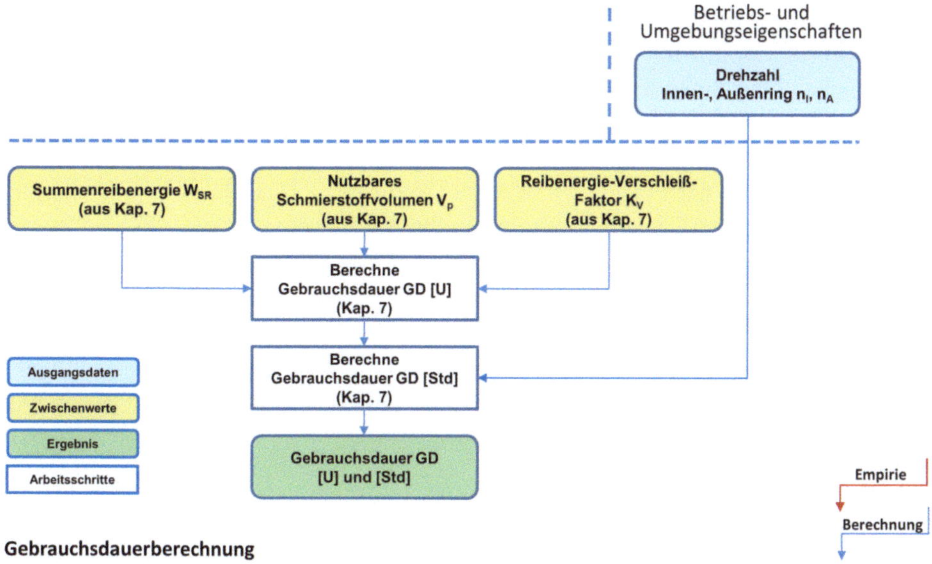

Abb. 9.6 Flussdiagramm zur Berechnung der Gebrauchsdauer für MoS_2-geschmierte Wälzlager

Kap. 7.6.5 gegeben. Auch hier gilt, dass andere Schichten eine Neuberechnung des Temperatureinflusses über eine analoge Regression erfordern.

Berechnung der Gebrauchsdauer Sind nun diese drei Einflussgrößen bestimmt, kann daraus die Gebrauchsdauer errechnet werden.

$$GD = \frac{V_P}{(W_{RS} \cdot k_V(T))} \tag{9.2}$$

Abbildung 9.6 verdeutlicht den Berechnungsablauf.

Es ist offensichtlich, dass die Zusammenhänge zwischen der Gebrauchsdauer und den Eingangsgrößen eine beachtliche Komplexität aufweisen und nur eine detaillierte Berechnung der Gebrauchsdauer verlässliche Ergebnisse liefert. Keinesfalls sollte pauschalen Abschätzungen vertraut werden.

9.2.3.5 Hinweise für einen universellen Einsatz des Gebrauchsdauermodells

Abschnitt 9.2.1 formuliert die Einschränkungen bei der Evaluierung des Gebrauchsdauermodells im VKA. Im Folgenden werden Hinweise für die universelle Nutzung des Gebrauchsdauermodells gegeben.

Einsatz bei anderen Lagertypen: Das Gebrauchsdauermodell geht von den tribologischen Bedingungen in beliebigen Wälzkontakten aus und ist daher universell einsetzbar. Es wurde für KRP-, KKR- und RKR-Konfigurationen evaluiert, allerdings kann das Gebrauchsdauermodell mit der Berechnung der entsprechenden Größen (Summenreibenergie W_{SR}, nutzbares Schmierstoffvolumen V_p und Reibenergie-Verschleiß-Faktor $K_V(T)$) auch bei den gebräuchlichsten anderen Lagerbauformen verwendet werden. Die Summenreibenergie W_{RS} und das nutzbare Schmierstoffvolumen V_p können dabei analog zu Rillenkugellagern nach Kap. 3.2.1 berechnet werden. Die Ermittlung des Reibenergie-Verschleiß-Faktors $K_V(T)$ wurde bereits in Abschn. 9.2.3.4 besprochen.

Einsatz bei instationären Betriebsbedingungen: Liegen instationäre Betriebsbedingungen vor, so kann die Gebrauchsdauer *GD* in erster Näherung analog zur Methode der linearen Schadensakkumulation ermittelt werden. Dabei wird der instationäre Last-, Drehzahl- und/oder Temperaturverlauf abschnittsweise in Teilbereiche mit angenäherter, konstanter Beanspruchung unterteilt. In jedem Teilbereich wird dann eine Teil-Summenreibenergie W_{SRi} und ein Teil-Reibenergie-Verschleiß-Faktor $K_{Vi}(T)$ berechnet. In jedem Teilbereich ergibt sich damit eine Teilschädigung pro Umdrehung in Form eines verschlissenen Schmierstoffvolumens ΔV_i:

$$\Delta V_i = W_{SR_i} \cdot K_{Vi(T)} \tag{9.3}$$

Die einzelnen ΔV_i werden über der zugeordneten Anzahl von Umdrehungen solange aufsummiert, bis die Summe der verschlissenen Teilvolumina dem nutzbaren Schmierstoffvolumen V_p entspricht. Dann ist das Gebrauchsdauerende erreicht.

Dieser Ansatz der Ermittlung und Addition der Teilschädigungen ist berechtigt, da jeder MoS_2-Schicht ein Reibenergiepotential *RP*, das ein Äquivalent für ihre Beanspruchbarkeit durch die Summenreibenergie W_{RS} darstellt, zugeordnet werden kann.

Einsatz bei Radial- und kombinierten Lasten: Auch hier kann das Gebrauchsdauermodell ohne Einschränkungen verwendet werden. Allerdings ergeben sich im Unterschied zu der Belastung mit reiner Axiallast durch die radiale Verlagerung des Innenrings zum Außenring infolge des Lagerspiels und der elastischen Verformungen der Lagerkomponenten über dem Umfang stark unterschiedliche Lastanteile. In der Lastzone tritt die Maximalbelastung mit der höchsten Hertz'schen Flächenpressung auf. In der lastfreien Zone tritt bei reiner Radiallast sogar eine vollständige Entlastung der Wälzkontakte auf. Zur Berechnung der Summenreibenergie bei radial- oder kombinierten Lasten wird auf Kap. 7.2.3 verwiesen.

Einsatz bei anderen Wälzbedingungen: Dies ist der Fall, wenn nicht die kompletten Beschichtungen aller Wälzkörper zur Schmierung herangezogen werden, wie es bei beschichteten Kugeln mit Drehachsenänderung der Fall ist. Da die Gebrauchsdauer *GD* direkt proportional zum nutzbaren Schmierstoffvolumen V_p ist, muss dann mit deutlich reduzierten Gebrauchsdauern gerechnet werden. Eine erste Annäherung an die zu erwartenden Gebrauchsdauern kann dann durch einen Vergleich der nutzbaren Schmierstoffvolumina bei vollständiger und bei partieller Entschichtung gefunden werden.

Einsatz bei Transferschmierung: Eine Transferschmierung durch Schmierstofftransfer aus dem Käfig erhöht die Gebrauchsdauer erheblich. Bisherige Ergebnisse zeigen eine Verlängerung der Gebrauchsdauer um den Faktor 3 bis 10. Bisher ist allerdings kein theoretisch fundierter und experimentell abgesicherter Ansatz bekannt, der ausgehend von Käfigkonfiguration, Käfigwerkstoff und anderen Betriebs- und Umgebungseigenschaften verlässliche Aussagen zur Verlängerung der Gebrauchsdauer durch Transferschmierung erlaubt. Hier sollten auf jeden Fall Vorversuche stattfinden. Der Effekt der Transferschmierung ist in den Kap. 6.3.5 und 7.3.6 beschrieben.

Berücksichtigung von Montageungenauigkeiten: Sie werden durch das Gebrauchsdauermodell nicht abgedeckt. Allerdings wird auch beim Einsatz von öl- und fettgeschmierten Wälzlagern von einem ordnungsgemäßen Einbau ausgegangen. Es muss jedoch darauf hingewiesen werden, dass feststoffgeschmierte Wälzlager ganz besonders empfindlich auf Montagefehler reagieren. Der Schmierstoff ist hier ein Festkörper und hat praktisch keine Federungs- und Dämpfungseigenschaften, kann also Zwängungen weit weniger kompensieren als Fluide wie Öle und insbesondere Fette.

9.3 Hinweise für Lagerhersteller zur Optimierung der Wälzlagergeometrie im Hinblick auf ihren Einsatz mit Festschmierstoffen

Da der Schmiermechanismus von Festschmierstoffen sich grundlegend von dem von Fett- und Ölschmierung unterscheidet, ist nicht zu erwarten, dass eine an Fett- oder Ölschmierung angepasste Geometrie der Wälzlagerkomponenten auch optimal für Feststoffschmierung ist. Für die Geometrie und den Werkstoff von Wälzlagerkäfigen wurden bereits in Kap. 6.3 und in Kap. 7.3.6 im Zusammenhang mit dem Effekt der Transferschmierung entsprechende Vorschläge gemacht. Im Folgenden sollen vor allem Anpassungen der Geometrie von Wälzkörpern und Ringen diskutiert werden.

Ausgangspunkt der Überlegungen ist der Umstand, dass eine MoS_2-Schicht wesentlich stärker durch den Schlupf im Wälzkontakt verschlissen wird als durch eine reine Flächenpressung. Schlupf trennt die Schichtgitterebenen, die sich anschließend wieder durch Adhäsion und Kohäsion verbinden müssen, was zwangsläufig mit Partikelaustrag und damit Schichtverschleiß verbunden ist. Da ein feststoffgeschmiertes Wälzlager nur ein bestimmtes Schmierstoffreservoir aufweist, bestimmt die Geschwindigkeit des Schichtverschleißes und damit der Schlupf maßgeblich die Gebrauchsdauer. Kritisch sind daher all die Wälzlager, deren innere Geometrie einen entsprechend großen Schlupf in den Wälzkontakten bewirkt, was direkt mit einer großen Schmiegung S korreliert.

Dies ist bei allen Rillenkugellagern der Fall, in denen die axiale Laufbahnführung der Kugeln durch die Schmiegung sichergestellt wird. Tab. 9.4 zeigt bei gleicher Belastung den Abfall der Reibenergie mit zunehmender Schmiegung. Gegenüber der bei Rillenkugellager üblichen Schmiegung von 90 % ergibt eine Verringerung der Schmiegung um 11 % bereits eine rechnerische Gebrauchsdauersteigerung von über 30 %!

Tab. 9.4 Abhängigkeit der Reibenergie von der Schmiegung bei Radialrillenkugellager 6001

Schmiegung in %	99	90	80	70
Reibenergie mJ	5,005	1,392	0,955	0,762
Rechnerische Gebrauchsdauer in U	32.000	116.000	169.000	212.000

Besonders deutlich wird der Schmiegungseinfluss bei Zylinder- oder Kegelrollen. Bei ihnen geht die Schmiegung -abgesehen von Bombierungen der Wälzkörper- in Wellenrichtung gegen Null. Bei gleichem Durchmesser der Wälzkörper treten hier nur 2 % der Summenreibenergie eines vergleichbaren Rillenkugellagers auf!

Konsequenterweise müssten sich gerade diese Lagerbauarten besonders gut für Feststoffschmierung eignen. Kritisch kann allenfalls die Bordreibung sein, insbesondere dann, wenn Axiallasten mit der damit verbundenen Summenreibenergie im Gleitkontakt Wälzkörperstirnseiten-Ringbord aufgenommen werden müssen.

Hohe Schlupfbeträge treten auch bei käfiglosen Wälzlagern (vollkugelige und vollrollige Ausführungen) auf. Die Relativgeschwindigkeit zwischen den Wälzkörpern ist dabei doppelt so groß wie die zwischen Wälzkörper und Käfig. Bei reiner Axiallast sind die zwischen den Wälzkörpern wirkenden Normalkräfte noch vergleichsweise gering. Bei Radiallast treten jedoch beachtliche Normalkräfte durch eine Wälzkörperdynamik auf, die infolge der unterschiedlich großen, elastischen Verformungen in der Lastzone und der entlasteten Zone induziert wird. In der Lastzone versuchen die Wälzkörper vorzueilen, in der entlasteten Zone eilen sie nach. Dies bedingt periodisch mit der Lagerdrehung anwachsende und abnehmende Kontaktkräfte zwischen den Wälzkörpern. Abhilfe kann hier der Einsatz eines Käfigs oder die Verwendung von Spacerkugeln bringen. Beide Varianten bieten auch die Möglichkeit, deren Werkstoff mit MoS_2 zu inkorporieren bzw. zu beschichten und so eine Transferschmierung zu erreichen.

Insgesamt können damit folgende Empfehlungen für die festschmierstoffgerechte Gestaltung von Wälzlagern gegeben werden:

- Rillenkugellager mit möglichst kleiner Schmiegung (Rillenradius > Kugelradius) verwenden, um den Makroschlupf klein zu halten. Eventuell eine Ringlaufbahn zylindrisch ausführen. Dabei laufen die Kugeln direkt auf der zylindrischen Welle, wie es teilweise bei Röntgenröhren der Fall ist.
- Rollen- oder Tonnenlager verwenden, die möglichst axialkraftfrei belastet werden sollten, um die Bordreibung zu vermeiden. Borde am Innenring vorsehen (Bauform N), um den Gleitschlupf im Kontakt Bord-Wälzkörper zu reduzieren.
- Zur Aufnahme von Axialkräften eventuell separate Axialrillenkugellager vorsehen, die aufgrund der auf dem Umfang gleichmäßigen Anpressung keine ausgeprägte Kugeldynamik zeigen.
- Wegen des größeren nutzbaren Schmierstoffvolumens möglichst Kugeln beschichten und eine definierte Kugelführung vermeiden, um einen gleichmäßigen Schichtabtrag auf der gesamten Kugelfläche zu erreichen. Dies bedingt vergleichbar große Schmiegun-

gen an Innen- und Außenring. Mit der o. a. generellen Empfehlung nach möglichst kleinen Schmiegungen muss ein vernünftiger Kompromiss gefunden werden, der den Schlupf in der Kontaktzone minimiert, ohne die Kugeldrehachsenänderung zu be- oder gar verhindern und trotzdem den Kugelkranz sicher zu führen.

- Bei zu erwartenden Temperaturgradienten (abschätzen, berechnen) Lager mit erhöhter Lagerluft einsetzen, um Spielaufzehrung durch thermische Verformungen und Klemmen der Lager zu vermeiden. Übliche Lagerspielklassen sind C3 bis C4.
- Unbedingt Käfige oder zumindest Spacerkugeln vorsehen, um den bei vollkugeligen bzw. vollrolligen Lagern auftretenden Gleitschlupf zwischen den Wälzkörpern zu reduzieren.
- Die radiale Käfigführung als Innenringführung ausbilden. Bei Wärmedehnungen wird so ein Anstreifen des Käfigs am Außenring infolge einer radialen thermischen Dehnung mit der Gefahr des Klemmens des Käfigs vermieden. Wegen ihrer ausgeprägten Kugel-Käfig-Dynamik sollte der Käfig bei Radiallagern möglichst nicht mit den Wälzkörpern geführt werden.
- Für lange Gebrauchsdauern die Möglichkeit der Transferschmierung vorsehen. Bis ca. 250 °C Kunststoffkäfige mit inkorporiertem MoS_2 (ca. 30 %) vorsehen, bei noch höheren Temperaturen Blechkäfige mit beschichteten Kugeltaschen verwenden.
- Große Wälzkörperdurchmesser vorsehen, um das nutzbare Schmierstoffvolumen zu erhöhen und die Hertz'sche Flächenpressung im Wälzkontakt zu reduzieren.
- Die Werkstoffhärte hat keinen direkten Einfluss auf die Gebrauchsdauer. Die Ermüdung des Substratwerkstoffs ist nicht wie bei öl- und fettgeschmierten Wälzlagern der limitierende Faktor, sondern der Verschleiß der MoS_2-Schicht. Deshalb könnten auch Wälzlagerwerkstoffe mit geringerer Härte, aber besser an die Umgebungsbedingungen der Feststoffschmierung angepassten und dafür geeigneten Eigenschaften eingesetzt werden. Das Anforderungsspektrum an Wälzlagerwerkstoffe verschiebt sich dabei zu ausgezeichneter Haftung für MoS_2-Schichten, angemessener Temperaturbeständigkeit (300 bis 500 °C), hoher Maßhaltigkeit in diesem Temperaturbereich und niedrigen Fertigungskosten.

Derartige feststoffgeschmierte Lagerungen sind sicherlich experimentell umfassend zu untersuchen und zu evaluieren. Der gezielt konstruierte, sehr geringe Schlupfanteil lässt allerdings erhebliche Steigerungen der Gebrauchsdauer gegenüber handelsüblichen Rillenkugellagern mit gleicher Feststoffschmierung erwarten.

9.4 Zusammenfassung

Zur Auslegung der Lebensdauer feststoffgeschmierter Wälzlager mit beliebigem Festschmierstoff können derzeit nur qualitative Hinweise bezüglich der Auswahl eines für die Betriebs- und Umgebungsbedingungen geeigneten Festschmierstoffs gegeben werden. Diese Hinweise gestatten eine Vorauswahl geeigneter Schmierstoffkonzepte. Für einen praktischen Einsatz sind jedoch unbedingt Erfahrungen von Anwendern, Lagerherstellern und eventuell auch Beschichtern heranzuziehen oder der Einsatz durch eigene Versuche mit statistisch aussagefähigen Versuchen abzuklären.

Zur Berechnung der Gebrauchsdauer von MoS_2-geschmierten Wälzlagern liegt nun jedoch eine evaluierte Theorie vor, nach der die Gebrauchsdauer im Rahmen statistischer Aussagen berechnet werden kann. Voraussetzung dafür ist die experimentelle Ermittlung des Reibenergie-Verschleiß-Faktors bei der entsprechenden Betriebstemperatur. Da leistungsfähige MoS_2-Schichten derzeit nur in einer geringen Variantenzahl hergestellt und eingesetzt werden, ist mit einer relativ schnellen Ermittlung und Bereitstellung der zugehörigen Reibenergie-Verschleiß-Faktoren durch Beschichter und Lagerhersteller zu rechnen. Beide müssten diesbezüglich ein besonderes Interesse haben, zumal damit auch die Qualitätssicherung der Festschmierstoffschichten auf eine einheitliche und wissenschaftlich fundierte Basis gestellt werden kann.

Für die Lagerhersteller liegt nun eine begründete Theorie vor, mit der MoS_2-geschmierte Lager hinsichtlich Lagerbauformen und ihre Makro- und Mikrogeometrie im Hinblick auf lange Gebrauchsdauern optimiert werden können. Es ist nicht auszuschließen, dass zukünftige Wälzlager mit Feststoffschmierung anders aussehen werden als die derzeit verwendeten, konventionellen Rillenkugellager. Die mit den „neuen“ Lagern erreichbaren Perspektiven für eine erhebliche Gebrauchsdauersteigerung gegenüber dem bisherigen Niveau sind vielversprechend.

Sachverzeichnis

H. Birkhofer, T. Kümmerle, *Feststoffgeschmierte Wälzlager*,
DOI 10.1007/978-3-642-16797-3, © Springer-Verlag Berlin Heidelberg 2012

MIX
Papier aus verantwortungsvollen Quellen
Paper from responsible sources
FSC® C105338

If you have any concerns about our products,
you can contact us on
ProductSafety@springernature.com

In case Publisher is established outside the EU,
the EU authorized representative is:
Springer Nature Customer Service Center GmbH
Europaplatz 3, 69115 Heidelberg, Germany

Printed by Libri Plureos GmbH
in Hamburg, Germany